고려의 차와 남전불교

고려의 차와 남전불교

허흥식 지음

혜안

차는 신라에서 8세기 후반에야 재배되기 시작하였고 이전에는 전통음료와 함께 수입한 차가 증가하였다. 차는 따뜻한 지역에서 자라는 상록수이고 우리나라는 남해안을 제외하고 대부분 지역에서 겨울의 추위에 살아남지 못한다. 재배의 공간을 넓히기 어렵고 생산량이 적었다. 이러한 악조건에도 불구하고 『세종실록지리지』에 의하면 남부의 여러 곳에서 생산되었다.

음료는 식품과 함께 고려의 제의에서 제물로서 중요한 위치를 차지하였다. 불교의 수용과 함께 제의가 정비되면서 고려초기에는 국가의 제전에서 차의 수요는 확대되었고 고급차의 생산과 이용이 증가하였다. 국왕은 공신과 고승에게 건강과 제물로 사용하도록 자주 선물로 하사하였다. 차의 재배가 정착하는 과정과 고려 뇌원차腦原茶의 생산에 대한 근거가 부족하므로 여러 차례 현지답사를 통하여 확인하고 향토사가의 의견을 추가하는 새로운 서술방법을 적용하였다.

고려의 차는 지리산 남쪽에서 주로 생산되었고 지금도 큰 변화가 없다. 차는 사원이나 특수한 행정단위인 소所에 위탁하여 생산되면서 절정기에 올랐다. 차의 재배와 관리, 그리고 경제와 관련된 연구는 이제 시작이다. 다만 사교에서 차를 즐기며 창작한 시문에 대한 연구는 많았으며 특히 조선후기를 대상으로 활발하게 진행되었다. 이 책은 이보다 앞선 고려시대의 고문서와 금석문을 이용하여 차의 생산과 유통과 소비에 접근하였다.

조선시대는 특산물의 하나인 차가 공납제貢納制로 바뀌면서 몰락하고 대동법大同法의 시행으로 숨통이 트였지만 고려의 전성시대를 회복하지 못하였다. 차는 불교의 수양과 깊은 관련을 가지면서 제의와 사교에서 활용되었다. 차보다 추운 지방에서 생산된 인삼은 차에 앞선 대표적 음료의 하나였고 약재로서 중요하였다. 병균에 대한 지식과 의학이 발달하지 못한 전통시대에는 수술과 주사를 사용하지 못하고 약재를 물에 녹이거나 끓여서 음료로 흡수하였다. 차는 음료와 의약의 양면성이 있었고 인삼이나 다른 약재도 마찬가지였다.

식품에 높은 비용을 지불하지만 이보다 비용이 적게 소모되는 공기와 음료가 오히려 생명의 유지에는 절박한 물질이다. 현대에 이를수록 건강을 향상시키고 유지하기 위하여 음료에 지출하는 비용이 증가하는 추세이다. 음료는 의약이나 경제뿐 아니라 사상과도 깊은 관련이 있다. 특히 남전불교는 차의 재배와 가공과 소비를 촉진시켰다. 차가 교통망을 확장하면서 보급되고 넓은 음료에 속하는 술보다 건강과 수양에 필요하다는 확신을 주었다.

앞서 『동아시아의 차와 남전불교』를 발표한 이래 월간지에 게재했던 글을 모아서 논문의 형태로 다듬고 순서를 고르면서 답사하거나 유적지에서 차를 올린 행사와 모임도 포함시켰다. 연구와 현지답사에 도움을 주신 송광사 현봉 스님, 고경 성보박물관장과 학예사 여러분께 깊은 감사를 드린다. 월남사 진각국사비를 여러 차례 답사하고 탁본과 연구에 협력한 손환일 박사와 학예사 여러분의 노고가 컸다. 고흥의 도자박물관 행사에 참여시키고 뇌원차의 고향 차수마을의 답사에 도움을 주신 박병종 군수와 문화관광과 여러분과 동행하면서 대화를 나눈 충북대 강경숙

6

명예교수의 해박한 지식을 잊을 수 없다.

　그동안 『차의 세계』 최석환 사장은 발표한 월간지의 글을 책으로 간행하도록 독려하고 중국의 여러 차회를 주관하고 수집한 차를 음미하면서 필자의 부족한 경험을 넓혀주었다. 그리고 차와 불교에 대하여 시야를 넓혀준 회암사지를 사랑하는 모임의 회원과 역대 회암사 주지 스님의 도움이 컸다. 꼭 30년전 차의 고향 운남에서 그곳 사회과학원과 처음 국제학술회의를 열고 불교와 차에 대한 시야를 넓히도록 눈을 틔어준 당시 조계종총무원장 태공월주 스님과 교육원장으로 총무원장을 대신하여 참석하셨던 성타 원로의원스님과 모든 참석자의 건강을 기원한다. 출판이 어려운 시대에 거친 원고를 맡아 아담하게 꾸며준 도서출판 혜안 오일주 사장과 편집진의 노고에 깊이 감사한다.

느릅나무를 비롯한 음료작물이 잎이 곱게 올라오는
우면동의 낡은 집에서

2017년 4월 24일
저자 허흥식 씀

차 례

제1장 차의 확산과 시대구분

차는 동아시아의 서남과 남아시아의 동북이 만나는 지역에서 기원한 다년생 상록수이다. 차나무의 어린 싹을 가공하여 만든 음료도 차라 하고, 차로 만든 음료로 만든 음료수도 차라고 부른다. 심지어 차란 식물과 이와 관련된 음료와 음료수 모두 합쳐 차라 부르고 다른 음료로 만든 커피나 수정과 등도 차라고 불리기도 한다. 이 글에서는 차란 식물과 이와 관련된 음료만 차라 부르고 커피와 수정과와 철저하게 구분하여 사용하고자 한다.

문자가 없는 소수민족이 오랜 기간 차를 이용하였으나 일찍 기록을 남기지 못하였다. 다수의 인구를 차지한 한족漢族이 이를 사용하기 시작한 시기에 대해서도 견해가 일치하지 않는다. 한족은 황하의 중류에 수도를 두었던 주周에서 기원하여 한漢에서 혼합된 민족으로 출발하였다. 양자강유역까지 한족이 밀려난 시기는 남북조시대인 삼국시대 초기이고 소수민족은 한족의 확장으로 혼합되거나 동화, 또는 이동하는 세 가지 변화가 진행되었다. 차는 초기에 다양한 명칭으로 불렸고 한족이 한자로 기록하기 시작한 시기는 의외로 늦었다. 후대의 기록은 차가 기원한 시대로 소급시키지만 실제로 차茶란 글자로 확정된 시기는 당나라 중반이었다.

차는 한반도와 일본열도에 수입되었을 뿐 아니라 후에 재배가 정착되었다. 한반도에 전통음료와 수입된 차에 이어서 발전한 차의 재배와 가공에 대해서는 구분하여 깊이 천착하였다. 차는 대용음료와 수입한 차, 그리고 차의 재배와 가공의 여러 단계를 구분지어 세밀하게 연구할 필요가 있다. 차는 남방의 식물이고 북방의 음료보다 늦게야 부각되었으나 동아시아의 대표적 음료로서 특히 천태종이나 선종과 밀접한 관계를 가지면서 수행자의 참선을 도왔다. 차와 참선은 동아시아에서 새의 두 날개처럼 서로의 발전에 기여하였음을 살피고자 한다.

차가 동아시아를 벗어나 다른 지역으로 재배가 확대된 시기는 200년을 넘지 못한다. 차는 식물을 이용하여 생산하는 비단이나 종이와 함께 동아시아에서 기원하고 발전하였더라도 널리 알려진 시기는 이보다 늦었고 재배가 세계로 보급된 시기는 더욱 늦었다. 차는 현대에도 재배와 가공은 꾸준히 확산되고 있으며 인삼과 술과 커피를 비롯한 다른 음료와도 경쟁하였다. 차는 국가의 경제와 건강에도 깊은 관계가 있음을 어원과 함께 시대를 구분하면서 거시적으로 접근하고자 한다.

Ⅰ. 차의 기원과 글자의 정착定着

차는 음료의 하나이고 우리는 일반적으로 녹차라고 말한다. 여러 음료는 선사시대에서 비롯되었다. 인간은 생활의 긴장감이 심했던 선사시대와 현대일수록 음료수와 식품을 분리하여 섭취하는 경향이 있다. 음료수는 소량의 특수한 물질을 물에 녹여서 마시고 의약으로도 작용한다. 식품은 영양분의 덩어리로 열량을 제공하지만 이틀간 음료수를 섭취하지 못하면 생명이 위험하다. 음료수보다 더 긴급한 물질은 신선한 공기이고 10분만 없어도 생명에 위협을 받지만 이에 대한 비용은 대체로 개인이 지불하지 않는다. 공기만 알맞다면 식품보다 음료로도 오랜 기간 생명을 유지할 수 있다.

음식은 식품과 음료를 말한다. 원래 인간은 음료와 식품을 동시에 섭취하지 않고 다른 동물처럼 시차를 두고 흡수하였을 가능성이 크다. 전통음식은 음료와 식품을 함께 포함시켜 제공되고 이를 굳이 분류하지 않았다. 그러나 오늘날 음식은 신속하고도 간편하게 영양을 섭취하는 경향으로 변화하면서 음료와 식품으로 분리되는 경향이 강하다. 이와 반대로 격식을 갖춘 음식에는 반주로 음료의 하나인 술을 곁들이거나 차를 마지막으로 마신다.

오늘날 바쁜 일과에서 식품과 음료를 갖춘 끼니는 하루에 한번 정도인 경우가 많다고 한다. 때로는 생선과 고기를 다져 넣고 채소까지 포함시키고 탄수화물을 주재료로 보자기를 만들어 싸서 먹는 간단한 식품이 인기가 있다. 수저나 밥상을 모두 생략하고 종이에 포장한 다음 이동하거나 서서 움켜쥐고 먹는 신속한 식사가 유행한다. 그럴수록 시간을 들이고 다양한 도구를 사용하면서 복잡한 격식을 요구하는 상반된 절차의 식사도 있다.

음료를 식품과 분리하여 따로 마시는 경우가 많다. 전통시대에도 음료와 과실이나 다식을 간식으로 한 끼니를 때우는 경우가 적지 않았다. 그러나 이를 후식으로 삼아 복잡한 순서의 단계로 끼워 넣기도 하였다. 인간의 식생활이 발달할수록 원시시대로 돌아가는 현상도 있지만 반작용의 복잡한 절차를 보존하거나 새로 추가하는 사례도 있다.

차와 술과 커피는 모두 음료이다. 술을 제외한 대부분 음료는 말려서 식품보다 유통이 쉽고 현지에서 물에 섞어 마시기 쉽게 가공한다. 음료는 식품보다 무게나 부피는 작지만 유통되는 범위가 넓어서 다량의 운송수단이 발달하지 못했던 시대에도 세계 경제에 깊은 영향을 주었다. 음료를 개발하고 확산시킨 국가는 세계 경제를 좌우하였다. 역사를 움직인 동력은 시대에 따라 다르지만 교통과 교역과 음료가 중요한 구실을 하였다.

세계사의 분수령을 이룬 중요한 전쟁 가운데 미국 독립전쟁과 아편전쟁이 있다. 청의 차를 식민지에 팔거나 식민지에서 재배한 아편을 청나라에 팔면서 일어난 전쟁이란 의미에서 명칭이 생겼지만, 실제로는 차를 둘러싼 전쟁이었다. 음료인 차를 수입하는 비용으로 오랜 기간 적자에 시달리던 영국이 고안한 대응이 아편이었다. 대양을 이용한 교통과 교역에서 비롯된 새로운 전쟁이었다. 서유럽과 신대륙과 동아시아가 주도권을 둘러싸고 분수령을 이루었고 식품보다 음료와 기호품이 관여된 전쟁이었다.

우리는 일반적으로 음료를 식품보다 가볍게 여기지만 경제와 관련지어 깊이 새겨볼 필요가 있다. 음료에 대한 연구는 많지만 새로운 시도가 필요한 부분이 많다. 음료를 수출하면 번영하였고 수입에 의존하면 경제 기반이 약화되었다. 우리의 전통음료에서 차와 술은 매우 중요하고 국가의 자주성과 비례한다. 지금은 커피와 외국 술로 지출이 많지만 다양한 음료를 개발하여 경제를 지키면서 사회를 건강하게 지탱할 필요가 있다.

차는 전통음료의 하나이고 남전불교와 깊은 관련이 있다. 차를 불교나 선승과 관련시킨 글은 많다. 그러나 선종의 뿌리가 남전불교와 관련되었음을 지적한 연구는 필자가 처음이 아닌가 한다. 동아시아의 불교는 북전불교가 주도하였다는 통설이 불교사를 휩쓸고 있지만 필자는 남전불교도 일찍부터 간헐적으로 전래되었다고 보고자 한다. 특히 중앙아시아의 사막이 확대되고 이슬람세계가 남아시아와 동남아시아로 확장하면서 북전불교보다 동아시아에도 남전불교가 강하게 밀려왔으나 기존의 대세였던 북전불교에 의하여 가려졌다고 해석하고자 한다.

1. 차의 기원과 소수민족

차의 기원은 오랜 기간 신화에 쌓여있다. 역사의 기원은 산봉우리처럼 적지 않은 분야가 구름에 싸인 신화와 연결되어 있다. 신화는 후에 전설이나 민담으로도 바뀌고 동화로도 재생되었으며 차의 기원도 마찬가지이다. 차는 다년생 식물인 나무의 일종이고 본래 자생으로 자라는 지역은 오늘날 중국 서남과 인도의 동북, 미얀마와 태국의 북부에 해당하는 아열대의 고원지역이다.

이 지역은 다양한 소수민족이 오랜 기간 이를 이용하면서 살았지만 이에 대한 오래된 기록유산이 빈약하다. 차가 자생한 지역은 소수민족에 의하여 생활과 함께 하였음에 틀림없으나 기원에 대한 기록이 없다. 차가 한족漢族에게 널리 알려진 시기도 의외로 늦다. 현대에 이르러 차에 대한 소수민족의 노래도 정리되지만 최초의 본격적인 저술은 한족인 육우陸羽가 남긴 『차경茶經』을 크게 앞서지 못한다.

소수민족은 차를 음료의 형태로 만들어 의약으로 사용하였다. 다수의 인구를 기반으로 국가를 이룩한 한족이 차에 관한 기록을 남긴 이후 다시 오랜 시기를 지나 근래에야 소수민족의 민요가 채록되었다. 차에 대한 오래된 기록은 차경을 출발점으로 삼는다. 새로운 방면의 최초 저술도 알고 보면 개인의 독창성보다 시대의 보편성과 종합성을 반영하였다.

육우(733~804)보다 세 살 위지만 이미 차를 잘 알고 차밭을 가진 교연皎然(730~799)이 있었다. 육우는 양자강 중류인 호북湖北 출신으로 성씨도 불확실할 정도로 뿌리가 미상인 부분이 많은 고아였다. 반면 교연은 출가하였지만 세속의 가문과 기원이 육우보다 자세하다. 교연은 선조가 남조시대 송의 사령운謝靈運까지 거슬러 올라가는 명문 출신이었다. 최근에야 정리된 생존연대를 보면 교연이 육우보다 선배이지만 큰

차이가 나지 않는다.

이들의 저술이나 행적을 보면 교연이 대선배인 모습으로 알려져 있다. 그래서 이들의 관계를 그린 근대의 상상화를 보면 노인과 장년으로 대비된다. 육우는 안사의 난으로 현종이 촉으로 몽진한 시기에 떠돌이를 시작하여 가난한 자들이 먹고 살기가 편한, 따뜻하고 물산

〈그림 1〉육우와 교연을 대비시킨 현대의 상상화. 나이의 차이가 많다고 그려져 있다.

이 풍부한 하류로 이동하여 교연의 차밭에서 공부하면서 전문적인 지식을 다듬은 인물이었다. 교연은 불교의 다양한 지식뿐 아니라 문학, 특히 시에도 뛰어나 창작은 물론 이론 저술까지 다양하게 남긴 그야말로 사상과 문학, 그리고 차에 이르기까지 마당발이었다.

다양한 분야의 지식을 가지면 방만하고 깊이가 없는 경우도 있지만 교연은 그렇지 않았다. 어설픈 관심이나 서투른 호기심의 발상이 아니라 생활에 깊이 배일 정도의 전문적인 분위기에서 즐겼다. 그는 "술 대신 차를 마시라."는 시를 쓰고, 차를 가꾸고 깊이 연구하여 가치를 알렸고,[1] 간결하면서도 체험에서 우러난 선구자로서 완숙된 모습을 보였다. 교연은 재배하는 차원茶園을 갖춘 묘희사妙喜寺에서 차를 가공하고 불교와

---

1) 『全唐詩』권821-16, 《飮茶歌誚崔石使君》皎然 : 越人遺我剡溪茗, 采得金牙爨金鼎. 素瓷雪色縹沫香, 何似諸仙瓊蕊漿. 一飮滌昏寐, 情來朗爽滿天地. 再飮淸我神, 忽如飛雨灑輕塵.三飮便得道, 何須苦心破煩惱. 此物淸高世莫知, 世人飮酒多自欺. 愁看畢卓甕間夜, 笑向陶潛籬下時. 崔侯啜之意不已, 狂歌一曲驚人耳. 孰知茶道全爾眞, 唯有丹丘得如此.

생활로 연결하여 체험하였다. 육우는 교연이 마련해준 정자에 머물면서 체험을 듣고 관찰하면서 저술을 구사하였을 정도로 도움을 받았다.

황하유역이 전장으로 변하여 어지러울 때 기후가 따뜻하고 물산이 풍부한 양자강유역은 새로운 시대의 개막을 알리는 경제와 문화의 온실이었다. 그곳에서 확산한 음료가 차이고 뒷받침한 철학이 선사상이었다. 철학이라 해도 고답적이고 현학적이고 분석적이라기보다 단순하면서도 종합적이고 수양을 겸한, 생활화된 단순성과 현실성을 반영하였다.

교연과 육우의 생몰연대는 오랫동안 불확실하였지만 지금은 이에 깊이 천착하여 어느 정도 확정되었다. 이들의 나이는 큰 차이가 나지 않는다. 여러 정황을 참작하여 이들의 관계를 노숙한 교연과 젊은 패기가 넘치는 육우를 대비시킨 오래된 해석이 많다. 교연은 명문가의 후예로 여유가 있는 토박이였다. 육우는 강북에서 이동한 이주자였다. 토박이란 은근하고도 깊이가 있고, 이주자는 붙임성과 순발력이 강한 특성이 있다. 이 때문에 실제의 나이 차이보다 차이를 보인 느낌이 있다고 하겠다.

2. 차를 의미하는 다양한 글자

동아시아에서 가장 오랜 기간 널리 썼던 글자인 한자漢字는 황하중류인 중원을 장악하였던 여러 민족이 점진적으로 완성도를 보이면서 확정된 복합성이 있다. 한자의 고향은 양자강유역이 아니라 황하유역이고 오랜 기간 축적된 유산이다. 한자의 뿌리는 상형문자이고 토기나 옥기의 문양이나 기호에서 비롯되었다. 점복占卜에 사용된 갑골문을 거치고 다음에 청동기의 주물에 오르면서 수효가 늘어나고 모양이 더욱 다듬어졌다. 죽간과 목간에 이어 종이와 먹의 발전은 문자의 증가와 서체를 다양하게 발전시켰다.

차가 음료의 이름으로 제대로 쓰인 사례는 한자가 사용되고 오랜 기간이 지나 먹과 종이를 발명하고도 다시 훨씬 지난 후대의 일이다. 차는 2년생 식물인 씀바귀를 의미하는 도荼에서 비롯되었고 한 획을 줄여서 나무로 바꾸었다. 씀바귀는 황하유역에서 나물이나 채소지만 음료로도 쓰였다. 차茶는 불경의 초기번역에도 먼저 인명이나 지명 그리고 만다라曼荼羅나 다비荼毘에 쓰였다. 의미를 갖지 않는 범어梵語의 음사音寫였다. 차가 불교에서 음료의 하나로 쓰인 시기는 선사들에게서 비롯되었다. 그리고 차가 음료로 재배된 시기는 당의 중반부터였다.

교연은 차를 시로 노래하고 육우는 문장으로 분명하게 정리한 최초의 한족이었다. 교연은 차와 선불교를 생활과 수련에 접착시켰고 선과 차를 연결시킨 위대한 시대의 개시를 기록으로 남긴 차불茶佛이었다. 육우는 학술적으로 이를 체계화하여 차성茶聖이라 불릴 정도로 지식을 정립한 새로운 교조였다.

교연이 소유한 묘희사는 양자강 하류인 절강성에 있고 차가 이곳에서 재배되었으므로 넓은 공간으로 확산된 다음이지만 차에 대한 시와 저술은 확산보다 늦었다. 차의 기원과 재배는 기록보다 아주 멀리 앞섰다고 하겠다. 그리고 차의 확산에 날개를 달았던 노동盧仝(795~835)은 차선茶仙으로도 불리지만 더욱 후대의 인물이다. 이들은 원산지인 소수민족의 차를 한족으로 확산시키고 이름을 밝힌 저술과 시를 남기면서 차의 선사시대에서 고대로 진입시킨 대표적 인물이었다.

차의 유행은 당 현종이 촉으로 몽진한 이후의 시기였다. 이는 남전불교와 궁중이 접촉한 불교사에서도 새로운 시대로의 진입과 일치하였다. 차의 고대는 선불교의 확산과 함께 하였다. 차의 기원은 전설시대로 올라가지만 동아시아 서남의 소수민족은 차의 기원과 같은 지역에 살았다. 차라는 글자와 이를 표현한 단어는 소수민족에 따라 달랐다고 짐작되지만 근거를 찾기가 어렵다.

차는 본래 물에 조금 넣어 마시는 다년생 상록수 잎이고 고원성 아열대 지역이 원산지이다. 차茶 tea란 용어는 한자에서 기원하였지만 실제로 이 글자가 하나로 좁혀서 쓰이기 시작한 시기는 아주 늦은 당唐의 중반이었다. 언어란 종족에서 비롯되고 문자는 기록을 남기는 민족의 언어로 정착하는 속성이 있다. 언어와 문자가 일치하기 직전까지 차의 역사는 선사시대라 하겠다.

차란 글자는 범어의 음사로 사용되었고 발음은 본래 '다'에 가까웠다. 범어 발음을 기록하는 구역불경에서 차는 다로 발음되었다. 다의 원래 글자인 도茶라는 글자가 씀바귀를 뜻하며 중원에서 앞서 사용되었고 발음도 영향을 받았다. 씀바귀는 대부분 잎을 먹지만 뿌리를 이용하기도 한다. 씀바귀는 씨로 번식하는 종류와 뿌리로 번식하거나 이들 두 가지 모두 번식에 이용되는 종류가 다르다. 한대지방에서는 씨의 번식이 많고 열대지방은 뿌리의 번식이 많다. 본래 뿌리는 다음해 여름을 넘기지 못하고 씨를 맺으면 썩으므로 새로운 뿌리로 바뀌거나 씨앗으로 번식한다.

씀바귀에 속하는 식물은 다양하지만 한대지방에서도 잘 자란다. 다만 겨울을 지나는 2년생이란 공통점이 있다. 이와 상통하는 식물은 아한대에서 아열대에 걸쳐 자생한다. 쑥과 어성초(개모밀), 그리고 방아(배초향)는 마늘과 파와 함께 씀바귀와 상통하는 다년생 식물이지만 뿌리는 실제로 다음해를 넘기지 못한다. 새로운 뿌리가 자라나 겨울을 보내고 다음해에 새로운 싹으로 영양이 옮기고 새로운 뿌리로 영양과 씨눈을 축적한다. 메꽃, 고구마, 감자, 마, 뚱딴지(돼지감자), 우엉도 마찬가지이고 토란도 상통한다. 이런 식물은 잘 가공하면 대용음료로도 훌륭하고 동물도 인간으로 변화시킨다는 신화도 있듯이 신통력을 가진 식품에 속한다.[2]

〈그림 2〉 차 글자의 서체, 초기의 글자인 예서는 씀바귀 도荼에서 비롯되었다.

씀바귀는 2년생 숙근초이고 차는 엄연한 나무이다. 숙근으로 씀바귀보다 다년생인 식물은 도라지, 잔대, 인삼 등이 있으며, 기후와 이식에 따라 5년 이상도 가능하고 대용음료로 가치가 크다. 육우는 『차경』에서 서두에 인삼을 장황하리만치 자세하게 서술하였다. 양자강 중류의 호북 출신답게 고급 의약이고 음료로 섭취했던 인삼을 기억하였다. 차의 산지인 강남으로 이주하여 새로운 지역의 기후에 맞는 새로운 음료인 차를 발견하고 체계를 세워 정리하는 탁월한 식견을 나타내었다.[3]

차는 씀바귀와 다른 다년생 나무에 속하고 이용하는 부분은 어린잎이다. 차란 글자는 상형의 형태임은 확실하다. 나무와 풀로 나누고 풀과 나무를 세로로 차荼라 쓰고 글자 사이를 구분하였다. 잎이 핀 다음 8일 전에 윗부분에 속하는 어린 싹을 뜯어서 다양하게 가공하여 음료로 마신다. 씀바귀도 이와 다름이 없으므로 차가 씀바귀에서 왔음은 확실하다. 다만 씀바귀는 뿌리도 식품으로 이용이 가능하다.

---

2) 본서 제4장 I. 음료로 접근한 단군신화.
3) 陸羽 『茶經』 제1장 茶之源.

차나무는 차 생산의 기초이고 생산지를 벗어나지 않고 약재와 음료로 사용된 시기에 대한 기록이 없다. 차나무는 재배하기가 까다롭고 씨를 심어서 잎을 채취하기까지 여러 해가 소요된다. 재배보다 야생의 나무에서 채취한 차가 선사시대를 이루면서 식물로서 기원은 인간의 기원과 비교하기 어려울 정도로 앞섰다. 인류가 차의 잎을 따고 가공하는 방법을 터득하기까지 오랜 기간 소요되었고, 한자를 사용한 민족이 살았던 지역이 아니었으므로 이에 대한 기록은 찾기 어렵다. 차는 의약이나 음료로 일찍부터 소수민족이 이용하였음에 틀림이 없으나 이에 관한 한자보다 앞선 증거를 찾아내기가 불가능할 정도이다.

최초로 차에 대하여 종합하여 서술한 육우는 차의 기원을 멀리 신농씨神農氏로 연결시켰다. 후에는 불교와 관련시켜 기원을 달마에게 연결한 설화가 있지만 모두가 후대에 거슬러 올라간 이야기이다. 『삼국지연의』에도 차가 등장하지만 역시 소설이고 후대에 윤색된 창작이다. 그렇다고 차를 사용하지 않았다는 주장은 아니고 차나무가 있는 곳이 아니면 다른 음료가 차로 후대에 포함되었을 가능성이 크다. 최초로 정리한 육우는 다양한 기원을 알리는 식물의 이름을 차와 연결시키고 〈표 1〉과 같이 다양한 명칭이 있었다고 설명하였다.

육우는 차란 글자가 『개원문자음의開元文字音義』에 실렸다고 하지만 이 책은 현재 전하지 않는다. 『전당문』에 실린 장구령張九齡이 남긴 이 책의 저술을 축하하는 하장賀狀에 따르면 736년에 완성하였고 30권이었다 한다. 이보다 늦고 분량이 100권으로 불어난 혜림慧林의 『일체경음의一切經音義』에도 글자가 나오지 않으므로 의문이 남는다.

차를 표현한 글자는 지역의 사투리와 차 잎을 채취한 시기와 관련되었다는 두 가지 의미가 섞이었다는 해석이 가능하다.[4] 처음에는 다양한 음료로 각 지역에서 개발하였으나 유통과 소비의 범위는 같은 지역을

<표 1> 육우의 『차경』에 쓰인 차와 상통하거나 혼용된 글자

漢字	한국발음	황하와 양자강 유역의 발음	글자의 의미
茶	차. 다	cha	木+茶(本草綱目. 爾雅)
茶	도	tú/ㄊㄨ, dia/ㄉㄧㄚ, tia/ㄊㄧㄚ	어린 차 잎
檟	가	jiǎ/ㄐㄧㄚˇ	苦荼 많이 자란 차 잎
蔎	설	shè/ㄕㄜ	蜀의 서남 방언
茗	명	míng/ㄇㄧㄥˊ	늦게 딴 차 잎
荈	천	chuǎn/ㄔㄨㄢˇ	늦게 딴 차 잎

벗어나 소통되기 어려웠다고 하겠다. 육우는 차란 글자를 확정하여 알렸을 뿐 아니라 다양한 기원을 알리는 음료의 용어를 차의 채취시기와 지방의 이름으로 연결시켰다. 차가 이미 전설시대에서 벗어나 한족에게 널리 퍼지고 여러 지역에서 사용한 다른 호칭이 차를 채취한 시기를 구분하는 용어로도 변화하였음을 의미한다.

3. 차 글자의 다양한 실제 발음

차란 글자는 차의 잎으로 만든 다양한 지역의 음료를 대표하면서 유통과 소비는 물론 차가 재배되면서 다른 지역으로 확대되었다. 차는 기후와 토질과 재배기술, 채취와 가공과 소비에 이르기까지 고도의 기술이 요구되므로 동아시아에서 시작하고 발전된 다른 기술보다 늦게야 다른 문화권으로 확산되었다.

오늘날에도 차는 다른 지역으로 재배가 확산되는 과정에 있는가 하면 재배와 가공, 그리고 유통의 일정한 부분에 관여하는 국가도 있다. 차란 글자의 실제 발음(음가)은 동아시아는 물론 서유럽으로 확산되면서 지역

---

4) 석용운, 『韓國茶藝』, 圖書出版 艸衣, 1988, pp.40~45.

<표 2> 차茶의 지역별 발음과 계통

나라	지역 발음	연결된 다른 지역
중국	ch'a 혹은 ts'a	
	tê ㄉㄝ 福建省 厦門(閩南語)的讀音	인도와 영국으로 퍼져나감
	chá ㄔㄚ 澳門마카오	포르투갈로 퍼져 나감
	tea ㄊㄝ 福建 厦門 台灣	네덜란드 영국 독일
한국	차 da 唐音 차 차茶에서 옴	
	다 cha 漢音 씀바귀 도茶에서 옴	
일본	ジャ ja チャ cha	
	タ ta 漢音	
	サ sa 唐音	
베트남	trà chè sà chòe chà già	
타이	ชา chaa 북부치앙마이 เมี่ยง mîaŋ타갈로어	
티베트 네팔	चिया ciyā	
인도	चा cāe	
오일라트 벵갈어	ᰒ cāe	
페르시아	چای chāy	
터키	çay	
아라비아	شای shāy	
스왈리	cha	
그리스	τσάι tsai	
불가리아	чай chai	
루마니아	ceai	
세르비아	чај čaj	
알바니아 체코	čaj	
우크라이나 러시아	чай chai	

에 따라 약간의 차이가 있었으나 모두가 한자의 발음에서 비롯되었다. 그러나 차의 소비는 이보다 선행되어 용어는 물론 생산이나 가공과 유통의 다른 부분을 촉진시킨 경우가 많았다. 차란 용어가 언어생활에서 소비와 함께 단어로 정착한 다음에도 소비와 가공과 재배가 꾸준하게 발전하고 확산하는 현상이 있었음을 드러낸다. 세계의 다양한 지역에서 차의 발음은 〈표 2〉와 같이 다양하다.

차나무에 대한 글자가 여러 지역에서 여러 가지로 표기되거나 다양한 음료에서 다년생 차나무로 확정되었다. 황실에서 차를 소비한 시기는 당 현종이 촉으로 몽진에서 비롯되었지만 장안으로 환도한 다음에도 황실과 사교계에서 차의 소비는 날로 증가하였다. 차에 대한 저술이나 차를 노래한 시인도 당 현종이 촉으로 몽진한 이후부터이다.

茶,

香葉, 嫩芽,

慕詩客, 愛僧家.

碾雕白玉, 羅織紅紗.

銚煎黃蕊色, 碗轉曲塵花.

夜後邀陪明月, 晨前命對朝霞.

洗盡古今人不倦, 將至醉後豈堪誇.

〈그림 3〉 백낙천白樂天과 같은 시대에 교우와 시로 이름을 떨친 원진元槇의 보탑시寶塔詩[5]

교연과 육우의 시대를 지나 국가는 차를 전매하고 세금을 징수하여 국가의 재정을 보충하였다. 전매의 임무를 지닌 차각사茶榷使였던 왕애王涯를 도왔던 문객 노동은 차의 유행을 시로써 부추겼다. 차를 이용한 과중한 세금에 반발이 일어나 이들이 희생된 사건은 차의 역사에서 음료뿐 아니라 국가의 경제에도 영향을 줄 정도로 차가 재정의 일부였음을 반영한다.

---

5) 唐代詩人元槇, 官居同中書門下平章事, 與白居易交好, 常常以詩唱和, 所以人稱"元白". 元槇有一首寶塔詩, 題名《一字至七字詩·茶》, 此種體裁, 不但在茶詩中頗爲少見, 就是在其它詩中也是不可多得的. 詩曰.

II. 동아시아 차의 시대구분

차에 관한 연구는 문학과 불교와의 관계에서 고답적으로 접근하는 경우가 많다. 음료로서 건강과 영양소란 측면에서 연구도 많다. 경제논리에서 생산과 유통과 소비라는 접근은 차의 시대구분에서도 중요하다. 여기서는 경제논리를 바탕으로 삼아 차의 역사를 거시적으로 이해하고자 한다.

차의 시대구분은 일반사一般史와 차이가 크지만 구분에서 방법상 상통하는 요소가 많다. 구전의 신화시대, 이를 체계적으로 정리하고 재배하던 고대, 그리고 재배와 가공에서 하나의 문화권을 이루던 중세, 소비는 물론 재배와 가공이 다른 문화권으로 확산된 시기는 근대에 속한다.

시대구분의 가장 중요한 요소는 차의 재배와 가공의 기술이 전파되는 확산과정이라 하겠다. 시대구분은 연구의 대상에 따라 다르지만 급격한 변화를 촉진시키는 요인을 찾아서 거시적 이해의 틀을 제시하는 작업이다. 차는 소비의 확대와 재배와 가공의 기술의 정착으로 파악이 필요하다. 소비자에게 도달하는 운반에 해당하는 교통수단에 따라서 유통이 결정된다. 유통은 다시 재배의 공간을 확산시키고 가공기술을 다양하게 촉진시키므로 이를 단계적으로 살피고자 한다.

1. 차의 전설시대에서 고대로 진입

국가의 위기는 새로운 발전을 자극하여 변화시키는 분기점이 되기도 한다. 당唐은 오랜 기간 중원의 여러 왕조와 겨루면서 이들의 멸망을 지켜보아온 난공불락의 고구려를 꺾고 반세기 남짓 동아시아의 정점에 올라섰던 개원開元의 치세란 전성기를 지나자 위기가 바로 다가오고

前任忠諫後盡邪克
靡不有初鮮克有終

唐玄宗

〈그림 4〉 당 현종. 영화와 수모가 엇갈릴 정도로 동아시아에 태풍이 일어난 시기의 황제이다. 이후 무종의 회창폐불까지 신라의 음료와 남전불교에도 커다란 자극을 주었다.

있었다. 발해가 먼저 고구려의 계승을 자처하여 산동을 공격하고, 서북의 절도사 안록산安綠山이 일으킨 반란이 뒤따르면서 당 현종은 촉으로 이동하는 위기를 겪었다.

촉蜀으로 이동한 사례는 앞서 보기 어려운 선택이었다. 앞선 시기에도 북방민족의 침입으로 한족이 양자강유역으로 대거 이동한 기원전 770년과 5~6세기 남북조시대가 있었지만, 황하유역의 중상류에서 하류의 동쪽으로 몽진하거나 수도를 옮기는 경우가 대부분이었다. 755년 촉으로 천도는 몽진으로 표현되듯이 몇 년 후에 환도하였지만 발해의 위협을 계산한 결정으로 짐작된다.

촉으로 가는 잔도棧道를 선택한 이동은 황하를 따라 동으로 이동하는 전통적인 길이 아니었다. 황하의 중류에 있던 중원 왕조가 서남의 험준한 잔도를 거쳐 촉에서 왕조를 지킨 사례는 일찍 찾기 어렵다. 발해가 융성한 시기에, 당의 수도는 황하를 따라 동으로 이동하여 극복한다는 과거의 경험을 살리기조차 어려운 위기였다.

당 현종의 몽진은 황하유역 중원의 전성시대가 끝나고 새로운 시대가 왔음을 의미하였다. 경제는 물론 문화의 중심은 환도한 다음에도 황하유역에서는 회복하기 어려웠다. 당시 세상은 위기에 이르러 새로운 시대를 준비하는 여러 변화가 나타나고, 사상과 음료의 역사에서도 커다란 전환기였다. 차의 역사를 앞당기면서, 촉에서 생산된 차는 궁중의 음료로 사용되고 특히 불교계와 문인의 애호를 받았다. 또 차가 상류층과 접목되자 물 흐르듯이 유행을 일으켰다.

차의 수요가 증가하자 생산지와 재배지가 촉에서 양자강을 따라 가능한 지역으로 확대되었다. 대운하와 인구가 밀집된 양자강 하류에서 차의 생산과 도구, 그리고 가공은 어느 곳보다 눈부셨다. 당의 말기에는 궁중과 연결되었던 촉지방보다 월등하게 향상되었고 이를 뒷바라지하는 선구자가 나타났다. 불교계 선승인 교연은 차를 재배하고 차시를 지었다. 그는 세 잔의 차란 시를 지었을 정도로 차의 선구자였다.

이 무렵 전란을 만나 호북湖北에서 떠돌이로 절과 세속을 전전하던 육우陸羽라는 총명하고 대세에 밝은 인물이 양자강을 따라 교연을 찾아왔다. 그는 차가 미래의 음료로 위상이 높아지리라 예상하고 『차경』을 구상하였다. 교연은 차의 재배와 채취, 그리고 가공과 마시기까지의 모든 과정에 대해서 시범을 보이면서 육우를 가르쳤고 여기서 최초의 차의 종합적인 연구서가 마련되었다.

장안으로 환도한 당나라는 군사력을 회복하였지만 여러 모로 재정이 궁핍하였다. 이를 극복하기 위하여 짜낸 묘안이 사치품의 전매였다. 차는 필요하지만 서민의 필수품은 아니었다. 지금은 생활의 필수품이지만 당시는 사치품으로, 생산에서 국가관리가 가능한 소금과 비단, 차와 광물 등을 전매하여 국가의 재정을 보충하였다. 그러나 다른 사치품은 세금을 징수할수록 위축되지만 차는 더욱 고급스런 음료로 찬미되고 사교계를 파고들었다.

차를 전매하여 국가의 재정을 보충하던 왕애王涯의 문인 노동盧소은 차의 소비를 촉진시키는 「일곱 잔의 차」란 시를 지어서 앞선 교연의

〈그림 5〉 노동의 「일곱 잔의 차」. 현대의 작품6)

석잔 차보다 더욱 널리 유행시켰다.

　교연과 육우, 그리고 노동은 차의 소비를 부추겼고 결국 차는 국가와 황실의 재정을 보충하였다. 당시 전매를 각법榷法이라 불렀고 실권자의 정치자금의 젖줄이 되었다.

　동아시아의 전체를 볼 때, 일반사의 중세에 이르러서야 차의 역사에서 고대가 화려하게 열렸다. 한반도와 일본에서도 차의 소비가 증가하고 자급자족을 위한 재배가 시작되었다. 신라에서는 흥덕왕 3년(828)에 왕실의 소비를 대비하여 생산한 차와 당에 사신으로 갔다가 돌아오면서 가져온 차를 비교한 기록이 있다. 신라의 차는 혜공왕 4년에 형과 반란을 일으켰다가 주살된 대렴이 앞서 차 씨를 당에서 가져다 지리산 남쪽에 재배하였다고 해석된다.7) 대렴이 차를 처음 재배한 지역에 대해서는 이를 선전하려는 여러 지자체의 경쟁으로 인해 의견이 분분하다.

---

6) Lu Tong's Seven Bowls of Tea(七碗茶歌) LuTong (盧仝, Tang 唐, 790~835).

The first bowl moistens my lips and throat	一碗喉吻潤
The second bowl breaks my loneliness	二碗破孤悶
The third bowl searches my barren entrails but to find	三碗搜枯腸
Therein some five thousand scrolls	惟有文字五千卷
The fourth bowl raises a slight perspiration	四碗發輕汗
And all life's inequities pass out through my pores	平生不平事盡向毛孔散
The fifth bowl purifies my flesh and bones	五碗肌骨清
The sixth bowl calls me to the immortals	六碗通仙靈
The seventh bowl could not be drunk	七碗吃不得也
only the breath of the cool wind raises in my sleeves.	唯覺兩腋習習清風生
Where is Penglai Island, Yuchuanzi wishes to ride on this sweet breeze and go back.	
蓬萊山, 在何處, 玉川子乘此清風欲歸去	

Tr. by Steven R. Jones 2008

7) 본서 제7장 I. 삼국사기 차 기록의 의문점.

2. 차의 중세와 동아시아의 무역

정위丁謂와 채양蔡襄은 송의 차를 동아시아 문화와 경제에 영향을 주는 중요한 무역상품으로 발전시켰다. 차를 장기간 보관하고 이동이 간편하도록 단단한 떡차로 만들고 궁중전용의 용과 봉황의 무늬를 눌러서 나타낸 용차와 봉차를 만들었다. 궁중을 상표로 쓰고 국제간의 외교와 무역에 사용하는 용봉설단龍鳳雪團이란 덩어리 차의 이름이 나왔다.

고려는 신라의 차보다 재배지를 더욱 확장하고 송의 용봉설단보다 앞서서 뇌원차腦原茶를 만들었다. 뇌원차는 송보다 오히려 앞섰지만 네모진 덩어리의 떡차이고 장기간 보존하는 대표적인 고형차로, 송과 북방의 거란遼, 금, 몽골이 대립하던 시기에 그 틈새를 이용한 무역에도 활용되었다. 뇌원차에 대한 기록은 적지 않고, 덩어리를 부수는 연차碾茶라는 용어가 쓰이고 오늘날 우리나라에서 차가 많이 생산되는 보성의 맞은 쪽 깊숙한 고흥반도의 두원면이 재배와 가공의 중심지로 추정되었다.[8]

좋은 차의 선별과 품종의 개량은 꾸준히 진행되었다. 차는 토질과 기후에 따라 다양한 품종이 맛에도 영향을 주었다. 차는 뿌리가 곧고 깊으며 쉽게 변종이 어렵지만 높은 관심과 세밀한 구분으로 여러 품종이 개량되었으나 전문가가 아니고는 구분하기가 쉽지 않다. 차의 맛은 가열과 발효를 포함한 가공의 차이에 따라서도 변화가 크다.

차의 발달은 차를 평가하는 품차品茶에 의하여 더욱 촉진되었다. 품차란 투차鬪茶나 시차試茶라는 용어와도 관련되었고 이 세 가지 용어의 본질은 상통하지만 기원이나 어감에 차이도 있다. 모두 차를 맛보고 평가하면서 경쟁한다는 뜻이다. 차의 품격은 생산자와 상인, 그리고

---

8) 본서 제5장 I. 고려의 뇌원차와 생산지.

〈그림 6〉 거란 한사훈韓師訓의 묘에서 발견된 품차의 벽화. 거란은 차가 생산되지 않는 지역에 자리 잡았지만 무덤에 품차의 그림이 자주 발견된다.9)

소비자와 상관이 있고 차의 경제적 가치와 직결되었다. 품차에 대한 책과 그림이 유행하고 이에 따라서 새로운 명차가 탄생되거나 기존의 차가 새롭게 평가된 경우도 많다.

품차는 이를 소비하는 지역의 식품이나 생활습관과도 상관성이 깊었다. 육식이나 동물성 기름에 볶아내는 요리법, 발효식품이 부족한 경우에 따라 소요되는 차가 다르다. 한국인은 보이차(푸얼차普洱茶)가 발효차이고 우려내기가 단순한 장점이 있어 좋아한다. 그러나 보이차를 갈아서 치즈를 빼낸 우유에 말차처럼 섞어 마시는 수유차를 티베트나 몽골에서 사용하므로 반대의 경향에서도 소비의 공통점이 보이는 경우도 있다. 보이차는 먼 거리와 오랜 기간 보존한 다음에도 유용하므로 차의 생산지에서 멀리 떨어진 지역에서 오히려 벽화를 남기면서까지 애용되는 경향이 나타났다고 하겠다.

차는 동아시아에서 자연산으로 기원하였지만 그 재배에도 변화가 나타났다. 양자강유역은 기원지가 아니지만 자생의 군락지가 있다. 지금도 양자강의 수계水界가 가장 많은 차를 생산하고 북방한계선을 이루는 지역이 많다. 양자강유역의 상류에서 점차 하류로 재배가 확대되었고 지금은 황해를 따라 양자강유역보다 북상한 곳도 있다. 한반도의 남쪽에

---

9) 河北 宣化 下八里 韓師訓墓出土 壁畵右側一女人正端杯飮茶, 桌上還有几盤茶点, 左側有人彈琴, 形像逼眞.

도 차의 자생지는 아니지만 야생차가 보고되고 있으며 재식된 차가 발아하여 군락지를 이루며 보존된 경우도 있다.

차의 중세는 생산에서 동아시아를 벗어나지 못하였으나 유통과 소비는 비단처럼 다른 문화권으로도 간헐적으로 흘러들어갔다. 무게와 분량이 적은 사치품이지만 재배와 가공이란 부분에 대해서는 제대로 알려지지 않았다. 차보다 앞서지만 다른 작물로는 남아시아의 면화가 동아시아의 중세 후반에 생산이 확산되었고 그 가운데서 동아시아에서 발전한 차보다 남아시아의 차 재배는 더 늦었다. 차의 유통과 소비는 중세에 다른 문화권에도 알려졌지만 생산과 가공은 철저하게 동아시아를 중심으로 유지되었다고 하겠다. 그러나 자생의 차나무는 청의 서남과 인도의 동북방에서 소수민족이 민간의약으로 알고 있었지만, 음료로 확산시킨 지역은 차의 중세까지는 동아시아문화권이 유일한 생산지였다.

차의 재배와 가공은 동아시아의 중세에 고도로 발달되었다. 송은 차의 재배와 선별, 그리고 이를 사교와 문학을 연결시켜 가장 높은 수준으로 끌어올렸다. 이를 멀리 오랜 기간 이용하기 위한 가공방법은 교통이 발달한 오늘날과 다른 상황에서 이룩한 놀랄만한 성취였다. 차의 시와 차서가 증가하고 이에 대한 전설의 수집과 효능, 가공에 대한 평가를 거치면서 품질을 향상시켰다.

중세 말기에 차의 소비가 세계로 확장되었지만 재배와 가공은 동아시아를 벗어나지 않았다. 차의 시대구분에서 재배와 가공이 동아시아를 벗어나 확대한 시기를 근대로 잡는다면, 일반사에서는 근대혁명으로 왕정이 끝나고 공화국이 증가하는 시기로 구분한다. 차의 근대는 일반사의 근대보다 늦고 차의 중세는 동아시아의 차의 전성시대였다는 해석도 가능하다.

3. 차의 근대와 재배지의 확산

차의 근대는 청이 뒷받침하였고 영국이 선도하였다. 청은 처음에 후금이라 자칭하였을 정도로 여진족이 지배층의 최상층을 이루었고 팔기八旗 가운데 몽골이 포함될 정도로 북방민족의 연합적 요소가 강하였다. 실제로 강희제와 건륭제는 몽골제국에 다음가는 공간을 확보하였다. 대외로도 개방성이 강하였고 실제로 몽골제국에 대한 연구도 활발한 시기였다. 옹정제는 앞서 강희제가 오삼계吳三桂를 평정하고 확보한 운남성의 보이차를 궁중용 공차貢茶로 지정하였을 정도로 차의 유통과 소수민족이 생산한 차를 우대하였다.

청의 차에 대한 수출에도 불구하고 차의 재배와 가공은 다른 문화권으로 한동안 확산되지 않았다. 다른 문화권으로 처음 확장시킨 나라는 영국이었다. 차의 재배에서 커다란 변화는 청의 후반기에 시작되었다. 차의 소비가 본격적으로 다른 문화권으로 확대되었지만 청의 주도적인 개방정책이나 대외정책에서 비롯되었다고 보기는 어렵다. 스페인과 포르투갈보다 해외확장에서 후발주자인 영국은 청에서 생산한 차의 소비와 이를 이용한 판매의 이익을 본국의 재정과 식민지의 확장에 이용하였다. 가공된 차의 무역은 식민지에도 소비를 할당하고 세금을 부과하여 미국 독립운동의 도화선이 되었을 정도로 영국을 비롯한 유럽의 은화가 청으로 몰려들었다.

영국은 차의 소비로 생기는 재정의 적자를 해소하고자 인도에 두었던 동인도회사에서 차를 재식하여 극복하려고 노력하였으나 실패하였다. 차는 재배와 가공기술이 단시일에 이루어지는 작물이 아니었다. 이에 아편을 재배하여 이를 청에 수출하였다. 식물마약은 진통의 약효와 함께 중독성의 효과가 커서 청에 급속히 번졌고, 영국에서 더 이상의 은화 유출을 막았다. 이로 인해 생긴 차와 아편의 갈등은 아편전쟁을 불렀고 영국은 우수한 동력인 증기선과 무기인 함포를 이용하여 청을 굴복시켰다.

아편전쟁은 동아시아와 유럽의 주도권 다툼을 판가름하는 분기점이었다. 이후에 차를 활용하여 전성기를 누리던 동아시아 차 산업은 전쟁의 패배와 뒤이어 19세기 후반 인도와 스리랑카에서 차의 재식이 성공하면서, 청의 경제기반마저 영국보다 취약하기 시작하였다. 19세기 중반 동아시아 차의 전성시대가 끝나고 유럽에서도 식민지를 이용한 차의 재배와 가공이 성공하자, 유럽인들은 자신의 기호에 맞추어 볶아서 만드는 홍차를 발전시켰다.

영국과 네덜란드는 한때 새로운 식물자원을 연구하고 다량의 생산을 시도하여 농장으로 만드는 재식농업栽植農業이 제국주의의 식민지에서 유행하였다. 영국을 비롯한 열강은 식민지의 값싼 노동력을 이용하여 농업을 대규모 기업으로 발달시켰다. 특히 인도와 스리랑카, 탄자니아 등이 차 재배의 대상이었고 후에 독립한 다음에도 집산과 가공과 유통의 단계에서 몇 가지를 장악하여 오늘날 지속된 부분도 있다.

19세기 후반에 차 소비가 생산을 촉진시키고 기후와 토질이 알맞은 지역으로 꾸준하게 재배가 확대되었다. 20세기 전반에는 러시아의 흑해 연안과 아메리카의 남북대륙에도 재배지가 확산되었다. 차의 생산은 기후와 토질이 맞으면 동아시아를 벗어나 세계의 각지에서 생산이 가능하였다. 차의 현대는 농업기술과 과학의 발달을 이용하여 공간을 확대하면서 생산과 소비가 세계화된 시기라고 하겠다.

한반도의 서남에서 주로 생산되는 재식한 차는 1939년 일본이 보성군 회천에 생산되면서 비롯되었다. 토착화한 이전의 차보다 잎이 두껍고 다소 넓은 특징이 있고 중국 서남의 품종에서 개량하여 세계화된 품종의 하나이다. 이전의 토착화한 차는 야생차라고도 불리며, 추위에 내성이 강하지만 잎이 얇아 수확량이 적고 꽃피는 계절이 다소 늦은 특징이 있다. 곳곳에서 야생차를 보존하였다고 말하지만 이를 철저히 연구하고 관리하고 장점을 살려서 개량하는 노력이 부족하다.

차의 현대는 새로운 음료로 커피와 탄산음료가 세계의 시장을 휩쓸고 동아시아의 뿌리 깊은 차가 세계의 여러 곳에서 생산된 차와도 경쟁하는 시대라고 하겠다. 차는 음료이지만 국가를 유지하는 경제에도 영향을 주고 새로운 경영과 가공의 음료가 등장하는 시기에 동아시아의 차는 생산지의 많은 인구가 소비하므로 다른 음료의 등장에 대응은 물론 차의 수출도 불가피한 현상이 나타나고 있다. 특히 스리랑카와 탄자니아 는 재식농법으로 다량의 수출이 가능한 형편이다.

현대야말로 음료의 전국시대이고 이틈에 한국의 음료가 생존하고 확산하여 경제의 자립에 기여하는 방향을 찾아야 하겠다. 한국의 차는 첫째 국민의 건강에 기여하고 생산과 소비와 유통에서 꾸준한 기반을 마련할 과제이다. 부족한 차는 전통음료를 개발하여 보충하면서 음료의 경제상 자립과 건강 강화에 도움을 주는 방향으로 발전시킬 필요가 절실히 요구되고 있다.

Ⅲ. 한국 차의 시대구분

한반도는 육지와 바다의 두 가지 공간의 영향을 받는 지역이다. 기후는 늦가을부터 초봄까지 대륙성 기후의 요소가 강하여 온도의 차이인 일교차가 심하다. 그러나 늦봄부터 초가을까지 바다의 요소가 강하여 해양성의 풍광을 연출한다. 기온뿐 아니라 건기와 우기의 습도의 차이는 크고 북쪽이나 내륙으로 갈수록 대륙성 기후의 영향이 크고 남쪽과 해안으로 갈수록 바다의 영향이 크다.

해양성 기후에서 태풍은 수해의 원인이고 대륙성 기후의 냉해에 못지 않은 경우도 있다. 차는 한반도에서 기후가 온화한 남해안에서 자라는 제한된 식물이지만 태풍을 막아주는 지형이 필요하고 습도를 유지하는 호수와 깊숙하게 파고든 잔잔한 바다를 요구한다. 한반도의 서남해안은 차의 고향이다. 이곳으로 차의 씨가 오고 처음 재배되었다. 대용차를 제외하고 차는 토착화한 외래의 식물이다.

차는 남전불교와 함께 한반도의 남서로 옮겨온 양자강유역의 식물이다. 한반도의 서남해안은 해상활동이 활발한 시기에는 첨단을 달리던 문화교류의 중심지였다. 지리산의 서남은 동아시아 대륙의 북부인 중원이 전란에 휩싸이거나 분열된 시기에 오히려 활발하였다. 백제의 전성기였던 남북조의 초기나 안사의 난으로 당 현종이 촉으로 몽진한 시기부터 몽골제국이 대륙을 통일하기까지 한반도의 서남지역은 해상으로 양자강유역과 일본을 연결하는 해상의 거점이었다.

동아시아의 속성은 정치와 군사의 중심인 황하유역을 중원이라 부르지만 경제와 문화는 남북조 이래 서서히 양자강유역으로 이동하였다. 755년 당 현종의 몽진과 844년 무종의 훼불은 이후 경제와 문화, 그리고 사상에 이르기까지 양자강유역이 중원보다 우위를 나타냈다. 중원도 점차 중심지가 중류에서 하류로 이동하였고 원인은 서북지역에서 사막의 확장이나 북방민족의 이동과 관련이 있었다. 운하와 해상을 통한 물동량이 육로를 능가하고 양자강유역의 중요성은 증대하였다. 이를 한반도 차의 역사와 연결하여 살피고자 한다.

1. 대용음료와 수입 차의 상고시대

한반도에서 차를 사용한 기록은 차를 재배한 기록보다 훨씬 앞선다. 차의 생산이란 재배와 자생自生의 두 가지로 해석이 가능하다. 자생의 차는 다시 두 가지로 나누어 기원을 살필 필요가 있다. 하나는 관목의 상록수인 차인가 아니면 다른 식물을 이용한 대용음료로 본다면 해석이 전혀 달라진다. 신화나 전설로 전하던 대용음료도 후에 구분하지 않고 차로 포함되었을 가능성이 있으므로 차나무에서 가공한 차와 구분하면서 하나로 단정하지 말고 다양한 가능성을 모두 열어두어야 하겠다.

한반도에서도 차를 대신한 대용음료는 차의 재배가 불가능한 추운 지역에서도 상고시대에도 얼마든지 있었다. 대표적인 사례가 백산차로 백두산의 작은 관목에서 채취한 차였다는 해석이 있다. 백두산 부근은 눈이 없는 기간이 남쪽보다 짧은 냉대에 속한다. 개마고원에는 낮은 관목이 가을에 열매가 이름답고 약초와 산나물이 풍부하다.

키가 작은 들죽의 열매를 따서 술을 담가먹으며 술을 만드는 약초나 열매는 독성이 적으므로 잎을 적당한 시기에 채취하여 대용차로 사용이 가능하다. 백산차는 그러한 야생식물의 하나이다. 이밖에도 나무나 다년생 식물의 뿌리와 껍질도 대용차의 재료로 개발이 가능하므로 넓은 의미의 차가 다년생 상록수인 차와 혼동되어 사서에 포함되었다는 추측도 가능하다.

차는 음료보다 약용으로 먼저 기원하였고 약의 대부분은 음료와 탕약의 형태로 마셨다. 대용음료와 약탕이나 약차는 더욱 음료와 구분이 어렵다. 식물의 잎과 열매와 뿌리, 싹도 대용음료로 쓰이고 곡식이나 해초, 건어물이나 우유제품도 대용음료로 사용되므로 후에 차로 기록되었을 가능성이 크다. 오늘날의 차가 아닌 대용음료일수록 다른 약재와도 친화성이 강해서 단방單方이 아닌 다양한 약재의 비율과 끓이는 시간과 온도에 따라 다양한 대용음료가 생산된다는 해석이 가능하다.

차를 재배하기 불가능한 한반도의 중부 이북에서 사용된 차 공양의 모습이 고구려 벽화에도 나온다. 이는 대용음료일 가능성이 있다. 차가 공식적으로 지리산 기슭에 재식된 기록은 삼국시대를 지난 신라후기에 속한다. 이에 대해서는 이전에 자생한 대용음료의 차를 말한다고 여겨진다. 마지막으로 차의 재배까지 수입한 차를 사용하였다는 해석도 있었다. 세 가지 가능성을 모두 염두에 두고 깊이 있는 연구가 필요하다. 당의 현종이 촉으로 몽진한 다음에 차는 황실을 포함한 고급 사교계에 확산되었고, 차가 생산되지 않는 가공된 차가 황하유역으로 보급되었으므로 고구려의 차는 대용음료일 가능성이 크다.10)

한국에서 차의 생산이 가능한 지역인 신라와 백제에서 차의 재배에 앞서 차를 공양한 기록을 차의 역사에 포함시키는 경향이 있다. 이는 대용음료와 차의 수입에 대한 깊은 연구가 뒷받침되어야 하고 설화를 그대로 차의 생산으로 설명하기는 어렵다. 마치 후대의 『삼국지연의』처럼 황하유역에도 차가 시장에서 유통되었다는 후대의 상황을 담은 소설을 그대로 답습하는 잘못과 다름없기 때문이다.

차의 새순따기나 가공은 생산지에서 비교적 기원이 오랠 가능성이

---

10) 본서 제10장 I. 옥룡설산의 설차와 백두산의 백산차.

크다. 차는 본래 민간의 약재로 사용되었고 약차의 성격이 강하였다. 이를 가공하면 무게가 적고 용도가 단순했다. 음료로 고급의 사교계에 등장하고 소비와 생산과 유통은 놀랍도록 빨리 확대되었다. 한때는 수요가 생산을 자극하면서 재배와 가공이 급속히 발전하였다는 해석이 가능하다. 차의 생산과 보급에서 중요한 매체는 불교였다. 불교 가운데서도 상좌부불교의 고답성이 강조된 천태종과 선종의 기원으로 삼는 남종선에서 차의 사용과 공급에 날개를 달았다고 하겠다.[11]

2. 차의 재배와 고대의 시작

한반도에서 차를 마시기 시작한 시기는 차를 재배한 시기보다 선행한다는 접근이 필요하다. 차의 고대는 재배한 시기 이후라고 해석하면 오랜 기간 대용음료를 차로 후대에 기록하였고 다음은 가공한 차를 수입한 시기였을 가능성이 크다.

대렴이 사신으로 당에 가서 차 씨를 지리산에 심었던 시기는 혜공왕 4년 보다 앞선다. 흥덕왕 2년(828)의 『삼국사기』에 차가 성행하였다는

---

11) 동아시아의 불교는 거의 북전불교이고 남전불교는 남아시아와 동남아시아의 일부에서만 존재한다는 견해가 일반적이다. 또한 대승불교를 북전불교로, 소승불교를 남전불교로 간주하는 경향도 있다. 개연성은 있으나 정확한 표현이 아니다. 대체로 남전불교에는 상좌부불교의 요소가 강하고 북전불교에는 대중불교의 요소가 우세하지만, 이러한 분류 역시 정확하다고 말하기 어렵다. 초기불교에는 북전이나 남전의 공간을 막론하고 상좌부불교의 요소가 강하였고 점차 대중불교의 보살사상이 강화된 경향이 있었다. 특히 인도의 동북에 위치한 날란다대학에서 불교사상의 차별성보다 종합하여 차이를 없애려는 노력이 끊임없이 시도되었다. 이는 적어도 14세기 초기까지도 존재하였음이 확인된다. 지금까지 근대 일본을 중심으로 선불교를 소개하거나 둔황의 선적에 대한 연구에 깊은 영향을 받아 천태종과 선종의 기원을 북전에 두거나 동아시아에서 출발하였다는 경향이 강하다. 許興植, 『高麗로 옮긴 印度의 등불』, 一潮閣, 1997.

기록은 당에서 수입한 차와 유사할 정도로 국내의 생산량과 품질이 우수하였다는 기록으로 해석된다.[12] 차에 대한 기록은 금석문에도 나타나, 하동 쌍계사의 진감선사비에는 한명漢茗으로, 성주사 낭혜화상비에는 명발茗渤로 올라 있다. 보림사의 보조선사비는 대렴이 사신으로 활동한 시기보다 약간 늦은 시기에 귀국한 원표元表의 행적과 관련시켜 올라 있으므로 진감선사비보다 선행한 사실을 전한다.

대용음료와 이를 이어 가공한 차를 수입한 단계에서 나무를 심어서 생산한 차로 발전한 시대는 한국 차의 역사에서 상고시대와 고대를 긋는 시대구분의 분기점이라는 의미가 있다고 하겠다. 차의 시대구분에서 상고시대에 이미 차가 재배되었다는 전설을 사실로 받아들이기 어렵고 가공한 차를 수입하거나 대용음료를 차의 공양에 사용하였다는 유보적인 해석이 불가피하다.

3. 뇌원차의 중세와 작설차의 근세

한국 차의 중세는 고려의 광종 치세에 비롯된 뇌원차로부터 시작된다. 뇌원차는 용주사의 전신인 갈양사 혜거국사비에 가장 먼저 올라 있다. 최승로는 광종이 불교의례에서 몸소 차를 부수었다는 '연차碾茶'란 표현을 썼고, 이는 뇌원차와 서로 상관성이 있다. 이 무렵의 차는 생산지에서 소비보다 국왕이 하사한 공신의 상례나 노인을 우대한 선물에서 자주 등장하였다. 차는 국왕의 통치에 유용하게 쓰였던 선물이고 부의賻儀로 사용되는 최고급의 귀중품이었다.

고려의 뇌원차는 송의 외교와 무역에서 사용한 용봉차龍鳳茶에 앞서

---

12) 본서 제6장 I. 삼국사기 차 기록의 의문점.

발전된 고형차의 모습이고 장거리 운반과 장기간 보존이 편리한 벽돌모습이었다고 짐작된다. 고려의 뇌원차는 거란과 금과 몽골에도 수출되었다는 기록이 있다. 또한 불교와 관련된 축제와 제의에서 차는 중심적인 제물로서 술을 대신하였음에 틀림없다. 왕실의 귀족이면서도 거사로 일생을 출가자와 다름없는 생애를 보낸 진락공 이자현眞樂公 李資玄의 생애와 제문이 실린 「청평산문수원기淸平山文殊院記」에는 차의 용도가 국왕의 하사품, 건강을 위한 의약, 그리고 제물로서 일곱 차례나 언급되었다.[13]

국왕은 차를 공신이나 고승의 건강을 위한 최상의 선물로 사용하였다. 음식이란 제물로서 사용되면서 위상이 더욱 높아졌다. 팔관회나 연등회와 같은 중요한 제전에서도 절에 행차한 국왕이 집전한 의례에서도 차는 가장 중요한 제의에서 중심 제물이었다.

음료란 식품을 섭취하거나 원활하게 체내에서 영양을 소통시키는 역할을 한다. 그러나 전통으로 남고 의미를 부여하여 새로운 차원으로 향상시키는 계기는 제물로서의 사용이었다. 차의 고대에 이미 차를 불전에 공양하는 사례가 벽화나 기록에 등장한다. 삼국시대의 차는 고구려에서는 대용음료였다고 짐작된다. 고대에 재배한 음료로도 불전에 공양으로 사용된 당의 불교에서 영향을 받아 수행되었다. 차가 고려에 이르러 국가의 제전에 중요하게 사용되면서 세속인의 제의로 확대되고, 차의 전성기에 이르렀다는 해석이 가능하다.

차에 대한 생산지와 명칭은 『세종실록지리지世宗實錄地理志』가 가장 자세하다. 장흥 보림사 부근의 북쪽과 동쪽에 차소茶所가 밀집되었고 최고급의 차를 생산하였던 차 가공의 중심지였다고 짐작된다. 조선초기 차의

---

13) 본서 제5장 II. 고려의 제물로서 차의 위상.

〈그림 7〉『세종실록지리지』일부분. 세종 8년에 각도에서 정리한 『팔도지리지』를 바탕으로 6년 후에 완성되었다. 우리나라의 정확하고 자세한 사회조사의 전모가 최초로 실려 있다. 차를 재배한 지명과 가공한 곳도 비로소 이 책에 처음 제대로 실렸다.

가장 중요한 변화는 고려의 고형차에서 떡차가 아닌 푸석한 산차散茶인 작설차雀舌茶가 대세였다. 이는 송과 원에서 고형의 덩어리 차인 용봉설단에서 명대에는 말린 그대로 산차인 건엽차乾葉茶로 바뀌고 그 방법을 조선도 따랐기 때문이라 짐작된다.

조선중기의 『신증동국여지승람新增東國輿地勝覽』에는 차에 대한 기록을 『세종실록지리지』에서 거의 그대로 답습하였고 새로운 내용이 적다. 차를 중요시한 불교가 국교였던 시대에서 성리학을 이념으로 삼은 조선으로 왕조가 변하면서 제의祭儀도 바뀌었고 차의 사용도 줄었다고 짐작된다. 차를 사용하는 소제素祭의 제의가 줄고 어물과 육류와 술을 중요시한 제물로 바뀌면서 차의 생산과 유통이 위축된 때문이라 해석된다.

성리학은 제물을 소제에서 어육을 포함한 동아시아 상고의 희생제로 복귀한 요소가 강하다. 성리학은 유교로 돌아가 제의와 식생활에도 어육과 술을 회복시킨 복고라는 변화를 동반하였다. 조선시대의 성리학은 이론도 중요하였지만 제의를 통하여 부계의 씨족과 동족을 강화하는 경향이 강화되었다.

가묘는 물론 가묘를 확대한 시향과 향교와 서원의 제의는 성리학을 심화시키는 계기였고 도구였다. 국가의 종묘와 문묘에 이르기까지 성리학을 바탕으로 제물로 불교의 소제에서 강조한 다과보다 어육에 중요성을 강조한 변화가 있었다. 특히 갱헌羹獻은 육류를 강조한 제물이었고 실제로 고전에 실린 갱헌의 본래 취지를 살려서 제물로 가장家獐을 강조하였다. 내로라하는 조선후기의 성리학자들의 주장은 불교시대의 제의와는 판이한 특성이었다.[14]

세제稅制에 있어서도 조선시대의 대부분 동안 특산물에 속했던 차는 공납제貢納制였고, 방납防納의 폐단이 심하였기 때문에 이후 대동법으로 대체되었다. 한국에서 차의 근세는 공납제가 실시된 조선시대였고 이를 대동법으로 바꾸면서 차의 생산과 소비가 활기를 띠었으므로 이러한 분위기에서 「동차송東茶頌」이 나왔다. 한국 차의 근대는 다산 정약용의 연구와 초의의순의 「동차송」이 저술된 때로 보는 경향이 대세이다. 그러나 차의 보급이나 사용이 크게 확장되었다고 보기는 어렵다. 근대의 차

〈그림 8〉 초의선사의 「동차송東茶頌」. 다산 정약용, 해거도인 홍현주洪顯周는 대동법의 시행 후에 숨통이 트인 한국차의 커다란 발전을 일으켰고, 초의의순草衣意恂의 저술이 가능한 분위기를 조성하였다.

---

14) 허흥식, 「祭物로서 家獐에 대한 종교별 차이」『한국중세사연구』 37, 2013.

는 아편전쟁 이후 청의 차가 쇠퇴하고 영국이 식민지인 인도와 세일론, 탄자니아 등에 재식농업으로 새롭게 재배와 수요, 그리고 가공에서 두각을 나타내면서 세계의 각지로 확산되었다.

일본은 한반도에 1939년 영국이 식민지에 재식한 방식을 따른 차 생산을 보성군의 회천면에 실시하였다. 지금도 이를 제주도와 전남의 여러 곳에서 대기업들이 착수하여 확대하는 경향이 있다. 한국 차에 대한 근대 구분은 공납제를 폐지하고 대동법을 시행하면서 차가 부활하고 동차송이 나온 시기로 삼을 필요도 있으나 모두 합쳐도 규모가 크지 못한 한계가 있다.

차의 재배와 가공, 그리고 이를 소비하는 요소는 단시일에 수준을 향상시키기 어렵다. 현대의 급속한 교역의 발달과 사회구조의 변화는 장기간의 준비와 노동력이나 기술의 축적이 필요한 차를 음료로 회복하기보다 수입하거나 전통의 대용음료로 대체하는 경향이 강하다. 커피와 술은 이미 음료를 석권하고 고답적인 애호가들의 다락방과 같은 극히 제한된 공간으로 차의 영역을 축소시켰다.

전망과 교통이 좋은 공간은 커피와 포도주가 차지한다. 고급의 음식점에서 비싼 외국산의 술을 음식과 곁들이고 경제력을 과시하면서 사교계를 장악하였다. 그렇다고 고답적인 음료를 살리기 위한 차와 전통의 대용음료를 방치하기도 어렵다. 독실한 수요자를 확보하면서 건강과 위상을 회복시키려는 끈기 있는 노력이 요구된다고 하겠다.[15]

음료의 경제적 현실은 도시공간의 중요성과 관계가 있다. 어느 곳을 여행하다 보면 전통을 반영하지만 현실의 경제와 관련된 중요성과 비례한다. 각국의 도시마다 음식의 일부인 음료가 차지하는 현실과 깊은

---

15) 본서 제10장 Ⅱ. 민간의서에서 찾아낸 대용음료.

관계와 변화를 반영한다. 음료에서 차와 술과 커피의 수요와 공급과 생산은 경제에서 차지하는 우월한 순위를 나타낸다고 하겠다.

제2장 고려의 남전불교와 소승종

　오랜 기간 동아시아 불교는 모두가 북전불교이고 대승불교라는 통설로 굳었다. 한국의 불교도 동아시아 불교에 속하고 대승불교를 자처하는 경향을 벗어나지 못하였다. 대승불교의 상대개념인 소승불교는 남전불교와 상통하는 의미로 사용하였다. 불교를 대승불교와 소승불교로 나누고 북전불교에서 대승불교를 자처하고 남전불교를 소승불교로 멸시하였다.

　남전불교는 출가집단인 상좌부 중심이고 북전불교는 재가신도를 포함한 대중불교의 속성이 강하다. 소승불교란 남전불교의 자칭도 아니고 남전불교라 해서 모두 상좌부 중심도 아니고 북전불교에도 상좌부 요소가 포함된 경전이 많다. 그러나 대체로 남전불교는 신도를 포함한 보살사상을 강조하는 북전불교보다 상좌부의 강한 특성이 유지된다는 개연성도 부정하기 어렵다.

　이 부분에서는 대승불교나 소승불교보다 북전불교나 남전불교를 주로 사용하고자 한다. 그리고 동아시아 불교는 스스로 북전불교를 자처하였지만 남전불교의 요소도 적지 않게 포함되었음을 밝히고자 한다. 다른 하나는 한국불교에서는 소승종이 고려시대에 군소종파로 존재하고 시흥종으로 명칭이 변하였음을 제시하고자 한다. 아울러 천태종과 조계종에도 남전불교의 요소가 특히 양자강 동남지역과 고려에 영향이 컸음을 밝히고자 한다.

I. 남전불교의 한반도 전래

20세기 전반 학자들은 동아시아 불교에 대해서 거의 대승불교라고 정의하였다.[1] 서구의 학계도 이를 따랐고 다른 의문이 없었다. 이런 통설과는 달리 소승불교가 천태종과 선종의 바탕에 잠재하였고 고려에서는 심지어 종파로도 지속하였음을 밝히고자 한다. 근대에 동아시아의 불교를 정리하여 서구에 소개한 일본과 중국 학자들도 불교에 대하여 통설과 다른 의문이 없었다. 이를 그대로 받아들인 한국의 불교계는 더 말할 필요 없이 대승불교라는 관점에 조금도 의심이 없다.

이 글에서는 세계의 불교학계와 동아시아의 전통에서 전혀 의심하지 아니한 동아시아 불교에 포함된 남전불교의 요소를 정리하고자 한다. 고려에서 소승불교를 의미하는 소승종이 있었으나 이에 주의를 기울이지 않았다. 또한 소승종과 같은 의미를 가진 종파의 이름을 천태종에 가까운 군소종파로 간주하였음을 규명하고자 한다. 심지어 필자는 고려의 4대종파에 속하는 조계종과 천태종에도 남전불교의 요소가 잠재하고 소승종과 상통하는 특성이 있음을 지적하였다.[2]

개항과 더불어 외국 불교와 접촉이 활발하고 근대에는 남전불교의

---

1) Daisetz Teitaro Suzuki, *Essays in Zen Buddhism*, Grove Pr, 1961 ; 吳經熊, 『禪學的黃金時代』, 海南出版社, 2009.
2) 허흥식, 『한국의 중세문명과 사회사상』, 한국학술정보, 2013, 11장.

수양방법인 위빠사나가 소개되었다. 위빠사나는 본래 수양과 경전과 계율을 불가분의 관계로 보는 상좌부불교의 수행과 상통하였고, 후대에 지공화상이 스리랑카에서 보명존자의 사상을 바탕으로 저술한 선요록에도 잘 나타나있다. 엄격한 의미에서 소승불교의 내용이란 전파된 공간을 반영하는 남전불교보다 상좌부불교의 특성을 지닌 사상이라는 표현이 정확하다는 견해를 밝히고자 한다.

1. 소승불교와 남전불교의 차이점

남전과 북전에도 상반된 요소가 존재하는 경우가 시대에 따라 나타나기도 한다. 불교사를 살피면 남전불교가 쇠퇴하여 북전불교의 고승을 초청하여 지원을 받거나 반대의 경우가 없지 않기 때문이다. 대체로 남전불교가 쇠퇴하여 북전불교의 지원을 받았다는 기록이 있지만 반대의 경우는 적다. 그만큼 불교사에서 북전불교의 위력에 눌려 남전불교의 존재는 동아시아에서 무시되었다. 남아시아나 동남아시아는 물론 동아시아에도 수도는 북쪽에 위치한 경우가 대부분이다. 불교사도 거의 수도를 중심으로 서술되고 국가에 의하여 지원된 불사가 주로 수록되는 경향 때문에 북전불교가 강조된 경향이 심한 현상이 있다.

다원적인 불교사의 자료가 풍부한 고려에서 적지 않은 소승불교의 요소가 남아있다. 이를 추적하여 시대에 따라 정도의 차이는 있지만 큰 종파에도 소승불교의 요소가 의외로 강하게 포함하였음을 밝히고자 한다. 대체로 상좌부불교와 남전불교와 소승불교는 서로 강한 연관관계가 있다. 이와 상반되는 북전불교와 대승불교와 대중불교는 역시 강한 상관성이 있다. 이를 감안하면서 시대별로 공간과 내용, 그리고 불교가 지향한 방향과 상대에 대한 개념이 있지만 이를 포용한 측면도 있다.

동아시아의 불교는 흔히 말하는 대승불교가 주류이다. 북전불교의 전통과 대중불교의 보살사상이 강조된 일반적인 통설에도 불구하고 남전불교의 요소가 공존하거나 적지 않게 전승된 요소가 없지 않음을 염두에 둘 필요가 있다. 그렇다고 본서를 통하여 동아시아의 불교가 북전의 대승불교가 주류라는 통설을 바꾸려는 시도는 아니다. 다만 동아시아 불교를 거시적으로 살피면 소승불교로 표현된 남전불교의 상좌부 요소를 무시하고는 이해하기 어렵다는 사실을 상기하고자 한다. 불교가 동아시아에 전파된 초기와 중앙아시아에서 사막화가 진전되고 민족이동이 심하였던 중세에는 남전불교의 요소가 의외로 강화되었다.

동아시아의 불교는 중세에 다양한 종파가 경쟁하였다. 종파불교에서 천태종과 선종에는 소승불교의 요소가 강하게 접목되었으나 이를 부정하고 북전을 강조함으로써 점차 남전불교의 요소는 존재하면서도 실제로 이를 인정하기를 피하고 대승불교를 표방하였다. 한국불교에는 군소 종파로 소승종이 오랜 기간 존재하였다. 이를 무시하고 한국의 불교계는 외국의 연구자를 맹종하거나 사실을 무시하거나 다른 종파로 잘못 해석하였었다.

한국불교에서 법통으로 주목되는 지공과 나옹에 대하여 불교계조차 애써 무시하려는 경향이 있다. 특히 불교계의 종정이나 학승들이 이에 앞장섰고, 필자의 오래 전 제안에도 한국중세사의 중요한 부분인 불교사의 체계를 검증하지 않고 국사교과서에도 이를 반영하지 않아서 국사교육에도 틀린 이론이 계속되고 있다.

불교의 역사는 시간과 공간 차원에서 어느 종교보다 방대하다. 오랜 기간 여러 지역에 불교가 전파되고 정착하는 과정에서 토착화하는 경향이 생기고 불교의 성격이 지역별로 많은 차이를 보인다. 이는 불교에서만 나타나는 현상은 아니지만 불교에서 더욱 심한 경향이 있다.

불교를 공간에서 바라보면 몇 가지 특성이 있다. 하나는 불교의 기원지인 인도에서 기원후 5세기부터 브라만 계층을 중심으로 불교이전의 신화종교를 재구성한 힌두교에 의하여 주도적 사상의 위상이 약화되고 기원지에서조차 불교가 화석화되어 힌두교로 교체되는 현상이 나타났다. 불교는 주로 동으로 새로운 영역을 넓혔고, 이는 기독교의 경우에도 기원지에서 이슬람교와 유대교에 의하여 구축되고 주로 서쪽으로 전파하여 그곳이 기독교의 중심지로 자리잡은 사실과 상통한다.

불교의 다른 특징은 종파가 지역성을 반영하지만 혼재하거나 가톨릭 교구처럼 지역성을 가지는 두 가지 경우이다. 동아시아에 전파된 불교는 대체로 지관을 중요시하는 천태종과 참선을 수행으로 강조하는 선종은 차가 재배되는 따뜻한 남방에서, 그리고 화엄종을 비롯한 교학을 중요시한 교종은 민족이동이 심하고 사막화로 자연환경이 거칠었던 북방에서 성행한 경향이 있다. 그러나 가톨릭의 교구제와는 다르게 혼재하면서 경쟁한 속성이 강하고 한반도의 중세불교도 지역성을 탈피한 현상과 상통한다. 다만 조선 초기 종파정리를 거쳐 개항이후 종파의 구별보다는, 가장 종세가 강한 대한불교조계종이 본말사제를 중심으로 가톨릭의 교구제와 상통하는 경향이 강화되었다.[3]

동아시아 불교사에서 전통시대에는 대승과 소승이란 용어가 널리 쓰였다. 대승이란 소승보다 우월하다는 의미가 포함되었고 실제로 대승불교를 표방한 지역에서 소승불교는 교세가 신장되지 못한 경향이 있다. 이와 달리 근대에는 평가가 포함되지 않은 공간으로 나누어 남전불교와

---

3) 한국의 불교계를 본말사제로 장악한 정확한 시기는 일제식민지 초기이다. 그러나 이를 전적으로 일제의 종교통치에서 비롯되었다고 보기도 어렵다. 조선전기에 8도제와 더불어 선교 36사를 제정하였기 때문이고, 조선후기에 종파의 경쟁이 없었다는 상황도 지적되어야 한다.

북전불교로 나누는 경향이 강하다. 그러나 북전불교와 남전불교란 구분에도 문제점이 있다.

남전의 불교에도 북전의 보살사상인 대승불교가 포함된 경우가 있고 북전불교에도 초기에는 상좌부불교의 경전이 포함되었기 때문이다. 소승과 남전, 그리고 상좌부불교의 사이에는 공통적인 개연성이 있지만 대승과 북전, 그리고 보살사상이 반드시 일치한다고 주장하기도 어렵다. 다만 두 가지 상반된 분류는 개념을 이분법으로 나누면 선명한 속성은 있으나 개연성을 염두에 두고 상관성이 크다는 유보적인 정의에 만족해야한다는 한계가 있다.

불교의 초기에는 상좌부가 중심이었고 이후에 북전불교에서 대중을 포함한 보살사상이 강화되었다는 견해가 일반적이다. 인도의 서북방과 중앙아시아로 전파된 북전불교는 대륙성 기후와 민족이동, 그리고 자연의 불리한 조건을 극복하면서 적응하여 대중을 포함한 집단의 구성을 강화하여 대응한 특성이 있었다. 다른 지역으로 전파된 종교가 새로운 지역의 전통과 결합하여 변질되는 현상은 불교만의 특성도 아니다. 대승불교가 상좌부불교에 대하여 소승불교로 낮추어 평가한 경향도 이에서 비롯되었다.

2. 최치원의 불교사 시대구분과 비파사

최치원은 회창폐불이 지난 12년 후에 태어났고 다시 12년 후 당으로 유학하였으므로, 이는 당에서 선종이 일어나는 시기에 해당된다. 회창폐불로 장안의 교학불교는 타격이 컸고, 최치원이 수학하고 급제한 시기에는 불교의 영향을 적게 받았을 가능성이 크다. 그러나 그가 급제한 다음, 고변의 종사관으로 황소의 난에는 관군 편에서 종군했으므로 활동

지역은 주로 양자강유역이었다. 또 그가 귀국한 시기 신라에서는 선종이 융성하면서 기존의 교학과 활발한 경쟁을 벌이면서 중앙의 통제가 약화될수록 새 종단을 형성하는 불교계의 인맥이 강화되었다.

최치원은 그가 900년에 지은 해인사의 「선안주원벽기善安住院壁記」에서 더욱 구체적으로 비파사를 언급하였고 당시 신라에 존재한 불교계의 여러 요소를 다음과 같이 정리하였다.

> 곳곳의 인재들이 다투어 출가할 뜻을 보이고, 온 나라의 승려들이 모두 부처의 가르침에 젖었으니 이른바 유가瑜伽, 표하건나驃訶健拏(화엄華嚴), 비나야毗奈耶(계율戒律), 비파사毗婆沙(소승小乘) 등이 있다. 또한 학풍을 서로 같이 하거나, 수준이 떨어지면서 뛰어난 체하거나, 참회와 염불을 중요시하거나, 진언眞言을 사용하거나 참선을 내세우거나 고행을 일삼는 각각의 경우가 있으나, 이들은 부처가 베푼 바를 각각 부분적으로 내세운다.[4]

위의 자료는 용어가 매우 어려우므로 견해의 차이가 염려되지만 가능한 한도에서 유추해 본 해석이다. 최치원은 한자를 사용하여 불교의 용어를 사용하였으나 한자문화권에서 내용을 의석義釋하거나 음사音寫한 두 가지로 구분된다. 유가는 고려에서 종파이름으로도 사용되었으나 자은종慈恩宗으로 사용빈도가 후에 증가하였고 법상종法相宗으로 의석한 용어를 사용한 경우는 찾기 어려울 정도이다. 그 밖의 화엄과 계율, 그리고 소승을 음사의 한자로 사용한 경우는 더욱 적었다. 소승을 음사로 범어를 사용한 사례이고 희소한 경우에 속한다. 최치원은 한자를 사용하

---

4) 崔致遠, 「新羅迦耶山海印寺善安住院壁記」 『東文選』 卷64, "五岳群英 競勵爲山之志 四海釋鍾 能均入海之名 曰瑜伽 曰驃訶健拏 曰毗奈耶 曰毗婆沙 復有彩混楚禽 號齊周璞者 或推懺誦 或採摠持 或擧華僑 或酬苦節 斯皆假王給之所擢擧."

면서도 더욱 외래어에 속하는 음사의 용어를 사용하였다는 특징이 있다. 구미에 유학한 학자들이 유별나게 중원의 고대 지명이나 인명조차 중국어 발음의 한글로 쓰려는 경향이 국내는 물론 중국에 사는 교민보다도 강한 오늘날의 현상과 상통한다.

최치원이 소승小乘을 비파사로 표현하였다는 해석도 완전한 동의를 얻기 어렵다. 비파사는 나름대로의 경률론 삼장이 있지만 때에 따라 경보다 논이나 후에는 수행방법을 강조하는 해석의 경향도 나타나기 때문이다. 그는 비파사를 포함하여 불교계의 큰 주류를 넷으로 나누었다. 그 밖에 나타나는 두 가지 특징으로 몇 가지 학파의 장점을 겸비한 종합적인 학파, 또한 그의 안목에 맞지 않는 형식적인 학파도 있다고 지적하였다.

위의 글은 화엄사상을 펼친 중요한 사원이고 종파로 발전한 구심점의 하나였던 해인사에 남긴 글이다. 최치원은 선종고승의 비문에서도 비파사란 용어를 사용하였다. 위에서 신라말기에 등장하였던 불교의 여러 사상 경향을 포괄하여 열거하였다고 생각된다. 그러나 위의 글에는 소승과 대승의 차이나 전파된 공간에 대한 설명이 없어서 아쉽다. 융성한 시기의 차이로 구분하였다.

최치원은 당시까지의 신라 불교사를 향상된 체계적인 관점을 선종고승의 비문에서도 음사된 용어의 한자를 사용하여 다시 나타낸 자료가 있다. 그가 쓴 봉암사 지증대사비문에 다음과 같이 정리하였다.

그 가르침佛教이 흥성하게 된 계기를 보건대, 먼저 비파사毘婆沙가 전래되어 사군四郡에 사체四諦의 법륜이 달렸고, 마하연摩訶衍이 후에 전래되어 온 나라에 일승一乘의 거울이 빛났다. 경의經義가 널리 전파되고 계율이 바람처럼 번졌다. 모든 이치는 모두 불교에 융해되었다. (중략) 장경초長

慶初에 도의道義가 서쪽으로 유학하여 서당지장西堂智藏의 가르침을 배워옴
으로써 비로소 선종을 알게 되었다.5)

사체란『아함경』에 속하는 상좌부 교학의 일부이고 불설사체경이
독립된 경전으로 전하기도 한다.6) 마하연은 대승을 말하므로 앞에
인용한「선안주원벽기」보다 소승을 대승교학보다 더욱 선명하게 대비
시켰다. 최치원의 범어학에 대한 수준이나 당시에 해로로 전래된 인도
어 지식이 대표적인 제2외국어로서 의외로 높은 단계였을 가능성이
있다.

위의 내용에서 최치원이 신라를 중심으로 불교사를 3기로 시대구분하
였음이 확인된다. 즉 삼국 이전의 소승불교시대, 그리고 삼국의 후반과
신라통일기에 풍미한 대승불교의 교학과 계율, 그리고 신라 말기부터
도의에 의하여 소개된 선종이 그것이다. 최치원의 이러한 불교사체계에
는 몇 가지 주목되는 견해가 발견된다. 첫째로 이 기록은 현존하는
불교사에서 가장 오래된 시대구분이 실린 관점이고, 둘째로 소승불교시
대를 설정하였다는 특색을 가진다.

최치원이 설정한 비파사가 현재 통용되는 4세기 후반 수용된 교학불교
보다 앞선 시대에 전래하였다는 해석은 현재 학계에서 통설로 수용되지
않고 있다. 비파사란 위빠사나를 말하고 상좌부불교이며, 대승불교인
마하연에 대응하는 소승불교란 의미이다.7) 그러나 거시적인 안목으로

---

5)『崔文昌候全集』卷3, 智證和尙碑銘幷序, 成大大東文化硏究院 刊, p.172, "其敎之興也
毘婆沙先至 別四郡驅四諦之輪 摩訶衍後來 則一國曜一乘之鏡 然能義龍雲躍律虎風騰 (中
略) 泊長慶初 有僧道義 西泛睹西堂之奧 智光倂智藏而還 始語玄契者."
6)『大正新脩大藏經』第一冊 No.32,『四諦經』.
7) 소승불교란 북전불교에서 남전불교를 폄하한 표현이므로 학술용어로는 적당하
지 못하다.

정리하는 시대구분에서 개인이 독창적으로 시대를 새롭게 설정하기는 어렵다.

삼국에 북전불교가 전래되기 앞서 설정된 소승불교시대가 학계에서 인정되지 않더라도, 이러한 견해의 기원이 최치원보다 훨씬 앞서부터 존재하였을 가능성은 충분하다. 소승경전인 아함경이 많이 포함된 사십이장경이 먼저 북전으로 전래하였다거나, 실제로 인도에서 상좌부의 부파불교가 먼저 확립되고 다음에 대중을 포함하는 보살사상이 북전하면서 강화되었다는 해석도 가능하다.

최치원은 먼저 비파사가 전래되었고 후에 마하연이 전파되었다는 설명을 일연의『삼국유사』보다 먼저 금석문에 명시하였다. 그는 대상과 시기도 대비시켰다. 비파사의 수행은 선종을 탄생시킨 참선보다 천태의 삼관에 가까운 관법이 기초이다. 남조불교의 거장으로 천태종의 기반을 마련하였던 도안道安이나 혜사慧思 등은 위빠사나 수행법을 수용하였고, 신라 원효의 선수행은 천태관법과 밀접하였다. 고려에 와서 남전불교의 선을 직접 전한 지공도 같은 수행법이었다.[8]

삼국 불교의 모습은 고려에 이르러 각훈覺訓의『해동고승전』에 현존하는 일부분이나 일연이 지은 삼국유사에 전한다. 일연의『조파도祖派圖』나 이장용李藏用의『선가종파도禪家宗派圖』등은 귀중한 불교 사서이지만 책이름만 전하고 현존하지 않으므로 참조가 어렵지만 비파사에 대한 기록은 어느 사서에도 최치원처럼 비중을 두고 언급하지 않았다.

---

8) 달마는 남인도에서 해로를 통하여 왔고, 혜능은 해로를 통한 남전불교와 접촉하였으나 후에 북전불교의 국가주의에 매몰되고, 선불교는 북전불교의 변형으로 해석되거나 동아시아에서 기원하고 꽃피웠다는 중원패권주의에 의하여 매몰되었다고 하겠다.

3. 의천과 구사론 중심의 소승

대각국사 의천은 고려의 불교가 종파중심으로 갈등의 조짐이 나타나자 이를 극복하려고 노력한 사상가이다. 그는 원효의 교학사상에 이상을 두고 학파시대의 불교로 돌아가 모든 교학사상을 단계별 겸학으로 수렴하였으나 남종선의 직지인심이나 심전을 주장하는 선사상을 배격하였다.[9]

그는 남종선보다 지의智顗에 의하여 확립된 천태종에 깊은 관심을 두었다. 그는 최치원과는 달리 음사된 인도어는 사용하지 않았다. 그렇다고 해서 그가 인도어를 대표하는 범어를 배우지 않았거나 중요하게 생각하지 않았다고 말하기 어렵다. 그의 사후 가장 가까운 시기에 조성된 묘지에서 서천 범학에 대하여 송에 머무는 시간을 할애한 사실을 실었고 그의 문집에는 이를 지도한 고승의 이름을 밝혔기 때문이다.

의천은 해로로 전파된 외래어의 무분별한 남용이나 이에 대한 억측을 배제하고 적어도 선종보다 먼저 전래되어 의석된 언어를 사용하려고 노력하였다. 그는 남전의 음사된 언어에서 나타나는 해석의 부정확한 내용을 극복하고 북전의 의석된 언어를 사용하여 동아시아의 불교 경전을 정확히 이해하려는 태도를 견지하였다. 음사의 단어를 금지하여 주술적인 신비주의에 빠진 불교를 극복하였다. 남용되는 범어보다 북전의 불교를 기준으로 앞서 정착된 불교의 용어와 의미를 찾아서 경전을 확립하려는 의지를 보였다고 하겠다.

의천의 이상은 현재의 종파를 벗어나 신라의 원효에 의하여 시도된 불교의 해석으로 복귀되기를 희망하고, 의상을 대덕이라면 원효는 보살

---

9) 허흥식, 「義天의 思想과 試鍊」『정신문화연구』 53, 한국정신문화연구원, 1994.

이라고 치켜세웠다. 그 자신은 14개월 동안 송에 머물면서 다양한 종파와 지식을 가진 고승을 만났으면서도 그가 추구한 목표는 선종보다 선행한 천태종에서 이룩한 수행을 우위에 두었음이 확실하다. 그가 원효를 추앙한 원인도 남전의 선사상이나 경전을 북전의 언어로 정리하였다는 해석에서 찾아진다.

의천의 문집은 많은 부분이 훼손되었으나 현존하는 내용에 따르면 남전불교를 소승으로 표현하고 이에 대한 관심은 극히 적었다. 그의 문집에는 비파사란 표현은 있을 수 없고 소승에 대한 이론적 중요성을 구사론俱舍論에 국한시켰음이 한 번 등장한다. 그는 성상性相을 대조하고 유식론과 기신론을 각각 상과 성으로 대비시켰고 이를 일월日月과 건곤乾坤으로도 표현하였다. 그는 상에 대하여 구사와 유식으로 크게 나누고 이를 시교始敎라 하였고, 기신과 화엄을 깨달음과 원융의 기반이라고 하였다 그는 소승에서 2승으로 다시 대승으로 단계적 겸학을 주장하였고 선종에서 소승을 무시하고 돈오에 이를 수 있다는 주장은 웃음꺼리에 불과하다고 일축하였다.[10]

의천의 사상은 화엄종과 유가종, 그리고 선종이 삼대종파로, 그외 군소종파가 있었던 고려 전기의 불교계에 큰 변동을 예고하였다. 그의 이상대로라면 화엄종을 중심으로 삼고 유가종과 소승종의 순서로 단계별 종파가 학파시대의 교학으로 돌아가 겸학의 일부로 포섭되는 상태였다. 천태학은 선종을 대신한 소승과 대승의 중간에 위치하는 중요성이 있었다. 의천의 이상은 그가 생존할 당시에는 그대로 진행되었고 실제로

---

10) 義天,『大覺國師文集』권1, 刊定成唯識論單科序, "況清涼有言 性之與相 若天之日月 易之乾坤 學兼兩轍 方曰通人 是知不學俱舍 不知小乘之說 不學唯識 寧見始敎之宗 不學起信 豈明終頓之旨 不學花嚴 難入圓融之門 良以淺不至深 深必該滅 理數之然也 故經偈云 無力飮池河 詎能呑大海 不習二乘法 何能學大乘 斯言可信也 二乘尚習況大乘乎 近世學佛者 自謂頓悟 蔑視權小 及談性相 往往取笑於人者 皆由不能 兼學之過也."

군소종파는 소멸될 정도였다. 14산문의 남종선은 산문의 표방마저 약화되고 그 가운데 5산문은 산문마저 해체하고 의천의 문도로 바꾸고 말았다.

의천이 입적한 다음 30년이 지나 천태종의 시조로 그를 추앙하는 선승들이 선봉사에 비를 세우면서 역설적으로 새로운 천태종의 출발을 확고하게 전하였다. 남전불교의 요소가 강화되던 시기에 살면서 이를 역행하던 대각국사 의천에게 남전불교의 존재는 인정하기 어려운 이론체계였다. 그러나 그에게도 진나陳那를 비롯한 남전불교의 인식론을 계승한 원효는 보살처럼 위대한 존재였다. 한국중세의 불교계는 동아시아 고대불교의 다양한 기원을 보존하였던 호수와 같았다. 한국의 중세는 동아시아 고대의 요소를 보존하면서 창조성을 강하게 지닌 고려불교의 특성을 나타냈고, 소중종의 존재에서도 확인된다고 하겠다.

근본적인 도전은 의천의 요청을 물리친 선종 또는 조계종으로 남종선을 고수한 원응국사 학일圓應國師 學一이 첫 번째 반기를 들었다. 학일은 가지산문에 속하였고, 다음으로 사굴산문에 속한 혜조국사 담진慧照國師 曇眞, 그리고 대감국사 탄연大鑑國師 坦然이 조계종의 시대로 점차 종세를 굳혔고 보조지눌이 뒤를 이어서 이후 조계종의 전성시대를 펼쳤다.

II. 고려의 소승종과 시흥종

불교는 기원지의 공동화 현상이 심해지고 서북을 거쳐 동쪽으로 전파한 북전불교가 네팔과 동아시아에서 번영하였다. 해로로 전파한 남전불교는 동남아시아의 여러 지역에서 번성하였다. 동아시아 선종의 초조 보리달마는 해로로 도착하였다고 하지만 첫 번째 도착한 동아시아 지역에 대한 견해는 뚜렷하지 않다. 10세기의 마후라와 시리바일라는 고려의 태조를 만났고, 스리랑카의 보명존자로부터 남전불교의 선사상을 계승한 지공선현은 1326년 개경에 도착하여 전국의 사원을 찾으면서 고려불교에 심각한 영향을 주었음을 살피고자 한다.

소승은 남전불교에 기반을 둔 상좌부불교에서 비롯되었고 한국을 비롯한 동아시아 천태종과 선종에도 그 흔적이 적지 않다. 그러나 소승을 종파로 확립한 증거는 인정하지도 않고 찾기도 어렵다. 소승은 최치원이 음사한 비파사를 말하고 남전불교의 무덤이 안탑鴈塔이란 형태의 이름을 남겼으나 이를 탑이 즐비하게 늘어선 정도로 해석한 경우가 대부분이다. 층탑이 아닌 복발형의 부도를 가리킬 가능성이 크지만 이에 대한 새로운 해석을 시도하지 않았다. 고려초기 선승의 부도에는 탑신을 구형으로 변형한 형태가 적지 않다. 이는 남전불교의 불교양식이고 계단의 부도에도 이를 살려서 계승되었다고 하겠다.

고려에서 소승종小乘宗이 존재한 증거는 뚜렷하게 남아 있다. 다만 누가 종조이고 이를 계승한 인물에 대한 계보가 현존하지 않는다. 고려의 다른 군소종파의 경우에는 약간 기록이 남은 경우도 있으나 소승종의 종조나 종파가 존재한 최초의 시기에 대한 자료가 부족하다. 고려후기에 소승종이 소승업小乘業이란 표현으로 엄연한 종파였다는 희귀한 국가 문서의 한 조각이 남아있고, 다른 이름으로 종파의 이름이 바뀐 사례도 있음을 밝히고자 한다.

1. 소승종은 교종의 종파

고려초기에 소승종이 있었다는 근거는 뚜렷하지 않다. 13세기 중반에 하천단河千旦은 소승업의 수좌首座를 임명하는 제고制誥를 지었으며, 이를 살펴보면 소승종의 수좌란 교종의 승계를 따랐다. 소승업은 개인의 완성을 목표로 한 교리를 나타내고 변방의 민심을 안정시켰던 공로가 있었다고 하였다.[11] 이는 전기의 중앙집권 사회에서 주도적인 종파였던 화엄종, 유가종 등이 가졌던 집단화의 경향과는 달리 개인의 완성에 목표를 두는 점에서 선종과 상통하고, 삼중대사三重大師를 지나 수좌란 교종의 승계로 진입하는 제도를 보면 선종이 아닌 교종의 범주에 속하고 있음이 확실하다.

소승종의 이론은 남전의 상좌부불교와 상통하고 보살사상은 적으나 초기 불교의 이상을 강조하는 교종에 속하고 있었다. 소승종은 고려말기 이후에 종파로서 뚜렷한 자료가 현존하지 않는다. 사상이나 종파란 단시일에 형성되지도 않고 완전히 쉽게 사라지기도 어렵다. 이에 대한 몇 가지 설명할 근거를 가지고 있다.

필자는 『한국의 중세문명과 사회사상』을 저술하면서 한국의 중세불교는 다양한 사상을 포용하면서 그 중심에서 작용하였다는 시각을 제시하였다. 불교의 제도와 예술과 문학은 물론 상고의 신화종교로부터 동아시

---

11) 河千旦, 「制誥 小乘業首座官誥」 『東文選』 권27, "教云云 萬法本空 一心安在 彼大桑何 必日利 雖小道亦可有觀 覆簀成山沿河至海.三重大師某. 性天高爽 心地靈明 乘羊鹿車 欲馳驅於覺路 與 龍象輩 可蹴踏乎魔軍 況邊鄙多虞以來 爲國家 奉福幾許 俯垂輿議 擢置 席端 益勤萬行之修 普治群生之利."

아에서 기원한 유교와 도교도 갈등을 일으키지 않고 포용하면서 불교의 제도와 학문과 예술에 이르기까지 창조성을 고도로 유지한 특성이 있음을 지적하였다. 다만 북전불교를 주류로 표방하였으나 남전불교의 요소도 보존하였음을 제시하였으며 이를 보충하였다.

종파란 종단을 의미한다. 종파는 중요시한 경전을 심화시킨 학파에서 기원하였다. 학파에서 중요시한 경전을 소의경전所依經典이라고 부르며 실천인 계율, 그리고 염불이나 제의祭儀를 강조하는 수행이나 실천의 요소도 겸하여 이루어진 승단을 의미하였다. 그리고 종파의 창시자를 기념하는 사원을 중심으로 인맥을 형성하면서 집단을 형성하였다. 이를 승단이라 부르며 대체로 두 가지 방법이 있다. 하나는 지역성을 반영하는 사원이고, 다른 하나는 혈연처럼 계승되는 사승과 계승자와의 연결이다.

신라에서는 국통國統을 중심으로 승정이 일원화되었으므로 승단의 형성에 제동이 걸렸으나 신라말기에 이러한 통제가 무너졌다. 고려의 태조는 종파간 경쟁을 인정하면서 국가의 지원과 통제의 방법을 찾았다. 이는 불교계뿐 아니라 지방의 토호세력과 심지어 왕실의 가족에서도 이를 활용한 결혼정책이 있었다. 그러나 지역적 단위로 종파나 교구를 구성하였다는 증거는 없다. 최치원은 동아시아에서 번역한 불교용어보다 중요한 용어는 인도어를 사용하였다. 대승을 마하연, 소승을 비파사로 대비시켰다. 법상을 유가로, 화엄을 표하건나로, 계율을 비나야로 사용하였다. 최치원은 인도어를 한자로 음사한 용어를 즐겨 사용하였다.

공간을 강조한 종단은 가톨릭에서 보이는 교구제도이고 오늘날 우리 나라 대한불교조계종에서 유지하는 본말사제도도 이와 상통한다. 초기의 기독교는 교구별로 영역을 분담하였고 5개의 교구가 있었으나 후에는 로마와 비잔틴 교구만 남아서 로마 가톨릭과 비잔틴 정교의 두 개의 종파로 발전하였다. 후에 로마 가톨릭에 반발하여 북유럽을 중심으로 다양한 종파의 개신교가 나타났다.

한국불교는 세종시대에 선교양종으로 통합되면서 도별로 도합 16사와 중앙과 지방의 예외사원이 그보다 조금 더 많아서 36사를 확정하였다. 중앙과 예외사원이 몰락하고 16사가 유지된 곳이 많고 여기에 갑오경장 이후에 13도제가 생겨서 배수의 31본산 제도로 발전하였다. 일본은 식민지 불교에 대하여 관행을 토대로 본말사원 제도를 더욱 공고하게 만들었다.[12] 이 원리는 광복 이후에도 계속된 경향이 강하고 오늘날까지도 가장 우세한 불교종파인 대한불교조계종에서 골격을 유지하고 있다.

종파불교의 전형을 보여준 고려시대의 북쪽은 교종종파인 화엄종과 유가종이, 남쪽은 선종종파인 조계종과 천태종이 번성한 경향은 있지만 이를 본말사제로 연결시킨 지역성을 말하기는 어렵다. 대한불교조계종의 본말사제는 현재에도 더욱 강화된 지역별 특성의 하나이다. 고려의 불교종파는 당이나 송과 거란과 다른 명칭과 특성이 존재하였다. 고려의 사원에서 유지한 금융제도인 보寶와 판각한 대장경, 그리고 어진을 비롯한 왕실의 조상숭배를 담당한 진전사원眞殿寺院과 하산下山한 고승의 진영에서 발전한 화불의 수준은 창조성이 높은 세계적인 문화유산이었다.[13]

고려에서 국사와 왕사는 물론 승과는 안정되게 그리고 전형을 이루면서 계속되었다. 불교가 전파된 다른 지역에서도 고려와 같은 시기에 장기간 안정되게 이와 같은 제도를 창안하거나 유지한 사례를 찾기가 어렵다. 그래서 종파와 함께 불교제도를 중세에 창조성을 가진 문명의 일부라고 파악된다.

---

12) 대한불교조계종의 본말사제가 일본의 식민통치에서 비롯되었다는 견해가 있다. 일제의 통치기간에 강화된 요소는 있었지만 불교계의 관행이 강화된 요소도 없지 않다. 대한불교조계종은 이를 극복할 시간이 있었음에도 이를 극복하고 경쟁력을 가질 요소는 강회와 방장제의 요소를 발전시키지 못한 아쉬움이 있다.

13) 허흥식, 『한국의 중세문명과 사회사상』, 한국학술정보, 2013.

고려의 불교는 다양한 사상을 인정하면서도 포용한 관용성과 개방성을 나타냈다. 여러 사상이 공존하면서 독자적인 제도를 만들고 꾸준하게 유지한 고려의 불교계는 동아시아의 역사는 물론 세계사에서도 찾기 어려운 모범을 나타냈다. 한국의 불교가 미래를 지향하고 발전하려면 먼저 한국중세 불교중심의 문명에 대한 이해가 선행될 필요가 있다.

　　한국의 중세에 소승종은 엄연히 존재하였으면서도 그 기원과 변화에 대한 자료가 적다. 지금까지 여러 연구자들도 최치원이 말한 비파사와 대각국사 의천이 언급한 소승은 차이점이 너무 크므로 상관성을 간과하였다. 최치원은 한반도에 소승불교가 먼저 전래하고 다음에 대승불교가 꽃피었다고 구분하였으나, 대각국사 의천은 구사론을 소승이라고 의미를 축소시켰다.

　　일반적으로 소승과 상좌부불교와 남전불교를 같은 뜻으로 사용하는 경우도 있으나 엄격한 의미에서는 시대별로 차이가 크다. 신도를 포함하는 북전불교의 위세가 떨치면서 스스로를 대승이라 우위를 말하고 승단을 중심으로 상좌부의 독립성을 강조하는 남전불교를 소승이라 낮추어 평가하였다. 대각국사 의천은 북전불교가 동아시아로 진입하던 사막의 통로가 막힌 다음 남전불교가 다시 활기를 찾고 동아시아로 밀려들던 당 후반의 불교를 인정하지 않았다. 의천의 사상적 특성은 북전불교의 전형을 찾으려는 복고적 이상주의를 표방하였다는 해석이 가능하다.

　　의천은 학파시대의 북전불교로 돌아가 삼장의 전형을 세우고 모든 교학의 위계를 화엄의 원융사상을 정점으로 삼아서 재구성하여야 한다는 새로운 깃발을 올렸다. 그가 내세운 국내의 고승으로 이상적인 인물은 원효였고 경흥憬興이나 태현太賢을 다음으로 인정하였다. 그는 천태종의 지의智顗를 높이 평가하였고 남전불교의 요소가 강한 고려의 선종에 대해서는 수행 자체를 인정하지 않았다.

의천의 사상에서 가장 중요한 특징은 선종을 제외한 거의 모든 불교의 경전에 대하여 층위를 설정하고 다시 정립하여 『화엄경』의 원융사상을 정상에 배치시킨 겸학이었다. 그는 수행론으로 천태의 지관, 기신론과 유식론을 해와 달과 같은 두 개의 기둥으로 삼았다. 그의 사상에서는 선종이 참여할 기반조차 인정하지 않았다.

최치원과 의천의 소승에 대한 해석은 매우 차이가 있다. 의천은 최치원보다 소승의 역할을 극히 축소시킨

〈그림 9〉 봉암사 지증대사비. 최치원이 지은 지증대사 도헌의 비는 고대불교사를 가장 선명하게 요약하여 시대를 구분한 보기 드문 오래된 유물이다. 인도어를 자주 사용하였고 현재 깨어진 비를 철제로 지탱한 모습이다.

한계가 있다. 다만 소승이 구사론俱舍論으로 대표되는 불교 전반의 체계에서 인식론의 일부에서 기초가 된다는 가치만 인정하였다. 그러나 이것조차 유식론보다 낮은 단계로 해석하였음에 틀림이 없다. 의천의 문집이 훼손된 부분이 많지만 그에 관한 금석문은 그가 내세운 사상을 전반적으로 이해하기에 도움이 된다.

의천의 이상은 다양한 종파보다 종파가 중요시한 소의경전의 이론을 정상으로 단계를 설정하였고 이를 토대로 재구성하였다. 그는 『화엄경』의 원융사상을 최상의 단계로, 천태종의 관법을 수양과 실천의 기초로, 구사론을 인식의 바탕으로 유식론과 기신론을 기둥으로 삼고 다른 경전

을 원융의 단계에 이르는 다양한 필수적인 요소로 해석하였다.

그의 사상은 참선을 중요시한 선종의 이론은 배제하고 학파시대의 교학을 토대로 다시 구성하려는 북전불교를 강조한 새로운 체계를 구상한 특성이 있었다. 그가 출발한 화엄종의 원융사상을 구현하려는 관점이었고, 군소종파나 선종의 존재를 인정하지 않았고 유가종의 법화사상에 대해서도 천태사상의 일부로 흡수하려는 경향이 강하였다. 이 때문에 후에 법화경은 천태종과 유가종에 의하여 유지되고 이론적 기반을 가진 독자적 종파를 가지지 못하였다.

2. 군소종파의 하나인 소승종

고려시대의 연구에서 종파는 불교를 이해하기 위한 뼈대와 같다. 신라 말기에 다원적인 불교의 기반이 확대되었고 태조는 이를 공인하면서 고려는 포용과 개방을 내세우고 통일의 기반을 마련하였다. 종파를 감안하여 대표적 고승인 국사를 배출시키고 왕실의 대표적 사원인 진전을 연결시켰으므로 불교사의 뼈대인 종파의 성쇠가 어느 정도 파악된다.

고려초기의 불교종파는 화엄종과 유가종 그리고 조계종으로도 불린 선종을 합쳐 3대종파였다. 의천은 선종의 이론이나 수행방법을 인정하지 않고 천태학의 관법만을 수용하였다. 오월吳越의 법안종法眼宗에서 발전한 선교절충의 경향이 강하였던 과반수의 선승이 의천의 천태사상으로 흡수되었다. 의천은 종파를 지양하였지만 그를 추종한 선승들은 그의 사후에 천태종을 국가로부터 공인받고 4대종파 시대를 열었다.14) 천태종

---

14) 한국 천태종의 시조는 대각국사 의천이라고 명시한 선봉사 비문이 있다. 그러나 의천이 종파를 출범시키려는 의도를 가졌다기보다 화엄사상의 일부로 포용하려는 의지만 나타난다. 이는 의천의 불교사상에서 깊이 다루어야할 과제이다.

은 기원부터 선승으로 구성된 특성이 있었다.

고려와 조선초기의 불교사에서 가장 규명하기 어려운 과제는 3대종파나 4대종파보다 군소종파의 기원과 확립된 시기, 그리고 각종파의 종조와 종지의 문제이다. 3대종파의 경우에도 종조와 종지에 기존의 연구에서 차이가 있지만 필자는 두 차례에 걸쳐 이를 간단하게 정리하였다.[15] 다만 군소종파의 명칭과 종조와 종지는 아직도 선명하게 보충하지 못한 구석이 많다.

군소종파도 4대종파와 마찬가지로 신라말기에 기원하고 10세기에 소멸되거나 잠재하였다가 13세기에 등장하거나 새로 출발한 경우가 많다. 소승종은 고려초기 종파로 있었던 증거는 없으나, 13세기 중반 하천단의 관고에만 남았다. 이를 보면 두 가지 중요한 내용이 확인된다. 소승종은 국가의 제도에 의하여 높은 승계인 수좌로 올랐던 고승을 배출한 교종의 하나였다는 사실이다. 비록 고승의 이름은 알려지지 않았으나 외적이 변방을 시끄럽게 하는 시기에 국가에 이로움이 많았다고 역할을 높이 평가받았다.

하천단이 살았던 13세기 중반의 불교계는 조계종과 천태종이 신장된 대신 교종인 화엄종과 유가종은 종세가 침체하였다. 13세기 군소종파는 지념종을 제외하고 거의 교종의 승계를 나타냈다. 이로 보면 당시의 군소종파는 화엄종과 유가종이 침체한 분위기에서 이탈하여 선종의 특성을 절충하면서 근접한 교종이었다는 해석이 가능하다.

불교계의 인사행정이 관인이 작성한 국가문서에 올라 있을 정도로 소승종은 뚜렷한 국가제도에 포함된 하나의 종파였다. 그럼에도 불구하고 이후 군소종파로서 이름이 나타나지 않았다. 종파란 단시일에 만들어

---

15) 許興植, 『高麗佛敎史硏究』, 一潮閣, 1986 ; 허흥식, 『한국의 중세문명과 사회사상』, 한국학술정보, 2013.

지기 어렵고 더구나 국가의 제도에서 감지하여 높은 승계를 제수할 정도의 종파였다면 쉽게 사라지기도 어렵다. 지금까지 소승종의 다른 명칭으로 변하였다는 사실을 주목하여 밝히려는 노력이나 성과는 없었다.

소승종에 대하여 알려진 사실은 많지 않다. 다만 군소종파의 하나로 교종에 속하는 승계였다는 국가제도의 일부로만 알려졌다. 군소종파에 대한 가장 선명하고도 명칭을 종합하여 열거한 자료는 『조선왕조실록』이다. 『태종실록』에는 4대종파와 8개의 군소종파가 실려 있다. 모두 12개 종파가 같은 시기에 존재하였다는 사실이 입증되는 셈이지만, 이를 11종파로 해석한 근거 없는 체계를 굳이 답습하는 개설서가 일반적이다.

상왕인 태종을 따랐던 세종은 7종으로 정리한 종파를 선교양종으로 더욱 단순화 시켰다. 아무리 단순화시킨다 하더라도 다양한 교학의 전통이 후에도 적지 않게 나타나지만 이보다 단순화시키기 전에 불교계는 이미 사상의 다양한 발전을 상실하고 통합되는 경향이 선행하였다. 사상의 통합이란 부정적으로 보면 다양하게 발전할 요소를 상실하였다는 사상의 빈곤이다. 다양성은 선의의 경쟁으로 통합하는 시기에만 위력을 나타낸다는 이론이 성립한다.

소승종의 이론적 기원은 최치원이 지적한 대승불교보다 먼저 동아시아에 도착하였다는 남전불교를 가리킬 가능성이 가장 크다. 의천은 동아시아의 서북으로부터 사막화에 의하여 북전불교가 미약해지고 남전불교의 존재가 더욱 강화된 시기에 살면서 북전불교에 이상을 두고 교학불교의 완성을 이상으로 삼았던 사상가였다. 어찌 보면 시대의 대세에 역행하는 복고적 이상주의자였던 의천과 그의 추종자는 그가 입적하자 점차 결속력을 잃었다.

동아시아에서 알려진 소승불교에 속하는 경전으로는 『아함경』이 가장 대표적이다. 13세기 말 몽산덕이에 이르면 불조삼경佛祖三經으로 42장경을 들었다. 42장경이란 주로 『아함경』에서 뽑아낸 부분이 많고 초기에 전래되었다고 간주하는 경향이 있었다. 남송의 임제종 양기파로 통합된 선종을 대표한 몽산덕이는 이를 불조삼경의 하나로 중요시하였고 고려 말기부터 불교계에도 영향이 컸었다.

북방의 요와 금보다 남전불교의 영향이 컸었던 남송의 불교계에도 소승종은 종파로 존재한 증거를 찾기 어렵다. 소승종은 고려에서만 종파로 엄연히 존재하였고, 최치원은 이보다 앞서 소승의 존재와 위상을 명백하게 인식하고 특기하였다. 13세기 후반 양자강유역에서 남전불교의 요소는 임제종의 고승 몽산덕이가 내세운 경전에 포함되어 존재할 뿐이었다.

3. 소승종의 명칭 변화와 시흥종

고려에서 소승종의 존재는 뿌리 깊은 동아시아 불교를 보여주는 화석과 같은 증거로서 가치가 있다. 다만 소승종이 어떠한 종파의 명칭으로 변하거나 통합되었다는 해석이 없다. 조그만 종파라도 단기간에 생겼다가 사라지지 않는다. 이름을 붙이지 못한 풀이라도 기원이 오래되었듯이 소승종의 존재는 쉽게 사라지기 어렵다. 다만 다른 종파에 통합되거나 다른 이름으로 존재하여도 인식하지 못한 지식의 한계일 수 있다.

대부분의 군소종파는 선종이 아니었다. 소승종의 기원은 대승불교에 선행한다는 최치원의 해석으로 환원된다. 역사는 사료가 부족할수록 해석이 설득력을 가져야 한다. 소승불교는 대승불교에 선행한다는 최치원의 해석으로 다시 돌아가고 소승종은 시흥종과 같은 의미가 된다. 소승종과 시흥종은 같은 교종에 속하는 공통점이 있고, 선종인 천태종이나 전혀 고려에 존재하지 않은 열반종이란 해석은 억측에 불과하다.

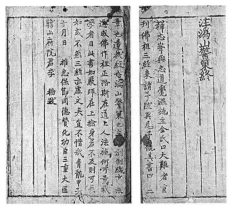

소승종과 시흥종은 한국의 중세에 고대의 유산을 보존하고 창조성을 가지고 종파를 유지하였다는 증거이다.

시흥종에 속하였던 사원을 조계종으로 바꾸어 공민왕이 지정한 진전사원으로 등장시킨 대신 다른 사원을 제공한 사례가 있다. 신라 말기와 고려전기에는 시흥종이란 종파는 볼 수 없으나 14세기에 이르러 시흥종에

〈그림 10〉 1384년(우왕 10) 고려에서 간행한 보물문화재 1224호 불조삼경의 발문. 불설42장경佛說四十二章經과 불유교경佛遺敎經, 위산경책潙山警策을 합쳐 간행하고 목은 이색이 발문을 썼다. 한국에만 이 사실이 전하고 판본의 중요성만 알고 보물로 지정되었지만 내용의 가치는 거의 주목하지 않았다.

속한 사원으로 광암사光巖寺가 있었으나 후에 왕실에서 조계종사원으로 삼아 진전사원을 만들고 대신 조계종의 천화사天和寺를 시흥종에 속하게 하였다.

지식이란 논리성과 설득력을 가질 때에 합리적인 지성을 키운다. 틀린 지식을 강조하여 암기만 요구하면 교육이 사회를 혼란시키고 국민을 독재자의 하수인으로 우매하게 만들면 나라를 망친다. 새로운 해석이나 이론은 철저하고도 속히 검증하여 반영될 필요가 있다. 한국의 중세불교사는 동아시아의 불교사는 물론 세계불교사에 기여할 내용을 가진 강력한 문화유산이 많다. 이를 제대로 알고 가르쳐야 사회통합도 가능하고 국가경쟁력도 생긴다고 하겠다.

III. 지공의 남전불교와 명태조의 불교정책

순제라 명에서 호칭한 혜종은 몽골제국에서 가장 오랜 기간 재위한 황제이다. 그의 말년에 명태조 주원장에 의하여 수도가 함락되고 국가와 민족은 수난을 당하였으므로 행복한 황제였다고 말하기 어렵다. 그러나 라마교의 쌍수법에 따라 꽃에 파묻혀 수련하였고, 그의 재위 기간에 몽골제국이 완전히 멸망하지도 않았다. 그의 두 아들이 이어서 선광宣光과 천원天元이란 연호를 쓰고 20년 가까이 칸의 지위를 유지하면서 명의 황제를 사로잡은 때가 있었

〈그림 11〉 지공화상의 진영을 모신 우리나라 사원은 아주 많다. 그리고 진영 모습도 다양하다. 관을 쓴 모습이 많으며 필자는 회암사에 보존된 위의 진영이 가장 표준에 가깝다고 추정된다.

으므로 중흥할 기회가 없었다고 말하기도 어렵다.

혜종의 치세에 인도출신으로 몽골제국은 말할 나위 없고 고려로부터 높이 숭배를 받은 고승 지공화상이 있었다. 혜종과 고려출신의 기황후는 지공에게 자문을 구하였으며, 지공은 황제와 황후를 향해서도 올바른 의견을 기탄없이 피력하였다. 황제란 귀를 기울이면 올바른 소리를 수없이 들을 수 있었고 자신의 잘못을 고칠 기회가 있었지만 이를 실천하지 못하였다. 지공도 혜종과 기황후에게 충고하고 도와준 일이 많았다. 그러나 황제는 이를 따르지 않았고 국가는 날로 위태로웠다.

명태조 주원장은 지공을 만난 기회는 없었으나 그를 잘 알고 있었다. 명태조의 문집에는 지공이 시대를 꿰뚫어 보고 혜종과 재상을 자문한 사실을 소상하게 실었다. 명태조는 불교와 도교의 고매하다는 성직자가 나라를 망친 사실을 말하였지만 지공화상에 대해서는 예외로 높은 존경을 표시하였고 그의 가르침을 따라서 자신도 불교와 도교에 대한 대책을 세웠다. 명태조는 정치에서는 냉혹하고도 철저하였지만 백성의 고충을 줄여주고 적국의 고승에 대해서도 하심을 가질 정도로 겸허하게 가르침을 받아들였음을 살피고자 한다.

1. 고려에 남전불교를 전파한 지공

필자는 지공에 대하여 오랜 기간 여러 문헌을 모으고 그의 생애와 사상을 정리하면서 새로운 유물의 출현에 대하여 추가하였다.[16) 지공에 대한 연구는 중국에서 필자보다 10년 후에 저술이 나왔지만 자료와 논지에서 나의 한계를 벗어나지 못하였다. 다만 지공의 선사상이 남전불교의 계승자인 보명존자와 관련보다 임제종사상을 차용하였다고 단정하였다.[17) 미국에서도 지공에 대한 학위 논문이 있었지만 필자가 소개한 한국의 연구에서 사용한 자료의 범위를 크게 벗어나지 않았다.[18) 스리랑카와 인도의 불교사로 보충하고 시각을 확대하여 시대상을 확인하는

---

16) 許興植, 『高麗로 옮긴 印度의 등불』, 一潮閣, 1997 ; 김철웅, 「고려말 회암사의 중건과 그 배경」 『사학지』 30, 단국사학회, 1997 ; 김윤곤, 「회암사의 중창과 반불론의 제압기도」 『명성스님고희기념 불교학논문집』, 운문승가대학, 2000 ; 남동신, 「여말선초기 나옹현창운동」 『한국사연구』 139, 2007.

17) 段玉明, 『指空-最後一位來華的印度高僧』, 四川出版集團巴蜀書社, 2007.

18) Ronald James Dziwenka, 『The last Light of Indian Buddhism—the monk Zhikong in 14th century China and Korea』, A Dissertation of the University of Arizona, 2010.

작업이 필요하다

회암사의 지표조사는 여러 차례 있었다.[19] 국내에서는 필자가 저술을 출간한 다음에 그의 기념 사원이었던 회암사를 10년간 발굴하고 나타난 유물을 모아 박물관을 세웠다.[20] 그러나 지공과 회암사의 중요성을 강조하여 알리려 하지 않았고 이를 제대로 활용하지 못하는 안타까움이 있다. 운남성사회과학원에서는 1997년 지공화상에 대한 국제학술회의를 개최하고 그에 관한 내용이 실린 옛 비석을 복원하고 진영을 모신 진영각과 부도를 만들고 관광자원으로 활용하고 있다.

우리나라에는 지공화상의 자료와 유적이 가장 풍부하지만 그의 문도로 계승된 대한불교조계종에서조차 깊은 관심을 기울이지 않았다. 사굴산문 출신으로 지공과 평산처럼을 계승한 나옹보다 가지산문을 토대로 임제종을 계승한 태고로 연결시킨 조선후기의 법통설에 따른 종헌이 있다. 영향력이 컸던 종정의 저술도 종헌을 토대로 삼고 있으므로[21] 이와 다른 한국불교사의 체계를 따르기 어려운 현실을 반영한다.

종단이란 진실을 밝히려 노력하지 않고 기존의 통설을 답습하는 속성이 있다. 그러나 종교에서도 새로운 관점을 검토하고 취사선택하지 않으면 고루하고 위기를 초래하는 경우가 많다. 조계종은 태고보우를 정통으로 삼은 태고종과 법통으로는 다름이 없다. 한때 이와 다른 지눌법통설이 맞섰으나 모두 근거와 논리가 뒷받침하지 못하였다. 대한불교조계종에서는 가지산문의 도의와 태고의 법통을 아직도 종헌으로 준수하고 있다.

---

19) 최성봉, 「檜巖寺의 沿革과 그 寺址 調査－伽藍配置를 中心으로」『佛敎學報』9, 1972 ; 새한건축문화연구소, 『회암사지 현황조사 일차보고서』, 경기도박물관, 기전문화연구소, 1985.

20) 경기도박물관 외, 『檜巖寺 Ⅱ－7·8단지발굴조사보고서』, 2003 ; 경기도, 양주시, 경기도박물관, 경기문화재연구원, 『檜巖寺 Ⅲ』, 2009 ; 회암사지박물관, 『회암사지박물관』, 2012 ; 회암사지박물관, 『회암사지부도탑』, 2013.

21) 退翁性徹, 『韓國佛敎의 法脈』, 海印叢林, 1976(增補版 藏經閣, 1990).

조계종은 가지산의 조사인 도의를 종조로 삼고 사굴산의 지눌이 중간에 등장하고 다시 가지산의 계승자인 태고의 문도가 주도하여 오늘날의 대한불교조계종으로 이어진다는 법맥으로 수정하여 종헌을 삼았다.

신라말기와 고려초기 조계종은 단일한 종조시대가 아니고 남종선의 교조인 육조혜능을 공통의 조사로 삼았고 적어도 이를 계승한 14산문이 있었다. 이 가운데 고려중기에 대각국사 의천을 추종한 5산문이 천태종의 기반으로 흡수되고 나머지 9산문이 조계종을 고수하였다. 9산문의 하나인 사굴산문의 지눌이 개창한 송광산 수선사가 가장 번영하였고, 구산조사예참문도 지눌의 법손에 의하여 확정되었다. 고려후기에 9산문 가운데 국사와 왕사를 배출한 산문은 사굴산과 가지산, 그리고 희양산의 3산문뿐이었고 나머지의 역할은 크게 부각되지 못하였다.

고려의 불교는 신라와는 달리 다양한 종파와 관련이 있었다. 종파의 주도권은 크게 세 가지 요소로 결정되었다. 하나는 국사와 왕사의 배출이다. 다음으로 중요사원의 확보로, 이는 중앙의 왕실사원인 진전사원과 관련이 깊었다. 마지막으로 대장경의 간행이나 제의를 주관하는 불사의 분담과 관련이 깊었다. 팔관회는 화엄종에서 연등회는 조계종에서 주관한 제의였다. 다양한 기능의 중앙사원은 재정을 사용하여 국가와 백성의 일치감을 종파별로 경쟁하면서 통치에 도움을 주었다.

종파는 사원과 고승에 의하여 종세를 유지하였다. 많은 국사와 왕사를 배출하고 진전사원을 중심으로 불사와 저술, 그리고 신도의 제례를 주관하고 사원전과 신도의 시주를 관할한 금융인 보寶를 세우고 경제 기반을 삼았다. 그러나 고려의 사원은 국사의 하산소를 집중시키지 않고 분산시켜 부도와 비가 산재함으로써 균형을 유지하면서 발전을 도모하였다.

가지산문과 임제종의 석옥청공石屋淸珙을 계승한 태고보우보다, 필자는 사굴산문의 계승자인 나옹이 현재 대한불교조계종의 계승과 깊이 연결되었다는 새로운 견해를 한결같이 보충하였다. 나옹은 지공을 가장 중요한 스승으로 삼았으나 유력하는 과정에 원 임제종 평산처림平山處林의 인가를 받았다. 지공은 날란다에서 계율과 교학을 배우고 스리랑카의 정음암에서 보명존자로부터 달마와 다른 남전불교의 법맥을 계승하였던 경력이 있었다. 한반도의 불교사에서 차지하는 지공과 나옹의 중요성에 대한 주장은 여러 가지 자료가 이를 뒷받침하였다. 이 글에서는 그동안 추진하던 3불2조사의 사리 환국에 이어서[22] 고려와 조선은 물론 몽골제국에서 추앙된 지공화상을 폭넓게 다시 조망하였다.

명나라를 세우기 위하여 반란을 주도하였던 주원장마저 지공을 흠모하였던 새로운 자료를 찾아 소개하고 학계에 의견을 묻고자 한다. 이를 통하여 우리나라 조계종의 역사를 새롭게 바라보는 시각에 도움이 되기를 바란다.

2. 지공과 명태조의 불교사상

지공은 주원장이 대도를 함락한 1368년보다 5년 앞서 1363년 11월 29일에 입적하였다. 주원장은 놀랍게도 지공에 대하여 원 혜종의 국사였다고 밝히고 그의 사상에 대하여 아주 소상한 기록을 남겼다. 이 내용은 종산鍾山의 샘물 팔공덕천八功德泉에 있던 퇴락한 암자를 찾았던 회고에서 나온다.

종산은 명의 처음 수도였던 금릉, 지금의 남경에 있던 암자였다. 약수로 알려져 많은 신도가 찾았고 명태조도 이를 찾았던 시기는 글을 남기기 20년 전이었다고 하였다. 주지가 절을 중창하겠다고 보시를 요구하였으

---

22) 허흥식,『동아시아 차와 남전불교』, 한국학술정보, 2013 ; 허흥식,『한국의 중세 문명과 사회사상』, 한국학술정보, 2013.

〈그림 12〉 명태조 주원장의 상반된 어진. 자신은 후대에 표준영정이 된 오른쪽 모습을 좋아하였다지만 실제는 왼쪽 모습에 가까웠을 가능성이 크다. 냉엄하였지만 백성을 사랑하는 마음은 생애를 통하여 시종일관하였다.

나 태조는 불교나 도교의 주지가 신도의 시주를 천당과 지옥에 연결시키는 사실을 비판한 내용으로 시작하였다. 그리고 7년 후 다시 같은 곳을 찾았던 이야기로 끝을 맺었다.[23)]

명태조가 처음 찾았던 시기는 즉위한 이후 전반이었다면, 다시 찾은 시기인 31년 재위의 후반기에 남긴 글이라 짐작된다. 명태조는 재정을 탕진한 양무제를 비롯한 황제들이 어리석은 짓을 하였다고 예로 들면서 주지의 시주를 거절하였다. 그리고 불교와 도교를 지원한 군주들도 아무런 효험이 없었다고 지적하였다. 황제가 백성의 고혈을 세금으로 받아서 국가의 재정으로 활용하지 않고 개인의 재물처럼 시주하면 정치의 원칙에도 어긋나고 백성들의 자발적인 시주로 번영해야 하는 불교의 교리도 해치기 때문이라는 내용이다.[24)]

명태조는 본래 승이었던 경력을 감추기 위하여 불교를 탄압하였다는 비판이 있지만 위의 글에서 불교의 근본 취지를 정확하게 꿰뚫고 성직자의 폐단을 지적하였던 점은 칭찬할 만하다. 필자는 국가의 재정을 황실이

---

23) 『明太祖文集』 권6, 遊新菴記.
24) 위와 같음, "近者有元國師 有異僧名指空 獨不類凡愚之徒 元君順帝有時 問道於斯人 斯人荅云 如來之敎 雖云色空之比假 務化愚頑陰理王度 又非帝者證果之場 若不解 而至此 麽費黔黎政務 日杜市衢鬐鬐 則天高聽卑禍 將不遠豪傑生焉 苟能識我之言 悟我誠導 則君之修 甚有大焉 所以脩者 宵衣旰食 修明政刑 四海咸安 彝倫攸叙 無有紊者 調和四時 使昆蟲草木 各遂其生 此之謂修 豈不彌綸天地 生生世世三千大千界中 安得不永 爲人皇者歟 指空曰 以此觀之 貧僧以百劫未達於斯 若帝或不依此 而效前其墮彌深雖 千劫不出貧僧之右."

나 귀족들이 종교에 남용하여 국가를 위태하게 만들었다는 명태조의 시각이 오히려 석가의 설법과도 일치한다고 옹호하고 싶다. 원의 황실이나 고관으로부터 시주를 받던 관행을 선망하는 불교계가 명태조를 비난한 비판으로 보고자 한다.

명태조는 혜종의 국사였던 지공만이 오직 황제에게 재정을 시주하지 말고 백성을 돌보는 일에 전용하는 자세가 황제의 역할이라고 충고하였음을 특기하였다. 지공은 혜종의 국사였지만 황실의 지원을 사양하고 정치에 전념하여 백성을 편안하게 만드는 일이 불교를 지원하기보다 황제가 힘써야 할 본연의 임무라고 자문하였다. 사원은 백성의 자발적인 보시로 생존하는 방향이 부처의 근본 취지라고 말하였다.

명태조는 자신이 즉위하기 5년 전에 입적한 적국 국사의 가르침을 그의 만년까지 깊이 간직하였다. 그러나 혜종과 재상은 가까이서 가르침을 받고도 이를 실천하지 못하고 지공이 입적한 다음 나라는 위기를 만났다. 지공화상은 정교분리가 철저한 남전불교의 특성과 상통하는 불교사상가였다고 하겠다.

지공은 보살사상을 강조하면서 세속과 불교의 결합을 강조한 북전불교나 정치와 종교를 일치시키는 라마교와는 다른 면모를 보였다. 이는 현실에 적극 참여하는 간화선과도 달랐다. 스리랑카의 보명존자로부터 전수받은 선사상은 지공이 저술한 선요록에 실린 무심선無心禪과 상통한다. 불교의 본연에 충실하고 철저하게 불교와 정치의 영역을 승과 속이 분담해야 한다는 지공의 사상은 명태조의 정치와 종교와의 관계를 설정하는 사상에 큰 영향을 주었다.

지공의 행적이 실린 자료는 여러 형태로 남아있다. 가장 생생한 자료는 민지閔漬가 1326년 9월에 남긴 『선요록禪要錄』 서문이다. 현존하는 서문은 불복장에서 나온 문서의 사본으로 짐작되지만 원본은 없어졌다. 민지는 지공이 남긴 저술에 서문을 썼다. 지공의 구술을 담은 선요록과 함께 지공의 선사상은 물론 생애를 보여주는 가장 초기의 자료이다. 다음은 회암사에 세웠던 이색이 남긴 탑비가 자세하다.

탑비는 장문이고 음기를 갖춘 가장 포괄적인 자료이지만 1821년 파괴되었고 본래의 탁본을 판독하였다고 짐작되는 권상로의 『퇴경당전서』에 실린 자료가 본래의 비편과 일치하는 부분이 많다. 비문은 크게 비의 형식에서 갖추어야할 여러 내용이 실려 있다. 제목과 찬자와 서자, 그리고 서두에는 지공의 말년 활동, 그리고 그의 행록이 중간의 대부분을 차지한다. 그의 생애와 다비와 유골이 고려도 이동한 사실이 실렸다. 끝에 다시 총괄한 명문과 후면에는 비를 세우는 과정에 참여한 승속과 단월이 실려 있다.

지공이 황제와 황후, 그리고 재상에게 말한 쓴소리는 지공화상비문의 첫머리에 나오는 내용과 상통한다. 비문의 첫머리는 다음과 같이 서술되었다.

> 혜종의 황후와 황태자는 연화각에서 대사에게 세상을 경영하는 방법을 물었다. 지공이 대답하기를 "불교의 세계는 성직자에게 따로 있습니다. 전념하여 천하를 다스리면 다행이겠습니다. 또한 다양한 행복이 있지만 그 가운데 하나가 없어도 천하의 주인이 되지 못합니다."라고 대답하였다. 시주한 보물을 모두 사양하고 받지 않았다.25)

비문에 대화가 자세하게 실리기는 어렵지만 이색은 이를 요약해서 사실성을 높였다. 위에서 연화각은 도종의陶宗儀가 지은 『철경록輟耕錄』에

---

25) 許興植, 앞의 책, 1997, p.352. 至正皇后皇太子 迎入延華閣 問法 師曰: "佛法自有聖者 專心御天下幸甚." 又曰: "萬福萬福 萬中缺一 不可爲天下主." 所獻珠玉 辭之不受.

인용된 영락대전永樂大典의 원궁실제작元宮室製作에 실렸던 내용이 가장 중요하다.[26] 『명태조문집』에는 혜종이 지공에게 자문하였다고 썼지만 비문에는 기황후와 태자가 자문하였다는 내용으로 차이가 있다. 지공은 명태조가 즉위하기 전에 입적하였고 지공의 비문은 명태조가 즉위한 다음 11년 지나서 세웠으므로 명태조가 말년에 기억하여 지은 기행문보다 앞서고 태자까지 등장할 정도로 상황이 자세한 사실성이 크다.

명태조가 기억한 지공의 사상과 비문에 불교와 정치의 분리와 황제의 역할에 충실해야 한다는 분담에 대한 지공의 지론도 비문과 상통한다. 지공이 황후와 태자가 시주한 보물을 사양한 사실도 일치한다. 명태조가 백성의 혈세로 황제가 시주하는 선심이 불교의 취지에 배치된다는 주장은 지공의 사상이 통하는 내용이다. 결국 지공의 사상은 명태조의 불교에 대한 태도를 결정하는 중요한 기준이 되었음이 다시 확인된다. 지공의 비문에는 이어서 다음 사실이 대화의 형식으로 실려 있다.

천력 이후 먹지 않고 말하지 않기를 10여년이 지났다. 말이 나오면 때때로 "나는 천하의 주인이다."라고 말하였다. 또한 황후와 후비를 가리켜 "모두가 나의 시녀이다."라고 말하였고, 이를 이해하지 못하였지만 그 까닭을 묻지 않았다. 후에 그런 이야기가 황제의 귀에 들어갔으나 황제는 "그가 불법의 우두머리로서 자부심을 나타냈을 뿐이고 우리 가족에게 무슨 관련이 있겠는가?"라고 문제 삼지 않았다.[27]

---

26) 陶宗儀, 『輟耕錄』 권30, 宮室 元, 日下舊聞考.
27) 허흥식, 앞의 책, 1997, p.352. 天曆以後 不食不言者 十餘年 既言時 自稱 我是天下主 又斥后妃 曰皆吾侍也 聞者怪之 不敢問所以 久而聞于上. 上曰: "渠是法中王 宜其自負如此 何與我家事耶?"

위의 내용은 황후와 후비에 대한 지공의 태도를 말하였다. 지공이 황후에 대한 불손할 정도의 태도는 기철을 제거한 이후 고려에서 지공을 숭앙하는 자세가 어울려 증폭된 관점일 가능성이 있으나 명태조의 문집에는 승상 삭사감揶思監이 선물을 가지고 지공을 찾아서 자신의 행운을 빌었던 사실도 실려 있다. 지공은 승상이 황제를 보필하여 천하가 평안해져야 한다고 자신을 찾지 말라고 부탁하였다. 삭사감은 기황후의 오라비인 기철을 죽인 복수를 위하여 황후를 꼬드겨 황후의 조카와 최유와 함께 군사를 거느리고 공민왕을 응징하려 왔다가 패하고 처벌된 인물이었다.

지공은 승상에게 선물을 가지고 자신의 복을 바라는 자세는 백성을 착취하고 황제를 속이는 일이라고 그만두라고 하였다.[28] 시주를 받아 퇴락한 암자를 중창하려던 요청을 거절할 정도로 지공의 감화를 받은 명태조와는 달리 원나라 승상의 태도는 종교사에서 자주 보는 장면이다. 명태조의 훌륭한 태도는 적국의 고승인 지공의 가르침에서 깊이 감명을 받았음이 재확인된다.

지공은 명태조문집에서 원제국의 국사였다고 적었다. 황제와 황후와 황태자, 그리고 승상이 자문을 구할 정도로 국사의 위치를 확보하였음이 확실하다. 지공은 진종晉宗이 재위하였던 천력연간에 수난의 시기가 있었지만 고려의 재원거류민과 고승이 그를 보호하여 명예를 회복하고 만년에는 국사의 위상으로 상승하였음이 비문에서 확인된다.

---

28) 『明太祖文集』 권6, 遊新菴記, "又丞相搠思監 至齋盛素羞以供 亦問於指空 意在增福 指空曰凶頑至此 而王綱利愚 民來供則國風淳 王臣遊此 民無益 公相之來 是謂不可脩行多 道途異 而理(15자결)忠於君 孝於親 無私於調和(5자결)鼎癃 燮理陰陽助君 以仁誠能足 備 則生生世世立人間 天上王臣矣 吾將數劫不達斯地 苟不依此 刻剝於民歟君 罔下用施於 我 雖萬劫奚齊吾肩."

3. 지공과 남전불교의 선사상

지공은 날란다에서 북전불교의 계율과 교학을 탐구하고 스리랑카의 보명존자로부터 하나의 법맥으로 유파별전流派別傳의 남전불교를 계승한 고승이었다. 비문에 축약된 그의 행록과 보물로 지정된 무생계경, 그리고 선사상을 집약한 선요록에는 그가 날란다대학에서 계율과 경학, 그리고 불교에 대하여 공격하였던 96가지의 다른 사상을 극복하는 다양한 불교 이론을 습득하였음이 확인된다.

지공의 유파별전이란 그의 수학과정에서 스리랑카의 정음암에서 보명 존자의 선사상을 계승하였던 남전불교를 말한다. 행록이나 선요록에 의하면 남전불교를 계승하기 전에 날란다의 스승 율현으로부터 삼학에 서 계율과 교학을 배웠다. 마지막으로 스리랑카의 보명존자를 찾아서 선사상을 완성하여 득도하였다. 이러한 삼학의 완성과 득도를 무시하기 도 어려우므로 한반도의 불교사는 지공을 계승한 나옹의 계보를 정리하 여 다시 써야 한다. 한반도는 물론 동아시아의 불교에서 남전불교의 요소는 새롭게 검토할 요소이고 절실하다.

해로로 남전불교의 요소가 지공에 앞서도 간헐적으로 전래되었고 중앙아시아 사막의 확장으로 북전불교의 교류가 8세기 중반 이래 막히고 남아시아와 교류가 활발하였다는 시대의 여건과 관련이 깊었다. 이와 동시에 인도에서 신화종교를 힌두교로 재구성하고 그 영향에 의하여 불교의 기원지에서는 오히려 약화된 현상과도 관련이 깊었다.[29]

가장 광범위하고도 결정적인 변화는 남아시아의 서북으로부터 거세게 몰아치는 무력과 신앙을 갖춘 이슬람의 침입이었다. 필자는 이 시기에

---

29) 허흥식, 『한국의 중세 문명과 사회사상』, 한국학술정보, 2013.

활동한 티베트와 네팔 고승의 불교를 지키려는 힘든 시련을 아티샤와 달마스바민의 전기를 통하여 접근하였다.[30] 그리고 동아시아의 동남 오월국과 더 멀리 10세기 초에 고려에 왔던 마후라와 시리바일라를 중요한 사실로 제시하였다. 이들은 법안종과 1세기 후 고려의 천태종의 기반을 이룬 선승들에게 깊은 영향을 주었다.[31]

이슬람의 확장은 남아시아에서 몽골제국의 출현으로 타격을 받았고 일한국의 성립과 함께 주춤하였다. 가톨릭 신자인 마르코 폴로와 이슬람 교도인 이븐 바투타는 지공보다 앞선 시기 몽골제국에 왔다. 지공은 이들과 판연하게 달리 날란다에서 12년간 수학하였으나 그의 계보를 밝힌 종파지요宗派指要에는 랑카의 남전불교를 계승한 고승이었음이 확인된다.[32]

지공은 날란다에서 계율과 교학, 그리고 외도에 대한 대응 등을 배웠다. 날란다는 한때 세계에서 가장 선진적인 대학이었지만 8세기에 이르면 토속신앙으로 재무장된 힌두교의 번영으로 침체하였다. 지공이 유학할 무렵 이슬람의 침입으로 인도의 불교는 꺼져가는 등불과 같았다.

지공보다 앞서 아티샤와 달마스바민의 전기에서 날란다가 침체한 모습이나마 잔존하고 있음이 확인되었다. 지공의 사상은 날란다의 교학이나 계율보다 율현의 충고로 스리랑카의 보명존자로부터 득도한 선사상에서 뚜렷한 특색이 확인된다. 그리고 그보다 앞서 고려에 왔던 인도승

---

30) Alaka Chattopadhayaya, *Atisha and Tibet - Life and Works of Dipamkara Srijnana in Relation to the History and Relation of the Tibet with Tibetan Sources*, Montilal Banarsidass bublishers Delhi 1999 ; George Roerich, *Biography Of Dharmasvamin*, K.Pjayaswal research institute, Patna 1959.
31) 허흥식, 앞의 책, 2013.
32) 지공의 존재를 의문시한 스리랑카에서 유학한 분에게 지공연구의 결과물을 보내어 질의하였고 반론을 2010년에『불교평론』에 발표하였다. 그러나 아직까지 논증을 거친 논문의 발표는 없다.

〈그림 13〉 지공화상이 보명존자로부터 선사상을 득도한 정음암. 지금의 시리기아를 오르는 관광객의 모습. 사자국이란 스리랑카의 이름답게 사자의 발톱조각이 뚜렷하다.

마후라와 시리바일라에 의하여 더욱 확신을 준다.

지공이 보명존자로부터 득도한 선사상은 무심선이고 선사상의 저술인 『선요록』에 핵심이 실려 있다. 무심선의 요지는 정교의 철저한 분리와 신도로부터의 자발적 후원이었다. 북전불교는 보살사상을 내세워 대승을 표방하고 정치와 권력과 결합하는 속성이 강하였다. 혜종은 라마교의 환희불을 숭배하고 쌍수법을 도입하였으나 지공은 이에 반대하였다. 고려에서도 신돈이 유행시킨 라마교의 쌍수법이 공민왕의 재위 기간을 단축시킨 바 있다.

지공의 사상은 곧 국왕과 대신은 정치에, 불교는 불법에 각각 전념하여 서로 간섭하지 않고 서로의 위치에서 성실하여 백성에게 도움을 주어야 한다는 정교의 분리였다. 백성은 신도로서 생업에 열중하여 세금을 비롯한 의무를 다하여 국가를 유지하고 국왕은 국정에만 전념하고 불교는 신도가 자발적으로 시주하고 황제나 재상은 국민의 세금으로 시주할 필요가 없다는 남전불교의 교리에 충실하였다.

대승불교를 중심으로 소승불교에 대한 낮은 평가가 동아시아의 불교사에 보편적인 상식이었다. 그리고 명태조는 불교와 도교를 탄압한 황제로 간주되었으나 필자는 지공의 선요록과 명태조문집의 사상을 비교한 결과 명태조가 지공의 사상을 기반으로 불교와 정치의 관계를 제대로 정립하였음을 확인하였다. 지공은 황제와 대신과 야합하여 시주를 받아 불교를 유지하려는 북전불교의 한계에 대한 정의로운 비판을 보였다.

동아시아의 불교계는 일반적으로 대승불교의 계승을 강조하고 왕권을 포함한 권력의 실세와 밀착한 역사성을 정통으로 삼고 높은 가치로 간주하였다. 북전불교와 다른 지공과 명태조의 불교사상을 인정하지 않으려는 경향이 강하다.

한국의 불교계는 지공에 관한 풍부하고 진실한 기반을 보유하고도 이를 제대로 활용하지 못하고 정통에서 배제하려는 분위기가 강하다. 특히 지공과 나옹으로 계승된 법맥을 보유하고도 이를 수용하지 않으려는 대한불교조계종의 종헌이 지향하는 방향은 불교뿐 아니라 오늘날의 국가와 종교의 건전한 발전방향과는 역행하는 경향을 나타냈다고 하겠다.

제3장 차와 남전불교의 만남

　차는 양자강의 수계에서 널리 재배되면서 동아시아의 가장 중요한 음료로 등장하였다. 선종과 천태종의 승려들이 양자강유역에서 차를 마시기 시작하였고 당 현종이 촉(오늘날의 사천성)으로 몽진한 시기에 선불교와 차도 함께 궁중에 소개되었다. 이곳의 선승인 교연과 속인인 육우는 협력하여 차의 이론을 확립하고 이를 사교와 문학의 주제로 소비를 부추겼음을 앞에서 살폈다. 당의 후반기부터 바닷길로 남아시아의 고승이 자주 왔다.

　불교는 기후와 풍토에 따라 경향을 달리하였다. 차는 아열대고원지역에서 기원하며 상좌부 중심의 남전불교와 연결되어 민간의 약재에서 참선의 음료로 사용되었다. 양자강유역에서 발전한 천태종과 선종의 기원은 남전불교와 깊은 관련이 있었음을 철저하게 규명하고자 한다. 촉으로 몽진한 현종과 궁중의 사교에서 술을 대신한 음료로 차가 사용되면서 황하유역의 장안으로 환도한 다음에도 차는 생산지를 떠나 소비를 부추기고 재배와 가공과 유통을 촉진시켰다. 차의 소비와 유통에 천태종과 선종의 고승이 주도하였음을 제시하고자 한다.

　신라는 가공한 차의 수입에서 재배로 전환하고 수입을 줄이면서 국가의 전성기를 바라보았다. 차의 수입과 재배를 주도한 서남해안의 경제적 기반은 당과 남아시아로 열린 첨단과 야망의 공간이었다. 장보고와 왕봉규, 그리고 견훤이 이 지역을 번갈아 장악하였다. 궁예가 견훤을 견제하기 위하여 왕건을 등용하고 해군력을 증강하여 깊이 개입하였다. 후삼국의 경쟁은 후에야 고려를 중심으로 통일되고 바닷길을 이용한 해외로 교류가 더욱 촉진되었다. 고려의 뇌원차는 양자강 동남의 사상과 함께 차의 가공기술을 한반도 서남에서 축적하여 첨단으로 발전시킨 선구적인 음료였음을 밝히고자 한다.

I. 남전불교의 동아시아 전파

황하와 양자강유역은 여러 모로 다른 모습이었다. 양자강유역은 겨울에 얼지 않은 따뜻한 지역이 많고 황하유역은 추위와 더위의 차이가 극심하다. 양자강유역은 물을 조절하여 재난을 막아주는 저수의 역할을 하던 파양호와 동정호가 있다. 황하는 계절에 따라 수량이 변화가 크고 황토를 날라서 건기에 파내야 하였다.

양자강의 호수도 오늘날은 쪼그라들어 줄었고 삼협에 댐을 막은 다음 평온하던 양자강 상류에도 지진과 한발과 홍수 등 재난이 빈번하다. 양자강도 황하처럼 재난의 강으로 점차 변하고 있다. 본래 양자강은 차의 요람기에 당의 시인이 그렸듯이 그야말로 밤낮 물위에 떠있는 배와 같았다. 양자강은 상류부터 서북의 청장고원靑藏高原이 가로막아 온화한 기후와 풍부한 습도가 양자강의 거의 모든 유역에서 차의 성장을 도왔다.

양자강 상류는 촉이라 불리는 분지였다. 많은 인구를 포함하고 삼국시대에도 이곳은 유비劉備가 제갈량諸葛亮의 도움을 받아 천하를 셋으로 갈랐다는 유서 깊은 전통이 있다. 이곳의 산간에는 수많은 민족과 동식물이 운남과 연결되어 이른바 남차북마南茶北馬를 교역한 차마고도茶馬古道가 지나는 중요한 문물의 통로였다. 차의 역사는 이곳을 소통한 길에서 시작되었다.

차마고도는 메콩강의 상류 난창강瀾滄江의 중간에는 염정鹽井이란 바닷물이 샘물로 올라와 소금을 만들고 교역에 불을 지폈다. 양자강의 상류 금사강金沙江은 메콩강의 상류 난창강과 살윈강의 상류 노강怒江과는 이웃한 험준한 협곡을 이루었다. 협곡의 자연환경을 극복하는 신앙은 중간통로로 이동한 남전불교의 두 갈래 길이었다. 서쪽에서 바다를 건너 동으로 왔다가 다시 서쪽 샛길로 전파한 티베트의 불교는 라마교였고 동으로 사천분지로 연결된 불교는 선불교였음을 밝히고자 한다.

운남은 촉으로 차의 생산이 연결된 지역이고 소수민족의 고향이었다. 남전불교가 전파된 양자강 상류와 차가 기원한 지역은 같았다. 특히 태족傣族은 동아시아에서 가장 먼저 남전불교를 수용한 민족이었고 타이의 주된 민족과도 상통하였다. 오늘날의 태족은 남하한 셈이고 이들은 타이의 남전불교와 연결되었다.[1] 차의 기원에 대한 소수민족이 남긴 고대의 기록은 없다. 민가民歌라 불리는 소수민족의 노래는 차와 관련되더라도 모두가 근대에 수록된 자료뿐이다.

차와 불교는 밀접한 관련이 있었다. 불교를 더욱 구체화하면 불교 가운데서도 선종과 차는 가까웠다. 선과 차라든가 선차일미禪茶一味라는 용어를 즐겨 사용하고 선과 차의 순서를 바꾸기도 하지만 알고 보면

---

[1] 楊學政, 「南傳上座部佛敎」『雲南宗敎史』, 雲南人民出版社, 1999 ; 馮學成外 4人, 「南傳上座部佛敎」『巴蜀傳燈錄』, 成都出版社, 1992 ; 王懿之·楊世光 編, 『貝葉文化論』, 雲南人民出版社, 1990.

불교계와 세속의 표현에서의 차이일 뿐이다. 세상에는 어느 용어가 유행하고 싫어지면 조금 바꾸면 변화가 있다고 만족하는 변덕을 부린다. 이를 유행이라 하고, 유행은 시대의 활력소로 작용할 때도 있다.

선이나 선종이란 용어보다 불교와 공간을 연결한 남전불교라는 용어가 적합하다. 남전불교는 불교와 세속관계에서 출가자 중심의 상좌부上座部의 독립성이 강한 특성과 관계가 깊다는 일반화시킨 이론이 있다. 상좌부 중심의 불교는 초기의 불교에서 강한 요소이고, 북전불교는 보살사상菩薩思想을 강조하면서 세속이나 국가의 권력과 긴밀한 관계를 가지는 특성과 대비되었음을 밝히고자 한다.

1. 북전불교와 남전불교의 차이

동아시아의 불교사는 일본인이 선을 강조하여 서양세계에 소개하면서 명상과 수도를 강화하였다. 서양에 동아시아의 불교를 확산시킨 초기 학자의 이론은 두 가지 공통점이 있다. 첫째로 선종은 기원과 종파로의 발전이 모두 동아시아에서 기원한 불교라고 하였다. 다른 하나는 선도 대승불교이고 선종도 동아시아에 이르러 기원하였다는 주장이었다.

선종의 기원과 관련된 두 가지 관점은 호적胡適이 돈황본 육조혜능의 육조단경의 소개로 영감을 얻었을 가능성이 있다. 스즈키 다이세쓰가 서구로 이를 확산시키고 오경웅吳經熊까지 이르는 중국의 대가가 선학의 황금시대를 알리면서 선종이 동아시아에서 비롯된 사상이고 대승불교에 속한다는 관점을 강조하였다. 학문에서 기존의 학설에 의문을 가진다는 모험보다 기존의 통설에 안주한 타성이 있다.

무엇보다 동아시아에서 강조한 대승이란 용어에 의문이 있다. 북전불교의 우수성을 선전하기 위한 자화자찬에서 비롯된 용어이고, 오랫동안 굳어진 사이에 자신들이 우월감에 도취되었다. 한국의 신도들은 큰스님이란 용어를 남발하고 큰스님이 아닌 출가자는 가까이 다가온 여신도를 보살이란 과장된 용어로 답례한다. 남전에서 수고하는 출가자는 소승으로 간주하면서 대승들에게 일어나는 다음의 단계는 승속의 결속을 반영한다. 한국을 포함한 동아시아에서 자칭하는 대승불교는 승속의 유대와 통치의 실세와도 의존성이 강한 특성이 있다.

남전불교에서 자신을 소승으로, 북전불교를 대승이란 용어로 구분하였다는 증거는 없다. 남전불교와 북전불교도 엄격한 구분은 어렵다. 처음에는 상좌부와 세속을 통합한 집단을 분리하여 중요한 경전을 나누어 북전불교에서 대승경전과 소승경전으로 나눈 구분법이 있었다. 그러나 불교는 본래 분별을 지양하고 서로의 장점을 취하는 인본주의 사상이었다. 날란다대학은 적어도 북전과 남전을 구별하거나, 북전에서 스스로를 높이고 상대를 깎아 내리는 분별보다 경계를 걷어내는 작업을 마지막까지 시도하였음을 지공화상의 활동을 통하여 밝힐 수 있다.

선종이 동아시아에서 종파로 발전하고 다양한 특성을 가지고 전개하였음에 틀림이 없지만, 북전불교이고 동아시아에서 기원하였다는 견해를 아무 의심 없이 추종하는 세계의 불교학계에 대하여는 의문이 크다. 쉽게 말하면 차와 남전불교는 서로의 확산에 날개를 달았으나, 북전불교와 차의 관계는 남전불교보다 관계가 적다고 지적하고 싶다.

남전불교는 동아시아에서 수행의 방법인 참선에서 차와 만나 확산되었다. 선은 상좌부불교의 수행법을 강화한 남전불교라는 관점에서 출발할 필요가 있다. 남전불교는 해로로 출발한 다음 육로도 겸하여 동아시아 서남부로 이동하였다. 선종은 동아시아에서 종파로 발전하였지만 기원

〈그림 14〉 서 티베트의 수미산은 카일라스라 불린다. 아시아에서 기원한 거의 모든 종교의 성지이다.

은 북전불교와 관련이 적다. 황하유역이 통치의 중심지로 지속한 경향이 크고 북전불교를 주도하였다. 북전불교가 주도한 국가의 제도에 따라서 남전불교는 매몰되었다.

선종과 천태종의 조사는 존자와 보살이 겹친 경우도 있을 정도로 북전과 남전을 아우른 고승도 있었다. 대체로 존자란 나한과 상통하고 상좌부의 계승자와 긴밀하게 연결되었다. 이들은 동아시아의 남방에서 종파를 형성하면서 소수민족을 교화하고 당의 후반에 사천에서 양자강 하류까지 연결된 선종과 천태종의 기반을 형성하였다.

불교는 발전과 변화를 거듭하였다. 불교사를 크게 나누면 교조인 석가와 그의 계승자를 중심으로 기존의 사상을 체계화하여 인본주의를 강조한 초기불교의 시기가 있다. 초기불교를 기반으로 경전을 결집하고 이를 정리한 경전의 시대가 한동안 상좌부를 중심으로 발전하였다. 다음은 경전을 분류하고 일정 부분을 돋보이게 재생산하기도 하였지만 깊이 있게 이를 설명한 논장論藏이 발전하였다.

마지막은 앞의 시대가 이론의 시대라면 이론보다 실천을 강조한 시대였다. 북전불교도 같은 순서로 전개되었지만 남전불교도 마찬가지였고, 세계의 다른 종교도 대체로 이와 같은 순서를 밟았다고 짐작된다. 경전의 시대는 교조의 사상을 철저하게 재현하려고 노력하였고 논장의 시대는 교조의 사상을 세밀하게 분석하였고, 실천의 시대는 이론을 단순화시키고 교조의 수행과 행동을 본받으려 하였다.

남전이란 공간을 의미하지만 불교의 내용을 말하는 상좌부의 경향이 강한 시기가 남아시아에서 길었다. 상좌부란 출가자가 구성한 승단僧團을 말하고, 이에 대응한 북전의 보살사상은 속인신도를 의미하는 거사와 청신녀를 포함한 넓은 의미의 대중부를 합친 불교의 결합을 말하였다. 불교의 초기는 상좌부 중심이었고 후대의 북부일수록 북전불교의 요소가 강화되었다. 불교의 포교와 발전은 지역의 특성이나 민족과 국가의 변화에서 철저하게 초연하기 어려웠다. 남방은 기후가 평온하고 사막이 적었으나, 이와 달리 북방은 사막이 많고 풍토가 거칠고 민족의 이동이 심하였다.

승속의 불교세력을 합친 북전불교가 자신들을 대승불교라 부르고 상좌부불교와 세속의 구분이 철저한 남전불교를 낮추어 소승불교라 비판하였다. 불교의 역사에서 상좌부불교가 위기를 만나 남전불교가 약화된 지역에 북전불교의 고승을 요청하여 다시 소생한 시기도 있으므로 상좌부불교라 해서 언제나 평온하고 순수하게 유지되었다고 말하기 어렵다. 다만 상좌부불교는 불교계의 운영에서 정치세력과 유착이 적고 승속의 구별이 엄격하여 불교계의 독립성과 고답성이 강하다는 특성이 있다고 하겠다.

2. 남전불교의 전파된 시기

불교는 다른 종교와 마찬가지로 자연조건과도 깊은 관련이 있었다. 남방은 기후가 고온다습하여 사막이 없고 생물이 번성하며 동굴이나 산림에서 수도가 가능하고 민족의 이동도 북방보다 적었다. 남방은 바다와 가까워서 해로가 문물의 교류에 중요한 역할을 하였다. 반면 북방은 계절에 따라 기온과 습도의 차이와 민족의 이동이 심하고 국가의 성쇠가 잦았다. 이 때문에 북전은 승속과 국가의 결합이 필요하였고, 불교는 국가의 이념으로 채택되거나 배척의 대상으로도 나타나 독자적이고 안정된 기반을 가지기가 남전보다 불리하였다. 북전의 보살사상이란 국가와 승속이 결합한 강력한 사회통합과 응집을 과시하면서 생존수단으로 활용된 경우가 많았다.

그동안 동아시아 불교는 북전불교에 속하고 스스로를 대승불교라 불렀다. 동아시아의 일부인 한국불교도 북전불교의 보살사상이 강하고 그 특성을 벗어나지 않았다는 통설이 자리잡았다. 그럼에도 불구하고 남전불교가 간헐적으로 적지 않게 전파하였고 특히 선불교는 그 기원이나 전개과정에서 남전의 상좌부불교의 영향이 적지 않았음을 제안하고자 한다.

불교의 전파는 교통에 의존하여 확대하였다. 인더스 강 유역에서 기원한 고대인도 문명이 동으로 이동하여 갠지스 강 유역에서 불교가 발전하였고 꽃도 피었다. 그러나 북전불교는 당의 후반기에 사막화와 민족이동으로 육로가 막혀 해로의 의존도가 높아졌다. 교역과 문화교류에서 해로의 의존도는 앞서 황하유역이 민족의 이동으로 위협을 당한 남북조시대에도 뚜렷이 증가하였다.

북전불교는 서 파미르고원과 중앙아시아를 거쳐서 황하상류의 회랑을

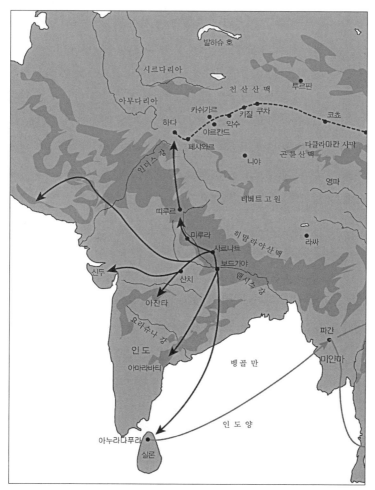

〈그림 15〉 불교의 기원지에서의 전파과정. 위와 같은 불교의 전래에 관한 지도는 거의 북전불교를 강조하여 정리되었다. 필자는 미얀마의 파간에서 대리로 그곳에서 양자강 하류로 그 일부가 백제에 전파하였다고 주장하고 싶다. 다른 전파는 타이에서 해로로 광동廣東으로 전파하고 그 일부가 고려의 서남으로 전파하였다.

통하여 물자의 교역과 함께 문화의 교통로를 따라 이동하였다. 남전불교는 육로보다 해로를 이용하여 멀리 동남아시아와 동아시아로 전파하였고 불교의 확산에 북전불교 못지않게 기여하였다. 육조시대에 해로의 교역과 고승의 왕래는 서서히 증가하여 당의 중반이후에는 육로를 능가하면서 히말라야의 동사면을 가로지르는 중간 통로도 개척되었다.

중앙아시아를 거쳐서 동아시아로 전파한 북전불교는 점선으로 형성된 사막의 오아시스국가를 연결시켰다. 산악과 사막의 오아시스를 거쳤고 인구가 희박하고 규모나 안정성이 취약하였다. 이에 국가의 강력한 뒷받침을 받은 속성과 보살사상이 강화되었다. 이와 반대로 연안의 해로와 반도를 연결한 남전불교는 안정되고 상좌부의 독립성이 강하였다.

남조의 도선道宣이나 혜원慧遠은 결사불교를 통하여 불교의 독립성을 강화하면서 남전불교의 특성을 강하게 지녔다. 도선과 혜원이 활동한 지역은 화북의 황하유역이 아니라 양자강 중류이고 천태종의 기반이 되었다. 남조의 불교는 북전불교의 기반을 가지고 남북조시대에 남쪽으로 옮긴 귀족들의 불교이지만 이들이 정착한 다음에 남전불교의 요소가 자생하였다고 보기는 어렵고 미얀마를 거쳐 운남으로 연결된 남전불교와 접촉하였을 가능성이 크다.[2] 이 지역은 삼국 가운데 촉한이 개발하였고, 남전불교가 미얀마를 거쳐서 연결되는 특성이 있다.

사천과 운남은 밀접하지만 황하유역과는 격리된 특성이 있었다. 당 현종이 잔도를 통하여 촉으로 몽진하기 전에는 황하의 상류에서 연결되는 교통로의 이용은 극히 적었다. 당의 중기에 천산남북로가 막히면서 개척된 통로이고 이전에는 상상하기 어려웠다. 황하유역의 문화는 삼협을 지나 양자강 하류를 통하여 연결되었다.

남전의 수행은 삼학의 균등한 위상을 강조한다. 특히 천태종의 관법은

---

2) 張福三, 「貝葉的文化象徵」『貝葉文化論』, 雲南人民出版社, 1990 ; 楊學政, 「南傳上座部佛敎」『雲南宗敎史』, 雲南人民出版社, 1999 ; 王文光·龍曉燕·陳斌, 『中國西南民族關系史』, 雲南社會科學出版社, 2005 ; 王懿之·楊世光 編, 『貝葉文化論』, 雲南人民出版社, 1990.

상좌부불교의 수행과 상통하였다. 상좌부불교에서 수행의 특징은 현재의 위빠사나와 여러 가지 공통점을 가진다. 남종선 이후 간화선에 이르는 기간 선종에서 선의 그 자체를 삼학의 어느 하나보다 수승한 기능이 있다고 주장하는 경향이 나타났다. 이는 북전불교의 강경講經을 강조한 불교수행에 비판적인 주장이고 주로 해로로 이동한 선승에 의하여 강조된 수양방법임에도 이를 상좌부불교와 연결시키기에는 인색하였다.

인도에서 불교가 쇠퇴한 시기는 바라문 계층이 주도한 힌두교의 등장과 맞물렸다. 힌두교는 불교 이전의 아리안의 사상을 부활시켰고, 불교보다 신화와 직결되었다. 힌두교는 점진적으로 불교의 영역을 잠식하였다. 사상적인 이질성을 강조하거나 배타성은 적었지만 다신적인 특성은 불교보다 오히려 강하였다.

지금도 힌두교를 신봉한 대다수의 인도인은 힌두교가 생활철학일 뿐이고 종교는 아니라고 한다. 마치 일본에서 신도나 중국에서 유교와 도교를 종교로 간주하지 않으려는 경향과 상통한다. 한국에서도 성리학에 심화된 조선후기와 근래까지도 성리학은 학문일 뿐이고 종교가 아니었다고 주장한 경향이 있었던 현상과 상통한다. 본래 토착화한 국가종교는 보편성이 큰 세계종교와는 달리 생활의 일부이고 종교가 아니라고 주장하는 경향이 강하다.

불교는 힌두교에 의하여 점진적으로 지위를 상실하였지만 힌두교는 불교를 배척하지 않았다. 지금도 인도에는 불교유적이 힌두교의 보호를 받으면서 유지되고 있다. 불교가 결정적인 타격을 받은 계기는 이슬람의 침입이었다. 이슬람은 힌두교가 불교보다 우세했던 10세기부터 인도에 전파되었지만 서북으로부터 강도가 심하였다. 동부와 남부로 갈수록 이슬람은 종교로서 심화되지 않았음이 후대인 14세기 지공指空의 행록行錄에서 확인된다.

불교 교조인 석가로부터 달마까지는 28대에 불과하다. 달마로부터 6조 혜능을 거쳐 고려말 평산처림이나 석옥청공에 이르기까지 108대로 계승되었다고 한다. 부처의 열반으로부터 달마까지 대략 1000년이 조금 넘고 달마로부터 평산까지는 1000년이 조금 못된다. 후대에는 약간 짧은 기간에 4배 정도의 계승자가 배출된 셈이다. 다시 말하면 달마까지는 사제의 계승은 40년 정도이므로 간헐적 계승이거나 환생으로 간주되었다. 달마 이후는 대략 10년마다 사제계승이 있었던 셈이다.

북전불교는 전성기와 위기와 변동이 남전불교보다 오히려 더 많았다. 민족의 구성이 복잡하고 사막지역이 많고 민족이동과 전란이 심한 곳이 많았다. 당나라 중반기에는 중앙아시아의 천산남로가, 뒤이어 북로도 폐쇄되고 황하유역이 전쟁의 도가니로 변하였다. 이에 비하여 남전불교 지역은 자연재해와 민족의 이동이 적었다. 그럼에도 북전불교는 남전불교가 쇠퇴할 때마다 불교를 부활시켰다는 기록이 있다.

북전불교에서 자칭 대승이란 소승과 대립할 언어가 아니다. 대승이란 승가뿐 아니라 신도를 포함한 단결을 의미할 정도이고, 소승小乘이란 출가자가 자칭하는 소승小僧과 상통하는, 승가가 지원하는 단월에 대한 겸손한 표현에 불과하다. 대승이란 집단화된 승속의 과시에 불과하고 나쁘게 말하면 승속이 세속과의 밀착을 일컫는 표현이다.

대승이란 부처의 취지를 널리 실천하겠다는 과장된 표현이다. 때로는 그도 부족하여 일승一乘이나 최상승最上乘이라고 아름답게 표현하지만 부처의 참뜻을 계승하였다는 의미를 벗어나지 않는다. 과장하여 큰스님 이란 착각은 집착의 덩어리뿐이고 소승이라 하심을 가진 고승보다 부처의 참뜻에 가깝다는 객관적인 증거도 없다.

13세기 중반에도 파괴된 날란다의 귀퉁이에 고승이 생존하여 학생을 가르친 장면이 네팔출신 고승의 기록에 생생하게 기록되어 있다.[3] 이보다 앞서지만 아티샤(Atisha)는 날란다에서 공부하고 북인도와 남전불교의 수마트라를 교화하고 특히 티베트의 불교를 중흥시킨 감동스런 자료도 남아 널리 알려졌다.[4]

인도에서는 이슬람의 침입에도 불구하고 힌두교와 불교를 회복하려는 노력도 적지 않았다. 특히 양자강 하구의 태주 영해현台州 寧海縣(지금의 영파寧波)에 있던 천축사에는 자운준식慈雲遵式(963~1032)의 문하에 본융本融과 사오思悟 등 천축승의 활동이 수록되었다.[5] 이슬람 상인과 유대인의 회계사뿐 아니라 남전불교의 고승들도 활동하였음이 확인된다.

남전불교에서는 고승이 보살이라 불리기보다 나한이란 용어로 표현된 경우가 많다. 나한신앙과 불교의 전파와 관계는 앞으로 더 많은 연구가 필요하다. 나한신앙은 민속과 결부되거나 독성으로 추앙되는 나반존자那般尊者(또는 那畔尊者)가 포함되어 더욱 복잡하다. 여기에 500나한은 다수의 아라한을 지칭하는 석가의 시대에 동시에 존재한 현자를 대상으로 삼거나, 후대의 고승이 포함되기도 한다. 실체가 확인되지 않거나 상상의 보살도 포함된 사례도 있다. 지역에 따라 수효도 한정되지 않았으므로 더 많은 수효를 지칭한다는 주장도 있으므로 규명이 더욱 복잡하다.

오늘날의 나한신앙은 민속신앙으로 확대되었다. 500나한을 모신 나한전이 많고 점찰경을 실천하는 도구인 간자簡子처럼 민속에서 자신의 내세를 예측하는 기복이나 점복과 관련된 시각도 있다. 이론을 정립하지 못한 신앙은 때로 실체와 다른 방향에서 설명되거나 잡다한 상상력을

---

3) George Roerich, *Biography Of Dharmasvamin*, K.P jayaswal research institute, Patna, 1959.

4) Alaka Chattopadhayaya, *Atisha and Tibet −Life and Works of Dipamkara Srijnana in Relation to the History and Relation of the Tibet with Tibetan Sources*, Montilal Banarsidass bublishers, Delhi, 1999.

5) 『卍新纂續藏經』 57책 No.951, 天竺別集 誠弟子本融闍梨, 天竺寺僧思悟遺身贊(幷序).

〈그림 16〉 479번째 500나한, 8세기말 티베트에서 입적한 신라출신 오진상悟眞常 존자라 하지만 학계의 연구는 미진하다.

동원하는 민속과 결합하므로 더욱 미궁에 빠지는 경우가 많다. 이를 규명하여 변화를 설명하기 위한 노력도 필요하다.

운남 공죽사에는 500나한의 목각상이 있다. 이곳의 불교는 남전불교와 교류가 활발하였고 나한신앙이 발달하였다. 이 가운데 무상공존자無相空尊者와 오진상존자悟眞常尊者는 신라인이라 전한다. 무상공존자는 사천의 정중사 무상淨衆寺 無相이라는 주장이 이제야 주목을 받고 있다.6) 그러나 오진상존자는 신라인으로 무상보다 늦은 8세기 말 날란다에서 공부하고 티베트에서 입적하였다는 이외에 밝혀진 사실이 없다.

오진상에 대해서는 아무런 연구가 없다. 하택신회의 법손으로 육조의 무상계를 단경으로 승격시킬 무렵의 오진은 바로 오진상존자일 가능성이 있다. 정중종과 보당종, 삼계교 등은 남전불교와 북전불교가 촉에서 만나는 경우였다. 이들 다양한 당나라 말기 사천의 불교는 북전불교와 남전불교가 한류와 난류가 뒤섞이듯이 혼합된 산물이고 단명으로 끝난

---

6) 최석환, 『정중무상평전』, 월간 차의 세계, 2010.

남전불교의 물거품이었다. 남전불교는 국가의 지원을 받은 북전불교의 앞에서는 거품으로 사라지지만 바닥에도 가라앉는다.

운남은 남전불교의 미얀마와 사천을 연결하는 중간지점에 위치한다. 남전불교의 유적이 많고 이곳의 태족은 태국이나 미얀마의 남전불교를 그대로 보존하고 있다. 북전불교에 의하여 장악된 남전불교의 요소가 이곳에서도 잠재한다는 해석이 가능하겠다.

3. 천태종과 선종의 남전불교 요소

북전불교는 국가와 민족의 갈등을 극복하기 위하여 많은 변화를 거쳤고 다양한 국가와 민족이 보호를 받기 위하여 권력과 단월과의 결합이 성행하였다. 이와 달리 남전불교는 북전불교보다 수련에 적합한 자연조건을 바탕으로 정치나 사회에 초연한 출가자의 독자성을 유지하였다. 그러나 모든 불교를 크게 보면 승도를 확보하거나 후원을 사회에 의존하므로 민족과 국가를 철저하게 분리하여 이해하기는 불가능하다.

북전불교와 남전불교가 접속되는 지역에는 험준한 산맥이 가로막혔고, 불교가 탄생한 인도에서 힌두교에 의하여 몰락한 현상이 나타났다. 후에 변화된 인도대륙의 종교현상을 힌두교가 중심을 차지한 고목으로 비유한다면, 껍질 부분의 서북은 이슬람교가 장악하면서 중심부로 확산하였다. 동남을 중심으로 남전불교가 남았고 동북은 불교의 유적과 북전불교가 잔재하였다. 인도에서 동남부의 일부와 그로부터 연장된 동부의 미얀마, 타이, 그리고 인도차이나 반도에는 남전불교가 번영하였다.

인도 북쪽의 네팔과 동북으로는 북전불교가 성하다. 북전불교와 남전불교가 접촉한 지역의 경우 서로 다른 특성이 살아남는 경향은 규명할 중요한 과제이다. 남전불교는 지리 조건상 해로로 전파가 불가피하였다.

〈그림 17〉 천태지의天台智顗(538~597). 그가 교화하고 저술한 천태산은 해양교역의 배후지였다.

미얀마와 타이는 물론 이슬람으로 전환하기 전 오늘날의 인도네시아와 필리핀에도 남전불교가 전파되었다. 이슬람은 불교가 유행하였던 지역으로 세력을 팽창하면서 남아시아와 동아시아와의 교류를 압박하였고 동아시아의 불교의 독자성을 강화시켰으므로 이전과는 판이한 현상이었다. 해로로 전파한 남전불교 지역도 일부가 후에 이슬람으로 전환하였으므로 남전불교의 교류도 북전불교처럼 이슬람이 타격을 주었고 이 과정에 대한 연구가 극히 적다.

북전불교와 남전불교가 접촉한 지역에서 나타난 통치와 사상의 갈등과 타협에 대한 연구가 필요하다. 동아시아에서도 황하유역과 양자강유역, 그리고 한반도에서도 북부와 남부의 불교사상에도 적으나마 차이도 생겼다. 고구려나 발해보다 남부에 있던 백제와 신라에 해로로 전파된 불교에 대한 기록이 적지 않으나, 후대에 정리된 설화로 전하고 당시의 금석문이나 고문헌은 극히 적다.

동북아시아 역사는 황하유역에서 고대문명이 꽃피었고 후에도 패권을 장악한 황제가 수도를 계승한 중심지로 남았다. 당의 현종이나 남송 등 부득이한 경우 지금의 사천이나 양자강유역에 수도를 정하였고, 명의 주원장도 양자강유역에 수도를 두었지만, 대부분 시기에 동아시아 국제질서의 정점에 군림한 황제는 황하유역을 떠나지 않았다. 동북아시아의 역사에서 패자覇者의 수도가 황하유역을 벗어나지 않은 속성과 관련시켜 북전불교의 영향력이 증대된 현상을 감안할 필요가 있다.

황하유역을 차지했던 민족은 양자강유역보다 다양하였고 이동도 심하였다. 한족이란 동아시아의 최대 민족이지만 알고 보면 정체성이 약한 혼합된 민족이고, 이동하는 북방민족에 의하여 끊임없이 남쪽으로 밀려났다. 여족畲族이나 객가족客家族은 고대나 중세의 한족에 가깝고 나머지 한족이란 대부분 다른 소수민족이나 또는 한족과 소수민족이 혼합된 복합민족이다. 황하유역은 여러 민족의 주도권을 장악하려는 복마전이었고, 사막이 확대된 근대에 가까울수록 소수민족이 주도하였다. 중국이란 국호는 반청의 한족이 처음 사용하였고 중화민국이나 중화인민공화국을 줄인 호칭이다.

본래 중국이란 수도가 있는 중원과 같은 의미이며, 변방이나 타자의 호칭이었다. 황하유역은 지배민족의 연속성이 없었다. 중원이란 많은 인구와 물산이 풍부한 양자강유역이 아니라 반복되는 다수 민족의 살벌한 투쟁과 빈번한 재난이 겹친 황하유역이 주된 무대였다. 재난과 투쟁이 심할수록 군사력이 집중되고 패권을 장악한 천자를 배출했으며, 이 지역을 외면하고 다른 지역에서 군사력을 확보하여 도전하기 어려운 속성이 있었다.

동아시아 변방에서 오래 전부터 불린 중국이란 중원인 황하유역에 수도를 두었던 패권자의 수도를 의미하였고 국호나 민족의 호칭이 아니었다. 동아시아의 국가에서 황하유역은 상고시대를 제외하고 남북조 이후는 여러 국가가 빈번하게 바뀌었다. 고구려와 백제가 700년 전후 오랜 기간 존속하였으나, 그동안 중원에 등장한 국가와 민족은 많았고 문화전통의 계승도 글자와 관제를 제외하면 오래 지속된 요소는 오히려 적다.

II. 신라의 차와 남전불교

음료는 인간이 사는 어느 곳이나 식품보다 자주 마시거나 음식의 일부이다. 음식에서 보듯이 음료는 식품보다 먼저 등장하고 자주 이용하지만 열량이 적고 비용의 지출이 적으므로 오늘날에도 중요성을 간과하는 경우가 많다. 차가 유행하기 전에는 대용음료가 일찍부터 사용되었다.

한반도에 차나무가 일찍부터 자생하였다고 보기 어려우므로『삼국유사』처럼 후대에 차 공양에 대하여 자주 언급된 초기의 기록은 대용음료가 차로 후대에 수록된 경우도 없지 않음을 밝히고자 한다. 다음으로 차는 수입된 차와 재배한 차의 차이를 구별하여 살피고자 한다.

사서에는 차보다 불교에 관한 기록이 월등 많다. 차에 관한 기록은 고승의 공양이나 제의에서 부수하여 수록된 경우가 많다. 차는 남전불교와 관련이 깊은 선종이 풍미한 신라하대부터 금석문에 나타나고, 공신의 선물로서 고려초기부터 자주 등장하였음을 제시하고자 한다.

1. 한반도와 남전불교

삼국의 불교는 동아시아 불교의 역사와 깊이 연결되어 있다. 그러나 한국불교사와 동아시아 불교사의 통설을 그대로 답습한 관점은 동아시아 불교사가 정확하다면 문제가 적다. 동아시아 선종의 기원을 북전불교보다 남전불교의 기반에서 출발하였다는 관점으로 본다면 기존의 한국불교사의 관점과 커다란 차이가 있다.

적어도 한국의 천태종과 조계종의 기원은 남전불교나 상좌부불교를 떠나서 말하기 어렵다. 남전불교의 중심지였던 칸치프라(향지국)에서 비슷한 시기에 달마와 진나陳那라는 두 분의 고승이 배출되었다. 달마는

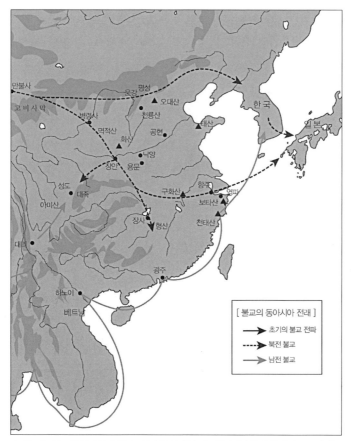

〈그림 18〉 불교의 동아시아 전래. 신라의 남전불교는 양자강유역과 연결되고 오대에는
양자강 하류 동남의 교류와 관련이 깊다.

남북조시대에 해로로 동아시아로 포교를 떠나 선불교의 초조가 되었고
진나는 날란다로 들어가 논리학을 발전시켜 남전불교와 북전불교의
이론적 차이를 극복하였다.

　금관가야와 백제는 건국의 기원부터 해로와 깊은 관련이 있었다. 『삼
국유사』나 후대의 전설에 수록된 기록을 그대로 믿기는 어렵지만 불교사
와 관련된 해상교통의 발달은 백제의 4세기 불교초전과 겸익의 유학游學

에서 입증된다. 백제가 6세기에 전개한 육조와 일본과의 문화교류는 3세기가 지나서 만당과 후기신라와의 관계에서 더욱 빈번한 해상교통과 관련이 있었다.

발해와 대치하였던 후기신라는 육로로 당과 연결이 어렵고 양자강 상류의 촉을 연결한 수로의 교류를 촉진하였다. 현종이 몽진한 다음의 양자강유역은 경제와 문화는 물론 교역과 사상에서 황하유역보다 새로운 중심지로 부상하였다. 육조시대의 말기에 이미 달마가 양나라에 이르렀으나 이보다 3세기 지난 당의 후반에는 스리랑카의 무녀악대 보살만薩蠻이 해로로 왔고, 불교가 아닌 이슬람의 대식국이 교역을 위하여 당의 동남 광동廣東에 나타났을 정도였다.

『능가경』을 중심경전으로 삼은 달마와 『금강경』을 중심경전으로 삼은 혜능은 차이가 있다. 그러나 크게 보면 이 두 가지 경전은 초기의 경전에서 다시 뽑아서 재정립한 축약된 경전이고 모두 인도의 남방이나 날란다 대학에서 정리한 불교의 통합사상과 상관성이 있었고 남과 북으로 전래한 차이를 종합한 중요경전이었다. 『능엄경』은 고려중기부터, 『원각경』은 고려말기부터 유행하였고, 대혜종고와 온릉계환, 그리고 몽산덕이로 이어지면서 강화된 간화선은 고려후기의 불교에서 주도적인 특성을 발휘하였다.

남전불교의 역사는 인도의 북부에서 힌두교가 세력을 확장하기 시작한 시기부터 이슬람의 침입에 의하여 힌두교와 함께 타격을 받기까지 기록이 매우 소략하다. 이슬람의 침입은 힌두교에 의하여 약화되었던 북전과 남전의 모든 불교에 타격을 주었다. 히말라야산맥이나 티베트고원의 산간 국가에서 북전불교가 유지되고 타이와 미얀마의 북부를 제외한 지역에서 남전불교도 이슬람의 타격을 심하게 받았음에 틀림이 없다.

이슬람의 확장은 인도대륙의 남북으로 확산한 불교에 모두 타격을 주었으나 몇 세기의 침입으로 단절시키기는 어려웠다. 불교는 인도의 동북과 동남에 미약하나마 존속하였다는 증거는 적지 않다. 다만 이슬람을 구축하고 인도의 전통사상을 회복하던 시기에 힌두교가 거세게 부활하였으나, 불교는 힌두교에 종속되어 소멸하거나 극히 미약하였고 이후에도 재생력을 상실하였다.

2. 해로의 발달과 이슬람의 영향

신라의 남전불교에 관한 연구는 불교사에서 해로교역이나 해양문화교류사와 보조를 같이 하면서 깊이 천착되어야할 과제이다. 신라말기와 고려초기는 인도에 불교가 몰락한 시기로서 인도에 유학한 고승에 대한 기록을 찾기가 어렵다. 다만 당의 중종시기에 남아시아의 악대인 보살만에 대한 기록은 이후의 해로를 통한 교역과 문화교류에서 주목할 대상이다. 보살만은 수월관음에 대한 신앙과 예술을 발전시켰음에 틀림없다.

동아시아의 선종은 회창폐불 이후 양자강 하류와 복건성 그리고 광동성에서 다양하게 발전하였다. 이후 송대의 불교에 기반을 마련하였으나 교학이 우세했던 요와 금의 불교계와는 차이가 있었다. 한반도의 고려 불교계도 남선북교南禪北敎라 불릴 정도로 해동의 맞은 편 동아시아의 대륙과 유사한 현상을 보였다.

10세기 이슬람의 침입은 힌두교에 깊은 타격을 주었다. 이를 동아시아 불교계에서는 불교에 대한 타격으로 받아들였을 가능성이 크다. 9세기에 인도의 불교승이 네팔이나 티베트, 스리랑카나 서남아시아 그리고 화남 지역의 십국이나 고려에도 왔던 기록이 있다. 이들은 힌두교에도 이론이나 수행에도 깊이가 있었겠지만 동아시아에 와서 불교의 요소를 보이면서 생존하였다고 보아야 마땅하다.

<그림 19> 운남 공죽사의 목조 500나한. 이곳에 남전불교가 정착하고 남조국과 대리국으로 몽골에 의하여 망할 때까지 계승되었다.

나한은 한자로 존자尊者라 한다. 존자란 부처에 가까울 정도로 깨달은 고승이란 뜻이다. 좀 쉬운 말로 지식과 행동이 똑 부러지는 고승이고 다른 말로 부처의 수준에 이른 고승이라는 표현이다. 북전불교와 남전불교는 보살과 나한으로 대비된다.

보살이란 현명하기가 부처의 단계에 이르렀다는 아라한과 다름이 없는 수준이었다. 세속의 고통을 구제하겠다는 교조의 이상을 적극적으로 실현하겠다고 표방한 세속과의 유대를 강조한 북전불교의 성자를 보살이라 하였다. 북전불교에는 유난스럽게 보살이 많으며 그들의 존재는 석가의 설법이나 중요한 행사에도 등장한다.

보살의 역할이나 특성도 다양하게 나타나지만 무엇보다 이들의 생존시기와 활동한 지역이 뚜렷하지 않거나 후대의 고승인 경우도 있다. 심지어 존자와 상통하는 경우도 많다는 사실이다. 존자와 보살이 상통하는 경우를 정리하기 전에 먼저 존자를 살펴볼 필요가 있다.

존자는 나한이라고도 불린 고승 중의 고승으로, 가장 먼저 등장하는 존자는 16나한이다. 나한이라면 인도승의 느낌이 들고 존자라면 동아시아의 가장 존귀한 고승도 포함된다. 16나한은 석가의 출가에 동행한 시자로부터 초기의 설법에서부터 득도하여 보좌한 고승이 포함되었다. 석가의 설법은 극히 호소력이 있어서 후대보다 많은 고승이 한꺼번에 배출되었다. 16나한은 공자의 제자에 속한 10철과 같은 정도이고 석가시대에 이미 500나한이 등장하지만 실제의 이름이 알려진 경우는 16나한의 배수를 넘지 못한다. 공자의 제자도 72인 설도 있으나 10철에도 공자의 얼굴도 보지 못한 손자뻘이 들어 있다.

남전불교는 고승의 배출이 환생으로 이어진다는 계승에 대하여 북전불교보다 철저한 확신을 가진 조사관祖師觀을 발전시켰다. 조사관은 동아시아의 천태종에서 한동안 발전하였지만 선종이 이를 더욱 발전시키고 육신소상이나 복발형의 안탑雁塔을 줄지어 조성하여 조사의 계승을 강조하였다. 한반도에서는 선종에서 조사의 안탑을 강조한 시기는 신라말기이고 고려에서 완성되었다.

천태종은 지관의 수행과 교학의 경전을 겸하여 실천하는 양면성이 있다. 천태종이 확립된 시기의 조사로는 수의 지의智顗를 꼽는다. 지의가 교화한 지역은 천태산이 중심이었고 양자강 하류의 동남부였다. 지의는 달마가 활동한 양무제 시기보다 후였지만 조사로서 두각을 드러낸 인물이고 그의 기반은 스승인 혜원이나 혜사의 결사불교에 두었으나, 이들도 남조에서 해로와 수로의 교통을 이용하여 문물을 접촉하면서 사상과 신도를 포섭한 고승이었다.

천태종의 사상기반은 선과 교의 중간에 속할 정도로 힌두교가 확대하기 전의 불교와 상통한 요소가 많다. 천태종에서 초기의 선종은 그들의 아류이거나 후손이라 간주하였을 가능성도 크다. 천태종은 다양한 경전보다 석가의 최후설법을 중요시한 경향도 선종과 상통한다. 석가는 만년에 자신의 설법보다 행동을 본받으라고 충고하였다 한다. 이는 이론보다 수행이고, 다른 표현으로 실천을 내세운 강조였다. 수행의 방법은 사마티와 비파사이고 동아시아의 기록으로 참선과 지관止觀이었다. 사마티는 참선으로 비파사는 관법으로 현대의 위빠사나와도 상통하지만, 남전불교의 수행이 정착되면서 변형된 요소가 없지 않다.

한반도에도 늦으나마 동요가 일어났다. 동요의 신호탄은 당과 일본의 중간지점인 청해진을 장악한 장보고張保皐에 의해서였다. 그는 신분상 진골에 속하지 못하였으나 당에서 익힌 국제적인 감각과 능력을 바탕으로 당의 서북절도사처럼 서남에서 세력을 확장하고 왕위를 좌우하는 중앙세력의 다툼에 영향을 끼쳤다. 장보고의 활동으로 당과 일본의 무역과 문화교류에 끼친 영향은 깊이 있게 연구되었다. 무역에서 차가 차지하는 관련성에 대한 언급은 없었다.

신라에서 차의 소비는 불교계와 귀족을 중심으로 확대되었다. 적어도 신라에서 차의 재배가 성행했던 무렵이고 청해진과 배후의 지역은 차의 재배 중심지와 상통한다. 또한 차의 수입에서도 청해진은 첨단기지였다. 신라가 외부로 진출하는 중요한 노선은 원주와 죽주를 잇는 서북과 진주와 완도를 거치는 서남지역이었다. 서북에는 기훤과 궁예가 있었고 서해안으로 연결된 곳에는 용건과 그의 아들로 장차 두각을 드러낼 왕건이 있었다. 서남에는 장보고의 뒤를 이어 왕봉규王逢圭와 견훤이 두각을 나타냈다.

신라는 차의 수입에서 재배로 전환하고 차의 수입을 줄이면서 국가의 전성기를 바라보았다. 그럴수록 차의 수입과 재배를 주도한 서남해안의 경제적 기반은 첨단과 야망의 공간이었다. 장보고와 왕봉규, 그리고 견훤이 이 지역을 확보하고 궁예가 이를 견제하기 위하여 왕건을 등용하여 깊이 개입하면서 후삼국의 경쟁에서 고려는 국제적이고 개방적으로 출발하였다.

3. 신라에서 차와 남전불교의 만남

원표가 가장 먼저 활동하고 그를 계승한 장흥의 보림사에는 보조선사

체징의 탑비에 차약茶藥이 등장한다. 동쪽으로 신라에 가까운 쌍계사의 진감선사 탑비에는 한명漢茗이, 보림사에서 서북에 위치한 남포의 성주사 낭혜화상비에는 명발茗醱이 쓰였다. 약이나 향과 합친 두 단어의 뜻일 가능성도 있지만 한명처럼 차만을 의미할 가능성도 있다. 차란 용어가 초기에는 다양하게 쓰였을 가능성이 짐작되기 때문이다.

고려를 대표한 뇌원차는 회진에서 경주로 향하는 이웃에 위치하였던 오늘날 고흥군 두원면인 생산지 두원현荳原縣을 의미한다고 추정된다. 이곳은 견훤의 사위인 지훤池萱이 왕건과 끝까지 대치하다가 부곡으로 몰락한 지역이었다. 고려에서 특별한 기술을 요구하는 세습적인 기술자가 생산하는 지역의 명산물은 부곡이나 소에서 지방관 직속의 경영으로 위탁하여 생산하였다. 조선의 공납제와 다른 차의 생산이 기술의 향상을 촉진시켰음이 확인된다.

당의 현종이 촉으로 몽진하였다가 장안으로 복귀한 다음에도 정치와 군사만 돌아가고 경제와 문화는 차와 함께 촉에서 양자강을 따라 하류에 이르고 한반도의 서남에 닿았다. 양자강유역의 선승들은 불법이 해동으로 옮겨간다고 안타까워하였다. 한반도의 서남은 신라말기와 고려초기에 문화와 산업의 중심지로 변한 양자강유역의 첨단산업을 축적하여 중세 문명의 중심으로 발전시킨 첨단의 기지로서, 남송에 이르는 고려의 중반까지 계속되었다.

동아시아의 선종은 회창폐불 이후 양자강 하류와 오늘날의 복건성과 광동성에서 맹위를 떨쳤고, 이후 송대 불교의 기반을 이루었으나 교학이 우세했던 요와 금의 불교계와는 차이가 있었다. 고려 불교계도 남선북교南禪北敎라 불릴 정도로 대륙과 유사한 현상을 보였다.

Ⅲ. 고려를 찾은 남전불교의 고승

동아시아의 가장 큰 변화는 서북의 사막화와 8세기 중반 안사의 난과 현종의 장안에서 촉으로 몽진에서 시작되었다. 북전불교가 동아시아로 직접 전파하고 동아시아에서 천축으로 유학하던 오아시스 길은 끝나고 해로에 의존한 변화였다. 이보다 2세기 후에 남아시아에 이슬람세력의 확장으로 해로를 통한 천축의 고승이 동아시아로 왔다.

고려의 해로교역은 양자강 이남에 교역이 왕성하였던 십국의 하나인 오월과 교류하면서 한층 활발하였다. 이 무렵 오월국의 천태종이나 법안종에 나타나는 천태사상이나 정토사상은 동진의 천태사상과 상통하며 남전불교의 영향임에 틀림없다. 인도불교는 중심부와 서북에서는 힌두교로 바뀌었으며 이마저 이슬람의 침입으로 약화되고 동남아시아로 남전불교의 핵심이 이동하게 되었다. 이는 후삼국과 고려초에 해당하지만 오대와 한반도에서 인도로 유학한 고승은 찾기가 어렵다.

고려초에 인도의 불교는 약화되고 많은 고승들이 네팔이나 서남 티베트로 이동하였다. 인도에서 불교가 구축되면서 고려초에 천축의 고승이 찾아와 활동한 기록이 2건이나 확인된다. 『고려사』에 올라 있는 두 기록에서 하나만 고려후기 천태종승의 비문에 올라 있다. 이는 오월의 법안종에 환대를 받았던 남아시아의 승일 가능성이 크다. 이 무렵 천축이란 칸지프람이나 적어도 인도 남부의 고승을 가리킬 가능성이 가장 크다. 이들은 귀국하지 않고 고려의 선종사원에 머물다 입적하였으므로 선종과 천태종, 그리고 상좌부불교의 수양방법이 한국의 선종에 영향을 주고 이후에는 고려 천태종의 기반에 흡수되었음을 살피고자 한다.

1. 고려초기에 찾아온 마후라와 시리바일라

당이 망한 다음 소국을 형성한 10국은 양자강유역에 안정된 세력을
유지하였다. 미얀마의 북부와 해로의 광동만을 통하여 남전불교가 전파
되었고, 상좌부불교의 요소는 결사와 수선의 요소를 공급하였다. 보살보
다 나한신앙이 발달하고 존자의 계승을 강조한 후대의 천태종과 선종의
조사에 대한 숭배는 적어도 23조까지는 같은 존자로 이어지는 계승의식
을 공유하였다. 천태종은 교조의 말기 설법이라는『법화경』을 중요시하
였고, 경전을 축약하고 실천을 강조한『능가경』이나『금강경』은 선종의
토양이었다.

한반도의 동요는 당보다 늦었고 송의 건국보다 먼저 고려의 통일로
마무리 지었다. 한반도의 동요가 대륙과 겹친 시기가 있었으나 외국의
간섭을 받지 않고 내부에서 동요를 소멸시킴으로써 갈등을 해소하였다.
후삼국의 경쟁이 한창이었던 태조 12년 6월에 인도의 마후라摩睺羅가
왔다. 그는 삼장법사로 불릴 정도라 왕이 격식을 갖추고 맞이하였고
다음해에 구산사龜山寺에서 입적하였다는 사실이 실려 있다.[7]

인도는 대륙처럼 넓은 땅이고 삼장법사란 경률론에 두루 밝은 교학의
고승이란 뜻이다. 인도에서 삼장의 중심지는 날란다였다. 마후라는 날란
다 출신이었을 가능성이 크다. 그에 대해서는 의천의 행적을 적은 「선봉
사 대각국사비문」에 자세한 내용이 실려 있다.[8]

---

7)『고려사』권1, 世家 태조 12년, 6월 癸丑, "天竺國三藏法師摩睺羅來, 王備儀迎之,
   明年死于龜山寺."
8) 「선봉사 대각국사비문」, "泊我太祖 創萬世之業 西天竺國 三藏摩睺羅 不召自來." 의천
   의 행적에 관한 비문은 그의 생전에 세운 흥왕사비에 자세히 실렸다. 흥왕사비는
   흥왕사가 창건되고 의천이 화엄사상을 중심으로 교학을 집대성한 사실이 실렸다
   고 짐작되지만 현존하지 않는다. 의천의 생애와 관련된 현존하는 금석문은
   흥왕사의 대각국사 묘지와 영통사 대각국사비, 그리고 천태종에서 세운 선봉사

무엇보다 마후라가 삼장에 밝았지만 천태시조와 관련된 고승으로 받들어진 사실이 중요하다. 그가 입적하였다는 사원인 구산사를 주목할 필요가 있다. 구산사는 태조 12년에 창건되었고 마후라가 그곳에서 다음 해에 입적하였다고 하였으므로 그가 구산사의 제1대 개산조사로 받들어졌을 가능성이 크다. 이후 구산사에 주지한 인물로 체관諦觀이 있었고 진관선사 석초는 광종 9년에 이곳에서 주지하였다. 석초는 천태종 5산문의 하나에 속하였고 대각국사 의천에게 포섭된 산문의 고승이었다. 이와 같이 구산사 출신은 후에 천태학과 밀접한 법안종에 유학한 고승들이 주지한 사원이었으므로 마후라도 오월을 거쳐 고려에 왔을 가능성이 크다.

마후라 다음으로 고려에 왔던 고승은 홍범대사 시리바일라弘梵大師啞哩嚩日羅였다. 그는 마후라보다 9년 뒤인 태조 21년에 고려에 도착하였는데, 태조가 마후라를 맞이할 때처럼 격식을 갖추고 양가승록으로 왕의 수레를 보내어 맞아들였다고 한다.[9] 그는 본래 인도 태생으로 마가다국 대법륜보리사大法輪菩提寺의 고승이었다. 대법륜보리사란 석가가 처음 설법했다는 거대한 탑을 오늘날에도 장엄하게 보존한 보드가야에 있던 사원으로 유명하였다.

지공이 가장 오랜 기간 수학한 날란다대학과 대법륜보리사는 같은 마가다국에 위치하였고 오늘날에도 인도의 같은 비하일에 속한다. 날란다는 사원의 기능에서 출발하였지만 교육의 기능이 더욱 발전하였으므

대각국사비 등이다. 이 가운데 입적한 다음 영통사에서 화장하여 유골을 석관에 안장하고 만든 「홍왕사 대각국사 묘지」가 가장 오랜 그의 생애를 적은 기록인 셈이다. 다음은 화엄종의 영통사의 비이고, 그리고 마지막으로 33년 지나서 선봉사에 세운 비의 순서이다.
9) 『고려사』 권2, 태조 21년 3월 戊戌, "西天竺僧弘梵大師啞哩嚩日羅來, 本摩竭陀國大法輪菩提寺沙門也. 王大備兩街威儀法駕, 迎之."

로 대학으로 후에 알려졌다. 보리사는 탑이 있는 사원의 기능이 컸으며 고승이 밀집한 수행과 연구의 중심지였다.

홍범은 의역이고 인도발음을 음사한 한자로 시리바일라이고, 『자치통감』에는 호승胡僧이라 하였다. 호승이란 이민족에 시달리던 북송에서 화이 사상을 강조한 한족漢族들이 내세운 배타적인 용어이다. '호'란 단어는 인도뿐 아니라 북방의 소수민족에 의한 시련을 겪고 적대시한 소산이었다.

2. 최충의 남전불교에 대한 지식

최충崔冲(984~1068)은 고려의 전성기를 대표하는 유학자이다. 그는 해주가 본관으로 호장인 최온崔溫의 아들로 토호출신이고 교육자로서 해동공자로 불렸다. 그에 대해서는 고려의 유학사를 규명하기 위하여 반드시 거론되었고 근래에는 후손이 지원하여 학술회의를 열고 모아서 간행한 저술에는 많은 논문이 밀집되었다.[10] 그는 불교가 우세한 시기의 유학자였다.

고려는 불교가 번영한 시대였고 여러 사상이 공존하였다. 불교가 국교인 시대에 유학은 불교와 상생하는 관계를 가지거나 종속적인 차원으로 존재하였다. 최충이 퇴직하고 처음 열었던 사학에서 사원을 빌려 여름수련夏課을 실시하였다. 그의 사학을 본떠서 성행하였던 후발자도 사원을 빌려 교육을 실시하였고 이를 접사接寺라 하였다.[11] 무신집권기에는 많은 문인이 사원에 숨어들어 유지되었으므로 유학은 불교에 종속된 경향이

---

10) 慶熙大學校 傳統文化研究所 編, 『崔冲研究論叢』, 文憲公崔冲先生紀念事業會, 1984.
11) 『고려사』 권73, 選擧2, 學校, "(仁宗)十七年六月, 判, 東堂監試後, 諸徒儒生, 都會日時, 國子監知會, 使習業五十日而罷. 曾接寺三十日, 私試十五首以上製述者, 敎導精加考覈, 各其名下, '注接寺若干日, 私試若干首.' 論報, 方許赴會. 諸徒敎導, 不離接所, 勸學者, 學官有闕, 爲先塡差, 以示襃獎."

〈그림 20〉 최충의 초상화. 해주 문헌서원文憲書院
에 소장된 영정을 모사하여 강원도 홍천 노동서원
魯東書院에 소장되어 있다. 1984년 6월 22일 강원
도 동산문화재에 등록되었다.

더욱 심하였다.

최충은 고려의 전성기에 살았고 장원급제자로 공신과 재상, 그리고 문한을 맡은 관인으로 화려한 경력을 가진 학자였다. 은퇴한 다음에는 교육자로서 유학과 밀접한 관련을 가졌고 고려의 유학을 성리학의 선구적 단계로 향상시켰다는 평가도 있다.[12] 유학자인 그의 사상을 보여주는 직접적인 내용은 적고 만년에 실천한 교육자로서 역할만 부각된 느낌이 있다.

명성과는 달리 그의 문집이나 저술이 남아있지 않다. 자료가 의외로 부족한 형편이므로 그에 대한 연구가 크게 향상되었다고 보기는 어렵다. 그가 문한관으로 남긴 현존하는 약간의 불교관계 금석문에는 놀랍게도 날란다의 기능을 특기하였고, 그가 남긴 고려초기에 찾아온 인도 고승의 행적은 조계종이나 천태종의 기원과 관련된 중요한 인맥과 연결되었다.

최충은 왕명을 따라서 금석문을 지었으므로 자발적이기 보다 학자 관료로서 임무를 수행한 요소도 없지 않다. 그러나 그가 불교에 대한 관심과 해박한 지식을 갖추었고, 특히 날란다의 교육기능을 강조하였

12) 李南珪, 『朝鮮敎育史』, 乙酉文化社, 1948.

다.[13) 그는 후에 사원을 교육시설로 활용하였을 정도로 중요성을 알고 있었으므로. 불교에 대한 지식을 갖추었고 불교사상에도 깊은 이해가 있었음이 확실하다. 그는 최치원이나 최승로보다 불교가 사회를 지탱하는 실천윤리로 더욱 심화된 시대를 살면서 고려의 문화전통을 불교를 통하여 유지하고 발전시켰다.

최충은 고려초에 찾아온 인도의 고승을 기억하여 특기할 정도로 인도에 깊은 관심을 보였다. 이들을 통하여 날란다대학의 역할에 대하여 지식을 얻었고, 그의 사학을 날란다의 교육기능과 연결시켰다. 이는 신라말기나 조선초 유학자와 현저한 차이가 있다. 사상가란 시대와 풍토의 산물이고 시대상황을 충실히 반영하면서 새로이 진전된 시대의 특성을 나타낸다고 정의한다면, 최충은 고려의 전성기를 살았던 사상가이다. 그가 불교사상을 통하여 유학을 불교와 경쟁하기보다 상생의 차원에서 발전시켰다.

최충이 지은 원공국사 지종智宗의 비문에 홍범대사에 대한 내용이 더욱 자세하게 실려 있다. 지종은 8살이었을 때 마침 인도의 홍범삼장弘梵三藏이 사나사舍那寺에 머물렀으므로 그를 찾아가 제자가 되기를 간청하였고, 마침내 허락을 받아 삭발하고 득도得度하였다. 그때부터 삼장을 모시면서 불경을 배우기 시작하였다. 그로부터 얼마 지나서 홍범이 바다를 건너 중인도中印度로 돌아가게 되었으나 따라가지 못하였다.[14) 이 홍범이 바로 시리바일라를 음역한 이름이다.

홍범은 고려에서 사나사에 머물다. 이 절은 지방에도 있었지만 홍범이 머문 사나사는 개경의 사나방에 있던 사원으로 추정되며, 이 사원은 고려초에 창건되었다. 지종은 의천이 선승을 포섭하여 천태학을 강의할

---

13) 奉先弘慶寺碣記, 『韓國金石全文』 中世上, 1984.
14) 甫八歲(중략)會弘梵三藏 來寓舍那寺 遂踵門而詫乞 主善爲師 便合投針容令落髮 方依隅座 未換簞灰 及梵尋泛大洋却歸中印 旣弗同舟而濟.

때에 5산문의 하나에 속한 고승으로 법안종에 유학한 두드러진 승려였다. 지종은 천태종 결사를 일으킨 만덕산 백련사의 1대주지 원묘국사 요세의 비문에도 실려 있을 정도로 고려 천태종의 기반을 마련한 인물이었다. 이 비를 왕명을 받아지은 최자는 최충의 후손이었고 그의 조상이 전했던 홍범에 대한 지식을 잘 계승하고 있었음에 틀림없다.

홍범은 삼장의 칭호를 들었을 만큼 경률론에 밝았다. 그가 뱃길로 인도로 돌아갔음이 밝혀져 있다. 인도의 발음인 시리바일라에 대해서 『자치통감』에는 줄여서 멸라襪囉라 하였고, 고려와 후진後晉을 오가면서 거란을 협공하기 위한 정보를 서로에게 전달하였다는 사실을 비교적 자세하게 실었다. 『자치통감』은 연대가 맞지 않으나 이보다 앞서 송백宋白이 지은 「속통전續通典」에 실린 연대를 인용하였고 『고려사』의 연대와 일치한다.[15] 실학자인 안정복은 속통전의 기사를 인용하고 멸라가 홍범 대사일 가능성이 크다는 견해를 제시하였다.[16]

근래의 연구자인 이용범도 이를 부연하여 더욱 깊이 있게 천착하였다.[17] 최충은 사서四書와 오경五經의 이름을 따서 9재의 이름을 정하였다. 당시 사서가 확정되지 않았었다. 사서는 『맹자』를 경서로 승격시키고 『예기』의 일부분이었던 『대학』과 『중용』을 다듬어서 사서로 편입시킴으로써 성리학의 13경이 되었다. 이는 남송의 주희에 이르러 완성되었다.

최충은 해동공자라 불릴 정도로 고려 유학을 대표하는 학자로 추앙을 받았다. 고려인의 공자에 대한 관념은 조선처럼 종교적인 우상이 아니고 가까이 따라갈 목표의 성현으로 생각하였음에 틀림이 없다. 윤관이나

---

15) 『資治通鑑』 권285, 後晉紀6, 齊王, 後晉紀六 齊王(開運二年(945) 十月) 初, 高麗王建用 兵呑滅鄰國.
16) 『東史綱目』 제6, 병신 고려 태조 19년.
17) 李龍範, 「胡僧 襪囉의 高麗往復」 『歷史學報』 第75·76合輯 學會創立 25周年 記念號, 1977.

이규보도 해동공자라 불렸다는 증거가 있다. 이들은 공통적으로 유학에도 밝고 불교에 대한 호감과 지식도 높아서 불교와 유학이 경쟁이 아니라 상생과 상보의 관계라고 여겼던 폭넓은 사상가였다고 하겠다.[18]

최충은 북송의 성리학자보다 먼저 사서의 중요성을 강조하였던 교육자였다. 그가 사용한 구재학당의 명칭에는 맹자와 중용, 그리고 대학 등 그보다 후에 주희朱熹가 사서를 확정하기 앞선 선구적 활동이 돋보인다. 북송에서도 우무尤袤가 고려본『맹자』를 중요시하여 이를 고려에서 구하였고, 후에 주희는 이를 근거로 자신의 이론을 다듬었음이 확실하다. 북송에서 고려본『상서』와『논어』등 유학 경전을 주목하였던 자료도 남아있다.

최충은 장원급제한 다음 8년이 지나 칠조실록七朝實錄의 편찬에 참여하였으므로 건국초에 인도 고승이 고려에 왔던 기록을 자세히 알았다. 그가 후에 불교금석문을 지으면서 이를 깊이 기억할 정도로 고려초 불교사에 대해서도 해박한 지식을 지녔음이 틀림없다. 특히 날란다의 교육기능을 절감하고 이를 모형으로 삼아 사학을 열었음이 확실하다.

3. 아티샤에서 디야나바드라까지

필자는 독서가 부족하고 팔리어와 티베트어와 동남아시아 언어를 알지 못하여 남전불교에 대하여 지식이 부족하다. 겨우 고전한문과 현대 중국어, 그리고 영어 등을 어설프게 구사하여 세계의 학문을 바라보는

---

18) 崔致遠과 金富軾, 그리고 尹瓘을 비롯한 고려와 변계량을 포함한 조선초기 학자의 문집은 조선중기에 성리학이 심화되면서 그 후손이 불교관계의 부분을 숨기기 위하여 변형시키거나 감추었으므로 전하지 않거나 개편된 경우가 많다고 짐작된다.

한계가 있다. 다만 타이와 미얀마의 북부와 히말라야 동쪽 기슭으로 티베트와 운남, 사천, 청해 등의 히말라야 산맥과 청장고원 동사면을 연결한 차마고도를 답사하면서 남전불교의 중요 통로임을 절감하였다.

몽골제국이 일칸국을 세우기 전에 이슬람제국이 아프리카의 동북해안과 이베리아 반도를 점령하고 지중해 연안의 게르만족을 봉쇄하면서 인도양도 석권한 사실을 보고 좁은 식견의 한계를 느꼈다. 당나라 중종 때에 스리랑카의 무용단이 들어와 바람을 일으키면서 보살만菩薩蠻이란 곡조의 새로운 시가 문인의 창작을 자극하였다. 육로의 비단길이 닫히면서 해로에 의존하고 광동廣東과 천주泉州에 이들이 뻔질나게 드나들고, 그리고 신라의 괘릉에도 아라비아인의 석상이 있을 정도였다. 그동안 이슬람제국에 대하여 크게 관심을 기울이지 않았고, 사라센이란 아랍을 혐오한 가톨릭의 용어를 그대로 사용하였다.

초기의 동아시아 선종은 물론 천태종과 법안종은 남전불교의 요소가 강하였다. 이에 대하여 인도와 스리랑카, 그리고 동남아시아의 남전불교가 성한 지역에 유학한 분이나 그곳에서 연구한 국내학자와 대사관 등에 문의하였으나 소득이 없었다. 오히려 미국과 일본, 그리고 영국을 위시한 유럽의 몇몇 학자에 의하여 깊이 있는 남전불교사가 진전되고 있음을 확인하였다.

고려초 한국에 왔던 마후라와 홍범에 대해서는 더욱 깊은 연구가 필요하다. 최충에서 최자에 이르기까지 2세기간 날란다에 대한 관심은 고려의 정신토양이 바닷길로 남전불교와 긴밀하게 연결되었음에 틀림이 없다. 후에 디야나바드라 순야디나(지공선현指空禪賢, 1300~1363)가 해로가 아닌 히말라야 산맥의 동사면을 거쳐 동아시아의 서남지역을 교화하고 고려까지 왔던 사실이 우연이 아님을 알 수 있다.

필자는 지공보다 4세기 앞선 10세기 전반에 이슬람의 인도 침략으로 그 파도가 고려에 강하게 밀려왔다는 가설을 세웠다. 이슬람의 세력이 개성에도 나타나 만두를 팔면서 정보를 수집하고 시장조사를 하고 있었다는 새로운 사실을 추가하고 싶다. 마후라와 홍범이 왔던 이후에 동남아 남전불교의 영역을 위축시키면서 정복하던 이슬람 세력에 대항하여 불교를 지키면서 날란다를 중심으로 남북전 불교의 영역에 구애되지 않고 넓은 지역에서 활동한 아티샤(980~1054)에 대해서 주목할 필요가 있다.

아티샤는 마후라보다 1세기 후, 최충과 같은 시기의 인물이다. 최충이 마후라와 날란다를 기억하고 있던 시기에 아티샤는 날란다에서 지금의 자바와 티베트를 오가며 불교의 영역을 지키고 있었다.[19] 이보다 1세기 후인 1234년 티베트 출신인 37세의 달마스바민은 네팔에서 고승의 수준에 올라 인도의 성지를 방문하기 위하여 4개월만에 비하일에 도착하였다. 그는 1월 날란다에 90세의 라홀라 스리바드라의 밑에서 70여 명의 학생이 어학을 공부하고 있음을 목격하였다. 그는 열병으로 약해진 몸을 무릅쓰고 날란다에서 2년 꼬박 연구를 수행하고 티베트로 돌아갔다.[20]

달마스바민은 서남아시아의 이슬람세력이 몽골제국에 의하여 타격을 받던 시기에 불교를 진흥하려고 노력한 티베트의 고승이었다. 마후라와 홍범, 최충과 최자는 한국의 불교사뿐 아니라 세계불교사를 보충하는 중요한 근거를 제공하였다. 고려는 열린 수도 개경을 표방하였고 해로로 일찍부터 멀리 인도까지 연결되었다.

몽골제국이 육로를 열자 달마스바민보다 거의 1세기가 지나 이슬람세

---

19) Alaka Chattopadhayaya, *Atisha and Tibet -Life and Works of Dipamkara Srijnana in Relation to the History and Relation of the Tibet with Tibetan Sources*, Montilal Banarsidass bublishers, Delhi, 1999.
20) George Roerich, *Biography Of Dharmasvamin*, K.P jayaswal research institute, patna 1959.

〈그림 21〉 뉴욕 메트로폴리탄박물관에 소장된 아티샤의 초상화

력이 더욱 약화된 시기에 지공은 날란다를 출발하여 인도를 시계바늘 방향으로 돌아 티베트의 동사면을 지나 동아시아로 들어섰다. 양자강을 상류에서 동진하였고 원의 대도를 거쳐 고려에 왔다. 그는 앞서 날란다에서 율현에게 12년간 공부하였고 바다를 건너 스리랑카에서 남전불교를 보명존자로부터 계승하였다. 지공이 득도한 상좌부불교를 고려에서는 선사상으로 간주하였다.

지공과 거의 같은 시기 이슬람의 여행가 이븐 바투타는 모로코를 출발하여 메카를 순례하고 해로로 인도와 몽골제국의 광동만까지 왔다가 돌아갔다. 이들보다 한 세대 앞서 기독교인 마르코 폴로는 주로 육로를 이용하여 17년간 쿠빌라이가 통치하던 몽골제국을 답사하였다. 이들 3인은 몽골제국의 판도에 발자국을 남기면서 넓은 영역에 역사를 쓴 여행가였다.

지공선현을 비롯하여 한국의 남전불교에 대하여 연구할 대상이 많다. 그에 관한 귀중한 자료를 고려의 지식인들은 적지 않게 남겼다. 이러한 자료를 어설픈 선입견으로 무시하기보다 근거를 보충하여 연구에 기여하는 성실한 자세가 필요하다고 하겠다.

제4장 고려 차의 기원과 발전

 상고의 차는 동아시아의 서남에서 기원하였고 양자강 상류로 확산한 다음 강물을 따라 흐르듯이 하류로 확산되었다고 추정된다. 남전불교보다 기원이 오래지만 후에는 서로 상승작용을 일으킨 시기도 있었다. 차가 한반도의 삼국에서 사용된 사실은 벽화와 후대의 기록에서 확인된다. 대용음료인가 가공된 수입차인가 재배한 차인가는 한국의 음료생활의 시대구분은 물론 국가의 경제와 문화와도 관련된 중요한 사항이다.

 음료는 단군신화에도 중요한 단서가 찾아지며 북방음료에서 벗어나 차는 남방음료가 남전불교와 함께 확산되는 중요한 변화로 파악되었다. 한반도의 삼국에서 인삼이 중요한 약재이고 음료로 사용되었음은 육우의 『차경』에서 확인된다. 북방에서 기원한 인삼의 약효와 효능에 대응하여 차는 남방의 음료였다. 한국의 대용음료로 잠재하는 중요한 소재를 인삼에서 찾아내고 확대할 요소가 많다. 인삼은 차보다 먼저 동아시아에 널리 알려졌고 다른 식물과 혼용되는 특성이 강하고 몸을 따뜻하게 보호하는 약성을 활용하여 한국의 대표하는 음료로 차와 함께 발전시키도록 제안하고자 한다.

 『삼국사기』에는 흥덕왕 2년 사신으로 갔던 대렴이 차의 종자를 가져와 지리산 기슭에 재배하였다는 기록을 처음이라 간주하는 경향이 일반화되었다. 이는 차의 처음 재배라기보다 가공한 차의 수입에서 재배한 차가 우위를 가지는 분기점으로 새롭게 해석하고자 한다. 차의 재배는 이보다 선행하며 늦어도 혜공왕 4년 이전일 가능성이 있고 이를 깊이 추적하고자 한다.

I. 음료로 접근한 단군신화

신화와 고고학은 역사의 기원을 소급시킨다. 신화란 기록이 없던 구전 시대의 중요한 사건을 훗날 기록한 은유적이고 함축된 역사이다. 전설이나 설화, 그리고 민담과 심지어 동화나 동요에도 신화의 요소가 적지 않게 녹아있는 부분을 강하게 느낄 수도 있다. 신화고고학은 역사학의 기원에서 가장 중요한 요소이다.

신화란 민족이나 국가의 기원과 같은 거창한 주제와 뿌리가 연결되어 있다. 역사와 민족은 국가의 기원에서 비롯되는 경우가 많고 신화는 이를 포함하므로 상고사는 신화의 해석과 깊은 관련이 있다. 신화보다 일반인의 일상생활과 관련이 있는 전설이나 민속과 차이 있는 요소가 있지만 구전으로 오랜 기간을 거쳤다는 공통점이 있다. 한국에서 오랫동안 신화보다 역사를 중요시하는 풍조가 있었고 대학의 학과에도 신화학과가 있다는 소식은 없다.

역사학에서 가지를 쳐서 발전한 고고학, 인류학, 그리고 미술사학은 학과로 버젓이 존재한다. 국문학이나 민족음악에서 민족학과 차이가 적은 민속학이 학과로 발전한 경우도 조금 있다. 민속이란 신앙과 예술의 기원과 연결된 요소가 많다. 그러나 구전하던 신령에 관한 이야기를

〈그림 22〉 월식에 대한 해석은 신화에 따라 다양하다. 개가 달을 보고 짖어대고 인간과 함께 월식이 끝나도록 기원하는 인디안 민속의 기록화. 『세계지리학회보』에서 인용.

정리한 신화학을 비롯하여 돌이나 쇠붙이, 그리고 이를 포함한 유적학이나, 금석학이 학과로 발전한 사례는 없다.

북경대학의 대학원에는 선사고고학은 물론 각 시대의 국가를 포함한 역사고고학이 있고 불교고고학도 있다. 한반도의 학자나 정치인들은 좁은 땅에서 살아남으려고 서로가 다시 철조망을 설치하거나 두더지처럼 땅굴을 파거나 담을 쌓고 자신의 분야를 지키기에 바쁘다. 학문도 분단된 현실과 상통하므로 걱정스러울 때가 많다. 좁게 보고 소통을 멀리 하고 조선의 소중화사상이나 일제의 식민지시대에 만들었던 고루한 체계를 답습하는 경우가 많다.

국사학계에서 한동안 단군은 신화이거나 역사의 실존 인물이라고 소모적인 갈등을 일으킨 때도 있었다. 신화와 역사가 충돌하면서 학문에서도 분단의 장벽을 만들었다. 신화가 없는 역사는 상고사가 없는 고대사

〈그림 23〉 고구려 벽화의 하늘나라 행렬도 일부, 삼족오를 품은 해를 운행하는 거대한 신화가 펼쳐져 있으나 정확히 해설된 이야기는 전하지 않고 고려에서 천문도 석관에서 선화로 간단하게 계승되었다.

와 같다. 고대사를 소급한 선사시대는 수많은 신화가 뿌리를 이룬다. 뿌리 없는 식물은 성장하기 어렵듯이 신화 없는 역사의 기원은 상상하기 조차 괴롭다. 분단의 극복보다 학문의 분단을 먼저 허물고자 한다.

1. 단군신화와 쑥과 마늘

삼천의 무리가 하늘을 날아서 태백산에 내려왔다. 이들의 우두머리 환웅은 야생동물에게 영약을 먹여 여자로 변화시키고 무리와 결혼시켜 신시를 이루었다는데 그것이 역사의 뿌리이고 신화가 아니겠는가? 고려의 이규보는 범개라 불리는 반오斑獒가 북극성의 정기를 받았다고 하였다.[1] 반오는 범처럼 얼룩진 줄무늬가 있는 덩치가 큰 개이고 인디언의 신화를 그린 상상화에서 밤의 축제에서 보름달을 보고 짖는 그림이

1) 이규보, 『東國李相國全集』 권20, 雜著 命斑獒文, "爾毛有文. 槃瓠之孫乎. 爾捷而慧. 烏龍之裔乎. 鈴蹄而漆喙. 舒節而急筋. 戀主之誠可愛. 守門之任斯存. 予是以嘉 乃猛愛乃意. 育之於家. 以寵以飼. 汝雖賤畜. 斗精所寄. 其靈且智. 物孰類爾. 主人有命. 汝宜竦耳. 吠嘗無節人不懼. 豎不擇人禍之始. 有发发戴進賢三梁. 言言挾華軸兩廂. 帶楄具佩水蒼. 騘哄壝坊. 鏘鏘琅琅而至者則汝勿吠. 有高文大冊不可稽滯. 聖慮念臣儻可奉制. 急遣內竪. 徵主人詣天陛者至則雖夜汝勿吠. 有飣餖盤膴."

있다.

범개는 묘족의 신화에 등장하는 태양의 정기이고 북극성은 바로 해와 달의 자식임을 의미한다.[2] 축제와 달과 개에서 상상되는 성과 인류의 번성은 현대에도 남아있는 계절 축제와 관련되고 동물의 번식과 다름없는 자연의 질서와 상통한다고 하겠다. 임신의 기간과 노동과 생존, 굴이나 움막과 같은 불안한 거주의 공간은 범개의 도움 없이 인간의 번식이 가능하였을까 의문이다. 인간이 개를 가축으로 만들었다고 보기보다 인간과 개의 협동에서 인간은 비로소 안전한 번식이 가능하였다는 해석이 가능하다.

어린이나 혼인 적령기를 벗어났거나 사별한 독거가족에서 반려동물의 집착이 심하다. 인간의 원초로 돌아가서 자연과의 협력을 반추하는 행동의 흔적이다. 인간과 가축의 협력은 인간과 자연의 협력이고 인간과 야수의 투쟁이거나 민속과 신화의 뿌리이고 토템과 연결되어 있다. 역사의 뿌리에는 신화가 있다는 사실을 인정하면 쉽게 풀리는데, 담을 쌓으면서 오랜 기간 열심히 소모전을 벌였다. 이를 깨고 부셔버리기 위한 노력이 필요하고 경계선이 견고하고 장벽이 높을수록 없애야 할 대상이다.

단군신화도 여러 갈래의 뿌리가 있다. 크게 두 가지이고 고승이 옛 기록을 보고 정리하였다고 전거를 밝혔다. 하나는 일연의 『삼국유사』로 가장 잘 알려졌다. 다른 하나는 설암추붕雪巖秋鵬이 남긴 『묘향산지』이다. 먼저 『삼국유사』를 살피면 환인의 아들 환웅이 삼천의 무리를 이끌고 태백산에 내려와 여러 곳을 구경하였다. 별나라의 인간인 환웅과 태백산의 곰과 범이 등장하고 그리고 마늘과 쑥이 영약으로 쓰였다.

태백산은 백산의 맏형이라는 뜻이다. 태백산이란 눈이 덮여있거나

---

2) 허흥식, 『한국 신령의 고향을 찾아서』, 집문당, 2006.

흰 돌로 이마를 드러낸 산이라는 뜻도 있다. 그러나 태백이란 태백산,[3] 곧 북극성을 향하여 천제를 지내는 산이라는 뜻이다. 태백은 한자문화권에서 널리 쓰인 천제의 제장이고 북극성이나 도교의 초제와 관련된 경우도 많았다. 환웅은 서양의 신화와 종교에서 천사라 하겠지만 그냥 천인天人이라 하자.

태백산은 천인이 강림하였다는 천제를 지낸 곳의 하나이고 식물과 동물, 그리고 천인의 사이에 인간인 단군을 탄생하였다. 환웅과 함께 온 삼천의 다른 천인들은 산돼지나 잉어, 자라, 지렁이 등의 환신과 결혼하여 인간을 낳고, 모여서 신시를 이루었다. 신시는 이상향이고 모두가 분수에 맞춰 분업에 열중하여 대문이 없어도 도둑이 없고 서로 소통하는 열린 사회였다고 한다.

『삼국유사』의 가장 중요한 음료는 산짐승을 인간으로 변화시키는 과정에 등장한 영약인 쑥과 마늘이다. 쑥과 마늘을 음료로 만들어 마시지 않았을까 한다. 쑥과 마늘이라 해석하였지만 산蒜이나 애艾라 썼다. 이 글자의 기원은 아주 오랜 옛날이어서 오늘날 마늘과 쑥과 다를 수도 있다. 산이란 명이나물이나 달래를 포함하므로 복잡하고 쑥도 약쑥과 들국화를 포함한 어느 하나일 수도 있으나 그냥 마늘과 쑥으로 해석되었을 뿐이다.

신화를 글자에 너무나 얽매어 고집할 필요는 없다. 위에서 예를 든 다년생 식물은 알고 보면 원래 뿌리는 다음해에 줄기와 잎의 영양분으로 쓰이고 새로운 뿌리에 영양을 저장하여 대체되면서 가을에는 잎과 줄기

---

3) 『삼국유사』의 삼위태백에 대한 해석은 구구하다. 감숙성 삼위산의 태백성이라면 金星과 관련이 있지만 태백산이란 백두산이나 장백산이란 뜻이 있고 백두산의 지맥인 묘향산에서도 백두산을 향하여 천제를 수행할 수 있다. 필자는 큰곰좌인 삼태성인 북극성에 천제를 지낸 명산이란 의미로 해석하였다.

가 죽고 뿌리만 겨울을 지나는 특징이 있다. 쑥과 마늘도 뿌리를 나누어 번식하는 종류가 많다. 삼국유사는 신통하게도 천인인 천신과 지모신인 산짐승과 영약인 식물의 세 가지를 등장시켜 인간의 탄생을 삼위일체로 절묘하게 연결시켰다.

쑥과 어성초(개모밀), 그리고 방아(배초향)는 마늘과 파와 생강과 함께 씀바귀와 상통하는 다년생 식물이다. 메꽃, 고구마, 감자, 마, 뚱딴지(돼지감자)도 마찬가지이고 토란과 우엉(해방도라지)도 상통한다. 이런 식물은 대용차로도 훌륭하고 약효도 있다. 단군신화에서 쑥과 마늘이라 했지만 이보다 넓은 의미로 겨울에도 영양을 저장한 뿌리가 살아서 봄에 새롭게 번식하는 식물이라고 정의하고 싶다.

한해 겨울을 지나서 새로운 뿌리를 내려서 이어지는 식물 가운데서 뒤에 귀화한 식물도 있고 아열대지방이 원산인 토란과 초석잠과 삼채, 생강과 강황도 있으므로 모두가 포함되었다고 말하기는 어렵다. 다만 뿌리로 번식하는 식물은 겨울을 나고 다시 싹과 뿌리를 키워서 새롭게 이어지는 특성을 신시와 더불어 국가와 민족으로 영원하게 발전하라는 교훈으로 해석도 가능하겠다. 인간이 없던 지상에 천인이 식물과 동물을 연결하여 자연을 보존하면서 인간이 주인이 되는 장면을 말하였다.

곰이나 범과 같은 산속 짐승은 물과 식품을 구분하여 섭취하였다. 음식으로 식품과 음료를 함께 섭취하는 인간과는 다르다. 이들은 식품을 먹고 물을 마신다. 식품이 없으면 도시락을 준비하지 못한 학생이 끼니마다 물을 마시는 모습처럼 주린 배를 채우며 견디기도 한다. 신화에도 이치가 있고 논리가 있다. 곰과 범을 대비시킨 상황에서 뿌리로 월동하는 영약은 잡식인 곰에게 유리하다. 단군신화에는 다양한 식품을 섭취하여 살아남아야 이긴다는 진리가 숨어 있다.

육식인 범은 살아남기 위해 달아날 수밖에 없다. 삼국유사의 이야기는 알고 보면 아주 중요하지만 목표의 결과는 쉽게 끝났다. 인간의 생존을 위한 투쟁이고 여유가 많지 않은 역사이다. 삼국유사를 편찬하는 과정에 고구려의 유민과 발해의 건국 그리고 발해가 망한 다음에 고려에 흡수되는 과정에 함께 들어온 역사서와 신화가 적지 않았을 터이지만 현존하지 않는다.

고려의 북방에 구전한 역사와 신화가 무신란, 민란, 몽골의 침입에 이르기까지 시련을 겪으며 살아남았다. 고려의 민요 청산별곡처럼 산에서는 머루랑 다래랑 먹고 바다에서는 나마자기 구조개를 먹는 다양한 식성을 가진 곰이어야 견디고 육식만 고집하는 범은 살아남기 어렵다는 신화의 부분이 감동을 주었다고 하겠다. 삼국유사는 뿌리로 겨울을 나는 식물을 음료로 살아남는 옛 기록을 놓치지 않았다. 결국 여자로 변한 곰이 천인과의 사이에 온전한 인간인 영웅을 탄생시킨다.

신화는 단순한 구성으로 복잡한 현실을 전한다. 굴속이란 어둡고 먹을거리가 적은 겨울을 뜻한다. 어둡고 추운 겨울을 극복하는 방법이 들어있다. 물이 졸졸 흐르는 돌 틈에서 주린 배를 미량의 음료를 섞어서 채우고 추위를 견디며 살아남으라는 이야기이다. 첫째 범은 겨울잠이 없지만 곰은 몸에 많은 지방을 축적하고 잠을 자면서 열량을 조금씩 소모하고 오래 견디는 습성이 있다. 범과 곰의 수련에서 곰의 인내를 범이 따르지 못하고 범은 결국 달아나고 곰은 성공한다. 둘째 곰은 초식을 겸한 잡식이다. 범은 육식동물인데 식물성을 먹고 견디라고 했으므로 달아나야 살아남는다. 인간은 결국 잡식으로 식량을 해결해야 한다는 생존의 열쇠가 이미 숨어 있다.

소량의 음료로 여러 날 동물이 버티기는 어렵다. 곰과 범이 굴속에서 겨울을 나는 뿌리식물을 음료로 마시며 견디는 모습은 인간의 이야기이다. 굴속이란 불을 사용하고 음료를 구하는 샘물이 흐르는 공간이다.

128

이 신화는 물과 불의 비밀이 숨어 있다. 극소량의 식물성 영약을 음료로 섭취해야 오래 견딘다. 식품이 없이 음료로 견디는 극복의 공간이다. 음료는 물과 불을 필요로 한다. 그래서 고려민족은 온돌을 알고 겨울을 뿌리의 음료로 견디고 식물처럼 자신을 동면으로 지탱하고 다시 비약하는 준비에서 필요한 쑥과 마늘의 중요성을 알았다.

단군신화에는 일반역사의 뿌리가 있다. 그것은 역사와 문학과 종교를 합친 인문학의 뿌리이다. 고난의 극복, 겨울을 지나는 지혜, 그리고 온돌과 음료의 비밀이 들어 있다. 단군신화를 읽으면 음료가 있고 생존을 향한 희망이 보인다. 그리고 모든 이에게 꿈과 미래를 제공하고 있다. 역사와 문학은 물론 생존의 열쇠가 신화라는 종합선물의 보따리에 합쳐 있다.

2. 곰과 범과 음료

굴속은 물과 불이 보존되는 공간이고 곰과 범은 이곳에서 식물을 음료로 만들어 견뎌야 한다. 식품과 음료에서 불과 물로 만들어지는 음료의 중요성을 일깨운 지혜가 숨어 있다. 실제로 인간에게 기후와 물과 식품이 중요하고 집은 이를 완성하는 중요한 공간이다. 기후는 공기보다 온도이고 불과 물은 음료이고 식품은 온도나 음료보다 다급하지 않다는 지혜가 담겨 있다면 지나친 해석인가? 굴과 음료는 겨울을 나기 위한 절약과 인고의 온돌과 음료의 지혜를 말한다고 하겠다.『제왕운기』는 신인이 손녀에게 약을 먹여 여자를 만들었다고 한다. 무언가 구차하고 매끄럽지 못한 신화의 요소가 있다. 삼국유사에서 인간이 아닌 짐승이 인간으로 변하였다는 설명이 차라리 신화답다.

다른 단군신화의 줄거리는 또 다른 고승인 설암추붕의『묘향산지』에서 찾았다. 묘향산은 태백산이라고도 불리며 백두산을 이어온 산줄기의 중간에 위치한다. 설암추붕은 『제대조기第代朝記』를 전거로 제시하였는데 조선 세조시대에 금서로 수거된 『조대기朝代記』일 가능성이 크다. 이 책에는 삼단계의 신화를 암시한다. 하나는 환인이 환웅을 탄생하는 하늘나라의 이야기이다. 삼국유사의 환인桓因이 아니고 환웅桓雄도 아닌 환인桓仁과 환웅桓熊이란 글자의 차이에 열쇠가 들어 있다.

〈그림 24〉 1887년 조성된 묘향산 산신각에 있었던 산신도로 시주자인 불자, 지방관인 도순사와 부사가 열거된 화기畫記가 보인다. 다른 산신도와 마찬가지로 환웅이 백호와 사이에 단군의 탄생을 준비하는 모습이다.

삼국유사와 묘향산지는 공통점도 있지만 차이점도 적지 않다. 공통점이란 공간상으로 묘향산과 태백산은 같다는 해석이다. 다른 하나는 환인에서 환웅의 탄생에 대해서 생략되었다는 사실이다. 다른 점은 첫째 환인과 환웅의 표기상 차이이고, 둘째로 삼국유사에는 삼천의 무리를 이끌고 하강하여 야생동물을 영약으로 변화시키는 이야기를 비롯하여 분량이 많고 자세하다. 셋째로 묘향산지에는 환웅이 결혼한 지모신은 곰이 아니라 범이고 백호라는 차이가 있다.[4)

삼국유사와 묘향산지는 하늘창조로 나타난 환인과 그의 아들인 환웅의 탄생에 대한 신화가 생략되었다. 이 부분은 하늘세계의 기원과 관련이

---

4) 허흥식, 「설암추붕의 묘향산지와 단군기사」 『청계사학』 13, 1997.

있고, 해와 달이 중심이고 다음은 다양한 별자리이다. 고구려의 고분벽화는 7층의 하늘로 구성되었고 고임천정은 하늘세계의 층위와 하늘의 창조에 대한 신화의 종합박물관이다. 글자가 많지 않아 파악하기 어렵지만 동북아시아에서 가장 오랜 기간 국가를 유지하고 남북조시대는 물론 수나라까지 물리쳤던 고구려다운 일월지자日月之子와 황천지자皇天之子를 자칭했던 황제의 위상을 자세하게 그렸다.

환인은 태양이고 해의 그림자가 달을 가린 월식으로 잉태하였고 달이 해를 가린 일식으로 출산하여5) 삼태성의 하나인 북극성이 포함된 큰곰인 환웅桓熊을 탄생하였다. 단군신화의 적지 않은 부분이 고구려 고분벽화에 포함되었지만 동북아시아에서 실세로 가장 오랜 기간 지켜낸 국가답게 하늘나라의 해와 달, 그리고 별 이야기가 포함되었으나 자세한 해설의 기록은 할머니가 손자에게 들려준 이야기이다. 당나라 군사를 끌어들여 삼국을 멸망시킨 후예들은 하늘이야기를 모두 잊어 버렸다. 잊었다기보다 하늘을 내주고 천자의 지위를 상실한 처지에서 잊으려고 애썼고 잊어야 편하게 살아갈 원죄였다는 해석도 가능하겠다. 세상이란 많이 알면 목숨이 위태로운 시기도 있다. 그래서 식자우환이고 그런 시대는 민족이 슬픈 시대이다.

7층의 하늘은 창세기의 위대한 창조의 이야기이다. 글자로 적어야 역사라 여기는 어리석은 후손이 있다. 글자 이전에 기호가 있었고 기호 이전에 그림이 있었다. 그림 이전에 말이 있었고 말의 이전에 소리의 신호가 있었고 가축과 인간이 있었다. 개의 짖는 소리와 달밤과 범과 곰은 인간의 생존에 대한 원초의 유전자에 기억되었다. 창세신화는

---

5) 월식과 일식을 북극성의 탄생으로 해석한 근거는 일식과 월식에 대한 신화를 이용한 해석이다. 일식과 월식에 대한 신화의 기록은 많지 않으나 이를 종합하여 저술할 예정이다.

고구려 고분에 7층의 벽화로 그렸고 당나라를 끌어들여 이를 부셔버린 신라의 후예들은 다시 일어난 고구려인 발해를 제대로 계승하지 못한 원죄였다.

발해와 고려가 겨우 수습하였지만 고분벽화에 그렸던 하늘나라의 창세 이야기는 잊었다. 아마 잊으려고 무척 애를 썼던지 구약성서의 첫머리와 같은 이야기는 사라졌고, 설암추붕이 겨우 조금 전하였다. 지상으로 내려온 환웅과 지상의 백호사이에 단군을 탄생함으로써 신화의 대단원을 이루었다. 고구려 신화는 7층의 하늘이야기가 벽화로 실려 있다. 그곳에는 삼족오를 포함한 태양과 토끼나 두꺼비를 품고 있는 달이 포함되었다. 이밖에 별자리에 해당하는 다양한 분야의 전문가로 목동인 견우와 길쌈하는 직녀를 포함하여 바퀴를 만드는 장인에 이르기까지 인간사회를 축소한 모든 첨단의 생업이 별자리를 인간생활로 그린 하늘나라에 펼쳐있다.

첨단의 과학기술과 목축이 하늘나라에서 전개되었다. 땅과 하늘을 지탱하는 역사, 온갖 동식물이 번성하는 이상향의 율동과 음악과 대화의 순간을 보여주는 거대한 무대장치가 7층의 하늘과 사면, 그리고 8개의 모서리마다 아로 새겼고 역동성이 바람과 상승하는 기운을 타고 돌고 올랐다. 지상의 인간들은 두 개의 입구 4개의 벽, 7층의 바닥과 수평을 이룬 4개의 삼각형 그 배수인 수직의 사다리꼴 모서리, 그리고 정사각형의 천정에 그렸다. 그 수요는 91개의($2+4+4\times7+4\times2\times7+1$) 장면을 나타낸 상상력을 발휘하여 이를 그리면서 창조성을 키웠다.

고구려의 고분벽화는 고려의 석관에 이르면 사면의 안과 밖과 뚜껑의 양면에 이르는 10개로 단순화되지만 왕릉의 다섯 면보다 갑절에 해당하는 고구려 고분의 요소가 남아있다. 뚜껑의 천정에 새겨진 천문도나 표면의 비천이나 봉황에 이르러 선각으로 더욱 단순화되고 모두 채색을 잃은 선화이므로[6] 고구려의 91개 장면보다 거타지의 용으로 축소되었다. 채색으로 남은 화불은 불교의 불상을 대신하면서 다양한 채색으로 생동감을 살린 그대로 기법으로 살아남았다.

우리가 잊어버린 하늘나라의 신화는 묘향산지에 가장 중요한 부분이 등장하지만 제대로 풀어놓은 줄거리가 글로 전하지 않고 그림만 고구려 고분벽화에 자세하다. 하늘나라의 수많은 별이 인간과 다름없는 다양한 역할을 보여주는 생동하는 그림이다. 다만 7층은 판테온의 오쿨루스와 상통하며 공교롭게도 같은 층위를 형성하였다. 고대 천문학의 별자리는 동서양이 상통하는 요소가 많다. 고대의 신화는 어느 정도 공통된 구조가 있었을 가능성도 있다.

제대조기를 인용한 묘향산지에 짐승이 등장하지만 영약에 대한 부분이 삼국유사보다 생략되었다. 그리고 환웅은 지상으로 내려와 백호와의 사이에 단군을 낳는다. 이 부분은 음료인 영약이 빠진 아쉬움은 있지만 천인과 동물의 결합은 월등한 설득력이 있다. 하나는 하늘나라의 곰의 화신과 지상의 백호가 부부로 단군을 탄생하였고 산신각에 그린 모든 산신도가 이와 상통한다. 자식의 탄생을 기원하는 흰옷 입은 여인이 북극성을 향하여 정화수를 장독대에 놓고 기원하는 민속도 환웅이 강림하여 자신을 백호로 삼으라는 염원이다.

우리 민족은 동아시아의 북쪽 밀림에 살던 선비족이나 강족羌族과 친연성이 크다. 티베트고원의 동사면으로 이동하여 소수민족으로 현존하는 강족羌族 계통의 후예인 백족白族, 이족彝族, 나시족納西族, 라후족拉枯族 등은 범과 관련된 토템이고 태양의 아들과 일치시키는 신화가 풍부하다. 이를 보면 한반도의 묘향산지나 산신도, 그리고 자식을 기원하는

---

6) 허흥식, 「고려의 墓制와 石棺」 『청계사학』 20, 2006.

민속의 해석에 도움을 준다.[7] 삼국유사보다 식물이 영약으로 쓰인 부분은 생략되었으므로 이를 보충하면 영약의 역할이 돋보이므로 이해하기 쉽다.

3. 식약의 일치와 음약일치

식품과 음료의 자급은 국가경제의 독립이다. 식품은 곡식과 채소, 그리고 과일이 중요하지만 우리의 현실은 쌀과 김장재료가 비교적 풍부하고 가을 과일로 사과, 배, 감, 귤 등이 자급자족인 정도이다. 그리고 다양한 과채류의 생산이 볼 만하지만 대체로 많은 곡류와 과일을 수입한다. 공산품을 팔아 농산물과 축산물을 사들이는 구상무역이지만 한반도 전체의 곡식이나 과실은 대체로 부족하다.

나라가 이웃과 같이 연결되고 교통과 통신이 발달한 오늘날과 달리 서울에서 사방의 국내 멀리 있는 고을에 도착하려면 보름 이상이 걸리던 조선시대까지도 상황이 다르다.『조선왕조실록』에 보면 1500년대 전반에도 흉년이 들면 국왕이 도토리를 주우라고 하였다. 국내에서 모두 해결해야하므로 각별하게 자연을 보존하였던 시대이고『세종실록지리지』에는 지금은 멸종된 야생동물과 각종 식품이 풍부하였다. 교통이 불편한 상태에서 지역공동체가 살아남는 지혜를 지닌 시대였다.

음료도 작설차뿐만 아니라 다양하게 실려 있다. 단군신화와 연결되어 등장한 백산차는 여러 음료 가운데서 후대에 소급시킨 하나의 음료일 뿐이다. 다만 환웅이 하강하였다는 태백산을 연결시킨 공간의 명칭이 단군신화를 연상시킨 차로 부각되었고 다른 음료는 단군과 연결된 이름

---

7) 허흥식,『한국신령의 고향을 찾아서』, 집문당, 2006. pp.343~350.

을 얻지 못하였다. 그러나 후대에 차를 대신하던 여러 곳의 음료가 차란 글자로 바뀌었을 가능성이 크다. 다양한 음료는 위축시키지 말고 뿌리 깊은 전통을 되살려내면서 건강하게 부활시킬 필요가 있다.

우리는 음식이라 하여 요리로 연결시킨다. 음식은 음료와 식품을 말하고 음료란 물을 주로한 수분이고 식품은 영양소를 중심한 재료이다. 이를 합쳐 음식을 만들고 수분과 영양을 함께 흡수한다. 수분과 식품을 합치고 가공하는 과정을 요리한다고 말하고 결과를 음식이라 한다. 그래도 수분이 부족하면 수분에 미량의 첨가물을 합쳐 음료를 만들어 섭취한다. 첨가물의 대부분은 열량과는 달리 소화를 돕거나 생존에 필요한 미량의 물질이고 이는 의약과 상통한다.

식품에도 삼대 영양소 이외에 미량의 의약이 포함되므로 식의일치食醫一致라 하지만 특히 음료에는 약재가 대부분이다. 의약을 신체의 필요한 곳으로 나르는 소통의 도구가 물이고 이를 합쳐 음료수라 한다. 음료수는 식품이라기보다 의약과 물을 합친 단어이다. 음료수는 대용음료와 같은 용어이고 음약일치飲藥一致로 환원된다. 단군신화는 역사에 앞선 의약일치와 식음일치를 설파한 무한한 창조의 진리이다.

창조를 외면하고 음료를 수입해서 해결하는 백성은 오래 버티지 못한다. 굴속에서 졸졸 흘러나오는 물에 달래와 쑥을 조금 넣어 끓여서 음료를 만들어 버티면서 살아남아도 숭늉조차 없애고 음료를 사들여서 마셔야 문명인이고 선진국이라 착각하는 후손은 살아남지 못한다. 신화는 창조와 역사의 뿌리이다.

II. 차경의 저술동기와 인삼

품질 좋은 인삼의 생산을 한반도에서 주도한다면 차의 생산과 가공은 양자강유역이 중심지이다. 인삼은 차보다 겨울이 추운 지역에서 생산하고 사용된 의약과 음료였다면, 차는 겨울에도 따뜻한 지역에서 생산되고 더운 시기에 애용된 의약이고 음료였다. 음료는 본래 주사로 의약을 주입하는 현대의 기술이 발달하기 이전에 의약을 섭취하기 위한 주된 수단이었다.

차의 성인으로 추앙받는 육우는 인삼이 주도하던 음료와 의약의 시대에서 차가 주도하는 새로운 시대를 촉진시킨 인물로 동아시아 음료의 시대구분에도 중요하다. 육우의 차경에는 서론에 해당하는 제1장에서 힘주어 인삼을 서술하였으나 필자가 점검한 결과로는 이를 지적한 앞선 글을 찾을 수 없었다. 육우는 차의 저술로 시조일 뿐 아니라 차의 경전이란 호칭을 사용하면서도 인삼의 종주국에서 이를 간과하였다는 사실을 반성하고자 한다.

1. 차경의 저술동기

인삼은 단음절로 삼蔘이라 쓰지만 우리의 고유어로는 "심봤다!"고 말하듯이 심일 가능성이 크고, 흔히 두개의 음절로 인삼이라 부른다. 차는 녹차라 말하여 다양한 대용음료와 구분하는 언어의 습관이 있다. 인삼은 차보다 기록이 앞서고 문자의 기원도 오래다. 차와 인삼은 모두 식물이다. 자세히 말하면 다년생 식물에 속하지만 차는 나무의 싹을 이용하고 인삼은 주로 뿌리를 약재로 사용하는 차이가 있다. 거의 건조시켜 이동하고 생산지에서 먼 곳에서도 소비하는 공통점이 있다.

육우가 남긴 차에 대한 저술을 『차경茶經』이라 한다. 경이란 어느 분야의 가장 높이 평가되고 오래된 고전이란 뜻이고, 종교의 경우 교조의 저술이나 사상을 전하는 핵심을 말한다. 차를 종교라 한다면 육우는 차의 교조인 셈이고 차경은 차의 경전이고 차를 일상으로 사용하면서 애용하면 신도와 다름없다.

차경에 대한 연구는 다양하다. 차경은 차를 중심으로 썼으며, 다른 음료나 약초에 대한 언급은 아주 적다. 본래 차란 다른 식물과 친화성이 적고 단독의 음료나 약재로 사용된 속성 때문이라고도 짐작되지만 인삼과 비교한 부분이 눈길을 끈다. 필자의 과문한 탓인지 모르나 이에 대한 깊은 관심을 가진 저술은 찾지 못하였다. 차경을 읽다가 유독 인삼에 대하여 의문을 가질 정도로 장황하게 설명한 부분이 있어서 관심을 가지게 되었다. 차경의 저자인 육우가 인삼에 대하여 어느 정도 알고 이를 대신할 음료로 차를 내세운 의도가 있다고 해석하고 차와 인삼에 대한 지식을 가진 분들에게 의견을 듣기 위하여 이 글을 쓰게 되었다.

차는 인삼과 관련성과 상반성이 있다. 인삼과 차는 생산지가 겹치는 경우도 있지만 대체로 차는 아열대에 가까운 지역부터 온대까지 재배되고 인삼은 온대부터 아한대에 가까운 지역까지 분포한다. 인삼은 차보다 추운 지역에서 생산되는 셈인데 도수가 높은 술과 상통하는 따뜻한 성질이 있다. 차는 본래 몸의 열을 내리는 특징이 있고 더운 시기나 환경에서 마시면 효과가 크다. 인삼은 몸의 열을 높이는 약이고 여름에 삼계탕을 먹는 까닭은 더위를 이기기 위하여 찬 음식을 섭취하여 창자의 기운이 냉기가 심해진 경우에 효과가 있다.

차는 의약과 음료의 두 가지 기능이 크지만 차경에는 음료에 속하고 약주라고도 불리는 술과 경쟁한 내용은 실리지 않았다. 차가 음료로

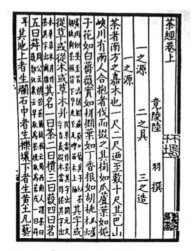

〈그림 25〉『차경』의 고본 첫 장

확대될수록 술과 차의 기록이 대비되는 특징이 있다. 후대에 차의 효능으로 주독을 해소시킨다고 하였다. 사실 차와 술이나 인삼은 서로가 조심할 음료이고 약재의 성질로는 상극성이 있다.

약이란 본래 섞어서 사용할 경우 몸을 망치는 독약과 같은 경우가 있다. 주독이나 약독을 차로 완화시킨다 하더라도 일정한 시간이 지난 다음에 사용할 일이고 합쳐서 마시거나 같은 시기에 마시면 독약과 같다. 인삼과 술은 친근성이 크고 인삼주는 인삼과 술을 합쳐 만든 대표적인 술이다. 차는 인삼과 술과 상극의 요소가 있으므로 절대로 섞어서 마시거나 같은 시간에 마시면 위험하다.

차경에 대한 판본이 몇 가지가 있지만 이에 대한 철저한 연구는 의외로 근래에야 비롯되었다. 경전의 판본치고는 의외로 논란이 적다는 단순성도 있다. 차경에는 저자의 서문이나 발문이 없다. 저자의 서문이나 발문은 저술동기를 강하게 나타내는 경우가 많다. 그러나 위대한 경전일수록 서문과 발문이 없고 후인이 추가한 경우가 아주 많다. 경전뿐 아니라 시도 처음에는 시제가 없으나 후에 만드는 경우가 많았다. 위대한 경전이 서문과 발문이 없는 아쉬운 여운을 남겨야 신비한 느낌과 다양한 해석으로 설왕설래하면서 인기가 높아지고 연구자가 늘어난다는 역설이 성립한다.

모든 경전은 처음 부분과 끝부분에 함축된 내용이 실린다. 후대에 해석자는 이를 잘 이용하고 시제가 없는 시도 첫 부분에 만들어 넣기도

한다. 모든 경전의 이름이나 분류한 부분도 후에 나누고 붙인 경우도 많다. 차경은 본래 10장으로 나누고 서문은 물론 권수도 없었으나 후에 3권으로 나누었다고 한다.

차경에도 서문은 따로 없지만 제1장 차의 기원에서 분문에 저술동기가 실렸다. 차의 기원보다 더욱 포괄적인 차의 식물로서 특징, 차란 글자의 기원, 알맞은 토질, 차의 용도로서 음료와 약효를 말하였다. 본래 차란 글자도 다양하여 차경이 저술된 다음에야 확립된 경향도 있다. 한자漢字 란 의미를 가지는 고립된 하나의 상형문자에서 출발하였으나 후대에는 몇 글자를 한 글자로 만들다가 여러 음절을 사용하는 민족이 지배자로 등장하면 두 글자를 사용하여 두 음절이나 그 이상으로 복잡한 의미를 나타내는 경향으로 바뀌었다. 차란 글자는 씀바귀를 의미하는 도茶란 글자에서 한 획을 빼내어 나무를 강조한 글자라는 해석이 통설이다.

차경에서 가장 강하게 저술동기가 수록된 부분은 제1장의 마지막 부분이다. 이에 대해서 차경을 연구한 분들이 자세하게 설명한 글이 많지만 필자가 관심을 두는 부분은 차와 상대되는 식물인 인삼을 등장시 킨 다음 기록이다.

차의 용도는 성질이 아주 차가우므로 음료로 행동이 바르고 검소한 덕을 가진 사람에게 좋다. 소갈증이 있고 번민이 많거나 두통이 심하거나 눈이 침침하거나 사지가 나른하거나 관절이 뻐근하면 대여섯 번 마시면 효과가 있다. 우유로 만든 음료나 발효 식품은 피해야 한다. 알맞은 때에 잎을 따지 않거나 가공이 서투르거나 다른 약초와 섞어서 마시면 병을 키운다. 마치 인삼을 잘못 사용한 경우와 같다고 하겠다.[8]

---

8) "茶之爲用, 味至寒, 爲飮最宜. 精行儉德之人, 若熱渴·凝悶·腦疼·目澀·四肢煩·百節不 舒, 聊四五啜, 與醍醐·甘露抗衡也. 采不時, 造不精, 雜以卉莽, 飮之成疾. 茶爲累也,

차와 인삼은 성질이 상반되는 부분이 많다. 차는 목축업이 위주인 티베트나 몽골에서도 환영을 받지만 우유에 직접 섞어 마시지 않는다. 우유의 지방과 단백질을 순두부와 같은 치즈를 걸러낸 다음 남은 액체에 차를 갈아 넣어 마시는 수유차가 있다. 우유의 수분만 남겼을 정도로 맑은 물에 차의 가루를 섞어서 끓인 차가 수유차이다. 우유의 수분에 미량의 특수한 물질만 포함되었고 삼대영양소는 거의 배제된 수분에 차를 첨가하였다면 수유차라고 보면 거의 정확하다.

인삼은 우유와 술과 친화성이 있으므로 차보다 사용이 편하다. 인삼을 갈아서 우유와 섞어서 마시기도 하지만 술에 넣어 인삼주를 만들기도 한다. 인삼은『약성가藥性歌』에서 맨 먼저 지적하였듯이 열이 있는 사람은 피해야 한다고 첨가된 부분이 있다. 차는 열을 내리고 통증을 줄이는 효과가 있으므로 인삼과 상반성이 많다. 차경에서는 인삼을 잘못 사용한 경우를 알면 차의 잘못을 알 수 있다고 성질을 똑같이 취급하였으나 이는 아주 틀린 해석이다.

인삼은 다른 음료나 약재와도 친화성을 가졌으므로 이와 반대인 차만은 피해서 사용하는 특성이 있다. 차는 자체로 효능이 크지만 대체로 다른 식물의 약재를 섞어서 사용하지 말아야 하지만 인삼의 경우는 다양하게 혼합하여 효과를 더욱 높일 수 있다. 물론 인삼에도 금기가 있지만 차처럼 고립성이 강하지 않은 차이가 있다.

2. 인삼생산지와 평가절하

육우는 서문과 같은 포괄성이 있는 제1장의 마지막 부분에서 놀라울

亦猶人參."

140

만큼 유독 인삼에 대하여 많은 글자를 할애하여 서술하고 차와 대비하였다. 그는 인삼의 생산지를 열거하고 품질까지 논하였다. 그가 열거한 인삼의 생산지를[9] 현재의 지역으로 밝히고 품질과 연결시키면 다음과 같다.

〈표 3〉『차경』에서 제시한 인삼의 생산지와 품질

품질	생산지	현재의 위치
上品	上黨	山西省 長治市, 晋城市, 晋中市 東部
中品	百濟	호서와 호남
	新羅	경상도와 강원 일부
下品	高麗	평안도, 함경도, 만주
品外	澤州	山西省 東南端
	易州	河北省 保定市 易州鎭
	幽州	北京 中部和 北部, 薊縣
	檀州	北京 北部 郊外 密云

이상과 같이 육우는 산서성 상당의 인삼을 상품으로 백제와 신라를 중품으로 고구려를 하품으로 서술하고 산서의 상당을 제외한 지역 하북, 그리고 북경과 그 북쪽의 교외를 가장 품질이 낮은 생산지로 정리하였다. 차를 개괄하여 정리한 가장 중요한 제1장에서 인삼에 대하여 장황할 정도로 품질을 구분하고 생산지까지 서술할 정도로 인삼에 대한 당나라 지식인의 열등감을 나타냈다고 해석된다.

육우는 제8장에서 차의 생산지를 정리하였고 제1장에 남긴 인삼의 생산지보다 아주 세밀하게 여러 곳을 열거하였다. 아무리 하나의 장을 모두 할애하여 열거하였더라도 개괄한 제1장에서 인삼의 산지를 여덟 곳이나 그것도 세 곳의 외국을 포함하여 서술하였다는 사실을 대수롭지

---

9) "上者生上黨, 中者生百濟新羅, 下者生高麗. 有生澤州·易州·幽州·檀州者, 爲藥無效, 況非此者! 設服薺苨使六疾不瘳. 知人參爲累, 則茶累盡矣."

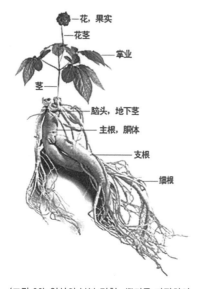

花, 果实
花茎
掌业
茎
脑头, 地下茎
主根, 胴体
支根
缅根

〈그림 26〉 인삼의 부분 명칭, 뿌리를 과장하여 줄기와 비율이 맞지 않는다.(한국인삼공사 제공)

않게 지나친다면 연구자의 태도로는 오히려 이상하다.

인삼은 당나라뿐 아니라 일본인에게도 자존심을 높여주는 한반도의 특산품이었다. 식민지시대에 인삼에 대하여 조선총독부전매국에서 정리한 방대한 7책의 『인삼사人蔘史』가 있으나 차경에 실린 부분을 지나치고 말았다.[10] 지나쳤는지, 알고도 건드리면 자신들의 자존심에 상처를 주기 때문이었다는 해석도 가능하다. 주된 인삼의 역사를 다른 사물과 비교하여 서술한 경우에 더욱 눈여겨볼 대상이다.

육우는 인삼의 인기가 높자 열등감을 극복할 필요가 있었다. 차를 등장시켜 동등하거나 음료와 의약으로 인삼보다 내세워 한반도와 만주지역을 석권하여 우위를 확보하려는 의지를 반영시켰다. 한반도의 인삼이 제일이지만. 산서의 상당上黨에서 가장 우수한 인삼이 생산된다는 주장은 억지이다. 상당에서 가장 상품이 나는데 이웃에서 하품에도 속하지 못하는 약효가 없는 인삼이 생산된다면 모순이 아니겠는가? 실제로는 의약으로나 음료로서 인삼을 능가할 대책이 없으므로 상당을 내세우고 그보다 남쪽의 차를 열거하고 다시 인삼을 제압하려는 의도를 품었음에 틀림이 없다. 차경에서 위의 글에 이어서 인삼과 차를 총괄하여 다시

10) 今村鞆, 『人蔘史』, 朝鮮總督府專賣局, 1940.

다음과 같이 비교하였다.

위의 지역에서 생산되지 않은 경우 냉이나 도라지와 다름없어서 이를
먹어도 치료의 효과가 없다. 나쁜 인삼을 쓰고 인삼의 효능을 알지
못하듯이 차의 경우도 마찬가지이다.

차를 설명하면서 인삼과 비교한 육우의 서술태도는 대용음료와 의약
으로 인삼을 들면서 차를 인삼에 비교하여 설명하려는 그의 태도를
알만하다. 삼국의 인삼에 눌려서 기를 펴지 못하던 지역 출신의 육우가
인삼과 동등한 위상으로 양자강유역에서 생산된 차를 들면서 새롭게
음료로 등장시키려는 의도가 뚜렷하다고 하겠다.

3. 차와 인삼의 차이점

육우는 차에 대해서 개관한 내용은 올바른 점이 있지만 인삼과 비교하
여 같다는 설명은 무식한 정도가 너무나 지나치다. 약성가에 실린 인삼과
차의 성질을 비교하면 다음과 같다.

인삼은 맛이 달고 원기를 아주 높인다. 소갈을 그치게 하고 체액을
분비하고 영양을 조절하고 방어력을 키운다. 人蔘味甘, 大補元氣, 止渴生津,
調榮養衛.
차는 맛이 쓰고 열을 줄이고 소갈을 없애준다. 위로 눈과 머리를
맑게 하고 아래로 더부룩한 기운을 해소시킨다. 茶茗味苦, 熱渴能濟, 上清頭目,
下消食氣.

한국인은 민간인도 인삼과 차의 차이를 잘 알았을 정도로 민간 상식을 정리한 약성가에서 정확하게 지적하였다. 4언4구로 표현된 인삼과 차의 성질이 판연하게 다르다는 사실이 간단하고도 예리하게 서술되었다. 약성가에는 약효가 많고 널리 쓰이는 약재의 성질을 언급하면서 인삼을 첫머리에, 차는 거의 끝부분에 실었다. 인삼은 달고 차는 쓰다는 상반성이 있고 차는 열을 내리고 갈증을 줄이지만 인삼은 원기를 돋우어 소갈을 줄이고 체액을 증가시킨다고 하였다. 효능에서 갈증을 없앤다는 상통하는 점도 있다. 인삼은 몸을 따뜻하게 보충하여서 건강을 증진시키지만 차는 몸의 열을 낮추어 머리를 맑게 만들고 소화를 돕는다고 하였다.

인삼에 대한 약성가는 추가된 부분이 있다. 폐에 열이 있는 경우에는 쓰지 말고 약간의 열이 있는 경우 인삼의 머리 부분에 올라온 어린 싹인 뇌로蘆를 떼어 버리라고 충고하였다.[11] 어린 싹에는 약성이 뭉쳐서 특히 소아의 열에는 독으로 강하게 작용할 수 있으므로 반드시 떼어버리라는 충고도 있다. 뇌로蘆란 인간의 뇌腦처럼 둥글게 뭉친 싹이고 실제로는 약성이 밀집된 부분이므로 독성을 이길 수 없는 어린이에게는 위험하지만 면역이 강한 성년에게는 버릴 부분이 아니다.

민간의약의 대표적 처방인 『방약합편方藥合編』에도 363건의 처방 가운데 155회 인삼을 언급하였고, 열이 있고 땀이 많은 경우 쓰지 말라는 지시가 2회만 쓰였을 뿐이다. 차와 다른 약재를 합쳐서 사용한 경우는 보화환保和丸으로 한 번의 처방에서 두 번만 쓰였다. 인삼은 다른 약재와 합쳐서 직접적 독성을 줄이면 몸에 열이 있는 경우에도 사용이 가능한 특성이 있다.

차경을 저술한 육우(733~804)보다 그를 도운 교연皎然이 선배이지만

---

11) "肺中實熱, 並陰虛火動·勞嗽吐血勿用. 肺虛氣短·少氣盛喘煩熱, 去蘆用之, 反藜蘆."

근래의 연구에서는 둘은 불과 3년의 차이밖에 나지 않는다. 육우는 재기가 발랄하지만 떠돌이였고 양자강 하류에서 교연이 절을 가지고 차원茶園을 경영한 묘희사妙喜寺의 정자를 빌려서 차를 연구하였다고 한다. 그의 고향은 차가 생산되지 않았고 차보다 인삼의 이야기를 많이 들었던 중류였다. 양자강 하류는 얼음이 얼지 않고 차가 성장하는 강남이라 불리는 더운 지방이었다. 더운 지방에서 차의 소비는 필요하였고 그는 거기서 차로 더위를 식히면서 차를 연구하였다.

육우는 호북출신으로 자신의 고향이 인삼의 산지와 관련이 있음을 강조하였다. 어렸을 때 그곳을 떠나 인삼은 약성이 다를 뿐 아니라 다른 약재와의 친화성이 적은 차와 현저하게 다르다는 사실에 대하여 제대로 알지 못하였음이 확실하다. 그는 산서 상당上黨의 인삼을 한반도의 산물보다 상품이라 서술하면서도 다른 곳의 인삼은 한반도의 인삼보다 품질이 떨어진다고 과장된 면과 솔직한 양면성을 보였다.

육우는 780년경 차경을 지었다. 현종이 촉으로 몽진한 755년부터 25년이 지난 시기였다. 그는 황하유역에서 생산된 인삼은 약효와 음료로서 한반도의 인삼에 대응하지 못한다는 한계를 느꼈을 가능성이 크다. 그가 강남에 이르러 인삼보다 차가 더운 지방에서 필요함을 체험하고 확산되리라는 확신을 가지고 차경을 저술하였다고 짐작된다. 인삼은 차로 만들어 음료로도 활용되지만 탕으로 약용을 겸한 음료로 더욱 널리 사용되는 경향이 있다. 인삼은 차를 대용한 국민음료로 개발할 잠재력이 있는 음료임을 차경의 해석을 통하여 밝은 전망을 느낄 수 있다.

III. 신라 차의 시배지와 생산지의 변동

차 생산은 자연조건인 기후와 토질과 습도와 관계가 깊다. 한국에서 겨울에 서북풍을 막고 초가을에는 태풍을 약화시키고 습도가 많은 남쪽 지방으로 해안이나 저수지가 있는 곳이 좋다. 차의 생산은 자연조건과 더불어 관리하는 방법과도 깊은 관련이 있다. 우리의 단어에 전정田政이나 염정鹽政과 마정馬政은 있지만 차정茶政은 없다. 정이란 경영에 공권력이 강하게 작용하는 형태를 말한다.

정약용도 차의 관리에 대한 국가와의 관계를 추구하여 각법榷法이 없었다는 결론을 내렸다. 차정茶政이나 각법이란 중앙에서 인사행정을 하듯이 특산물에 대하여 생산, 가공, 유통 등의 어느 단계에 국가가 간섭하여 관리하거나 세금을 거두는 통제를 말한다. 대륙성기후에서 차 생산이 까다롭기 때문에 이를 국가에서 깊이 간여하면 오히려 역효과가 나타난다. 차란 고도의 기술과 장기간의 안정된 관리가 필수적인 특수한 작물이므로 안정된 위탁생산이 필수적인 식물이었다. 어느 곳에서나 차의 재배의 성공은 자발적이고 창의적인 노력이 집중될 필요가 있었다.

신라에서도 차를 사용한 내용이 적지 않지만 재배한 기록은 극히 적다. 국가가 가공과 유통에 간여하여 세금을 거두었던 기록은 더욱 찾기 어렵다. 신라가 삼국의 전쟁을 끝내고 공신을 포상하는 가운데 지방의 토지를 세습하도록 녹읍으로 하사하였고 이런 곳에서 단순한 농업보다 고가의 약재인 농산물과 귀금속의 광산물, 고기잡이가 편리한 어량魚梁에서 궁중에 공급되는 고급 수산물을 위탁하여 생산하였을 가능성이 크다. 양어와 제염, 그리고 목축과 말먹이인 목숙苜蓿과 약재와 차를 비롯한 특수작물이 공신들의 농장에서 재배되었다고 보고자 한다.

1. 차의 생산과 시배지에 대한 경쟁

차의 재배와 가공과 품질의 평가[品茶]는 사원이 간여하였음에 틀림이 없다. 차의 생산지는 공신의 식읍과 사원이 협력하였을 가능성이 크다. 사원은 요양과 제사의 장소였고, 교육과 소통의 공간이며 동시에 축제를 주관하고 보를 통하여 금융의 역할을 하였다. 차를 이용한 성인병의 치료와 사교의 중심지였으므로 차의 수요를 확산시키는 중요한 장소였다. 그리고 귀족들의 식읍이 사원과 농장의 장기간 유착관계가 있었다는 추정이 가능하다.

신라에서 차가 생산된 지역은 고려보다 좁았지만 고려는 조선초기와 상통하였을 가능성이 있다. 우리나라에서 차는 토질보다 기후와 지형이 가장 큰 문제이고 차의 성장이 가능하더라도 추위에 상하므로 유지하기가 까다롭고 오랜 기간 보살펴야 생산되므로 재배된 지명은 많더라도 실제로 재배된 면적은 극히 제한되었을 가능성이 크다. 대체로 지리산을 중심으로 남쪽 산기슭의 낮은 해안지역이 알맞았다.

우리나라 차의 기원과 생산은 지리산자락이나 그곳의 사찰을 빼놓고 말하기 어렵다. 차는 불교와 상생하면서 재배되었고 가공과 유통과 소비가 발전하고 확대되었기 때문이다. 지금도 차의 보존과 발전은 사원의 도움이 크지만 고대로 올라갈수록 의존도는 더욱 심하였다는 해석이 가능하다. 차의 기원은 자생보다 양자강수계의 여러 곳에서 씨를 가져와 심었다는 추정이 많다. 심지어 김해에는 인도에서 가락국으로 왔었다는 구전을 수록한 후대의 기록도 있다.

신라에서 차를 생산하여 수요를 충족시킨 정도를 가늠하기 어렵다. 사신이나 무역에서 차는 중요한 수입 품목이었을 가능성이 있다. 그러나 차의 수입과 차씨를 발아시켜 재배하는 과정은 차원이 다르다. 백 번

차를 수입하여도 씨를 심어서 재배하기는 열 번이고 열 번에서 발아하여 뿌리를 잡기는 한 번에 지나지 않았을 가능성도 있다. 차는 묘목으로 옮겨 심기가 씨를 발아시키기보다 오히려 어렵다.

차의 재배는 차의 수입과 함께 씨를 가져와 심었다는 해석을 벗어나기 어렵다. 사신과 유학생, 그리고 유학승이 가장 빈번하게 드나든 항구가 회진會津이었다. 회진은 서남의 항구로 차의 재배에 적당한 풍토이므로 이 지역에서 멀지 않은 곳에서 재배되었을 가능성이 크다. 화엄사나 쌍계사는 회진에서 가깝고 특히 쌍계사는 신라의 서울 경주에서 당으로 떠나는 길목이라는 유리한 점이 있었다. 화엄사는 남원을 거쳐 경주로 이동하는 중요한 관문에 가까웠다.

신라말기 선종산문은 차의 생산지와 관련이 크다. 사굴산문과 수미산문이 차의 생산 한계선을 벗어난 북쪽에 있지만 나머지는 거의 지리산자락과 관련이 크다. 사굴산문도 무신란이 일어나자 순천의 송광산으로 중심지를 옮겼고, 현존하는 고문서에 나타난 두원현을 비롯한 지명에는 수선사에 차를 생산하는 직속 농장이 있었다. 통도사의 영역에 포함된 차촌도 차를 생산한 재배지였을 가능성이 크다.

차나무는 심더라도 오랜 기간 보살펴야 경제가치가 생기는 지연성이 있다. 차나무는 수명이 길고 단단하나 추위에 약하고 성장속도가 매우 느리다. 우리나라는 삼면이 바다이지만 해양성보다 대륙성 기후이므로 한파에 대비하지 않으면 겨울에 얼어 죽는 경우가 많고 대밭을 비롯하여 상록수로 울타리를 만들지 않으면 차가 자라던 지역에서도 때로는 얼어 죽는 냉해를 입을 정도이다. 냉해를 막기 위하여 방치하여 그대로 두면 차가 다른 식물에 가려서 멸종하는 경우도 있다.

지리산 서남자락이 차나무의 재배와 가공의 중심지였다. 대체로 오늘날 행정구역으로 보면 전라남도 거의 모든 지역에서 생산된다. 다음이 경상남도이고, 전북과 경북의 순서이지만 해안에서도 일부에서만 생산되는 정도이다.[12] 전남에서도 보성만을 중심으로 고흥과 장흥과 보성에서 생산량이 밀집된 경향이 있었다.

차의 생산은 지역에서 안정된 기반을 뒷받침하지 못하면 이를 유지하기조차 어렵다. 현대사회는 상공업중심으로 화장품산업인 태평양화학이 장기간 투자하여 겨우 차의 기반을 마련하였지만 아직도 일제가 기반을 마련한 보성의 공간을 벗어나기 어렵다. 그만큼 차의 산업은 오랜 기간 인내와 안정을 필요로 발전하였다.

차가 중요한 까닭은 건강에 주는 효과나 정서 이상으로 사회가 안정되고 건강하다는 척도로서 의미가 있다. 차의 재배를 통하여 단기간에 부자가 되려는 현대인의 성급한 기대를 접어두고 수십 년의 투자와 끊임없는 보살핌과 재배와 채집과 가공과정을 합친 모든 생산과정에서 고도의 기술과 노동력을 요구한다. 차의 특성이야말로 인내와 끈기와 자연보호의 정신과 기술에서 하나라도 부족함이 있으면 발전하기 어렵다. 무엇보다 속효성이 적은 장기간 투자가 필요한 사업이란 각오가 필요하다.

차를 처음 재배한 시기와 장소에 대한 논의는 근래에야 치열하게 불붙기 시작하였다. 모든 역사애서 시기와 장소, 그리고 이를 주도한 인물은 항상 관련이 있다. 모든 역사의 기원에는 신문의 기사와 같은 여섯 가지 기본요소에서 불충실한 부분이 적지 않다. 차의 경우에도 차를 공양한 기록은 삼국유사에 삼국사기보다 먼저 등장한다. 고구려 고분 벽화에도 차를 공양하는 그림이 실려 있지만 이를 이곳에서 생산된

---

12) 李崇寧, 「한국차의 문헌학적연구」「한국의 차」『韓國의 傳統的 自然觀』, 서울大學校出版部, 1985 ; 李貞信, 「고려시대 茶생산과 茶所」『한국중세사연구』 6, 한국중세사학회, 1999.

차라기보다 대용음료이거나 수입한 차일 가능성이 크다.

백제에서 일본에 차를 심었다는 기록도 일본의 사서에 전한다. 신라에는 이보다 앞서 사용한 사실이 있다. 삼국사기에는 신라에서 828년에야 대렴이 사신으로 차씨를 가져와 지리산 기슭에 심었다는 기록이 있다. 이를 따라서 대렴이 쌍계사 부근에 심었고 그곳에 차를 처음 재배한 곳이라는 이른바 '차 시배지 기념비'를 세웠다.

새로운 행정도로가 설정되면서 경남 하동군 화개에는 차시배지 길이 등장하였다. 부근의 쌍계사에는 국보 제47호로 지정된「진감선사 대공탑비」가 서있다.[13] 진감선사(774~850)는 불교 음악인 범패를 도입하여 널리 대중화시킨 인물로, 애장왕 5년(804)에 당나라에 유학하여 승려가 되었으며, 흥덕왕 5년(830)에 귀국하여 높은 도덕과 법력으로 당시 왕들의 우러름을 받다가 77세의 나이로 이곳 쌍계사에서 입적하였다. 이 탑비는 대사가 입적한 다음 37년 지나 진성여왕 1년(887)에 세웠고 옥천사玉泉寺를 쌍계사로 이름을 고친 다음에 이 비를 세웠다 한다.

옥천이란 차를 홍보한 시를 남기고 차와 순교하고 차선茶仙이란 호칭을 듣는 노동盧소의 호인 옥천자玉川子와 발음은 상통하지만 글자는 틀리고 굳이 쌍계사로 고친 까닭은 차와는 오히려 무관한 가능성이 있다. 최치원이 비문을 짓고 글씨까지 썼으며 비문에 한명漢茗이란 차를 의미한 글씨까지 남겼으므로 차의 시배지로서 확신을 주었다. 경상남도는 화개면 운수리를 차 시배지로 설정하고 1983년 기념물 제61호로 지정하였다. 앞서 1981년 한국차인연합회가 5월 25일을 차의 날로 선포하면서 확신을 주었다.

하동은 호남을 연결하는 영남의 가장 서남쪽에 위치하고 경주로 통하

---

13) 지정일 1962.12.20. 소재지 경남 하동군 화개면 운수리 207 쌍계사.

는 유서 깊은 지역이었다. 쌍계사는 진감선사 탑비뿐 아니라 배후에 청학동을 가까이하고 육조혜능의 정상을 모셨다는 남선종의 종가임을 과시하려는 전설이 서린 지역이었다. 이와 같은 유리한 조건에도 불구하고 신라가 망한 다음 대세는 호남지역이 차의 중심지로 부각되었다.

한국기록원이 경남 하동군을 차 시배지로 인증하자 구례군이 강력히 반발하고 나섰다. 구례군과 하동군 간의 차 시배지 논란은 사실 오래 전부터 계속되어 오고 있었으나 차 전래에 관한 유일한 공식기록인 삼국사기 문헌을 보면 확실히 알 수 있다. 삼국사기 홍덕왕 본기에 "당나라에서 돌아오면서 사신 대렴大廉이 차 종자를 가지고 오니 왕이 지리산地理山에 심게 하였다."는 내용이 기록되어 있다. 지리산 일대임에는 틀림없지만 정확한 지점은 불명확하여 관련 학계의 오랜 관심의 대상이었다.

하동군은 2008년 5월 30일 한국기록원을 방문, 하동군 화개면 소재 경상남도 지정기념물 제264호인 '천년 녹차나무'와 '차 시배지'가 국내 최초임을 검증하여줄 것을 의뢰하여 같은 해 7월 1일 국내 가장 오래된 차나무와 최초 차 재배지로 각각 인증하는 인증서를 수여 받았다. 이에 구례군은 한국기록원의 인증과정에 심각한 잘못이 있다고 주장하였다. 인증을 위한 기록원의 충분한 현지 조사가 없고 하동군이 제시한 자료만 토대로 인증서를 발급했으며 관련 학자 및 구례군의 자료나 근거는 전혀 고려하지 않았다는 지적이었다.

구례군 관계자는 "대렴공이 왕명으로 차종자를 심었다는 의미는 국왕의 기념식수와 같은 의미이고 당시 대 사찰인 화엄사 인근에 심었을 것"이라며 "화엄사사적에도 '대렴大廉이 가져온 차 종자를 장죽전長竹田에 심게 하였다'고 적혀 있다."고 주장했다. 한편, 구례군민들은 이러한 고서에서 구례를 차 시배지로 인정하고 있는데 한국기록원은 어떤 근거

〈그림 27〉 화엄사 부근의 장죽전에 마련된 차시배지 기념비. 이곳에서는 쌍계사 부근의 시배지라는 주장을 강력하게 반대하였다.

로 인증을 했는지 의문이라며 하동군의 인증을 취소해야 한다고 강력하게 반발하였다.[14]

1200년 가까운 오랜 식물의 재배를 둘러싸고 이와 같이 치열한 논쟁은 드문 일이고 한편 모두가 관심을 가질 대상이다. 이에 대한 관심과 연구가 소홀한 학계는 두 지역의 열정을 강 건너 불빛으로 보기보다 우리의 가까이 다가온 긍정적인 주제로 삼을 필요가 있다. 학계와 사회의 관심이 일치하면 자료의 수집과 지역사의 연구가 협력하여 빠른 시일에 연구의 수준이 향상될 수 있기 때문이다.

---

14) 데일리안 2008-07-16 10:06 ; 뉴시스, 시배지 진실공방 휩싸여 기사입력 2008-07-20 13:38.

2. 차 생산지의 분포

『고려사』에 차의 생산지는 지리지에 정리되지 않았으나 거의 같은 시기에 편찬된『세종실록지리지』와『경상도지리지』는 고려시대 차의 생산지를 소급하여 파악할 중요한 내용이 포함되었다. 차의 생산지는 차를 특산물로 기록한 부분에 실렸고 지리산의 남쪽인 오늘날 전라남도에 집중된 경향이 있다.

차가 토공土貢으로 정리된 지명이 전라도에 30곳이고 경상도는 10곳에 불과하다. 이로 보면 고려시대에도 차는 거의 전라도에서 생산하고 일부만이 경상도에서 생산되었다는 결론에 도달한다. 지금도

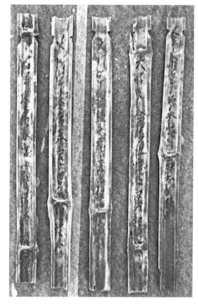

〈그림 28〉 태안 마도의 해저에서 발견된 고려의 죽간. 물건의 출납을 위한 회계와 관련된 자료이지만 대와 차는 일생을 같이 하지만 죽어서도 함께 한다.(2012년 5월 7일 문화재청 제공)

전라도와 경상도의 해안 일부이고 더욱 간단히 말하면 지리산 남쪽 자락의 해안가에 집중되었다.

이 가운데 지금은 전남 보성군에 밀집된 상태이다. 이는 일제가 1939년 이곳에 집단으로 새로운 종자를 심어서 생산하였기 때문이다. 지리산자락의 여러 곳에서 야생차와 오래된 차나무를 확인하려 노력하고 기록을 찾지만 생산지가 조선시대 지리지보다 소급되지 않는 형편이다. 차인들이나 학자들이 차의 재배지역을 복원하고 가공방법을 찾아 향상시키려 노력하지만 때로는 확대해석과 자기도취도 많다. 중소기업이나 대기업

도 식품산업의 일부로 투자하였지만 다른 산업보다 성장속도가 느리고 장기간의 투자와 끈기에도 불구하고 겨우 조금씩 증가하는 추세이다.

온난화 현상만 믿고 재배지를 확장한 결과 때로는 예기지 않은 냉해를 입으면 뿌리만 살아서 움이 올라오는 줄도 모르고 포기하는 경우도 많다. 우리나라처럼 한서의 차가 심한 대륙성 기후에서 단기간에 큰 이익을 내기는 어렵지만 지속적으로 연구하고 관리하면 해당하는 성과가 없지도 않다. 무엇보다 먼저 생나무울타리를 치고 대, 귤, 유자, 석류, 무화과 등 난대성 나무를 심어서 자연을 보호하고 일기변화를 대비하는 등 장기간 노력과 대책이 필요하다. 조급한 욕심을 줄이고 환경을 사랑하는 마음과 안정된 관리와 전문가의 노력이 필요하지만 단기간의 수익성이 적은 한계가 있다.

한국에서 차의 생산지는 차나무의 성장보다 보존이 문제이다. 재식하는 차는 야생차보다 추위에 약하므로 더욱 좁은 지역에 밀집되어 있다. 이는 야생차의 우수한 특성이고 실제로『세종실록지리지』에는 상통하는 지역에 차가 주로 토공으로 실려 있다.『세종실록지리지』를 '세지'로,『신증동국여지승람』을 '승람'으로, 영조시에 편찬된 '읍지'를 각각 줄여서 정리하면 〈표 4〉와 같다.

〈표 4〉 조선시대 차의 생산지(차口 작설차◇) 전라도 30고을, 경상도 10고을

도명	지명	세지	승람	읍지	세지의 표기
전라도	古阜	◇	□	□	藥材
	興德	◇	□	□	土貢 (이하 빈 곳은 土貢)
	扶安	◇	□	□	
	扶安	□	□	□	
	光山	◇	□	□	
	羅州	□	□	□	
	靈巖	◇		□	

지역	지명				비고
	靈光	◇	□	□	
	咸平	◇	□	□	
	樂安	□			
	高興	□			
	沃溝	□			土宜로
	高敞	◇	□	□	
	長城	◇	□	□	
	珍原	□	□		
	茂長	◇	□	□	
	南平	◇	□	□	茶所 2
	務安	◇	□	□	
	長興	□		□	茶所 13
	珍島	◇	□	□	
	康津	◇	□	□	
	海南	□	□		
	南原	□	□		
	潭陽	□	□	□	
	淳昌	□	□	□	
	順天	□	□	□	
	寶城	□	□	□	약재
	綾城	□	□		
	光陽	□	□	□	약재
	求禮	◇			
	同福	□	□	□	
	和順	□	□		
	茂珍	□	□		
경상도	蔚山	◇	□	□	
	梁山	□	□		
	密陽	◇	□		
	晉州	◇	□	□	약재
	咸陽	◇			土産
	昆陽	□	□		
	河東	◇	□	□	土産
	山陰	◇	□		
	丹城	□	□		
	固城	◇	□	□	
	鎭海	◇	□	□	

대부분 토공으로 실려 있지만 토의나 토산과 약재로도 기록되었으므로 이에 대한 차이가 규명될 필요가 있다. 토공이란 특산물의 징세로서 그 기원은 적어도 고려의 무신집권기까지 올라간다. 그러나 고려에서 사원은 차를 소비하는 사교의 장소일 뿐 아니라 이를 재배하고 가공하는 막강한 배후의 지원자였으므로 그곳과 협력하여 유지되고 번영하였다.

차의 가공시설이나 생산지에 관한 가장 광범한 자료로는 조선초기의 세종실록지리지와 중기의 신증동국여지승람이 꼽힌다. 그러나 이들 자료는 차의 중요한 소비지였던 고려와 조선의 수도가 개경과 한성이었던 시기에 차의 재배와 가공의 중심지를 반영할 가능성이 있다. 차의 초기 생산지는 최대의 소비지였던 신라의 경주와 관련이 있으므로 생산과 가공도 고려나 조선의 전라도보다 경남 남해안에서 밀양에 이르는 동해안의 남부에도 분포하였을 가능성이 있으므로 더욱 신중한 연구가 요구된다.

차의 생산지에는 가공시설이 반드시 있었겠지만 차소茶所라 특기된 곳은 고급차의 생산과 가공이란 점에서 장흥과 무장은 특기되었을 가능성이 크다. 고려초기의 뇌원차는 지금 고흥의 두원면이 있던 그곳에 밀집된 차의 가공시설과 관련 있다고 해석된다.[15] 두원에서 차의 생산은 몽골의 침입이 있던 무렵 송광사의 문서에도 등장한다. 고려말기 왜구의 침입으로 고흥은 장흥으로 치소를 합치고 속현으로 떨어졌으므로 두원에서 가장 좋은 차를 가공하여 공물로 생산하던 기술자가 장흥으로 옮겼다고 하겠다.

고려초기는 두원현이 중심지였으나 고려말에는 왜구의 침입을 받자 장흥으로 중심이 바뀌었다고 짐작된다. 이로 보면 적으나마 차 생산의 중심이 경주 방향에서 개성과 한성의 해로와 육로와 관련된 지역으로

---

15) 이와 다른 용뇌를 첨가한 혼합차란 견해가 있으나 근거를 제시하지 않았다.

변화하는 경향이 감지된다. 고급 차의 재배와 가공이 주된 소비지인 수도의 변화에도 영향이 컸었음이 확실하다.

3. 조선에서 공납과 대동법

고려에서 차의 생산은 재배와 가공의 두 단계에서 재배보다 가공에 관여하는 약간 느슨한 간섭의 제도였을 가능성이 있다. 무신집권기 전반까지는 사원을 중심으로 군현, 그리고 소와 부곡 등 지역 차등의 편제를 통한 통치였다. 속군현이나 향, 소, 부곡 등을 주군과 주현에 예속시키고 지방관이 없이 간접지배하거나 찰방이나 안찰사를 보내어 순찰하고 감독하는 수준이었다. 차소도 지방관이 간접으로 지배하는 위탁생산의 체계였다.

지역 연대적인 통치는 지역 편제이고 토호의 충성심을 경쟁시키는 효과가 있으므로 중앙집권화의 초기단계에 필요하다. 그러나 안정기를 지나 가렴주구가 심해지고 이를 극복하려는 민란이 전국적으로 발생하였다. 무신집권기 전반에 민란을 진압하고 지방관이 없이 예속된 향과 소와 부곡을 해체하고 속현을 키워서 수령을 확대하여 파견하는 직접 통지의 형태가 발달하였다.[16]

고려후기에는 권신이 사원과 결탁하여 직접지배의 방법도 나타났다. 국가가 전매제도와 같은 각법은 아니었음이 확실하지만 특산물을 징수하는 공법貢法으로 바뀌는 경향도 있었다. 조선초에는 지방관에게 토공土貢이란 특산물세를 지방관에게 위임하고 실제로는 향리를 통한 가렴주구로 차의 재배는 크게 위축되었다고 짐작된다.[17] 김종직이 함안에서

---

16) 元昌愛,「高麗 中·後期 監務增置와 地方制度의 變遷」『淸溪史學』1, 한국정신문화연구원 대학원역사학과, 1984.

이를 해결하려고 차의 재배를 시도한 노력이 이를 반영한다.[18]

　이덕리李德履의『동차기東茶記』와 정약용의『각차고榷茶考』는 이러한 시기를 지나 차의 부활을 시작하는 저술이었다. 차의 생산을 장려하고 차세茶稅를 확보하여 재정을 보충하자는 제안이었다.[19] 차의 특산물세인 공납은 여기에 방납으로 백성의 부담이 늘어나자 조선후기에 대동법으로 바뀌어서 다소 숨통이 트였다.[20] 대동법은 차의 재배에도 활기를 소생시켰다고 짐작된다. 차의 생산은 궁장토에서 가능하였지만 재배지가 멀어서 실제로 궁장에서 발전한 증거는 없고 사원이 중요한 역할을 하였다고 짐작된다. 차의 소비도 극히 제한되고 고려의 전성기를 회복하지 못하였다.

---

17) 田川孝三,『李朝貢納制の研究』, 東洋文庫論叢 47, 東洋文庫, 1964.

18) 金宗直,『佔畢齋集』권10, 茶園 二首. 幷叙, "上供茶. 不産本郡. 每歲. 賦之於民. 民持價買諸全羅道. 率米一斗得茶一合. 余初到郡. 知其弊. 不責諸民. 而官自求丐以納焉. 嘗閱三國史. 見新羅時得茶種於唐. 命蒔智異山云云. 噫. 郡在此山之下. 豈無羅時遺種也. 每遇父老訪之. 果得數叢於嚴川寺北竹林中. 余喜甚. 令建園其地. 傍近皆民田. 買之償以官田. 纔數年而頗蕃. 數遍于園內. 若待四五年. 可充上供之額. 遂賦二詩. 欲奉靈苗壽聖君. 新羅遺種久無聞. 如今擂得頭流下. 且喜吾民寬一分. 竹外荒園數畝坡. 紫英烏觜幾時誇. 但令民療心頭肉. 不要籠加粟粒芽."

19) 정민,『새로 쓰는 조선의 차 문화』, 김영사, 2011.

20) 韓榮國,「湖西에 實施된 大同法, 1~2」『歷史學報』13·14, 1960 ; 韓榮國,「湖南에 實施된 大同法, 1~4」『歷史學報』15·20·21·24, 1961.

제5장 고려 차의 전성시대

　고려의 차는 전기에 전성기에 올랐다. 뇌원차는 국왕이 공신의 상례와 노인과 귀족의 건강을 위한 가장 귀중한 선물로 활용되었다. 뇌원차는 고형으로 모난 형태이고 송의 용단과 봉단보다 앞서 먼 거리의 이동에 편리한 고형차였다. 고형차를 맷돌에 갈아서 불전의 공양으로 사용되었음을 밝히고자 한다.

　필자는 뇌원차란 가공한 지명을 따랐다고 해석하였다. 그곳은 득량만이 깊숙하게 파고든 고흥군의 두원면으로 추정하였다. 여기는 양자강 하류에서 황해의 해로를 거쳐 회진에 도착하고 육로로 경주로 향하는 기점에 위치하였다. 신라의 차 가공에 대한 자료가 부족하여 알 수 없으나 고려초기에는 이 지역 차의 재배는 물론 가공에도 앞선 기술이 축적되었다고 파악되었다.

　고려의 차는 음료로서 국가의 제물에서도 최상의 위상을 유지하였다. 고려의 대표적 귀족이고 여러 국왕으로부터 외척으로 존경을 받았던 이자현에게 왕실은 건강을 위한 선물과 제물로 여러 차례 차를 제공하였다. 「청평산문수원기」는 차가 일곱 번이나 등장하는 보기 드문 비문으로 차의 기념비적인 유적이었음을 제시하고자 한다.

보조지눌을 이어 수선사를 공고하게 이끌었던 진각국사 혜심은 조계종 산문의 조사를 확정하였고 차의 재배를 통하여 수선사의 경제기반을 확보하였다. 혜심은 수선사에서 확보한 「수선사형지기」를 만들었고, 국가로부터 토지를 비롯한 경제기반으로 확인을 받았다. 이를 분석하여 차를 재배하고 가공을 담당한 지역이 산재하였음을 확인하고자 한다.

I. 고려의 뇌원차와 생산지

우리나라에서 차를 재배한 공간은 기후와 깊이 연결되었고 지속적인 관리와 관련이 있었다. 차를 음료로 가공하고 이를 사용한 국왕을 비롯한 궁중과 귀족의 제의와도 깊은 관계를 가지면서 확대되었다고 짐작된다. 고려에서 국가의 제전과 국왕의 제의는 사원과 깊은 관련이 있었다. 문인과 고승의 사교와 수련에 차와 관련된 기록이 많다.

한국불교의 전성기는 고려였고 사원은 차의 생산과 가공에도 관여하였지만 생산되지 않은 개경의 큰 사원에서도 소비는 활발하였다. 사원에서 베풀어지는 제사는 고기를 쓰지 않은 소제素祭가 주류를 이루었고, 중요한 제전에서 진차례進茶禮가 있었다. 조선에서는 차를 제례에 쓰지 않아도 언어의 관성에 의하여 용어가 남았다. 조선시대는 성리학의 제의와 제전이 확대되면서 어육魚肉이 제물에서 확대되었고, 차가 제의에서도 위축되었다.

신라와 조선시대에서 전혀 없던 이름으로 고려초기부터 뇌원차腦原茶가 자주 등장한다. 국왕이 참석한 불교식 제의나 국사나 공신에게도 국왕이 하사한 최고급의 차임에 틀림이 없다. 이 차의 기원과 모양과 특성에 대한 연구를 찾기가 어렵다. 필자는 뇌원차의 생산과 가공지가 고려의 두원현荳原縣이라고 추정하고 이 책의 여러 장에서 문헌을 찾고 현재의 지명과 유적을 답사하여 확인한 결과를 밝히고자 한다.

1. 고려의 차와 지리산 남쪽 기슭

신라는 차의 재배를 정착시킨 경제의 강국이었다. 신라의 차를 재배한 지역은 주로 옛 백제 땅이었던 지리산의 서남 지역이었다. 옛 신라의 서남 끝자락인 하동의 쌍계사 부근과 옛 백제의 동남 끝자락인 구례의 화엄사 부근이 차의 시배지로서 경쟁하는 상태이다. 삼국사기에 의하면 차의 시배는 828년 대렴이 지리산 기슭에 심었다고 하지만 이보다 60년 앞선 혜공왕이 즉위할 무렵일 가능성이 크다는 견해를 제시하고 싶다.[1]

쌍계사 부근은 당에서 한반도의 서남해안에 도착한 신라 사신이 경주로 향하는 길목이므로 가능성이 크고 최치원이 남긴 진감선사비에 실린 차의 기록이 더욱 신빙성을 높인다. 그러나 쌍계사의 기원은 차를 처음 심은 시기보다 늦다. 화엄사의 기원은 쌍계사보다 앞서지만 차와 관련이 깊은 참선을 중요시한 선사상으로 출발한 사원이 아니라는 약점이 있고, 경주로 향하는 해로와도 거리가 있다.

차의 시배지로 손꼽을 수 있는 또 다른 후보지로 장흥 보림사가 주목된다. 이곳에는 「보림사 보조선사비」가 있고 해로로 동아시아를 벗어나 멀리 왕래한 원표元表가 특기되었고, 그가 귀국한 시기와 혜공왕시대의 정변 후에도 이곳을 중심으로 활동하였기 때문이다. 보림사와 그 주변에는 조선초기까지 차를 생산하고 가공한 중심지였다는 흔적이 많다. 그러나 장흥은 고려후기 왜구로 인해 고흥의 두원에서 차 가공기술자가

---

1) 본서 제6장 I. 삼국사기 차 기록의 의문점.

이동하였던 차 생산의 중심 지역일 가능성도 있다.

고려는 신라의 차를 더욱 널리 재배하고 국가와 공신의 제의에 소비하는 차의 강국이었다. 『고려사』에는 중요한 축제와 사신의 접대에 차를 올리는 진차례와 공신의 포상과 상례의 부의賻儀에 국가에서 차를 하사한 기록이 매우 풍부하다. 특히 고려의 지방제도를 갖추었던 성종과 현종시의 기록은 차의 수량이나 명칭, 그리고 사용에 대해서까지 기록하므로 당시 차의 가공법에 대해서도 이해가 가능하다. 다음은 공신의 부의에 내린 물품 가운데 차에 대한 부분을 『고려사』에서 뽑아 정리한 표이다.

〈표 5〉 고려전기 공신 상례에 부의로 하사한 차와 그 이름

시기	공신이름	부의에 포함된 차의 단위와 명칭
987. 3	崔知夢	茶 200角 등
989. 5	崔承老	腦原茶 200角 大茶 10斤 등
995. 4	崔 亮	뇌원차 1000각 등
998. 7	徐 熙	뇌원차 200각 대차 10근 등
1004. 6	韓彦恭	차 200각
1047.10	皇甫穎	대차 300근

위와 같이 『고려사』에는 중요한 공신이나 재상의 상례에 국가에서 부의로 차를 내린 기록은 전기의 전반기에 집중되었다. 열전이나 세가에서 뽑아서 항목을 정리한 정도이므로 매우 소략하며 그나마 성종 이후부터 문종까지 약 60년에 불과하다. 국왕이 친히 상가에 왕림한 예는 거의 없고 담당관청이 국왕을 대신하여 상례를 주관하거나 국왕이 3일간 국정을 중지하고 애도기간을 가졌다는 정도이며 성종시기에 가장 풍부하게 부의 내용을 남겼다. 이는 『고려사』를 편찬할 당시에 남아 있는 자료의 한계를 보여준다.

차라고 간단히 표시하거나 그마저 부의나 장례를 도왔다(賻贈, 賻恤,

賜賻. 護喪)는 표현으로 생략하였다. 차의 이름으로 뇌원차腦原茶와 대차大茶의 두 가지만 나타났다. 이 두 가지 차의 모양이나 이름, 그리고 실물은 남아있지 않다. 다만 거란의 기록에 쓰인 뇌환차腦丸茶는 뇌원차이고, 고려후기에 충선왕의 이름을 피하여 뇌선차腦先茶로도 실려 있다. 대차보다 고려차의 대명사처럼 쓰인 뇌원차는 고려의 최고급 차이고 일반 차도 이를 모방하였을 가능성이 있다.

뇌원차에 대하여 열거한 자료는 고려초기에 많지만 내용은 간단하다. 혜거국사는 입적하기 2년 앞서 광종 23년(972) 갈양사葛陽寺로 하산하였다. 국왕은 그에게 사원전 500결을 비롯하여 기반을 마련하여 주었고, 유원차腦原茶 100각角을 주었다고 하였으나[2] 이는 뇌원차를 잘못 판독하였을 가능성이 크다.[3] 이보다 앞서도 차와 향을 내렸다고 하였으므로 뇌원차는 적어도 광종시대부터 쓰였을 가능성이 크다.

2. 뇌원차의 형태와 크기

뇌원차에 대해서도 여러 가지 추정이 있었다. 뇌란 용어가 포함되고 약과 함께 하사한 사실에 초점을 두고 용뇌龍腦를 사용한 약차라고 풀이한 일본 학자가 있었다. 용뇌는 주사HgS와 명반이 결합된 광물로서 도가에서 단약으로 사용하였다. 광물질의 독성이 강한 주사를 청정한 차에 포함시킨다는 가공법은 상상조차 사리에 어긋나므로 호응을 받지 못하였다.

뇌원차는 대차와 함께 쓰이므로 가공한 모양이나 크기에 따른 차이에 불과하다는 접근도 가능하겠다. 문종시에 황보영皇甫穎에게 내린 대차 300근을 다른 예와 비교하면 뇌원차 200각과 대차 10근의 잘못으로 짐작되

---

2) 許興植, 「葛陽寺 惠居國師碑」 『高麗佛敎史硏究』, 一潮閣, 1986. p.583.
3) 최정간, 「고려 초기 국내파 선승 혜거와 뇌원차」 『월간 茶의 세계』, 2011. 2.

기도 하지만, 일반적으로 대차는 1근 정도로 만들고, 뇌원차는 10각이 1근 정도로 모두 합치면 30근 정도였으리라 짐작된다. 굳이 뇌원차와 대차로 나누어 주었던 근거는 상례에 쓰기 간편한 소형의 뇌원차가 있었고, 장기 보관용으로 조금씩 사용하기 위해 대형으로 만든 대차가 있었다는 추측이 가능하다. 고려의 상례는 조석의 상식에 차를 사용하였고, 대차를 부수어서 장기간 사용하였다고 짐작되기 때문이다.

세종실록지리지에는 작설차雀舌茶가 주로 쓰였다. 이는 곡우와 입하 사이에 어린잎을 따서 만든 최고급의 차로 해석한 글도 있다. 이보다 소엽의 차를 따서 건조시킨 떡차가 아닌 엽차를 의미한다고 짐작된다. 소엽차를 말리면 어린잎이 아니더라도 작설차에 가깝다는 해석이 가능하다. 어린잎은 직설차보다 우전차雨前茶라 엄격히 구분해서 불러야 할 필요가 있다. 고려의 뇌원차나 대차가 엽차가 아닌 떡차일 가능성은 최승로의 상소에서 확인된다.

최승로는 광종이 사원에서 행하는 제전과 진전의 조상숭배에 몸소 맷돌을 돌려 차를 부수었고 이를 공덕재라 불렀다고 하였다. 그가 표현한 연차硏茶란 가루로 만들었다는 해석과 덩어리를 부순다는 두 가지 해석이 가능하다. 가루로 만들었다면 끓는 물에 타서 마시는 말차이고 이보다 떡차를 부순다고 해석된다. 고려의 차가 견고하게 조성된 떡차餅茶였음을 말한다.

같은 시기에 송에서도 떡차가 유행하였다고 한다. 송의 차로 고려에서 수입한 납차蠟茶, 용봉차龍鳳茶, 소단小團, 각차角茶 등이 보인다. 납차는 밀랍을 넣어 점질을 높이면서 차의 쓴맛을 줄이고 차의 부패를 방지한 차이고, 용봉차는 국왕의 사용과 무역에 쓰인 최고급의 차였다. 나머지는 둥글거나 네모지게 만든 모양을 나타낸다고 하겠다. 뇌원차는 각이란 단위가 쓰인 바와 같이 소형의 각차였을 가능성이 크다. 남연군의 무덤을 옮기기 위하여 넘어뜨린 가야사 탑에서 나왔던 용봉승설龍團勝雪은 눌러서 용을 각인시킨 소형의 떡차였고, 용봉차나 뇌원차도 이와 같은 형태일 가능성이 크다.

떡차는 조성과정에서 벽돌처럼 단단하게 만든 차이다. 차를 덖으면서 짓이기거나 절구로 찧어서 이를 누룩이나 다식처럼 틀에 넣고 다져서 형태를 다양하게 만든 차이다. 단단하므로 이동이 간편하고 오래 두어도 변질되지 않는 장점이 있었다. 다만 부수어서 사용하기가 불편하고 덖는 과정에서 짓이기므로 차 잎의 원형과 영양이 파괴되고 잎 모양이 손상된다. 명대에는 떡차가 아닌 잎의 형태로 물에 넣으면 살아나는 엽차로 대세가 변하였다. 조선시대의 작설차도 물에 넣으면 어린 잎이 다시 피어나는 산차散茶이고 고려의 뇌원차나 대차와는 차이가 있다고 하겠다.

고려에서 공신의 부의뿐 아니라 국가의 유공자, 노인에게 국왕이 덕을 나타내기 위하여 하사한 물품 가운데 단순히 차라고 표현한 경우에도 뇌원차나 대차가 포함되었음에 틀림이 없다. 『고려사』에 차가 자주 등장하는 성종과 현종 등은 거란의 침입을 격퇴하고 지방제도를 정비하였던 국왕으로 유명하다. 국가유공자의 포상과 그들의 죽음, 늙은 백성들에게 하사한 물품인 차는 사회통합을 통하여 위기를 극복하려는 국왕의 노력에서 사용된 값진 선물이었다.

차의 재배와 정착은 고승의 왕래와 함께 하였다. 원효의 차를 공양하는 글로 보면 전통음료를 제물로 사용하였다고 짐작된다. 다음으로 기후가 신라의 차생산지와 상통하는 사천의 정중사를 주목할 필요가 있다. 정중사靜衆寺의 무상無相은 월생군月生郡 출신으로, 이곳은 신라의 달나산達乃山과 같고 고려의 월출산으로 지금의 영암이었다. 영암은 왕인과 도선의 출생지로 유명한 곳이고 해상무역의 배후지로 장보고와도 관련이 깊은 곳이었다. 진취적인 해외 활동가와 새로운 사상의 도입에 눈뜬 굵다란 선각자들이 끊임없이 배출된 곳이었다.

신라말기부터 고려초기는 해외무역이 발달하였던 강소성과 복건성과 관련이 컸다. 선불교의 수용이 앞선 시기는 사천이고, 다음은 강서성과 복건성 천주泉州의 순서였다. 차를 먼 곳으로 이동시키고 오랫동안 사용하기 위하여 단단하게 만드는 전차와 발효차가 주종을 이루었다. 법안종의 발전도 천주와 관련이 있고, 차를 티나 다라고 부르는 발음도 이 지역과 관련이 크다.

3. 뇌원차의 생산지

뇌원차란 차를 생산하는 지명을 따랐을 가능성이 크다. 다만 지명에 대하여 구체적으로 찾아내지 못하였다. 고려 성종과 현종은 지방제도를 정비하고 차를 사회통합에 사용하였다. 모든 제도란 새로이 정착하는 시기에 구체적인 내용이 실리지만 오랫동안 계속되면 오히려 기록이 부실한 경향이 생긴다. 고려초의 뇌원차는 국가의 전매제도가 아니라 특수한 지역에 위탁한 관리체제였을 가능성이 높다고 하겠다.

문종시의 통도사에는 차촌茶村이 보이고 서남지역에 차소茶所도 많았다. 차촌이나 차소는 사원이나 주현에서 직영하는 차농장이 있었던 단위였다고 추정된다. 국가의 특수한 기능을 담당했던 고을이나 소에 대한 지명의 수효는 많지만 세밀하게 서술된 기록은 매우 소략하다. 차가 뇌원이란 곳에서 생산되었다면 차의 생산지가 밀집된 오늘날의 전남지역일 가능성은 높다. 그러나 뇌원이란 지명이 없다는 약점이 있으므로 해결되지 않았다.

차의 생산지를 가장 잘 밝힌 최초의 지리서는 세종실록지리지이다. 전라도 28곳 고을과 경상도 8곳 고을에서 차가 생산되었다. 차를 생산한 고을로 전라도는 지금 전북의 남부까지 포함되었으나 내륙은 지리산 남쪽 기슭이었고, 경상도는 울산까지 상한선이었으며, 거의 해안에 가까운 고을이고 내륙은 아니었다. 경상도가 전라도보다 차의 생산이 적고 고을 가운데서도 남쪽으로 늦여름의 태풍과 겨울의 북서풍을 막아주는 산기슭이었음에 틀림이 없다. 바다의 만이나 호수가 가까워 이슬이 많고 남쪽으로 트인 지형보다 서북으로 산을 짊어지고 남으로 바람을 막아주는 동향의 배수가 잘되는 지형이었다고 하겠다.

고려에서 차의 생산지는 세종실록지리지에 실린 곳과 상통하고 더 이상 확산은 어렵다. 지금은 오히려 그보다 지역과 면적이 줄었다고 짐작된다. 차밭은 인공으로 조성한 현대의 밀집된 차밭과는 달랐을 가능성이 크다. 그러나 차나무의 파종과 관리는 더욱 넓게 실행되었다고 짐작된다. 조선의 작설차는 엽차이고 보관과 이동이 떡차보다 불편하지만 중요한 소비지가 고려의 개성보다 생산지에서 가까운 한성이고 수출하지 못한 시대상황과 관련이 크다고 하겠다.

뇌원차는 현존하는 유물이 남아있지 않다. 단단하고 차의 떫은맛을 줄이기 위하여 꿀이나 벌집을 넣어서 부패를 방지하면서 수분을 오래 지속시키는 납차蠟茶로 만들어 사용하였을 다른 차와의 관계도 살필 필요가 있다. 밀랍의 공급이 어려우면 느릅나무의 속껍질(白楡皮)을 끓여서 만든 교질膠質을 섞어서 모양을 만들었다고 짐작되는 요소도 있다. 느릅나무야말로 낙엽관목이지만 자극성이 없는 약용의 구황식물이고 잎의 모습도 차와 비슷하다.

고려 뇌원차가 생산지와 관련 있으리라는 착안은 용뇌를 포함시켰다는 추정보다 가능성이 크지만 실제 이런 지명은 차의 생산지에서 찾을 수 없다. 차의 생산지는 오늘날 경남보다는 전남에 밀집되었고, 뇌원과 일치하지 않으나 가장 근접한 지명은 고흥군 두원면의 옛 지명인 두원현豆

原縣이다. 두원현은 백제의 두힐현豆肹縣이고 신라에서 회진현會津縣으로 고쳤다는 설과 경덕왕시에 강원현薑原縣으로 고쳤다는 다른 설이 있다.

이 지역은 고려의 대부분 시기에 신라보다 위상이 몰락한 속현으로 머물렀다. 이곳은 장보고가 활동한 청해진의 중요한 이웃이었고, 후에 견훤이 이곳에서 군사력을 키워 전주에 도읍을 옮기기까지 기반을 마련한 곳이었다. 견훤의 사위인 지훤池萱이 인근의 해양현에서 끝까지 항거하였으므로 고려태조가 건국한 다음에 강등 당한 곳이었다. 고려태조가 저항한 지역을 속현이나 부곡, 향, 소 등으로 처벌한 사실과 상관성이 크다고 추정된다.

고흥반도에 속한 두원현은 오랫동안 보성군의 속현이었고, 고흥반도의 다른 지역도 고려후기에야 유청신柳淸臣의 공로로 부곡에서 현으로 승격되었다. 두원의 두는 콩을 의미하는 글자이지만 차와도 상통하며, 머리 두頭와 발음이 같으며 의미도 상통하였다. 머리는 뇌의 중요부분이고 두원이라 차밭의 의미와도 상통하기 때문이다. 두원은 최우집권기 원오국사 천영을 다비한 곳이고 순천 송광산 수선사의 형지기에 의하면 시납한 토지가 있던 곳이었다.

오늘날 고흥반도의 서북에 위치한 두원면이 건재하고, 산비탈의 계곡은 차의 생산이 유리한 지형이다. 차는 산이 강한 바람을 막아주고 겨울에는 따뜻하고 여름에는 서늘한 지형이 필요하다. 태풍을 맞는 정남의 해안보다 이를 피한 아늑한 동향의 지형과 밤이슬이 많은 곳이 필요하다. 두원은 득량만이 호수처럼 가까이 위치하여 밤이슬이 풍부하다. 동향한 산기슭이 적지이지만 오늘날 유자를 집단 재배한다.

두원면은 야생차가 산속에서 자라지만 오늘날 유자 생산은 전국의 으뜸이고 다음으로 석류이다. 차와 유자, 동백, 비자 등은 상록 관목으로 섞여서 자생하며 가까이서 보아야 구별이 가능할 정도이다. 신라말 두원

은 회진會津과 관련되고 선
승이 왕래한 항구로 금석문
에 자주 실렸다. 서쪽은 청
해진이 있던 완도가 위치하
였고 동으로 하동과 이웃하
였으며 경주에 이르는 경유
지였다. 이곳은 차의 생산
과 집산의 요충지로서 조건
을 갖추었다고 하겠다. 몽

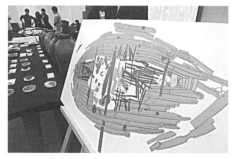

〈그림 29〉 태안 앞바다에 조난한 마도 3호선, 많은 식품과
약재와 목간과 도자기와 항아리가 나왔다. 차의 생산지에
서 올라온 화물이고 뇌원차와 관련된 유물도 발견될 가능성
이 크다.

골과의 항전기간에 서남해에 위치하였으므로 강화도와 연결하여 중요한
역할을 하면서 이곳의 명성을 지켰다고 짐작된다.

　두원은 고려초기에 몰락하고 인근의 천민집단인 향, 소, 부곡과 더불어
장흥의 속현으로, 가지산 보림사에 소용되는 차를 비롯한 특산물을 생산
하였을 가능성이 크다. 이곳에 있던 고려중기 송광산 수선사의 토지도
바로 차밭이었다고 짐작된다. 뇌원차는 장보고와 후백제의 견훤에 이르
는 해상활동과 왕래하는 선승들이 차의 재배를 정착시키고 발전시켰던
지역에서 비롯되었다는 해석으로 모아진다.

　두원과 부근은 지방관이 파견되지 않아서 사찰이나 다른 군현의 간접
적인 지배를 받았다. 사찰은 특수한 수요에 부응한 특산물을 공급하는
기술자 집단을 형성하고 유지하였다. 이들 주민은 신분상 지위는 낮으나
일반적인 농업보다 고부가 가치의 생산물이나 특수한 기술을 발전시키
면서 생존을 유지하였음에 틀림이 없다.

　고려중기를 지나면서 차에 대한 일반적인 기록은 사서와 문집이나
금석문에서 증가하였으나 뇌원차가 사용된 사례는 줄었다. 이는 두 가지
관점에서 해석이 가능하다. 하나는 뇌원차의 특수성이 고려초기에 비하

여 보편화되었으므로 굳이 이를 강조할 필요성이 줄었기 때문일 수 있다. 또한 차의 수요가 확대되면서 두원에서 뇌원차의 생산과 가공기술이 다른 지역으로 확산되었던 변화도 예상된다.

두원은 속현이고 그 부근에 천민집단이 많았던 특수한 지역조건에는 취약점도 없지 않았다. 무엇보다 외적의 침략에 대응하는 관군의 신속한 지원이 어려웠다. 고려말기 왜구가 두원을 약탈하자 보성군은 자신들의 방위에만 급급하였고, 속현에 대한 적극적인 보호에 소홀하였다. 이에 주민의 수효는 격감하였고, 이 지역을 폐지하고 주민을 옮겨 보성으로 합쳤다. 장기적인 관리와 안정된 분위기에서 차의 재배와 가공은 중단되고 오랜 차의 명성은 전설마저 사라졌다고 짐작된다.

오늘날 우리나라 차의 절반을 생산하는 보성다원은 보성군 회천면會泉面에 밀집되었다. 회천면은 두원면에서 바라보이는 보성만 맞은편 서쪽에 있다. 회천면의 차밭은 1939년부터 인공으로 생산하였고 일본에서 도입된 종자였다. 토착화된 야생차와 장점을 살려 신종을 만들려는 시도가 쉽지 않다고 한다.

고흥이 군으로 승격된 시기는 조선말기였다. 오늘날 두원면의 역사에서 뇌원차의 유적을 찾기 어렵다. 언어상으로 두원과 뇌원, 선승들이 왕래하면서 정착시킨 항구 이름, 차의 재배와 가공, 그리고 차의 재배조건과 같은 유자의 주도적인 생산, 보성차밭이 바라보이는 자연조건은 뇌원차의 기원을 이곳을 떠나서 말하기 어렵다. 보림사와 수선사에 차를 재배하고 가공하는 사원전이 존재하였다. 이로 말미암아 뇌원차는 고려의 차를 대표하는 대명사가 되었다고 하겠다.

II. 고려의 제물로서 차의 위상

고려의 국왕이 공신이나 노인에게 차를 내린 기록이 많다. 또한 공신과 스님이 입적해도 차향茶香을 선물한 사실이 사서에 자주 나온다. 차는 노인병을 치료하는 음료이고 의약이었고 사후에는 제물이었다는 가장 뚜렷한 증거이다. 실제로 팔관회나 연등회, 그리고 국왕이 진전에 행차한 기록이 많고 향은 축제나 제례의 공간을 깨끗하고 엄숙하게 만드는 묘약이었다. 실제로 향은 모기와 파리를 쫓아버리고 차는 참석자의 갈증을 풀어주었음을 밝히고자 한다.

식품은 제물보다 기원이 앞서겠지만 제물에 의하여 후대에 음식의 전통을 계승하는 요소도 많다. 차는 과일과 함께 불교에서 간편하게 제물이나 접대용으로 사용된다. 음료인 차와 식품인 과일은 배고픔을 줄이고 빈객과 대화를 돕는 기회가 많고 불전의 공양에도 자주 등장한다. 불교에서 식사를 공양이라 부르기도 하지만 실제로 다과는 불교의 제례에도 가장 자주 등장하는 제물이다. 다과는 모두 식물성이고 불교에서 음식과 제물로 자주 쓰이는 식품임을 알아보고자 한다.

1. 불교와 제물의 특성

불교에서는 차향이나 다과가 쓰였고, 이는 향과 차와 과일을 의미한다. 떡과 이와 상통하는 유과油菓도 포함되고 유교(성리학 포함)도 이와 크게 다르지 않다. 다만 유교에서는 동물성인 생선과 짐승의 고기를 사용하므로 불교와 큰 차이가 있다. 제의는 종교와 깊은 관계가 있고 종교는 제물에도 깊이 영향을 주었다.

종교는 특정한 지역에서 출발하였지만 이를 벗어나 멀리 전파한 세계

〈그림 30〉 다과가 제물로 등장한 청평산문수원기 일부분(셋째 줄 참조). 오른쪽 하단에 이를 촬영하는 필자의 모습이 거울처럼 담겨 있다.

종교와 기원한 지역을 유지하면서 국내에서 확장한 국가종교로 구분이 가능하다. 불교가 기원한 인도는 힌두교가 대신하였고 기독교가 기원한 이스라엘은 유대교가 주된 종교이므로 그곳에서 이들 종교는 국가종교이고 불교와 기독교는 대표적인 세계종교라고 불릴 만하다.

　종교에 따라 존중하거나 금기하는 제물이 다르다. 기호와 금기는 종교보다 앞서는 민족의 신화와 관련된 경우도 많다. 불교는 어육을 멀리하고 식물성을 중시하며 특히 향을 피워서 공간을 경건하게 만들고 음료로 술 대신 차를 사용하였다. 고려에서는 선승의 비문에 차와 향이 자주 등장하였고, 1085년에 세운 유가종의 지광국사 해린智光國師 海麟의 비문에도 차가 여러 차례 올라 있다. 향천香荈이 한 번, 차약茶藥이 두 번 선물과 부의로 각각 등장한다. 1250년에 건립된 월남사 진각국사 탑비에도 차향과 함께 다른 선물이 두 번 등장한다. 이들 선물이나 부의는 국왕이나 국왕을 대신한 실권자가 주었고 기재 순서도 여러 선물의 앞에 실려 있다.

고려에서는 불교가 성하였고 제례에서 다과가 자주 등장하였다는 가장 뚜렷한 증거가 고승의 탑비라고 하겠다. 국가의 제전에도 차의 위치가 제물 중 가장 먼저였다. 심지어 국왕이 선물하는 가장 중요한 예물로서 차가 맨 먼저 등장할 정도이고 금과 비단을 포함하더라도 어느 선물보다 중요하였고 제물로서 차가 우선이었음은 「청평산문수원기」에서 확인된다.

2. 문수원의 기원과 이자현의 제물

춘천의 소양강은 댐을 막아 호수를 이루었고 주로 뱃길로 찾아가는 청평사가 명소이다. 청평사는 근래에 복원된 건물과 비석인 문수원기가 있다. 아직도 곳곳에서는 공사가 계속되어 자연의 경치보다 이름난 절의 경내가 오히려 어수선하다. 금석문에서 반드시 언급되는 국보급을 두 가지나 보유했지만 처절하게 파괴되었고, 복원된 문수원기는 산뜻한 모습이지만 고풍스런 멋이 적다.

춘천과 문수사는 여러 차례 이름이 변하였다. 지금의 지명은 마음대로 길게 붙이지만 고려와 조선초기의 지명은 간단한 호칭에도 고을의 품격과 위상이 반영되었다. 주州는 직할시나 도청소재지이고 산山이나 천川이 붙은 지명은 오늘날 군이나 면단위에 해당하였다. 고려 때는 춘천을 춘주라 불렀고 오늘날의 광역시에 해당하는 중요한 고을이었다. 조선이 건국되면서 이곳은 고려를 지탱하려는 분위기를 지닌 모양이고 그래서 강등되었고 지금껏 그 명칭이 계속된다.

청평사는 산 이름에서 유래하였다. 지금은 오봉산五峯山이라 불리지

만 원래의 경운산慶雲山에서 청평산淸平山으로 바뀐 시기는 이곳을 사원의 기반으로 마련한 이자현李資玄(1061~1125)으로 올라간다. 청평산은 한강의 두 갈래 중 하나인 북한강 상류인 소양강의 수계에 속한다. 소양강은 전국의 명산을 노래한 무가에 "강원도 금강산은 소양강이 둘러있고"라 하여 강

〈그림 31〉 청평사에 남아 있는 고려 유적. 대웅전으로 올라가는 돌층계의 난간에 선명하게 조각된 태극문양. 모든 고려유적은 파손되고 유일하게 돌층계의 모습이 만월대나 회암사와 상통하였다.

원도를 대표하는 금강산을 품고 있다. 금강산의 물이 모여들어 소양강을 이루고 춘주는 봄을 대표하는 크고도 아름다운 고을이었다. 고려를 대표하는 서예가인 탄연坦然과 이암李嵓이 이곳에 비문을 각각 남겼으나 지금은 비를 꽂았던 기단만 남았다.

탄연은 대감국사(1070~1159)로 보조국사 지눌보다 선행하였던 조계종의 고승이었고 당과 송의 명필보다 종합성과 개성을 가진 특출한 서예가이다. 그의 글씨는 여러 곳에 있었으나 제대로 남아있지 않을 정도로 대부분 파손되었다. 문수원기는 그가 71세에 쓴 원숙한 글씨이고, 이후 20년을 더 살았다. 이암은 연도에서 조맹부趙孟頫의 송설체를 직접 익혀서 고려에 유행시켰고 그의 필체를 이어서 조선초기의 안평대군이 나오고 이를 자신의 특징으로 표준화시킨 한호韓濩가 조선중기의 서예를 완성하였다.

춘천의 청평산에는 탄연이 쓴 「문수원기」와 이암(1297~1364)이 쓴 「장경각비」가 있다. 비문에는 이암이 아니라 글씨를 쓴 31세에 사용한

이름인 이군해李君倿로 쓰였다. 아직 조맹부의 필체에 깊이 영향을 받기 이전에 속하지만 상통하는 요소도 있다. 이 두 비는 서예로 알려졌지만 이를 각각 지은 김부철金富轍과 이제현李齊賢 역시 고려의 문인을 대표하고 글씨에 못지않은 명문이다. 지금은 이 두 비가 파손되었고 탁본과 약간의 파편만 전하지만 파손된 시기에 대하여 자세하지 못한 아쉬움이 있다. 이 두 비는 여러 차례 파손되었고 그 원인이 각각 명확하지 않으나 법첩으로 전하는 탁본에는 두 비를 섞어서 제작된 경우가 많으므로 파손되거나 다시 발견된 시기도 상통하는 때가 있었다고 짐작된다.

「문수원기」는 문수사 「장경각비」보다 탁본이 많고 비편도 일부 전하고 비교적 최근에 성실하게 복원되었다. 비문에는 차에 대한 서술이 일곱 차례 등장한다. 비문이란 제한된 서술이고 하나의 주제나 주인공과 직접 관련이 없는 사물이 여러 차례 등장하는 사례는 극히 적다. 이는 차에 대한 용도와 효능이 다양하게 서술된 작품으로 주목하고 이를 접근하고 자 한다.

비의 복원은 욕구와 수준에 따라 다르다. 그러나 아무리 철저하게 복원하더라도 원비와 차이가 있다는 겸허한 자세가 필요하다. 본래 비석이란 석재와 예술과 내용이 복합된 조각이고 문학과 역사기록이므로 이를 모두 충족시키기에는 한계가 있다. 세상에는 똑같은 물건이 두 개가 존재하기 어렵고 복원하는 경우에도 마찬가지라는 한계를 감내해야 한다. 원비의 초점을 어디에 두고 복원에 힘을 기울이는 한계가 있다. 내용에 중점을 둔다면 글자의 판독이 중요하고, 서체라면 탁본을 중요시하는 경향이 불가피하다. 비의 복원이라면 크기와 석질과 색깔과 모양, 글자의 위치 등 다양한 검토가 필요하다. 이 가운데 모든 사항이 완벽하게 일치하기란 불가능할 정도이다. 실제로 현존하는 복원비의 경우 전체를 충족시킨 사례를 찾기가 어려울 정도이다.

복원비의 경우 오늘날에만 시도한 일도 아니다. 회암사의 삼화상은 지공과 나옹과 무학이고, 이들 탑비는 하나만 근래까지 있었고 나머지는 1828년 복원되었다. 하나만 남았던 나옹비를 보호한다고 세운 비각이 산불로 타는 바람에 오히려 비가 박살나고 이제는 세 탑비가 모두 복원비이다. 비각이 파손의 주범이라는 사실을 예측하지 못하였으나 경험하고서야 그만두었다고 하겠다. 석질은 물론 서체도 거의 원형에 가깝지만 자세히 감정하면 여기에도 일치하지 않는 부분이 지적될 수 있다.

송광사와 관련된 비도 적지 않게 복원되었다. 송광사의 전신인 수선사를 개창한 보조국사 지눌의 비는 임진왜란 때 파손되었고 중립되었다. 또한 「보광사중창비」와 원감국사 충지의 비도 복원되었음이 확인된다. 이들 비는 조선시대에 복원되었고 인각사의 보각국사비도 최근에 복원된 비이다. 「청평산문수원기」도 최근에 복원된 비의 하나에 속하고 1327년에 세웠던 장경비를 복원하려는 작업이 진행되고 있다.

청평산 문수사는 고려전기에 문수원이었고, 거사가 거처하던 곳으로 정식 사원이 아니었다. 그러나 선명宣命으로 비를 세울 정도였으며 혜음원과 용도와 상통하는 교통로에 섰던 특수한 사원이었다. 이곳이 문수사로 승격된 시기는 확실하지 않지만 1327년 이전임은 확실하고 영평怜平의 영평재怜平齋가 영평사로 바뀐 경위와 상통하리라 짐작된다. 원이란 공익시설이고 사원으로 발전은 국가의 보호와 관리를 인정받는 사액과 같은 절차가 있었다고 대비하면 이해하기 쉽다.

김부철이 쓴 문수원기와 이제현이 쓴 문수사장경비가 파손된 시기와 경위에 대해서는 자세한 기록이 없다. 다만 파손된 시기에 대한 상한은 어느 정도 유추가 가능하다. 이 두 비는 여러 차례 파손되었음이 확인되고, 탁본을 오려서 법첩으로 만든 여러 자료에서 합쳐서 이룩된 경우에 두 비가 여러 차례 파손되었음이 확인되기 때문이다. 탁본은 전지 몇

장을 사용하여 탁본하지만 그대로 접어서 봉투에 보존하는 경우보다 오래된 탁본일수록 오려서 서책의 형태로 바꾸어 법첩으로 사용하는 경우가 많았다.

같은 탁본으로 법첩을 만들더라도 한 줄씩 오려서 붙이는 경우가 몇 행씩 일정한 크기로 법첩을 만든 방법보다 오래된 탁본인 경우가 많다. 두 비의 탁본을 오려붙인 법첩이 적지 않지만 지금까지 소개된 경우 두 가지를 엄격히 분리하여 사용한 정도이다. 또한 이 두 비의 탁본이 법첩의 형태를 벗어나 조각이나 일부분을 실은 사례는 오히려 드물다. 이를

〈그림 32〉 복원되어 다시 세운 「문수원기」. 글자의 복원에 성공하였지만 크기도 커졌고 윗부분이 규형圭形이 아닌 타원이며 마지막 행의 글자의 위치가 원비와 차이가 있다.

미루어 보아도 두 비가 같은 시기에 훼손되고 같은 시기에 같은 비로 간주되어 법첩이 조성된 경우가 많다는 사실을 간접으로 반영한다.

문수원비는 장경비보다 163년 앞서 세웠으므로 일반적인 상식으로는 먼저 파손되었어야 하지만 현존하는 탁본이나 비편은 이와 반대이다. 두 비의 비편이 현존하지 않고 문수원비의 비편은 짙은 회색에 가깝고 탁본의 모습을 보면 모두가 견고하여 풍화가 적다. 이는 비석의 파괴가

단순한 자연의 재해나 풍화가 아닌 인위적인 파손이라는 추측이 가능하다. 파괴의 원인은 실린 인물과 상관성이 있다고 하겠다.

장경비가 문수원기보다 철저하게 파괴되고 잔편마저 제대로 남지 않은 까닭은 원 황실을 축원하는 내용이 실린 때문이라 짐작된다. 그나마 법첩의 제작은 찬자와 서자의 후손과 관련되었을 가능성도 있다. 장경비의 찬자인 이제현은 본관이 경주이고 글씨를 쓴 이군해는 철성(鐵城)으로 모두 대성大姓이고 이들 후손의 조상에 대한 긍지가 후대에도 고조되었다. 문수원기의 복원도 이자현의 본관인 인주이씨의 적극성이 작용하였다는 후문이 있지만 장경비도 관련된 후손이 재현에 적극성을 가지고 후원하였다.

장경비 전면에 글씨를 쓴 이름을 밝힌 부분은 법첩에서 관직에 대한 부분은 지워졌거나 위치를 바꾸어 놓은 고의성이 발견되는 경우가 있다. 특히 내시內侍라는 부분은 법첩에서 순서가 바뀐 경우가 있다. 이 비의 탁본이 글씨를 쓴 후손에 의하여 법첩으로 제작되면서 순서가 바뀌었을 가능성이 크다. 고려의 내시란 환관宦官이 아니고 문벌의 자제를 선발하여 왕의 측근에서 돕거나 왕자와 함께 지내도록 한 직책이다. 과거에 급제한 재기발랄한 명문의 자제가 우대되는 예가 많았지만 이를 모르던 조선의 후손들이 의도적으로 기피하였을 가능성이 크다.

문수원기는 전면에 쓴 사원비라면 후면은 이를 중수한 인물의 제문이고 개인의 전기를 보충하는 내용이다. 이를 합치면 김부식이 쓴 「묘향산보현사기」나 최선이 쓴 「용수사개창기」와 상통하지만 차이도 있다. 공통점은 사원의 기원과 발전과정을 서술하고 다음에 이를 중창한 중심인물의 전기를 싣고 계승자에 대하여 덧붙이는 형식이다. 중창을 지나 세월이 흐른 다음 서술된 보현사기와는 차이가 있고 용수사개창기에 가깝다.

문수원기의 가장 큰 특징은 후면이다. 중창한 인물인 이자현에 대하여 혜소慧素가 지은 제문이다. 제문이 아니더라도 문수원기에 이자현의 행적이나 계승자까지 서술되었으므로 그야말로 불교관계의 제문이고 비문의 형식으로 예외에 해당한다. 후면에는 비를 세우는 승속을 망라한 인연이 깊었던 인물이 열거된 사례가 대부분이고 제문이 실리는 경우는 드물다. 후면은 전면에 비하여 찬자를 달리하는 경우 여러 해가 지나서 세우는 사례가 간혹 있을 뿐이고 대체로 전면보다 늦은 경우가 많다. 그러나 이 비는 제문이 앞서고 비문은 다음에 지은 형태이다.

전면은 글자가 많고 후면이 그 절반도 못되지만 내용의 비중은 전혀 다르다. 대체로 비는 산문으로 시작하여 운문으로 미괄한 형식이다. 그러나 이 비는 전면에 운문의 비명이 없고 후면의 제문이 비명을 대신하였다. 혜소가 쓴 제문은 4언의 운문이고 전면의 글이 사실적인 사료라면 후면은 간략하면서도 함축된 내용으로 소식이 쓴 「왕안석증태부칙王安石贈太傅敕」과 상통한다.

혜소에 대한 자료는 많지 않다. 다만 소식은 구법당의 사마광과 상통하는 인물이었고 김부철은 소식을 흠모한 김부식의 동생이었다. 소식은 왕안석을 극찬하면서도 글의 끝에 이를수록 왕안석을 비판할 여지를 마련하였다. 김부식은 화엄종에 속한 보현사기와 「영통사비」문을 남겼다. 김부식은 견불사에 있던 혜소를 찾아 시를 썼을 정도로 관계가 깊었다. 후면의 제문은 간단하지만 전면보다 먼저 쓰고 명문이 특별히 긴 운문인 반면 전면의 문수원기는 사실성이 담긴 산문으로 시종하여 탑비의 병서幷序와 같은 조화를 이룬다.

3. 차가 가장 자주 언급된 비문

차의 생산과 유통, 다양한 소비에 대한 자료는 차의 효능을 찬미한

문인의 시보다 극히 적다. 특히 한반도에서 차 생산지는 극히 일부의 남쪽 지방이었고 소비지는 수도의 왕실과 사원을 중심으로 상층 사교계에 한정되었다. 수입으로 보충할 만큼 차의 다양한 맛을 즐기려는 호기심과 소비가 확대되더라도 이를 충족시키기가 어려웠다. 차의 형태도 생산지와 생산되지 않는 지역의 다양성이 있었다고 하겠다.

차에 대한 기록은 문집이나 고승의 어록에 실린 경우가 많다. 차를 주고받는 유통과 차를 건강과 수도의 수단으로 마시면서 찬미한 경우가 대부분이다. 차의 생산지로 양자강유역으로 알려진 사천의 몽정차蒙頂茶나 복건의 건안차建安茶, 그리고 이를 품는 물과 도구 등이 오르기도 한다. 금석문에 실린 차도 신라말기부터 등장하였다. 한명漢茗으로 표현된 경우도 있지만 차향茶香이나 차약茶藥과 같이 향과 약을 곁들인 다른 단어와 함께 쓰인 경우도 증가하였다.

고려의 수도인 개경은 차의 생산지와는 멀었다. 조선의 수도 한성 역시 개경보다는 가깝지만 한강 수계 역시 차의 생산지가 아니었다. 차가 가장 자주 실린 비문은 청평산 문수원기라고 추정된다. 이 비의 전면에 5회, 후면에 2회에 걸쳐 다른 중요한 물품과 합쳐서 수록되었다. 이와 같이 하나의 제한된 금석문에서 도합 7회나 차가 언급된 다른 예를 찾지 못하였다. 차와 합쳐서 수록된 위치와 합쳐진 단어 그리고 내용을 정리하면 〈표 6〉과 같다.

이상과 같이 차는 다양한 용도의 예물로 쓰였다. 차는 향과 합쳐서 세 번 쓰였고, 이는 이자현이 출가승과 다름없는 수도생활에 긴요한 물품이었음을 말한다. 또 탕과 약과 합쳐서 한 번씩 쓰였다. 탕은 건강을 증진시키기 위한 보조식품이었고 대화에서 사용되었다. 약과 함께 자주 노약자에게 제공되었던 예물이었다. 차와 향은 제물로 요긴하고 장기간 보존되므로 금과 비단 등 화폐와 맞먹는 귀중품으로, 경제적 도움으로

<표 6> 문수원기의 차와 합친 용어

시기	위치	행수	차와 합친 용어	내용
예종	전면	10	차,향,금,비단	睿廟再命內臣等以茶香金繪特加賜
〃 12년	〃	12	차,탕	亦答拜旣上坐進茶湯從容說話
〃 12년 8월	〃	13	차,향,도구,옷	賜茶香道具衣服以寵其行
〃 13년	〃	14	차,향,옷	曲加存問仍賜茶香衣物
인종 즉위	〃	15	차,약	公有微疾遣內臣御醫問疾兼賜茶藥等
인종 8년	후면	3	차,과실.안주,반찬	以茶果肴饋之奠
〃	〃	9	좋은 밥, 좋은 차	飢餐香飯渴飲名茶妙用縱橫其樂無涯

쓰였음이 확인된다.

차는 의복과 더불어 귀족의 필수품이었고, 차향도구란 차와 향은 물론 이를 사용하는 도구를 갖추어 주었음을 말한다고 하겠다. 차는 예물과 음료로서 가장 먼저 언급될 정도로 으뜸이었다. 차의 용도에서 분명하게 밝혀지듯 제물로서도 으뜸이었음은 오늘날 이를 제물로 사용하지 않는 명절에도 차례라는 표현이 남았을 정도이고 이자현의 8주기 제문으로 명시되었다. 차와 과일은 불교식 제례에서 특히 강조되는 경향은 오늘날 도 상통한다.

제문에서 배고픈 때에 맛있는 밥과 목마를 때에 좋은 차를 마시면 공간으로 활력을 주고 시간으로 무궁한 즐거움이 있다고 총괄하였다. 이 제문은 이자현의 생애가 세속의 부귀를 멀리하기 위하여 참선이 필요하고 초심을 지키기 위하여 차의 도움이 컸다는 그의 생애를 압축한 표현에서 사용되었다. 숙종이 숙정한 이자의 난과, 어린 인종이 즉위하자 이자겸 난을 예견하고 이를 대비하였음이 확인된다. 예종과 인종이 이자 현을 외척의 모범으로 추앙하면서, 예상되는 이자겸의 준동을 예상하고 이를 방지하려던 의도를 반영하였다.

문수원기에 등장하는 차는 다양한 용도를 반영하였다. 음료나 예물로 서 으뜸일 뿐 아니라 참선과 제물로서 가장 중요하였다. 이는 고려초기 국왕이 공신이나 고승의 예물로 보내준 뇌원차의 용도에서도 입증되었다. 또한 차가 국왕의 이름으로 지극한 예우로 극진히 우대하는 경우에 사용되었던 사실은 공통성이 있다. 문수원기의 경우 이에 더하여 예종과 인종이 즉위한 직후에 왕위를 넘보는 권신과 외척의 발호를 막고 왕실의 위협을 대비한 중요한 시기에 국가의 질서를 바로잡으려는 국왕에 의하여 여러 차례 활용된 과정에서 등장하였다. 차는 음료와 사교와 약의 으뜸이고 국가를 지탱하고 조화하는 국왕의 이름으로 사용한 경우가 많을 정도로 절제를 반영하였다.

인종은 이자겸 난을 평정하고 서경천도 운동과 더불어 동요되는 민심을 바로잡기 위한 조치가 필요하였다. 이에 이자현을 추모하는 기념비를 세워서 왕실의 위상을 바로 잡았다. 이에 차는 이자현이 추구한 선리禪理와도 상통하는 선종의 방향을 새롭게 정립하는 상징적인 의미를 보여주었다.

고려초기까지 선사상은 신비주의와 결합되어 있었고, 화엄종과 유가종도 상통하는 요소가 강하였다. 특히 유가종은 미륵사상과 결부되어 외척의 급속한 세력의 확장에 이용한 도생승통 規道生僧統 窺가 있었고, 대각국사 의천은 자신이 속한 화엄종에서도 앞선 시기 균여의 신비적 경향에 대하여 철저히 비판하였다. 의천은 수양에서 참선의 우월성에 대하여 인정하지 않고 천태학의 삼관을 강조하여 내세우면서 과반수의 선승들을 포섭하여 수행방향을 바꾸게 하였다. 이자현은 실천의 보현신앙보다 지혜의 문수신앙을 중요시하고 보현원을 문수원으로 바꿨다.

이자현의 어록이나 저술인 『선기어록』과 『심요』가 남아있지 않으나 그가 강조한 '선리禪理'란 선의 이론적 바탕을 실천보다 지혜를 내세운 문수보살을 강조하였음이 확실하다. 그를 계승한 대감국사 탄연과 후기의 보조지눌이나 진각국사 혜심이 강조한 문수신앙 역시 이자현에서 비롯되었다는 사상적 기원이 확인된다. 이와 달리 천태종결사를 이끌었던 원묘국사 요세의 대변인이었던 진정국사 천책은 몽골의 침입으로 발생한 난민을 포용하여 국난의 극복을 내세운 보현사상을 강조하여 수선사와 상보적인 관계에 있었다.

고려에서는 다양한 제의가 있었고 차가 제물로 쓰였다. 『고려사』 예지는 이를 종합적으로 정리한 방대한 사료의 가치가 있다. 제의는 기원이 다양하지만 고려에서 크게 세 가지로 구분이 가능하다. 하나는 왕실로부터 서인에 이르는 조상숭배와 관련된 제의이다. 다른 하나는 신령과 관련된 천신과 지신에 대한 제의이다. 마지막으로 종교와 교육과 관련된 제의였다.

조상숭배는 상장례와 기일제가 관련되었다. 제례는 왕실로부터 서인에 이르는 모든 양인에게 해당되지만 여기에도 다양한 계층의 위계에 따라 상층은 복잡하고 하층인 서인은 단순하였다. 천인인 노비는 자발적으로 부모를 추모하는 경향도 있었지만 예를 적용하지 않고 상벌만 존재하는 특성이 있었다. 거의 모든 계층의 조상숭배는 불교와 깊은 관련이 있었고 실제로 가묘는 고려말기에야 나타나고 대부분 시기는 절에서 제례를 수행하였다.

왕실은 왕실사원이라 불리는 대표적인 진전사원이 많았다. 왕족이나 고급관인도 공신인 경우 진영을 모신 원찰이 있었고 무주고혼의 영혼도 사찰에서 무차대회를 열어서 명복과 환생을 기원하였다. 불교는 모든 계층을 어루만지며 갈등을 완화시키는 경향이 있었지만 미륵신앙과 같은 혁명사상도 있었다. 불교식 제의에는 어육을 멀리하고 동물을 제물로 사용하지 않았다. 고려의 조상숭배는 불교와 깊은 관련이 있었으므로 식물성 제물을 사용한 소제素祭였고 차는 그 가운데 가장 중요한 위치에 있었다. 공신이나 전사자의 유가족에게 국왕의 이름으로 차를 부의로 주었던 사례가 많고, 이는 가장 고급스런 제물을 제공한 셈이었다. 제물이 수록된 부의에는 차가 가장 먼저 기록되었고 그만큼 차례는 제물의 가장 중요한 위치에 있었다.

제의에는 왕실이나 국가를 반영한 중앙의 제전과 지역단위별 제전도 있었다. 연등회는 왕실의 제전이 중심이고 팔관회는 지방으로부터 중앙으로 화엄사상에 의하여 토속신앙을 결합시킨 최대의 제전이었다. 이밖에 백고좌회와 경행 등 불교와 관련된 행사가 많았고 이들 제전은 국왕이 사원에 행차하여 정점을 이루었으므로 제물은 불교식 식물성이 위주였고 그 가운데서도 차가 가장 중요하였다.

불교에 포함되지 않은 기원이 오랜 신령을 위한 독립된 사묘에서 수행되는 제의에는 고유한 육류가 사용된 사례가 확인된다. 성황에서 돼지고기가, 구월산의 삼성사에서 고니가 사용되었음이 확인된다. 기록이 남지 않은 다른 독립된 신당에서는 불교 이전의 제의에서 사용되던 육류가 제물로 사용되었다고 짐작된다. 그러나 이러한 토속제의도 불교의 영향으로 식물성으로 대체되었다는 기록도 있으나 오늘날 돼지와 소의 머리를 놓듯이 불교이전의 유풍이 지속하였을 가능성이 크다.

고려의 사직社稷과 원구圜丘, 적전籍田과 문묘文廟를 비롯한 유교의 예제에는 물고기나 짐승의 고기가 사용되었음이 확실하다. 유교는 동아시아의 불교 이전의 제의와 깊은 관련이 있었고, 희생의 잔재인 어육이 제물로 등장하였다. 이밖에 불교에서 쓰인 차와 과일과 곡류와 채소가 포함되었으므로 공통된 제물도 있었다. 가장 특이한 특징은 불교이전이나 조선시대와는 달리 어육이 극히 적었다는 사실이다. 녹포鹿脯나 녹조鹿臡가 포함되었고 말리거나 발효시킨 어육이 사용되었다는 특성이 있다.

고려의 모든 제의에는 차가 중요시된 일반성이 있고 어육이 축소된 경향이 강하였다. 고려와는 달리 조선의 제의는 점차 어육이 증가하였고 갱헌으로 쓰였던 가장家獐을 부활시키려는 강한 의지가 있었다. 가장은 불교에서 가장 기피하는 제물인데, 고전의 정신을 살리고 조선에서는 불교의 잔재를 약화시키기 위해서도 강조하는 학자들이 증가하였다.

좋게 말하면 성리학은 동아시아의 제물의 기원을 지키고 영양을 다양하게 섭취하는 향상된 식생활과 관련이 있었다. 또한 동아시아의 복고적 사상으로 돌아가 남아시아에서 기원한 불교와 거리가 더욱 커지는 차별화가 강화된 경향이 나타났다. 나쁘게 말하면 동아시아의 개방성이 제한되고 먼 거리의 문화와 융합하는 경향이 위축되었고 중원을 중심으로 화이사상의 폐쇄성을 강화하면서 스스로 넓게 바라보는 시야가 좁아졌다는 비판도 가능하다.

III. 진각국사 혜심의 조사숭배와 차 생산

〈그림 33〉 송광사 광원암에 모신 진각국사의 진영, 원만하고도 경세적인 넉넉함이 돋보이는 모습이다.

진각국사 혜심(1178~1234)은 조계산 수선사의 제2대 주지였다. 그는 수선사를 개창하였던 스승 보조국사 지눌(1158~1210)을 보좌하였고 저술을 정리하여 후대에 전하였을 뿐 아니라 스승의 위업을 더욱 발전시킨 부분도 있었다. 그에 관한 연구는 다양하게 진행되었으며 생애와 활동에 대해서는 스승인 보조지눌보다 풍부한 비문을 제외하더라도 어록과 고문서 등이 남아 있다.

혜심의 생애에 대해서는 비문이 가장 자세하다. 전면의 비문은 이규보(1168~1241)가 1235년에 지었고 그의 문집에 내용의 핵심이 실려 있으나, 실제로 비를 세운 시기는 이규보의 사후 6년이 지나 비문을 지은 다음 15년 후의 변화가 적지 않게 반영되었다. 후면에도 적지 않은 글자가 남아 있다. 특히 비를 세울 당시는 물론 비문을 지었을 시기에도 이미 타계한 인물들이 적지 않게 실려 있다. 이를 분석하여 최씨 집권기의 전성기에 수선사와 최우를 중심한 세속인과 수선사와의 관계가 더욱 구체적으로 규명되었다.[4]

---

4) 閔賢九, 「月南寺址 眞覺國師碑의 陰記에 대한 一考察—高麗 武臣政權과 曹溪宗」 『震檀

현재 비문에는 전면의 글자가 남아있지 않으나 탁본이 현존하고 이규보의 문집에 전문과 적지 않은 차이가 있음이 확인되었다.[5] 또한 송광사에는 진각혜심이 주지한 시기에 작성한 형지기가 고문서의 형태로 보존되었다. 그와 관련된 비문과 문집, 그리고 형지기를 이용하여 실질적인 사원경제운영과 차의 생산에 대한 그의 역할을 살피고자 한다.

1. 보조지눌과 진각혜심의 차이점

보조지눌은 동주洞州(지금의 황해도 서흥瑞興) 출신으로 무신집권 초기에 출가하여 승과에 급제한 다음 팔공산과 지리산의 여러 사원을 옮기면서 종파와 조계종의 산문을 가리지 않고 다양한 불교사상을 체험하였다. 그동안 지눌과 수선사의 기원에 대한 다양한 연구에도 불구하고 지눌이 출가한 동기와 출가한 후에 그가 모색한 불교사상의 현실성에 대하여 충분하게 규명되었다고 보기 어렵다. 그가 급제자의 관직인 국학학정의 아들이고 출가한 시기로 보아 사족으로 진입하였던 신분으로 추정된다.

진각국사 혜심은 화순 출신으로 향공진사로 국자감시에 합격한 경력으로 보아 호장의 아들로서 토착세력으로 짐작된다. 스승 보조국사가 최충헌을 상대하였다면 혜심은 최충헌이 죽기까지 10년간, 그리고 1219년부터 최우를 구슬리면서 그의 아들 만종과 만전을 문도로 삼았으나 최우가 강화에 다녀가라는 요구를 결코 이행하지 않았다.

혜심은 몽고와의 항전이란 어려운 시대적 상황에서 수선사의 현실을 타개하고 미래를 반석 위에 올려놓았다. 출가자로 세속의 영향력 있는 실권자와의 관계를 원만하게 유지한 수완을 높이 평가할 만한 특성이었

學報』 36, 1973.
5) 許興植, 『韓國中世佛敎史硏究』, 一潮閣, 1994.

다. 마치 지난 세기 중반의 어둡던 시대를 치열하게 살았던 효봉을 보조국사로, 그를 뒷받침하였던 구산을 진각국사로 비유하면 상통하는 요소가 많다.

그의 문집에 나타난 생애와 『선문염송』을 비롯한 저술은 방대하였다. 시대상을 포괄하는 유교와 도교를 포용한 사상이나 비구니와 기술자까지 포함한 출가자와 속인을 포함한 승속의 교화는 수선사의 결사를 한층 기층사회에까지 뿌리를 깊이 내렸다는 증거라고 하겠다. 그는 많은 문도를 양성하였고 그들의 활동은 각각 고려후기 불교에 커다란 흔적을 남겼다. 혜심의 어록에는 풍부한 활동이 실렸고, 당시 국가와 불교와의 관계를 파악할 현실성이 담겼을 뿐만 아니라, 문학적 정서와 스승과 제자와의 사상적 유대가 담겨 있다. 그는 지눌이 만년에 심취한 간화선에 힘을 기울여 선문염송을 편집함으로써 간화선 정착과 확산에 결정적인 기반을 마련하였으며, 조선시대 승과에서 출제범위의 교과서로 쓰였을 정도로 이후의 선사상에도 중요한 영향을 주었다.

혜심은 스승과 달리 어록을 남겼고 사상뿐 아니라 개인의 생애와 직접 관련된 교우와 사교와 활동도 폭넓게 실려 있다. 도반이나 신도와 주고받은 서신이나 대화도 충실하다. 특히 차와 관련된 시도 많아서 그를 고려시대의 대표적 차 애호가로 여러 차례 언급되었고 이를 반복한 저술이 수없이 많다. 혜심의 생애와 사상, 그리고 차에 관한 서술은 적지 않으므로 이를 다시 언급할 새로운 사실을 찾기가 어려울 정도이다.

혜심은 스승 지눌과 달리 수선사에서 가까운 화순에서 태어나 지눌을 보좌한 향리 출신의 토박이였다. 지눌과 혜심은 서로 대비되는 부분이 있다. 이 글에서는 진각국사 혜심의 비문과 차에 대한 수많은 논저를 열거하거나 종합하지 않고 다만 두 가지 새로운 사실만 강조하고자 한다.

188

하나는 그의 문집에 등장하는 9산조사의 숭배와 이를 토대로 스승 보조지눌의 통합적 역할을 돋보이려던 의미를 살피고자 한다. 다음으로 그가 활동하던 시기에 남아있는 고문서를 통하여 차의 소비와 함께 생산에도 깊이 관여하였음을 밝히고자 한다.

2. 9산조사의 확정과 조사숭배

9세기 중반부터 모든 선종 산문에 대하여 9산문이란 용어로 포괄하여 왔다. 이에 대한 전거는 「선문조사예참문」으로 그 전거도 밝히지 않고 오랫동안 통설로 사용하였다. 9산이란 용어가 자료에 처음 등장하는 시기는 아무리 찾아도 대각국사 의천의 사후이고 천태종이 확립된 이후 였다. 최치원은 「봉암사 지증대사비문」에서 14산문을 열거하였다. 이후 에도 명칭의 변화가 있었지만 중요한 산문의 수효는 유지되었다고 추정 된다. 의천의 문하로 5산문이 흡수되어 천태종의 기반이 되었고 이후에 9산문이란 용어가 쓰였기 때문이다.

9산문이 확립된 시기에 대한 필자의 결론은 기존의 통설과 큰 차이가 있다. 고려의 9산문은 적어도 14산문에서 5산문이 천태종으로 흡수된 나머지 산문을 가리킬 뿐이다. 진각국사의 시를 모은 『무의자시집無衣子詩集』에는 9산조사도찬과 보조국사찬이 실려 있어, 그가 9산조사를 확정하고 보조국사를 현창한 중심인물이었음이 확인된다.[6] 이에 대해서는 이규보가 낮은 관직이었을 때에 수미산, 성주산, 가지산 등의 조사를 언급하였던 글과 시기가 일치한다.[7]

---

6) 慧諶, 『無衣子詩集』 권下, 九山祖師都贊, 普照國師贊(『韓國佛教全書』 6, p.61).
7) 『東國李相國後集』 권12, 談禪法會須彌山學等揭祖師眞文, 同前聖住山參學等拜祖師文, 同前迦智山拜祖師文(已上三首 皆微官所著 今方拾得)(『高麗名賢集』 1, p.562).

이규보가 낮은 관직이었다면 지눌이 활동한 시기이고 혜심이 스승을 현창하기보다 앞섰음이 거의 확실하다. 지눌은 천태종에 흡수된 선종의 5개 산문을 제외하고 9산문의 개산조사와 중심사원을 설정하고 이들을 현창하는 기초를 세웠다. 혜심은 스승의 뜻을 받들어 9산문의 협력을 받으면서 수선사의 위상을 높이고 이를 주도한 지눌을 포함한 조사예참문을 확정하였을 가능성이 크다. 혜심의 이러한 노력은 6대 주지인 원감국사 충지의 생애에서도 지속되었음이 확인된다.

9산문에서 해주의 수미산이 가장 북쪽에 있고 영월의 사자산, 문경의 희양산과 보령의 성주산은 중부에서도 남부로 치우친 지역이다. 나머지 지역은 거의 남부이고 특히 지눌과 혜심이 활동한 지역을 벗어나지 않았다. 이로 보면 9산문이란 지눌과 혜심으로 이어진 수선사가 주도하여 조사와 산문을 소급하여 확정하였다는 해석이 가능하다. 천태종에 흡수된 5산문은 조계종의 9산문과 거의 같은 남부에도 있었지만 북부, 중부 이북에 위치한 사원에 대하여 규명할 대상이다.

수선사보다 앞서 대각국사 의천이 흡수한 5산문은 9산문에 하나도 포함되지 않고, 신라말기에 최치원이 열거한 14산문 가운데 선문조사예참문과 일치하는 조사와 산문은 극히 적다. 이로 보면 혜심이 확정한 9산의 조사와 산문은 지눌부터 설정하기 시작한 후대의 산물임이 확실하다고 하겠다. 때문에 현재 한국의 조계종은 자신의 기원과 전개에 대하여 깊이 있게 검토하지 않고 종헌과 법통을 설정하였다는 의문을 남기고 있다고 하겠다.

3. 차 생산의 진흥

지눌의 비문이나 저술에는 차에 대한 서술이 없다. 그러나 수선사를 중심으로 정혜결사를 여러 곳으로 확장하면서 차의 생산과 관련된 지역은 물론 소비와도 깊은 관계가 있었다. 역사란 때로는 있는 자료만 나열하거나 의도에 따라 편집하고 강조하는 한계에 머물기 쉽고 이에 만족하면 발전이 없다. 자료가 없더라도 시대의 여건이나 공간의 상황에 따라 없는 사실도 관심을 가지고 탐구하다보면 언젠가 어디선가 실마리가 보일 때가 있다.

지눌은 이론과 실천에 대한 고답적 저술을 남겼으나 혜심은 간화선의 결정판인 선문염송을 제외하더라도 어록이나 시집을 지어서 자신의 생애와 관련된 현실을 직시한 시와 산문을 많이 남긴 셈이다. 지눌과 혜심은 입적한 다음 문도가 남긴 행장에 기초한 비문이 있지만 혜심의 비문이 원형에 가깝고 음기를 비롯하여 내용도 충실하다. 그러나 지눌과 혜심의 비문에는 차와 직접 관련된 내용은 실리지 않았다.

진각국사의 어록과 시집에는 차를 주고받거나 이를 음미하면서 수도하고 찬미한 시문이 적지 않다. 이를 정리하고 깊이 있게 연구한 저술이 적지 않고 앞선 연구자가 이용한 시구를 재검토하거나 윤색한 글은 헤아리기 어려울 정도로 많다. 대체로 차의 소비와 관련된 시구이고 사천의 몽정차나 복건성의 송대 명차와 강소성 혜산의 물 등을 읊은 당시의 차에 대한 국제적인 지식을 엿볼 수 있는 내용이 주목될 뿐이다.

혜심은 그보다 앞선 시기의 이인로李仁老와 그의 비문을 쓴 이규보를 연결하여 차의 도구와 멀리 운반된 떡차와 생산지에서 갈아 마시는 차의 특징 등을 수록, 주목하게 만들었다. 또한 같은 종파의 문도에 해당하는 탁연卓然이나 천태종의 만덕산 백련사 진정국사 천책眞靜國師 天頙 등은 특히 주목되는 인물들이다. 이들은 생산지에서 어울려 지냈던 모습을 통하여 차의 생산을 촉진시킨 인물로 상기할 필요가 있다. 차 애호가에 대한 연구도 개별적인 나열이 많고 시대마다 나타나는 특성과

〈그림 34〉 「진각국사 탑비」의 전면(한국학중앙연구원 보관). 지금 전혀 판독이 불가능할 정도로 훼손되었다. 그러나 후면은 일부만 판독이 불가능할 정도로 보존되었다.

경향에 대해서는 연구가 부족하다.

지금까지 고려 차의 연구는 소비자의 역할에만 만족하는 경향이 있다. 차의 소비에 집중된 사교에서 시문의 주석에 머물렀다는 한계가 있다. 소비뿐 아니라 생산에도 주목하여 차의 재배와 가공, 유통과 소비는 물론 이를 관리하는 전반의 과정에 대한 연구에도 관심을 기울일 필요가 있다. 여기에 추가하여 수입과 수출, 기술의 향상, 차를 둘러싼 국가 사이의 외교와 이해관계도 중요한 연구 대상이지만 이에 소홀한 경향이 있다.

혜심은 지눌이 시작한 정혜결사를 반석 위에 앉혔다. 그는 스승이 시작한 여러 곳의 정혜결사를 관리하였고, 스승이 입적하자 수선사로 돌아와 이를 더욱 공고하게 발전시켰다. 그의 활동은 다방면에 걸쳐 주목되지만 그의 문집에서 보이는 차의 소비뿐 아니라 가공과 생산에도 깊이 관여하였음을 보여주는 사실이 문서로 남아있다. 이 문서는 현재 송광사 박물관에 보존되었고 「수선사당월급유지기修禪社檀越及維持費」라는 근대의 이름을 붙여 판독한 사본이 있으나 본래 회계문서인 형지기形止記에 해당한다. 또한 이 문서와 관련된 내용은 혜심의 어록에 실린 「상주보기常住寶記」와도 상통하는 내용이다.

이 문서의 작성연대는 1223년에 해당하며 지눌이 입적하자 돌아와 법주로 출발한 지 4년이 지난 시기였다.[8] 이 자료는 수선사 경제기반의 다양한 내용을 싣고 있다. 시주인 복전의 수효, 수선사 승의 수효, 이미 있었거나 경송經頌을 위한 재齋 등, 승속의 법석法席과 재는 결사의 중요한 행사일 뿐 아니라 사원의 경제와 식품을 공급하기 위하여 조직된 통로였다. 여기에 다양한 기금의 보寶는 승속을 장기간 밀착시키는 실질적인 자본의 축적과 보험의 역할을 하였다.

이 문서는 보의 기금을 총괄한 회계문서이고 내용은 곡식과 토지였다. 곡식은 조租와 조粗로 구분되었듯이 벼와 잡곡으로 추정된다. 앞서부터 있었던 기금은 기일보와 잡보를 합쳐 조租 4천석이었다. 결사의 주법(혜심을 말하는 듯)의 사재私財와 단월이 시주한 국왕의 축수와 국방을 위한 장년보로 조粗 6천석이므로 모두 1만석이었다. 이에 부가하여 100석은 내시 문정文正을 보내어 국왕이 전란을 끝내기를 기원하는 유향보에 제공한 기금이었다. 상주보는 지눌로부터 인계받은 4천석이지만 혜심은 자신의 사재와 단월은 물론 국왕의 시주도 합칠 정도로 국방을 위한 단단한 기반을 마련하였다.

이 무렵 국방이란 전년에 강화로 천도할 정도로 몽골의 침입을 받아 전국적 위기에 대처하는 조치였다. 이에 대하여 사재의 헌납을 토대로 마련된 보의 기금 6천석은 지눌이 마련한 기반을 합친 상주보 4천석보다 절반이 더 많은 분량이고 특히 국왕이 시주한 100석은 전체에서 차지하는 비중은 낮지만 그 의미는 전체의 안정된 운영을 위해서 절대적으로 필요하였다. 혜심의 탁월한 능력이 돋보이는 자발적이고 모범적인 행동이 수선사의 위상을 크게 향상시키고 국가를 위한 현실적인 대처가

---

8) 韓基汶, 『高麗寺院의 構造와 機能』, 民族社, 1998, p.413.

돈보이는 적절한 대응이었다고 하겠다.

국왕의 건강을 축수하고 국방을 위한 기금을 마련하자 당시 권력의 실세들과 관인들이 다투어 결사에 토지를 시납하였다. 실권자 최우의 인척과 출가한 단월의 시주가 많았다. 특히 실세인 최우와 가까웠던 무장들의 시납은 국왕의 국방을 위한 장년보보다 더욱 다량의 밭과 논, 그리고 산이었다. 그들 시주와 토지를 구분하여 정리하면 다음과 같다.

〈표 7〉 1223년 수선사의 경제기반

시주	보의 명칭	소속한 행정구역	재산의 구분	면적(결부)
참지정사 최우	축성보	昇平郡 葦長伊村 등	미상	10結 50卜
	기일보	승평군 加音部曲	미상	40결 30부
		승평군 進禮部曲		1결
		승평군 赤良部曲	미상	2결
		승평군 富有縣	田畓	2결 49부
		승평군	전답	80결 30부
상장군 노인수	축성보	광주	전답	15결
		능성군	전답	28결 50부
		화순군	전답	7결 10부
		철야현	田	1결 30부
상장군 김중구	기신보	부유현	전답	17결
군기감 서돈경	기신보	이천군	田畓	25결
장군 송서	미상	長興府 拂音部曲	미상	5결
		두원현	전답	30결 63부
(생략)			柴地	(생략)
참지정사 최우	축성보	보성군 남양현	鹽盆	7庫
			山庄	3庫 3결 70부
		승평군 吐叱村	鹽田	6庫
			箭席	4座
군기감 서돈겸			奴婢	10口
下典 신공준			노	3구
승 玄海			노비	4구
합계	전답 266결 12부, 염분 16곳, 절터 4곳 산장 3곳 노비 17구			

이상과 같이 지눌이 입적하자 혜심이 수선사의 주법을 맡고 토지와 노비, 그리고 염분과 절터와 산장을 여러 가지 보의 이름으로 확보하였음이 확인된다. 각각의 재산에 대한 시납문기나 국가로부터 지급받은 문서도 있었지만 그는 이를 총괄하여 다시 소유를 확인받는 치밀함을 보여주었다. 이상의 토지에서 불확실한 부분은 시지柴地이다. 시지와 산장과 노비의 용도는 불확실하므로 이에 대한 충분한 검토를 전답과 다시 연결시켜 이해가 필요하다.

최우의 토지는 주로 승평군에 있었고, 염분은 보성군에 있었다. 80결과 40결의 토지가 시납된 곳도 있지만 14곳의 전답 가운데 절반에 가까운 6곳이 10결이 못되고 그나마 7결인 곳을 빼고 나머지는 5결 이하이다. 그리고 시지는 산골짜기에 있으므로 결부의 수효를 헤아리기 어렵다고 하였다. 또한 산속의 별장이 세 곳으로 평균 1결이 조금 넘었다. 그리고 절석節席은 4자리이다.

절석이란 해석이 어렵지만 절터였던 곳일 가능성이 크다. 대부분 지역이 수선사가 위치한 승평군을 중심으로 몰려 있고 멀리 이천군의 토지는 이곳으로 장차 바꾸려는 시도가 있었다. 산곡이나 절터, 그리고 보성과 화순, 그리고 뇌원차의 생산지로 추정되는 오늘날의 고흥군 두원면은 차의 재배와 가공의 중심지였다. 이런 곳에서 경사진 산곡에 시지를 가까이 가진 절터와 산장이 있었다면 차의 생산과 직접 연결된다는 해석이 가능하다고 하겠다.

진각국사의 초상화를 보면 보조국사보다 체격이 더 크게 보인다. 그는 회계와 더불어 소유와 경세에 탁월한 인물이었다고 하겠다. 보조지눌과 더불어 회갑을 넘기지 못하였으므로 차를 참선과 문학뿐 아니라 실제로 건강을 유지하는 음료로서 효능을 충분히 인식하였을 가능성이 크다. 특히 축성보나 기신보는 사원의 회계를 장기간 투명하게 관리하고 여기에 참가한 제례에서 참가자와 차를 소비하는 중요한 계기였음에 틀림이 없다.

진각국사 혜심은 산청의 단속사에 주지한 시기도 있었지만 하동을 근거로 남해에 확장한 최우의 장인으로 정숙첨鄭叔瞻이 있고 만년에 하동 양산사를 개당하고 법회에 초청되어 설법할 정도였다. 그곳 역시 차의 중요한 생산지였으므로 서남해안과 남해안의 차의 생산에 깊이 관여하였고 수선사의 경제 기반을 차와 보를 활용하여 굳건하게 장기간 확보하고 스승과 자신을 포함하여 16국사를 배출하는 승보사찰의 안정된 경제 기반을 마련하였다고 하겠다.

제6장 장흥 보림사의 차 생산

　장흥 보림사는 9세기 전반 고승 원표元表가 남아시아에 유학하고 돌아와 화엄사상을 폈던 사원이다. 원표에 대한 자료가 부족한 한국불교사에서 보림사 보조선사 체징의 탑비에 개산조에 앞서 화엄사상가인 그가 올라있는 사실은 대렴大廉이 심은 차를 재배한 시기와 맞물려 주목할 대상이다.

　대렴은 『삼국사기』에 혜공왕 4년(768) 내란의 주모자 대공大恭의 동생으로 등장하는 인물이고 흥덕왕 3년(828)에 차를 성행시킨 인물로 다시 삼국사기에 등장하였음을 그동안 간과하여 왔다. 차는 씨를 심고 성장시켜 생산하기까지 오랜 기간을 소요하므로 혜공왕 4년 이전에 사신으로 활동한 대렴이 심은 차에 대한 기사로 해석하고자 한다.

　보림사는 고려시대 후반부터 조선초기까지 차소茶所가 밀집된 중심에 위치한 사원이었다. 왜구의 약탈로 오늘날 고흥에 속한 두원이 몰락한 다음에 뇌원차의 가공을 담당했던 기술자들이 장흥의 차소로 흡수되었다고 추정된다. 보림사는 신라에서 기원한 후, 고려말기부터 오늘날까지 차의 생산지로서 전통이 가장 오랜 기간 유지된 대표적 중심지임을 밝히고자 한다.

차의 생산은 자연조건과 함께 인문조건의 영향을 받는다. 보림사를 몇 차례 답사하여 차의 재배와 가공의 자연조건을 살피고 역사의 기록에 나타난 유적을 살피는 작업은 오늘날에도 유효하다. 보림사의 차밭은 밀집재배를 줄이고 자연의 생태와 어울린 야생차의 요소를 그대로 살린 특색을 간직하였다. 차의 재배도 역사성이 있고 다양한 특성을 개발하여 우수한 품질을 유지하려고 노력하는 모습을 살피고자 한다.

Ⅰ. 삼국사기 차 기록의 의문점

역사는 삼간三間이 일치한 예술이다. 삼간이라면 초가삼간이 기억에 떠오르지만 시간과 공간과 인간을 말한다. 초가삼간은 가장 원초적이고 단순한 공간이고 "양친부모를 모셔다가 천년만년 살고지고"라는 동요에 등장한다. 집을 짓고 부모를 모실 생각을 하였으면 철이 든 성년이고 부모도 늙었다.

위의 동요는 자장가이다. 자장가는 유명한 서양의 음악가도 부모의 장례에서 불렀다는데 왕조국가시대에는 오늘날보다 평균수명이 짧아서 대가족을 이루어 서로 돌보며 뭉쳐서 살았다. 성년은 쉴 새 없이 일하고 자식을 출산하여 대를 이었다. 자장가를 지어서 부르며 아기를 키우는 담당은 출산한 부모이기보다 조부모이고, 조부모가 없으면 10세를 전후한 누이나 형이 이웃 할머니와 함께 자장가 집단을 이루어 동생을 돌보며 따라 불렀다고 해석하면 오히려 자연스럽다.

위의 자장가에는 초가와 부모가 등장한다. 삼간에서 시간은 예술인 음악에 가깝다면 초가란 소박한 공간이고 부모와 동생은 의존과 협동을 함께 하는 인간이다. 삼간이란 필수불가결한 최소한의 공간이고 여기에

198

인간과 함께 시간이 합치면 역사의 현장을 만든다. 신문의 기사에 여섯 가지 조건을 요구하지만 이를 더 줄인다면 삼간이라고 하겠다. 헌법도 간단할수록 이상사회였다고 전하며 고조선에는 8조였던 이상향의 시대가 있었다지만 건국초기에는 약법삼장으로 더욱 단순화한 시기도 있었다.

역사란 삼간이 기초일 뿐이고 다른 조건도 다수 작용한다. 가장 큰 조건은 시대의 상황인 대세이다. 차의 역사에서도 조건은 마찬가지이다. 『삼국지연의』에는 차가 황하유역의 민간에서도 판매되고 돗자리를 팔아 차를 구하는 서민으로 몰락한 황족의 이야기로 시작되지만 있을 수 없는 설정이다. 송나라에 이르러서야 차의 구매가 서민에게 가능하고 실제로 삼국지연의에는 몽골제국의 통치를 받던 시기의 화공을 이용한 전술이 많이 포함되었다. 특히 북방의 소수민족에 저항한 다수의 한족을 중심한 정통론을 고조시키면서 명의 몽골제국에 대한 혐오를 종합하여 반영하였다. 조선에서도 삼국지연의는 반청의식을 고취하면서 소중화를 내세운 시기에 널리 읽혔다.

우리나라의 대표적 삼국시대에 대한 사서인 『삼국사기』와 『삼국유사』에는 차 기록이 적지 않다. 특히 삼국유사에는 사원에서 차를 공양한 기록이 많고 삼국사기에는 극히 적다. 차를 재배하거나 성행한 내용은 삼국사기에만 한번 등장하지만 삼국유사에는 이보다 앞선 시대에 차를 사용한 기록이 자주 등장하면서도 차의 재배와 성행에 대한 삼국사기의 기록과 관련된 부분이 없다. 이는 두 고전의 차이점이며 신라의 차 재배에 대한 통설의 문제와도 관련되었음을 규명하고자 한다.

1. 삼국사기의 차 재배

『삼국사기』에 대하여 『삼국유사』보다 낮추어 평가하는 경향이 한때

유행하였다. 50권의 분량으로나 내용으로도 5권인 삼국유사에 비교할
대상이 아니다. 다만 상고의 신화에 대한 기록이 없는 단대사인 삼국사이
고, 사실을 엄선한 자세가 다양한 현대의 역사연구와는 다른 전통시대
정치사 중심의 경직성을 나타낸다. 사실이란 당시의 기록이고 후대의
설명이란 사관이나 신화와 전설, 설화나 민담에 가깝다.

삼국유사는 차에 대해서도 많은 설화를 수록하였으므로 삼국사기와는
사뭇 다르다. 삼국유사는 스님이 지은 만큼 차를 공양에 사용한 이야기가
많다. 동아시아에서 불교에 앞서 동물을 희생으로 삼은 제의를 수행하거나
인신공양의 순장도 있었다. 신라의 우물에서 개와 어린이의 뼈가 나왔고
이를 전시한 일이 있었다. 이는 단순한 사고의 흔적이 아니라 기우제와
같은 집단의 제의에 희생으로 사용하였다는 해석이 우세하다.[1]

차를 제물로 사용한 기록은 불교와 함께 많이 남았다. 동아시아에서
차보다 더 오랜 기원을 가진 제물로는 가장家獐이 있다. 가장이란『상서尚
書』의 여오旅獒와『예기禮記』의 갱헌羹獻,『논어』의 추구芻狗 등과 상통하는
가축이다. 유교의 고전에 나오는 가장은 표현이 다르지만 모두 히말라야
동쪽 기슭에서 생산된 장오藏獒와 관련이 있다. 촉에서 장오를 제물로
사용하였다는 해석이 가능하다.

조선시대의 성리학자들은 유학경전에 깊은 지식이 있었다. 이들은
가장을 가례와 국가의 제례에 사용하자고 적극 주장하였고 어느 정도
실현하였다. 당시 유일한 국립대학인 성균관은 가장을 초복의 단체급식
으로 제공하였고 효도의 대표적 군왕인 정조는 수원의 장릉에 행차하고
그곳에서 베풀었던 모당 혜경궁 홍씨의 회갑잔치에도 쪄낸 가장을 최상
의 식품으로 사용하였다.[2]

---

1) 국립경주박물관특별전,『우물에 빠진 통일신라 동물들』, 2011. 6. 8.
2) 허흥식,「祭物로서 家獐에 대한 종교별 차이」『한국중세사연구』37, 2013.

불교는 이와 달리 차와 과일을 제례의 주된 제물로 사용하였다. 곡식은 모든 종교에서 기본으로 사용하였지만 유교의 제의는 상고의 희생에서 기원하였고 이를 간직한 요소도 포함되었다. 동아시아의 고대후반부터 중세까지 주된 사상은 불교이고 근세는 성리학이었고 제물에도 많은 차이가 있었다. 신라의 불교에 대하여 자세하게 서술한 삼국유사에는 차에 대해서도 삼국사기보다 다양한 기록을 실었다. 다만 차의 씨를 심은 대렴大廉에 대해서는 삼국사기에만 실려 있고 삼국유사에 대렴은 나오지만 그가 차를 심었다는 이야기는 빠져 있다.

삼국사기에만 차를 지리산에 재식한 대렴과 연결시켰다. 이를 해석한 대표적인 번역서와 해석에서 본문을 읽는 방법에 많은 차이가 있다. 다만 모든 차 연구자들도 기존의 번역과 해석에 의문을 제시한 경우는 거의 없다. 차의 재배에 대한 기록을 본문을 그대로 옮기면 다음과 같다.

> 828년 겨울 12월에 당에 사신을 보내 조공하니, (당의) 문종文宗이 인덕전麟德殿에 불러 대면하고 연회를 베풀어 주었으며 차등을 두어 하사품을 내렸다. 입당入唐했다 돌아온 사신 대렴大廉이 차茶의 씨앗을 가지고 오고, 왕은 지리산地理山에 심도록 하였다. 차는 선덕왕善德王 때부터 있었지만, 이때에 이르러 성행하였다.3)

위의 번역은 여러 차례 시도된 삼국사기의 역주를 토대로 가장 최근까지 종합된 결과이다. 지금까지 차의 처음 재배에 대한 자료와 해석은 이를 기준으로 삼을 정도이다. 그러나 방대한 시기를 담은 엉성한 자료를 제대로 의미를 가지게 해석하기는 쉽지 않으므로 최후에 가장 방대한

---

3) 『三國史記』 권10, 신라본기, 흥덕왕 3년 12월, "遣使入唐朝貢 文宗召對 于麟德殿 宴賜有差 入唐迴使大廉 持茶種子來 王使植地理山 茶自善德王時有之 至於此盛焉."

번역과 주석을 종합하고 정밀한 수준을 도달하는 과정에 있다.

2. 차가 성행한 흥덕왕 시대

〈그림 35〉 최치원이 짓고 쓴 「쌍계사 진감선사비」 부분, 진감선사 혜소는 830년 이곳에 머물기 시작하였고 이 비는 차의 시배지란 확신을 주었다.

차란 단기간에 생산이 가능하거나 재배와 확산이 빠른 식물이 아니다. 더구나 씨를 가지고 싹이 트고 이를 성장시켜 가꾸는 과정에서 아주 오랜 세월이 요구되는 인내와 온난한 기후의 자연조건이 요구된다. 그래서 김부식도 이미 선덕왕 시대(재위 632~646)에도 있었지만 흥덕왕 시대인 828년에 이르러 성행하였다고 설명하였다.

차를 200년 가까이 수입만 해서 마시고 그동안 재배할 줄을 몰랐다고 말하기도 조금 구차하다. 굳이 위의 사료가 그대로 신빙성을 가지려면 선덕왕 때부터 수입한 차를 마셨고 흥덕왕 3년에 이르러 재배가 시작되었다면 조금 납득된다. 그러나 흥덕왕 3년에 이르러 성행하였다고 표현하기에는 문제가 있다. 차를 생산하여 공급하려면 아무리 성공적으로 재배해도 거름과 농업기술이 널리 알려진 오늘날에도 30년은 걸리고 적어도 60년 이상 지나야 성행되었다고 해석해야 옳지 않을까?

흥덕왕 때에 성행되었다면 적어도 60년은 앞서 심었다고 말해야 맞다고 해석하고 싶다. 828년 차 이야기는 차를 심고 가꾼 다음 훨씬 후에 있었던 이야기일 가능성이 크다. 사신으로 갔던 대렴의 관직도 없고

202

차가 성행한 이야기가 위주라면 훨씬 후의 이야기이기 때문이다. 흥덕왕의 치세란 진골내의 세력분열과 갈등의 첫 번째 회오리가 불었던 혜공왕의 치세를 지나, 청해진의 장보고가 먼저 깃발을 올리고 전국의 민란이 일어나 당과 함께 동아시아는 다시 난세의 도가니로 변하기 직전이었다.

이를 안정복은 『동사강목』에서 그대로 인용하지 않았다. 그는 줄기를 세우고 세부 설명으로 보충한 강목체를 적용하였다. 다만 내용이 이상하다고 보고 두 부분으로 나누었다. 안정복은 위의 자료를 하나의 사실을 기록한 기사로 읽지 않고 두 가지 사실로 나누어 실었다. 민족문화추진위원회의 후신인 한국고전번역원에서 제공한 이 번역본의 문장은 다음과 같다.

> ○ 동12월 사신을 당에 보내 조공하였다.
> 김대렴金大廉을 당에 보냈다. 황제가 인덕전麟德殿에서 불러 보고 규정대로 연회를 베풀어 주었다.
> ○ 차 종자茶種子를 지리산地理山에 심었다.
> 동방에는 옛날에 차가 없었다가 선덕왕 때부터 먹기 시작하였다. 이때에 이르러 당에 건너갔던 사신 김대렴이 차의 종자를 가져왔으므로 왕이 지리산에 심게 하였다. 이로부터 차가 성하게 되었다.[4]

인덕전은 당의 대명궁에 속하고 국가의 가례嘉禮와 외국의 사신을 접대한 만찬이 자주 열렸던 곳이다. 이곳의 연회에서 여러 지역의 음악이 연주되었고 위의 기록은 사실성이 크다. 두 가지 사실을 전하는 문장으로

---

4) 『동사강목』 권5, 상, "(綱)冬十二月 遣使入朝于唐(目)遣金大廉入唐 帝召于麟德殿 宴賜有差 (綱)種茶于地理山(目)東方初無茶 善德王時 始有之 至是入唐迴使大廉 持茶種子來 王使植地理山 自此盛焉."

나누었던 안정복의 고심한 모습이 엿보인다. 그리고 이를 번역한 민족문화추진회의 노력도 볼만하다. 그러나 이를 철저히 규명하지 않았다. 안정복은 글자를 바꾸고 문장을 나누었고 후대의 번역에서 선덕왕 시대까지는 수입한 차로 가공된 차를 마셨고 재배는 흥덕왕 시대에 시작되었다는 해석이다.

삼국사기에는 대렴이라고 하였지만 안정복은 김대렴이라고 하였다. 이 무렵 신라 왕실의 핵심은 거의 김씨였고 외국에 사신으로 다녀올 정도로 신임을 받는 인물이면 김씨라고 보아도 틀림없다. 다만 후에 위씨魏氏나 소씨蘇氏 등이 이름에서 첫 글자를 따서 새로 생긴 성씨의 사례가 확인되지만 동성근친혼을 피하는 당나라 왕실의 사회제도를 따르는 외교상의 편법에서 비롯되었다고 하겠다.

『동사강목』에서 별개의 두 가지 사실로 보았던 사료의 해석을 선덕왕 때에도 차가 있었다는 부분을, 마셨다는 해석도 각주를 붙일 만큼 새로운 견해이다. 다만 안정복이 두 가지 사실로 해석하면서 대렴에게 성을 붙였고 문장을 나누고 글자도 적지 않게 바꾸었다. 이 부분은 더욱 심오한 해석이 필요하고 안정복도 자신의 의견에 안설按說을 붙일만한 부분이었다. 대렴은 이보다 앞선 혜공왕 3년에도 대공大恭의 동생으로 등장한다. 안정복은 그곳의 대렴과 구분하거나 같은 인물일 가능성도 있다는 엇갈린 견해를 유보하고 다시 손을 쓰지 못하였다면 나의 지나친 해석일까?

3. 차의 시배와 원표와의 관계

차란 재배와 정착이 어려운 장기간 끈기가 필요한 식물이고 흥덕왕 3년의 기록에 무언가 빠진 아쉬움이 있다. 삼국사기에는 연말의 부분에 애매한 내용이 적지 않다. 김부식은 설화처럼 전하는 부분을 삭제한 철저한 사실 위주의 역사가였다. 그런데 김부식보다 차에 더욱 많은 설화를 남긴 일연은 대렴의 차 재배에 대한 기록의 전체를 싣지 않았다. 차를 생활에 깊이 사용한 고승이 차의 재배에도 더 많이 관심을 가졌을 터이고, 실제로 삼국유사에는 차의 사용에 대한 설화에 가까운 삼국의 차 이야기를 삼국사기보다 더 많이 실었다.

사신이란 공인된 세작細作(諜者)이고 발해와 남북으로 대치한 상황에서 신임을 받는 측근이 아니고는 발탁되기 어려운 직책이지만 대렴의 직함도 없다. 무언가 앞뒤로 일정한 부분이 빠진 기록이고 일연은 삼국유사에서 이를 수록하지 못할 자료로 간주하였다고 하겠다. 삼국사기에는 대렴이 형인 대공과 함께 혜공왕 4년에 등장하는 인물이다. 형제의 관위가 모두 실리고 혜공왕의 치세에 있었던 커다란 반란의 발단을 일으킨 역적이었다. 삼국사기에는 이에 대하여 다음과 같이 간단히 실었다.

혜공왕 4년 7월에 일길찬 대공大恭이 아우 아찬 대렴大廉과 함께 반란을 일으켰다. 무리를 모아 33일간 왕궁을 에워쌌으나 왕의 군사가 이를 쳐서 평정하고 구족의 목을 베었다.5)

삼국유사는 삼국사기와 상통하는 대공의 난을 더욱 자세히 전하였다. 혜공왕 4년(767) 7월 3일부터 30여 일간 형 각간 대공과 동생 아찬

---

5) 『삼국사기』 권9, 신라본기 혜공왕 3년 7월, "一吉湌大恭 與弟阿湌大廉 叛集衆圍王宮 三十三日 王軍討平之 誅九族." 『삼국사기』와 달리 『삼국유사』에는 혜공왕 4년 각간 대공이 난을 일으켰다고 『삼국사기』의 일길찬과 관위가 다르다. 동생 대렴에 대해서는 『삼국유사』에는 차와 관련된 기록도, 형과 반란을 일으킨 사건 기록도 전혀 없다. 이를 보면 일연은 대렴에 대한 『삼국사기』 부분에 대해 보충 항목을 염두에 두었으나 완성하지 못했을 가능성이 있다고 짐작된다.

대렴 형제가 일으킨 내란의 규모와 경제적 기반, 그리고 이를 처리한 내용이 다음과 같이 아주 자세하다.

7월 3일에 대공大恭 각간의 도적이 들고 일어나니 서울 및 5도의 주와 군에서 모두 96각간이 서로 싸운 커다란 내란이었다. 대공 각간의 집이 멸망하였는데, 그 집의 재산과 보물과 비단을 왕궁으로 옮겼다. 신성의 장창은 불탔고 반역한 무리의 사량리와 모량리에 있던 보배와 곡식도 왕궁으로 실어 들였다. 난리는 30일을 채우고서야 겨우 그쳤다. 상을 받은 자들은 아주 많았고 목을 베어 죽임을 당한 자들은 헤아릴 수가 없었다.

대공을 도적이라 표현한 삼국유사의 기록이 주목되고 일길찬을 각간으로 동생인 대렴은 이름조차 없다. 그러나 반란이 시작된 날짜와 33일을 '30일을 채우고'라는 표현이 조금 차이가 있다. 대공은 많은 재물을 감추고서 반란을 일으켰던 듯하고 그를 추종한 반역의 무리나 죽임을 당한 자가 헤아리기 어렵다는 표현도 그의 동생을 포함한 수많은 혈연관계로 이어진 종합적인 부정축재의 꾸러미였다는 해석이 가능하다. 장기간의 구조적인 부정부패의 고리를 자르기 위하여 반란이란 죄명을 적용하였지만 왕위를 노렸다는 구체적인 증거는 없다.

김부식과 일연은 150년의 차이를 두고 살았던 역사가이다. 삼국사기는 달까지만 나타내고 삼국유사는 날짜까지 밝힌 서술의 차이가 있고 이는 본래 이용한 자료가 달랐을 가능성이 크다. 날짜만 나오는 『조선왕조실록』과 시간까지 실린 『승정원일기』의 사료적 가치는 전연 다르다. 12월에 있었던 흥덕왕 3년의 기록은 그해(是歲)에 있었던 일이고 더욱 시간이 철저하지 못한 기록에 속한다.

반란에는 여러 진골이 연결되었고 이들의 감춘 재산은 막대하였다. 재산은 전국을 망라하는 서울과 5도에 연결된 도로망을 통하여 모아들였다. 귀중한 자산과 보배는 대공의 집으로, 무겁고 부피가 큰 군량미와 무기는 남산의 신성 장창에, 보물과 곡식은 사량리와 모량리에 두었음이 확인된다. 남산의 신성 장창은 군량미와 무기를 두는 곳이었다. 진평왕 때 처음 축조되었고 당과 협공하여 고구려를 공격하기 앞서 문무왕 3년(663) 1월에 우창과 좌창으로 확대하여 무기와 곡식을 두었다고 하였다. 삼국유사에는 신성 장창의 규모를 더욱 자세하게 수록하였다.[6]

대공과 대렴의 활동에 대한 다른 기록은 없다. 다만 전국의 교통망을 수도로 연결시켜 이용할 정도로 이들은 지방에도 거점을 확보하였음을 알 수 있다. 대공은 각간으로 중앙에서, 대렴은 아찬으로 사신으로 지나왔던 서남 해안의 요지를 장악하고 차를 심었을 가능성이 크다. 대렴은 혜공왕 초기까지 차씨를 심었고 60여 년 지난 흥덕왕 3년(828)에는 차가 성행하였다는 이야기의 일부가 빠졌다고 해석된다.

흥덕왕 3년에 사신이 가져온 차와 대렴이 60여 년 전에 심었던 차가 생산되어 비교하는 기록이므로 적지 않게 줄여 쓴 사료라는 해석이 가능하다. 삼국사기는 변화를 설명하는 부분이 기원으로 잘못 설명된 부분이 더러 있다. 진흥왕 말년에 여자 원화에서 남자 화랑으로 청소년 수련집단의 구성이 바뀌는 사실도 유사한 기록의 형태이다. 차의 처음 재배를 빼놓고 성행과 혼동되었듯이 화랑제도의 변화를 기원으로 기록된 부분이 있다는 해석이 가능하다.[7]

---

6) 『삼국유사』권2, 紀異篇 文虎王 法敏條, "王初卽位 置南山長倉 長五十步 廣十五步 貯米穀兵器 是爲右倉 天恩寺西北山上 是爲左倉."
7) 이 부분에 대한 해석은 金澤榮의 『校註三國史記』에서 "이보다 앞서(先是)"라는 표현을 추가하였고 이는 적절한 수정이라 생각된다. 필자는 신라의 국학도 마찬가지로 기원은 오래되었다고 해석하였다.

삼국사기는 대렴을 두 번 등장시켰다. 그러나 삼국유사는 형과 일으킨 반란에서 이름을 넣지 않고 자세히 서술하였지만 차의 재배가 성행한 흥덕왕시대의 기록을 제외하였다. 설화적인 차의 사용마저 자세히 기록할 정도였던 저술의 태도와는 전혀 다르다. 일연은 이 부분에 대한 삼국사기의 내용을 그대로 받아들이기 어려웠던 셈이다. 그러나 60년 전에 반란을 일으킨 인물이 사신으로 이름을 다시 사용할 까닭이 없다고 보았던 관점이 잘 반영되었다.

차에 대한 오래된 금석문은 최치원이 짓고 글씨까지 남긴 쌍계사 진감선사비이다. 이 비문에서 최치원은 한명漢茗이란 명칭을 남겼다. 당의 차란 뜻이고 이 비는 쌍계사가 대렴이 차를 심은 곳이란 해석에 무게를 실어 주었다. 그리고 배후에 있는 청학동과 함께 명성을 높였다. 후에 구례의 화엄사에서도 남악신사를 모시고 멀지 않은 죽전에 차를 처음 심었다는 유적을 찾았다고 기념하였다.

장흥 보림사에도 보조선사 체징의 비문이 있으며 가지산문의 도의를 연결시킨 내용이다. 그리고 그곳에도 비문에는 도의보다 앞선 시기에 귀국한 원표가 기반을 닦았다는 사실을 명시하였다. 원표는 천보 연간(742~756)에 당나라에서 인도에 갔으므로 당 현종이 촉으로 몽진했던 무렵에 가깝다. 그가 인도로 갔던 길은 해로뿐이고 당시 상황에서 장안에서 육로를 이용하여 인도로 떠났다고 말하기 어렵다.

그가 인도에서 머물렀던 곳과 활동도 알기 어렵지만 지제산의 기원도 궁금하다. 지제산은 인도와 복건 그리고 우리나라의 장흥에도 있다. 불교가 성하면서 산 이름은 인도에서 기원하고 육조와 당을 거치면서 사용된 명칭을 신라말기부터 한반도에서 사용한 경우가 많다. 보조선사 체징이 귀국한 시기는 회창법난이 일어난 때였다.

당 현종의 몽진(755)과 무종의 회창법난(844) 사이는 1세기에 가까운 기간이고 동아시아의 전체 역사에서도 중요하지만 불교사에서는 더욱 큰 전환기였다. 사막화로 육로가 끊기고 북전불교의 소통이 막힌 시기였다. 촉으로 몽진한 황제는 그곳에서 정중무상을 비롯한 선승을 만났고 차를 궁중의 음료로 고급 사교계에 소비를 확대하고 환도해서도 차의 수요는 계속 늘어나 멀리 운반하는 보급선을 확대시켰다.

원표가 귀국한 시기와 입적한 시기는 확실하지 않다. 혜공왕 4년(767) 대공형제의 난을 전후한 시기에 앞서 대렴이 사신으로 다녀오면서 차를 심었던 지리산 차의 재배 시기와 가깝다. 보림사의 보조선사 체징이 주지한 가지산은 원표의 옛터이고 원표의 법력이 국왕의 덕을 바로 세우는 정치에 도움을 주었다는 비문은[8] 대공의 반란 이후에 차의 재배가 국가의 재정에 도움이 되었다는 의미로 해석된다.

차의 생산이 확산된 지역은 양자강유역이고, 이보다 북쪽인 황하유역은 군사와 정치의 중심지일 뿐이었다. 양자강유역이 차와 경제뿐 아니라 문화와 사상의 새로운 중심지로 바뀌었다. 해로로 전파한 남전불교의 영향이 증대하고, 신라의 해상교역과 양자강을 통한 외교가 빈번하여 그곳은 당의 문화가 황하유역보다 한반도로 유통과 축적이 활발하였다. 회창법난은 교종에서 선종으로 바뀌는 불교의 분수령을 이루었고, 북종선마저 몰락하고 남종선이 번성하는 계기가 되었다.

회창법난을 전후하여 귀국한 신라의 선승들은 모두가 남종선을 표방하였고 선종과 함께 남종선을 강조한 조계종의 명칭도 함께 쓰였다. 차는 남종선에 날개를 달아주고 황하유역은 물론 한반도와 일본으로 전개되었다. 신라의 지방사원은 화엄학에서 선종으로 전환된 사례가 증가하였다. 원표가 귀국하여 개창한 보림사는 화엄사상의 비로자나불이 조성되고

---

8) 武州迦智山寶林寺諡普照禪師靈塔碑銘, 『韓國金石全文』 古代, p.200, "其山則元表大德 之舊居也 表德以法力施于有政."

도피안사와 금강산의 장안사에도 마찬가지로 화엄사상의 비로자나불을 조성한 다음 선종이 뒤를 이은 사찰이었다.

흥덕왕 시대는 국가의 재정이 풍부하고 경주는 풍요로웠다. 바로 뒤이어 청해진에서는 장보고가 대사가 되어 당과 교역로를 완비하고 차의 생산과 유통을 조절하여 국가 재정을 윤택하게 마련하였다. 차가 재배된 지역은 첨단지역으로 떠오른 양자강 하구와 바다를 마

〈그림 36〉 장흥 「보림사 보조선사비」, 대공과 대렴 형제의 난이 끝난 직후 귀국한 원표의 행적이 실려 있다.

주한 지역이었다.

신라의 헌안왕은 2년(859) 6월 체징에게 장사현 부수長沙縣 副守 김언경金彦卿을 보내어 차약茶藥을 내리고 궁궐로 맞아들여 보림사의 주지를 맡겼다. 이 무렵에는 수입차가 아닌 흥덕왕 때보다 더욱 성행한 지리산 기슭의 새해 차를 예물로 사용하였을 가능성이 크다. 보림사의 주지로 가지산의 조사였던 보조선사는 앞서 원표가 이곳에 시도한 차의 재배와 가공을 더욱 향상시켰다. 신라 차의 최초 재배는 당 현종이 촉으로 몽진과 관련이 있고 성행은 회창법난보다 앞선다.

828년에 차가 성행하였다면 그 무렵 여러 곳에 차를 심었을 가능성이 있다. 대렴이 차를 처음 심었던 곳과 차가 성행한 지역은 같을 수도

있지만 다를 수도 있다. 차를 처음 재배한 공간보다 포함하는 범위가 넓으나 당나라로 사신이 왕래한 항구에서 경주로 통하는 육로의 거점과도 상관이 크다. 흥덕왕 시대에 차가 가장 성행한 지역과 처음 재배한 지역과의 관계를 규명하는 연구가 필요하다고 하겠다.

삼국사기의 사소해 보이는 의문에 대해 삼국유사와 동사강목을 비교하면 선인들도 이에 적지 않게 고심하였음이 확인된다. 단순한 사서의 기록일수록 대세와 합쳐 깊이 있는 분석이 필요한 부분을 남겨두었다. 지리산 남쪽의 당과 통하는 신라의 항구로 가져온 소중한 차의 씨앗이 싹을 틔우고 여러 곳으로 퍼져서 차의 수입으로 소요되는 비용을 줄였다. 소량의 음료에도 끈질긴 노력과 인내를 통하여 국가와 사회를 건강하게 유지하는 열쇠가 담겨있었다.

나는 2014년 5월 31일 오후 장흥 보림사를 세 번째 방문하였다. 이 글을 보림사에 있는 국보 비로자나불 앞의 승속이 모인 자리에서 발표하였다. 그리고 성보박물관에 전시된 유물뿐 아니라 수장고의 유물을 박물관장의 호의로 볼 수가 있었다. 비로자나불상 명문의 판독이 앞으로 면밀하게 검토될 주제였다. 주물로 양각된 명문은 많지 않으나 적지 않은 글자의 여백이 있었다.

여백은 본래 글자가 있었으나 부주의로 또는 의도적으로 파손된 느낌이 들었다. 명문은 순수한 한문체가 아니고 이두로 쓴 우리의 어순에 가까웠고 형태소인 토씨에 가까운 글자가 파손된 경우가 많았다. 도피안사와 장안사의 비로자나불상명은 이보다 20년 정도 늦고 문장이 점차 한문으로 갖추어지는 모습이다. 고려의 탑에서 발견된 탑지는 이두로 쓰인 경우가 많으며 신라의 지방에서 만든 초기의 철불 조상에도 이두를 사용하였을 가능성이 크다.

II. 차 가공의 중심과 보림사의 역할

보림사는 화엄사상을 연구한 원표율사가 주석하였던 사찰이고 가지산문의 중심도량으로 변화하였다. 우리나라 산은 불교식 이름이 많고 가지산은 사굴산과 함께 인도와 양자강유역에도 있을 정도로 불교의 국제성과 세계종교의 면모를 나타낸다. 가지산은 불교의 기원과 전통의 연관성을 보이는 유적이다.

보림사는 육조스님이 교화한 조계산에 있던 사찰이고, 가지산은 영남의 알프스라 불리는 울주, 밀양, 양산에 걸쳐 있는 산과도 이름이 같다. 가지산과 함께 보림사는 가지산문을 개창한 산문으로 알려져 있다. 가지산문은 원응국사 학일의 호거산 운문사와 보각국사 일연이 하산한 인각사가 지방 사원으로 뚜렷한 유적을 남겼다. 이 글에서는 장흥과 보림사가 한때 차생산의 중심지였음을 밝히는 주제에만 집중하고자 한다.

차를 경제 논리로 말하면 생산과 유통과 소비로 나누어 설명이 가능하다. 이 세 가지가 긴밀한 관계로 연결되어 있다. 생산에 기초가 되는 차나무의 재배와 음료로 사용할 어린잎을 알맞은 시기에 채취하고 맛을 유지하고 보존과 이동이 편하도록 가공하는 과정은 생산에 직접 포함된다. 차의 생산에 대해서 기록이 부족한 신라와 고려의 자료에서 깊이 있는 이해가 어렵지만 가능한 추적하고 시대 상황을 감안하면서 불교와 차의 관계를 생산지의 공간과 보림사를 연결시켜 살피고자 한다.

차에 대한 기록은 백제가 있을 무렵부터 신라에서도 등장하지만 실제로 생산된 차인가 수입한 차인가 전통음료인가 세 가지를 선명하게 구분하기가 어렵다. 차가 생산지를 떠나 가공되어 먼 곳으로 이동한 기록은 후대의 설화에는 더욱 거슬러 올라가지만 그야말로 소설이고 그대로 믿기 어렵다. 차가 음료로서 생산지에서 소비지로 멀리 유통된

시기는 아주 늦은 당 현종이
촉으로 몽진한 이후라는 견
해가 타당하다고 하겠다.

차와 불교는 밀접한 관련
을 가지고 상승작용을 하였
다. 신라에서 차를 당에서 옮
겨 심은 시기는 혜공왕 초기
라고 보면 『차경』을 지은 시
기와 상통하고 성행한 시기

〈그림 37〉 전각 정석차신丁石茶信. 12cm×12.3cm×
21.5cm, 소산 오규일小山 吳圭一 작품(인천 송암박물관 소
장). 차신계와 관련된 귀중한 전각이다. 정약용은 보림사와
그 주변의 차의 제조법을 재현하여 차의 부흥에 기여하였
다. 이 글의 끝부분 참조.

를 828년으로 보면 교연과 육우가 생존했던 시기보다 늦은 노동이 생존한
시기에 해당한다. 차의 전매제도인 각법으로 값이 오르자 신라는 수입차로
지불되는 재정의 압박을 줄이기 위하여 차의 재배를 국가에서 지원하였을
가능성이 크다.

처음 재배한 지역은 지리산 남쪽임에 틀림없지만 각지에서 주장이
각각이고 이보다 앞서 재배가 시작되었다는 주장도 많다.[9] 이 글에서는
차의 기원이나 시배지에 대한 뿌리 깊은 논쟁에 참여하려는 의도가
아니라, 시대별 여건을 염두에 두고 차의 생산에서 중심지의 변화를
살피고자 한다. 중심지 가운데 적어도 고려말기와 조선초기에는 장흥의
보림사가 차 생산의 중심지였고 이를 전후한 시기에 차의 중심지가
변화하였음을 밝히고자 한다.

한국의 차는 지리산 남쪽자락이 재배와 가공을 선도하였고 특히 그곳
선종사원의 역할이 크다는 공통점이 있었다. 고려시대의 고급차를 가공
한 중심지가 시대에 따라 변화하였다는 사실과 그 중심에 사원이 중요한

9) 金雲學, 『韓國의 茶文化』, 玄岩社, 1981.

구실을 하였음을 밝히고자 한다.

1. 고급차의 생산과 차소

전란이나 착취와 핍박을 받으면 주민들이 논밭을 버리고 고향도 떠난다. 차는 야생차로 남아서 무성한 대숲에서도 뿌리를 깊이 내리고 눈을 내밀고 연약하나마 끈질기게 살아남는다. 차의 생산은 무신집권 기간에 특산물인 별공別貢으로 바뀌고 조선시대에도 공납으로 더욱 위축되어 갔으며 간혹 사원을 중심으로 가냘프게 유지되었다. 『세종실록지리지』는 고려말기와 조선초기 차의 생산지를 가장 자세하게 전하는 믿을만한 기록이다. 여기에 장흥에만 뚜렷하게 가장 많은 차소茶所가 집중적으로 수록되었다.

장흥에 있던 차소는 『신증동국여지승람』에도 그대로 실려 있다. 13곳 가운데 한 곳을 제외하고 나머지는 장흥의 치소에서 방향과 거리마저 알려져 있다. 그곳에 향토사가가 있고 관심을 가진다면 위치를 찾아내기는 시간문제이다. 무장현에 있던 차소는 두 곳뿐이고, 이곳의 방향과 거리가 적힌 자료를 아직 찾지 못하였다. 장흥도호부에 있던 위치를 알기 어려운 장흥의 차소 한 곳과 무장의 두 곳의 이름을 합쳐 정리하면 〈표 8〉과 같다.[10)]

먼저 차소와 차의 생산과의 관계에 대한 아직까지 연구로는 미흡하다. 『세종실록지리지』에 실린 위의 15곳 차소는 매우 중요한 의미를 지닌다. 이 지리지는 세종 8년에 양성지梁誠之 등이 분담하여 완성한 『팔도지리지』

---

10) 『世宗實錄地理志』 全羅道 長興都護府 茶所十三, 饒良·守太·七百·乳井山·加乙坪·雲高·丁火·昌居·香餘·熊岾·加佐·居開·安則谷 ; 위와 같은 책, 全羅道 羅州牧 茂長縣 茶所二, 龍山·梓亦.

에 바탕을 두었지만 『고려사』
지리지보다 분량도 많고 편찬
시기도 오히려 앞서므로 훨
씬 사료가치가 높다. 월등하
게 많은 지식을 『고려사』지
리지보다 다양하게 이 책에
서 제공한다.

차소는 보림사가 위치한
치소로부터 북쪽 20리에 있
는 가지산 보림사의 주변에
밀집되어 있다. 다음으로 장
흥도호부의 치소가 있는 동
쪽에 집중되었으므로 그곳에

〈표 8〉『세종실록지리지』에 실린 차소와 치소에서 방향과 거리

지역명	차소이름	방향 거리
장흥도호부	饒良	남 35리
	守太	동 10리
	七百乳	동 20리
	井山	동 10리
	加乙坪	동 31리
	雲高(膏)	북 20리
	丁火	동 5리
	昌居	북 20리
	香餘	북 20리
	熊岾	동 15리
	加佐	북 30리
	居開	북 20리
	安則谷	(찾지 못함)
茂長縣	龍山	(찾지 못함)
	梓亦	(찾지 못함)

살고 있는 향토사가 있다면 차소의 위치를 비정하기는 크게 어렵지
않다. 차소는 차와 관련된 특수한 공간이므로 차를 연구하는 분들이
관심을 두었겠지만, 현지의 향토사가가 없어서 이에 대한 설명이 적다.
차소가 차의 생산과 관계가 있다는 견해이고 일반적인 다른 특수한
행정구역에 속한 소의 기능과 연결시켰다.[11]

장흥에만 집중되어 실린 이유와 차의 생산과정에서 재배지와 집산,
그리고 가공의 세 가지 가운데 어느 과정에 차소가 관여한 방법이나
역할에 대해서는 알려지지 않았다. 차소에 대하여 먼저 관심을 두어야
할 사실은 『세종실록지리지』의 차소가 당시에 가동한 행정조직인가라는
의문이다. 이 책은 무엇보다 세종대의 사회조사를 토대로 성씨와 인구와

---

11) 李貞信, 「고려시대 茶생산과 茶所」 『한국중세사연구』 6, 한국중세사학회, 1999 ;
　　『고려시대의 특수행정구역 所 연구』, 혜안, 2013.

〈그림 38〉 조선후기 조희룡이 그렸다는 보림사의 매화보살, 보림사를 후원한 용과 매화보살의 설화는 해로로 전한 남전불교와 차의 보급을 전하는 중대한 역사 사실을 포함할 가능성이 크다.

군정과 전결의 수효가 실린 참으로 귀중한 자료이지만 엄격한 의미에서 나머지는 정확한 기원과 기능의 실존 여부가 애매한 부분이 적지 않다. 소와 부곡 등이 고려의 무신집권 이후 민란과 몽골의 침입기간에 소멸된 경우가 많으므로 차소도 기능을 유지하였다고 단정하기는 어렵다.

15곳의 차소가 당시에 기능을 가지고 있었다는 해석도 가능한 자료가 있다. 『세종실록지리지』에는 이름만 남아있는 시설이나 행정체계를 고적에 실은 경우가 있고 실제로 하나의 차소가 고적에 실려 있다. 『세종실록지리지』에는 실리지 않았지만 『경상도지리지』에는 고성군의 망소亡所 6곳을 들면서 은소銀所 1곳, 동소銅所 4곳과 함께 달점차소達岾茶所를 들었다.12) 조선에서 작설차가 공물로 생산된 곳으로 달점차소는 망소였던 유적이지만 차와 관련된 지점이었다고 하겠다.

차소가 유적으로 남았던 또 다른 지역은 전라도 동복同福에 와촌차소瓦村茶所가 있었는데, 지금은 와지공차리라고 불린다고 적었다.13) 이곳

---

12) 『慶尙道地理志』 固城郡 亡所六 (中略) 達岾茶所.
13) 『世宗實錄地理志』 全羅道 長興都護府 古茶所一, 瓦村, 今稱瓦旨貢茶里.

역시 전에는 차소였으나 세종시대에는 지명에 연결되는 이름만 남았다는 해석이 가능하다. 차소의 이름은 이후에 지명에 제대로 남아있는 곳이 적다. 이 때문에 본래 차소란 향이나 부곡처럼 넓은 공간을 차지하지 않고 특수한 기능을 가진 가공시설이 있었다는 해석이 오히려 사실에 가깝다고 추정된다.

차소는 송나라의 공배貢焙처럼 차를 건조시키는 시설이 있던 곳으로 짐작된다. 공배란 국가에서 궁중용, 또는 관인에게 선물용으로 사용되는 상품上品의 차를 가공하는 시설이었다. 공배의 구조에 대해서는 제조상의 비밀이므로 이에 대한 자세한 기록은 적다. 다만 불을 때서 열을 높이는 건물과 차를 모아서 통풍시켜 말리는 대나무 광주리와 선반이 많았고, 여기에 사용하는 건물과 굴뚝과 지붕이 차의 맛에 좋은 영향을 주도록 설계되었음이 확실하다.

차소는 차의 생산지임에는 틀림이 없지만 생산의 단계도 복잡하다. 차를 재배하는 재식栽植보다 알맞은 시기에 차를 따서 모으고 가공하는 장소의 비중이 컸다는 해석이 가능하다. 차를 가공하기 좋은 산비탈을 끼고 교통이 편리하고 통풍이 잘되는 곳일 가능성이 크다. 그곳에 온돌처럼 아궁이와 부뚜막과 굴뚝이 잘 설치되어 연기가 차에 배어들지 않아야 한다. 여기에 연료와 잎을 딴 차의 집결이 용이하고 대나무 선반과 광주리를 보관하는 창고가 발달되고 교통의 요지라는 입지조건과 가공 기술이 높은 달인이 종사하였다고 하겠다.

차의 생산지에는 가공시설이 반드시 있었겠지만 차소라 특기된 곳은 고급차의 생산과 가공이란 점에서 장흥과 무장은 주목되었을 가능성이 크다. 다른 곳에도 차가 생산되는 곳에도 차를 가공하는 간단한 시설이 있게 마련이다. 일상 사용하는 가마솥을 이용한 소규모이고 이보다 큰 선반과 다른 시설이 있는 소도 있겠지만 생산품이 고급이지 못한 곳에는

〈그림 39〉 복건성의 건안建安에서 차를 말리는 시설인 공배 貢焙, 차소의 시설로서 참고할 모습이다. 차는 토질과 품종, 습도와 채취하는 시기와 말리는 온도와 시간과 통풍 등이 종합된 고도의 기술이 필요한 음료이다.

다른 가공이나 가내수공의 생산품을 생산하는 다른 특수 생산시설의 소와 혼합된 곳도 있었다고 짐작된다.

차소는 특히 자기소瓷器所와 다른 약재를 겸하여 계절에 따라 생산품을 달리하는 소도 있었다. 차가 공물로 생산되는 곳의 소는 차를 일시적으로 가공하여 생산하지만 차소에서 차의 품질을 평가하는 품차를 거쳐서 선별되는 일도 있었다는 확증이 필요하다. 전라도 장흥과 무장은 세종시대에도 우수한 차를 가공하였고, 전에는 동복과 곤남에서도 차의 가공으로 이름을 날렸던 흔적이 남았다고 해석된다.

2. 차의 생산과 보림사의 위치

신라의 수도는 경주이고 차의 생산과 가공은 내륙보다 해안의 항구에서 가까운 곳에 위치하였다. 주로 해로를 이용하여 경주로 운반되었다고 짐작되므로 지금의 고성에 속하는 지역의 곤남昆南에 있던 달점차소達岾茶所의 기원은 신라말기일 가능성도 있다. 고려전기에 왕실과 국가에서 공신의 장례에 부의賻儀와 수출용으로 쓰였던 뇌원차腦原茶는 생산지의 이름과 관련이 있다고 추정된다.

뇌원차는 지금 고흥의 두원면에 있던 그곳에 차의 가공시설과 관련 있다고 해석된다.[14] 두원에서 차의 생산은 몽골의 침입이 있던 무렵인 송광사의 문서에도 등장한다. 고려말기 왜구의 침입으로 고흥은 장흥으로 치소를 옮기고 그곳이 중심지가 되면서 두원에서 가장 좋은 차를 가공하여 공물로 생산하던 기술자가 장흥으로 옮겼다고 하겠다. 장흥은 보성보다 북쪽에 붙은 지역이고 무장은 더욱 북쪽이다. 결국 왜구의 침략으로 차의 가공시설이 개경을 향한 육로로 이동하였고 왜구가 출몰한 시기에는 육로로 운반하였다고 해석된다.

한국 차의 중심지는 차소와 깊은 관련이 있다. 신라에서는 수도인 경주로 운반하기 편리한 고성의 달점이 중심지였고, 고려초기는 지금 고흥반도 두원현荳原縣이 중심지였으나 고려말에는 왜구의 침입으로 한때 동복에서 장흥으로 중심이 바뀌었다고 짐작된다. 20세기 전반에는 일본에서 해로를 이용한 수탈이 용이한 보성 회천면으로 중심지가 옮겼고, 큰 변화를 거치지 못하고 지금까지 차의 중심지로 계속된다는 해석이 가능하다.

차의 유적이란 문헌을 중심으로 기초조사를 마치더라도 현지의 향토사가의 노력이 없이는 시도로 끝날 염려가 있다. 역사란 문헌을 통한 과거와의 대화란 정의는 옛날이야기이다. 이제는 기록과의 대화가 아니라 유적을 찾아 검증하고 유적과 문헌이 합쳐야 생명을 가지므로 향토사가의 적극적인 참여와 유적의 발견이 요청된다.

차소는 차의 생산과 밀접한 관련이 있다. 차소에 대한 연구는 적으나마 진전되었다. 다만 차의 생산이란 용어도 알고 보면 다양하다. 차나무를 집중적으로 심었던 재배지를 말하는가. 채집한 차의 집산지를 말하는가. 아니면 가장 가치가 높은 차를 가공한 장소를 말하는가에 대한 뚜렷한 구분이 없다.

고려의 차나무는 차가 여러 곳에서 재배되고 가공되었으므로 차소가

---

14) 이와 다른 용뇌를 첨가한 혼합차란 견해가 있으나 근거를 제시하지 않았다.

집중되었던 장흥에서만 재배되거나 채집된 차가 모였다고 해석하기는 어렵다. 고려의 뇌원차는 고형의 떡차이고 송에서 무역용으로 발전한 용단보다 선행하면서도 상통하였다. 실제로 고려의 뇌원차도 거란과 금, 그리고 북방의 몽골제국으로 수출된 기록이 있다.

뇌원차를 고급차로 가공한 지역은 오늘날 고흥의 두원면으로 추정되지만 고려말기에 그곳은 왜구의 침입으로 장흥에 합치고 『세종실록지리지』에서 차의 산지에서조차 빠졌다. 차란 전란이 적고 안정된 관리가 뒷받침하여야 조건이 충족된다. 천태종 백련사와 조계종 수선사의 두 곳이 차생산을 지도하고 장악한 중심지였지만 백련사가 후에 왜구의 노략질을 심하게 받았으므로 생산지의 중심은 송광사와 보림사 중심으로 바뀌었다고 생각된다.

고려말기 가지산문의 중심지였던 보림사는 사원으로는 수선사가 중심으로 바뀐 사굴산문보다 대체로 침체하였다. 그러나 장흥의 토박이들이 지켜온 보림사는 부근의 차소를 가장 많이 보유하고 조선초기까지 유지하였다고 풀이된다. 차소란 송의 공배貢焙와 같이 차를 가공하는 시설이었다는 해석이 가능하다. 이는 국가의 공식 의례에 쓰이는 고급차를 가공하는 곳이라는 해석 이외에 다른 해답이 어렵기 때문이다. 공배란 통풍과 온도 조절이 잘되는 시설이다.

우리나라의 공배에 대한 자세한 기록은 찾기 어렵다. 다만 차의 가공은 체온보다 훨씬 높게 온도를 높이면서도 햇볕을 피하고 공기가 맑고 잘 통하는 서늘한 그늘이 필요하였다. 이런 시설은 큰 바람을 차단하지만 미풍이 잘 통하고 물과 산비탈과 숲이 조화된 서늘한 계곡이었다. 그리고 분주하게 가공하여 대광주리에 차를 담아 시렁으로 나르는 달인이 필요하였다. 알맞은 시기에 차 잎을 따서 환기와 온도, 그리고 습도를 조절하면서 시들이고 덖고 말리면서 발효시키고 누르는 작업은 가공에 필요한 고도의 기술을 축적하여 전승한 기술자와 자연조건을 이용한 산물이었다.

성리학을 건국이념으로 삼고 불교를 탄압한 조선시대에 차의 생산은 위축되었다. 특히 지방 단위로 특산물을 할당하고 방납防納이라는 제도에서 비롯된 폐단이 생기면서 생산이 크게 줄었다.[15] 신라와 고려의 위탁생산과 다른 형태에서 차의 생산은 재배와 가공에서 점차 몰락하였다. 조선후기의 대동법이 시행되고서야 차의 재배가 다시 조금씩 소생하기 시작하였다. 차의 생산은 사원을 중심으로 겨우 명맥을 유지하였다.

보림사는 적어도 고려말기부터 조선시대까지 최고의 수준을 유지한 차의 가공을 담당하였던 차소를 가까이 보유하였다. 차소가 장흥을 중심으로 부근에 모여 있을 정도로 이 지역에서 차를 제대로 알고 재배하고 채취하였던 노동과 기술과 시설이 집약되었던 조건이었다는 사실이 유적의 확인으로 증명되어야 한다. 조선초기 차 생산을 가장 자세히 전하는『세종실록지리지』에는 차와 사원을 직접 연결시킨 기록은 극히 적다.

영광의 불갑사나 장성의 월평사, 낙안의 대원사에서 차와 관련된 기록이 있을 정도이다. 차를 공납으로 요구하면서 사원도 이를 숨겼기 때문이라 하겠다. 당과 송의 전매제도나 신라나 고려의 위탁생산이 아닌 생산지역의 지방관청마다 일정액을 지역별로 산정하여 부과하면[16] 지방관이 과다하게 거두어서 자신의 진급을 위한 뇌물로 사용하는 경우가 많았다.

---

15) 田川孝三,『李朝貢納制の研究』, 東洋文庫, 1964.
16) 金宗直,『佔畢齋集』권10, 茶園 二首. 幷叙. "上供茶.不産本郡.每歲.賦之於民.民持價買諸全羅道.率米一斗得茶一合.余初到郡.知其弊.不責諸民.而官自求丐以納焉.嘗聞三國史.見新羅時得茶種於唐.命蒔智異山云云.噫.郡在此山之下.豈無羅時遺種也.每遇父老訪之.果得數叢於嚴川寺北竹林中.余喜甚.令建園其地.傍近皆民田.買之償以官田.纔數年而頗蕃.敷遍于園內.若待四五年.可充上供之額.遂賦二詩.欲奉靈苗壽聖君.新羅遺種久無聞.如今擷得頭流下.且喜吾民寬一分.竹外荒園數畝坡.紫英烏觜幾時誇.但令民療心頭肉.不要籠加粟粒芽."

쉽게 말하면 지방관의 가렴주구의 대상이었다. 조선후기에 대동법을 시행하고 나서야 차의 생산은 숨통이 트였으나 이를 국력으로 제대로 활용하지 못하였다.

이유원은 그의 저술에서 강진康津의 보림사普林寺에서 생산된 죽전차를 언급하였다. 그는 죽전차가 곡우 전에 채취한 우전차인 경우에는 보이차 보다 못지않다고 공언하였다.[17] 그는 장흥의 보림사를 강진으로 잘못 알았고 정약용이 강진에서 차의 가공을 지도하였다는 사실과 보이차普洱 茶와 강진 보림사란 착오가 생겼음에 틀림이 없다. 이유원은 정약용이 차를 애용하였을 뿐 아니라 재배와 가공에 대하여 깊이 실험하고 지도하 였음을 기록으로 남겼다.

3. 차소에 대하여 연구할 과제

차를 가공한 차소는 신라에서 기원했을 가능성이 크다. 『세종실록지리 지』에 실린 옛 차소는 오늘날 고성에 속한 달점達岾에 있었다. 달점의 차소가 언제 기원하였다는 정확한 기록은 없다. 다만 그곳은 차가 가장 많이 생산되는 지리산 서남에서 해로로 신라의 경주로 향하는 위치에 있다.

달점에서 차를 선별하여 고급차를 가공하였고 그곳에서 신라말기에 차소가 기원하였을 가능성이 있다. 고려에서 옛 차소로 동복의 와촌차소 를 들었지만 이는 왜구가 심각했던 고려말기 차소였을 가능성이 크다. 그보다 앞서 고려전기에는 두원에서 뇌원차를 집중적으로 생산하였으므 로 그곳을 중요시하고 유적을 찾을 필요가 있다.

---

17) 李裕元, 『嘉梧藁略』 14冊, 玉磬觚賸記, "康津普林寺竹田茶. 丁洌水若鏞得之. 敎寺僧 以九 蒸九曝之法. 其品不下普洱茶. 而穀雨前所採尤貴. 謂之以雨前茶可也."

아울러 구중구포는 보림사를 중심으로 장흥의 차소로부터 전승한 가공기술이 정약용을 통하여 다시 살아나고 확산되었다는 이유원의 해석을 철저히 규명할 필요가 있다. 이상적, 이유원, 홍현주 등으로 연결되는 경기 동북부 차인들의 노력은 초의의 『동차송』으로 결실을 보았다고 설명된다. 당의 후기에 속인 육우를 도왔던 고승 교연이 있었다면 조선후기에는 고승을 도운 정약용과 홍현주를 비롯한 속인이 있었다. 장흥의 보림사를 중심으로 조선초기의 차소에서 개발된 가공기술이 재현되면서 차의 부흥에 근접하였다는 해석이 가능하다고 하겠다.

　보림사는 불교사에서도 중요하지만 원표라는 화엄대덕의 역할에 대한 신라불교사의 연구는 더욱 중요하다. 그는 육로의 비단길이 막히자 해로로 남전불교와 만났을 가능성이 있다. 지금의 인도네시아나 캄보디아는 힌두교와 결합된 불교유적이 많다. 밀교의 만다라란 화엄사상과 힌두교가 연결된 불교시설의 배치를 말하며 사원의 위치가 우주의 중심이라는 긍지를 주었다. 지제산은 오늘날의 스리랑카에도 있었고 보림사는 혜능이 교화한 사원의 이름이다. 원표는 힌두교와 남전불교가 결합된 자연과 불교시설을 화엄사상으로 해석해 표현하였다. 원표는 인도에 도착하지 못하고 스리랑카나 동남아시아의 불교유적을 돌아보았다고 짐작된다.

　원표는 차의 정착에도 기여하였을 가능성이 크다. 그의 역할은 가지산 보림사의 개산조開山祖 보조선사 체징이 차를 기반으로 사원경제를 향상시키는 선구적인 기반을 마련하였다고 추정된다. 보림사는 적어도 조선의 전성시대인 세종시대에 고급차를 생산한 지역의 중심지로서 수록되었다. 이곳을 중심으로 북쪽과 동쪽에 밀집된 차소는 지역과 가공의 기술에 대하여 알려진 사실이 의외로 적다. 보림사와 향토사가의 노력으로 고급차를 생산한 공간이 확인되고 유적을 조사하여 차의 가공을 밝히는 성과가 뒷받침되기를 기대한다.

Ⅲ. 보림사의 차밭 답사기

나는 보림사를 두 번째 다녀왔다. 첫 번째 다녀온 동기는 사천왕상에서 보물급 유물이 나와서였다. 그러나 중요한 유물은 보물지정을 앞두고 다른 곳으로 옮겨 보존처리 과정이었으므로 볼 수가 없었다. 다음 번은 원표대사의 학술대회가 있어서 다녀왔다. 원표는 회창폐불 직전에 양자강 동남의 지제산에서 활동한 고승이었고 귀국한 이후에 오히려 그에 관한 기록이 소략하다. 국내에는 보림사 보조선사비에 개창조사로 실려 있어서 가지산문의 기반을 이룬 화엄학의 고승임이 뚜렷하다.

원표가 활동한 시기의 당과 신라의 자료는 그뿐 아니라 다른 고승의 경우에도 이상하리만치 매우 부족하다. 그의 이름을 선승의 비문에 실릴 정도이면 그가 활동한 당시에는 의상에 못지않은 위대한 사상가였음에 틀림이 없다. 역사연구란 있는 기록보다 응당 있어야할 아쉬운 부분을 보충하고 바로잡는 작업도 필요하다. 이를 통하여 소략한 부분도 중요한 의미가 새롭게 살아나는 경우가 많다.

보림사는 본말사제에서 본사는 아니지만 선종산문으로 개산한 보조선사 체징에 앞서 조성된 철불이 현존할 정도로 유서 깊은 사찰이다. 차를 처음 재식한 시기에 이곳에 사찰을 일으킨 원표가 활동하였다면 선종산문으로의 성장과 남전불교와 차가 어울린 전통이 감지된다. 문헌이 부족한 이곳을 답사하고 오늘날의 차를 밀식하여 재식하는 방법과 다른 전통적인 재배의 상태를 살피고자 한다.

1. 보림사의 역사성과 답사동기

원표가 귀국한 시기는 동아시아의 커다란 전환기였다. 이보다 앞서

〈그림 40〉 보림사의 새벽안개. 지형이 온도와 습도를 조절하여 차의 성장을 돕는 천혜의 조건을 보였다.

이미 당에서는 서북의 사막이 확장되고 사나워진 변방의 이민족을 방어하기 위한 절도사의 권한이 커지고 결국 안사의 난으로 현종이 촉으로 몽진하는 커다란 위험이 다가왔다. 지난 시기의 전란은 보는 각도에 따라 혼란이 시작되는 시기에도 발전하는 일면도 존재한다. 촉으로 몽진한 시기에 차와 선종은 비약적인 발전을 하였다.

정중무상을 위시하여 촉의 선승들은 당의 황제가 몽진한 기간에 황실을 중심으로 선종을 깊게 각인시켰다. 몽진을 끝내고 장안으로 환도한 시기에도 궁중과 관인들은 사교계에 선과 차를 확고하게 확산시킨 매개자였다. 이후 양자강 상류에서 강서를 거쳐 하류에 이르는 지역이 경제는 물론 차와 선종의 중심무대로 전개되었다. 군사와 정치의 중심은 중원의 황하유역으로 복귀하였으나 경제와 사상, 차는 선종을 매개로 확고하게 양자강유역에서 떠나지 않고 번영하였고 이후에도 줄곧 이곳이 중심지에서 벗어나지 않았다.

촉으로 몽진한 755년부터 회창폐불이 절정에 이르렀던 844년까지는 1세기 가까운 커다란 변화의 시기였다. 체징이 귀국한 시기는 장보고가 몰락한 후이고 원표의 귀국은 대렴이 참가한 대공의 난(767)이 일어난 시기와 거의 같았다. 대공의 난은 신라 정치세력의 분열을 알리는 커다란 신호였다. 당에서 먼저 번진 전반적인 변화는 시차를 두고 신라에서도 꼬리를 물고 전개되고 있었다.

회창폐불로 인해 교학 중심의 기득권이 컸던 중원의 불교계는 부흥하기 어려울 정도로 피해를 입었다. 다만 양자강유역의 선종은 성장할 씨앗이 남아서 불교계가 선종중심으로 번성하는 중대한 분기점을 이루었다. 최치원은 회창폐불 12년 지나서 출생하여 중원의 교학이 몰락한 다음 당나라에 유학하였고 그곳에서 활동한 시기의 글에는 불교에 관한 내용이 적은 까닭도 그때가지 훼불의 여파가 있었음을 반영한다.

최치원이 급제한 다음 고변高騈의 종사관으로 활동한 지역은 양자강 하류였다. 그곳은 그보다 한 세대 앞서 장보고도 같은 지역과 주된 교역을 하였고 더 멀리 지금 산동성의 신라방과 그의 종교적 거점인 법화원에도 영향이 미치고 있었다. 최치원이 지은 『계원필경』은 당에서 활동한 공간을 반영하지만 의외로 사원에 대한 이야기를 찾기 어렵다. 최치원이 있었던 당의 공간에서 불교가 크게 작용하지 못하였다는 당시 상황을 말한다.

보림사의 보조선사창성탑비는 최치원이 짓지 않았다. 그러나 그가 귀국하여 지은 비문과 시대가 겹치는 작품으로 시대정신을 관련시켜 음미할 가치가 있다. 최치원이 귀국하였을 무렵에는 선종이 지방에서 번영하기 시작하였고 중앙에서도 이미 인정할 정도로 국사를 배출하면서 불길처럼 일어나고 있었다. 최치원은 수도와 5소경을 중심으로 기존의 불교계도 살아있는 모습을 보고 선종에 대한 지식을 쌓고, 문한에 대비하였음에 틀림이 없다.

최치원은 원표에 대하여 서술할 기회를 가지지 못하였고 직접 그에 대한 문헌을 남긴 부분은 없다. 그러나 그는 해인사와 화엄사를 비롯한 화엄학의 중심지와 불국사를 위시한 유가학이나 선종에 대한 저술에서 당시 신라의 불교에 대하여 포괄적으로 언급하였다. 그는 다양하게 경쟁하는 당시의 지방과 중앙의 사원에 대하여 현존하는 자료만으로도 적지 않은 소식을 전하였다. 그의 저술과 문집이 극히 일부만 현존하고 다른 문인의 글이 최치원의 남아있는 글의 분량에 미치지 못하는 현실에서 침묵된 불교계의 상황을 섣불리 단정하기는 어렵다. 원표가 활동한 당과 귀국한 다음 활동한 지역의 답사와 후대의 기록을 면밀하게 검증하는 방법을 떠나서 말하기 어렵다.

2. 보림사의 자연환경과 차의 우수성

2014년 6월 1일 도착하여 다음날 진행된 차의 시연과 원표국제학술회의는 원표와 보림사 차의 연구를 향상시키는 출발과도 같은 계기가 되었다. 필자는 10여 년 전 보림사를 늦은 가을에 찾아 많은 기대를 가지고 깊은 인상을 받았다. 두 번째 길이었지만 이번에는 보림사의 북쪽과 동쪽에 밀집된 조선초기 차소茶所에 대하여 관심을 가지고 답사하려 하였지만, 고려후기 차를 중흥시킨 진각국사 혜심의 비를 월남사지에서 판독하는 계획이 포함되어 있었다. 알려진 결과보다 10여 글자를 다시 판독하여 보충하느라고 시간이 빠듯하였다.

차는 산과 물과 기후의 정기이다. 자연을 이해하는 노력은 차 생산의 자연조건과 상관성이 크다. 장흥읍의 남쪽에 천관산이 있고, 북쪽에는 가지산의 품안에 보림사가 있다. 본래 장흥의 치소는 천관산 남쪽에

〈그림 41〉 보림사의 뒤편 가지산 경사면을 따라 주목과 대나무, 그리고 자생의 약초와 섞여서 그늘 속에 무성하게 자라는 우량과 일반이라 구분된 재배종과 자생종이 조화를 이루는 모습이 좋은 차 생산의 비결이었다.

있었으나 고려 말기 천관산 북쪽 가지산의 사이로 옮겼고 천관산에서 가지산으로 진산鎭山이 바뀌었다. 『세종실록지리지』의 차소는 거의 가지 산 북쪽과 동쪽에 있었으나 이에 대한 현재 지명을 연결시키면서 확인하 려는 향토사가의 노력이 없었다. 이번 발표에서 현재 차소의 지명이 살아남아 있는가 알아보고 싶었다. 없어졌다면 차의 가공시설을 가리키 는 용어가 아닐까 앞으로 연구를 부탁하러 갔었다.

보림사와 차에 대한 나의 기대는 도착한 다음 일행과 저녁 공양을 끝내고 주지스님이 초청한 차회에서 실현되기 시작하였다. 차의 가장 좋은 상태는 향이나 맛이 자극적이지 않고 깊이가 있으면서도 부드럽고 목을 넘으면서 매끈한 느낌이 있다. 보이차普洱茶가 유행하기 앞선 시기인 30년 전 해인사의 강주스님이 원반모양의 두 덩어리를 선물로 주셔서 이제 반 덩어리 정도만 남았으나 이를 음미할 때마다 느끼는 맛의 공통점이 있었다. 우리나라의 차는 보이차와는 달리 겨울을 이기고 새싹에 온축된, 표현하기 어려운 깊고 산뜻한 기분이 보이차를 능가하였다.

한국의 우수한 국산차는 대부분 중국 명차보다 향기나 맛이 순한 특징이 있다. 다만 근대에 집단으로 재식한 차의 상품화된 생산량은 전체에서 많지만 향기가 적고 목구멍을 넘어갈 때도 약간의 매끄럽지 못한 느낌이 있다. 대부분의 사원에서 제조한 소량의 차일수록 향기는 높고 자극성이 낮아지는 특성이 있었다. 필자는 이 문제와 보림사의 북쪽과 동쪽의 인근에 차소가 밀집되었던 까닭을 전통과 연결시켜 알아보고 싶었다.

3. 이상적인 차밭의 조건

나는 아침 일찍 일어나 동쪽의 차를 덖는 가공시설을 돌아보고 다른 쪽 서부도의 방향으로 향하여 차밭의 외곽 경계의 능선을 따라 올라갔다. 보림사의 서쪽 백호白虎에 해당하는 능선을 바라보고, 이곳에 차를 관리하는 샛길은 삼림욕을 인도하는 또 다른 의미의 길이었다. 길이란 도道라는 관념으로 소통시키는 통로이고 영어의 길way과 상통한다. 길은 인간의 도덕으로 인도하고 살아가는 방법을 열어준다.

차나무는 대나무와 다르게 자란다. 단단하고 수명이 길다는 주목이 바람막이와 그늘을 겸하였다. 대나무와 주목은 상록수로 보림사를 품고 있는 가지산의 양지 기슭에 강한 햇빛을 막으며 바람을 부드럽게 걸러주면서 차나무를 위한 천연의 온도조절 장치였다. 낮에는 대지를 데워서 상승하는 기류를 시원하게 거르고 밤에는 골짜기를 타고 내려오는 찬 기운을 따뜻하게 조절하였다. 칠부 능선에 오르자 차밭과 자연수림의 경계선은 동쪽으로 휘어지고 경사도가 없는 평지와 다름없는 오솔길이 길게 뻗어 있었다. 아래쪽은 차밭이고 위쪽은 자연림이었다.

나무는 주로 대와 주목이 중심인 상록수이고 그밖에 다년생 관목과 수많은 다년생 약초가 야생화를 겸하여 자라고 남쪽의 차밭은 북쪽의 자연림과 외형은 다름없으나 차를 보호하기 위하여 주목을 제외하고 대나무와 야생화를 차의 성장에 지장이 되지 않을 만큼 다듬어준 정도였다. 작은 대나무와 야생화는 자연림보다 오히려 고루 분포하였고 차나무는 많았으나 기계를 동원하여 차 잎을 채집하는 보성의 집단생산지와 견주어 빈약하게 보일 정도였지만 개체 수는 못지않고 밀집되어 있는 특징이 있었다. 보림사에서는 오솔길로 구분된 차밭과 위로 자연림의 경계가 연속되었다.

나는 경사도가 없는 차와 자연림의 경계선을 이룬 오솔길을 동쪽으로 내달으면서 보림사를 안고 있는 작은 앞산과 그 사이로 펼쳐진 장흥저수지에서 피어오르는 아침안개를 바라보았다. 보림사의 차밭에 연기처럼 안개가 자연림을 푸르게 장식한 주목으로 연결된 칠부 능선으로 펼쳐지고 있음을 확인하였다. 가지산은 차밭의 온도뿐 아니라 습도를 차의 생태에 알맞게 조절하는 이상적인 천연의 습도조절장치였다.

보림사를 오른팔처럼 안고 있는 백호를 마주한 동쪽의 청룡에 이르자 경사도가 없이 연결된 오솔길이 끝나고 작은 능선을 넘어 남쪽으로 꺾였다. 길은 가파르게 동쪽 부도에 연결되고 차밭도 끝났다. 이어서 평지에 이르자 공용주차장이고 보림사로 연결되었다. 필자는 보림사의 차밭을 일주하고 정확하게 출발하였던 지점으로 커다란 원을 그리면서 되돌아 온 셈이었다.

보림사의 뒷산이 가장 잘 보이는 지점으로 이동하여 돌아온 길을 바라보려 하였다. 자연림과 차밭의 경계가 분명하였던 오솔길이었지만 이곳에 이르면 차밭과 자연림의 차이가 없고 오솔길도 전혀 분간되지 않았다. 차나무는 다른 상록수와 어울려 살아가는 도리를 알고 있다고 생각되었다.

나무도 각각 다양한 특성이 있고 다른 나무와 잘 어울려 생존하는 종류도 있지만 이와 반대로 혼자만 생존하기를 고집하는 경우도 있다.

아카시아와 오리나무는 군락을 이루면서 다른 나무를 밀어낸다. 차나무는 대체로 다른 나무와 공존하는 특성이 강하다. 차나무는 대나무와 주목 등 상록수와도 어울려 그늘에서 소량의 햇볕을 받으면서 공존한다. 그리고 각종 약초와 야생화와도 공존할수록 맛이 부드러운 고급차를 생산한다. 차는 성장의 조건부터 잎의 채취와 가공, 보존, 이를 우려내는 물의 온도, 그리고 물의 수질에 이르기까지 참으로 다양한 과정에서 은근하고도 정밀한 정성에 가까운 고도의 기술이 필요하다.

보림사 동쪽에는 솥이 두 개가 놓인 차를 가공하는 시설이 있었다. 대나무로 만든 광주리와 선반이 보였지만 중국에서 보았던 가공시설에 비하면 소규모였고 나의 좁은 식견으로 특별하게 우수한 특징을 찾아내기 어려웠다. 보림사의 주지스님한테 대접받은 차의 맛을 기억하면서 한 봉지의 선물을 귀중한 보물로 여기고 집으로 돌아왔다. 그리고 보림사에서 마셨던 느낌을 더듬으면서 생수를 구하여 온도를 맞추어 맛을 보았다. 보림사에서 마신 차의 맛에 근접하였다.

그리고 임진강의 한 갈래인 한탄강이 흐르는 철원 도피안사에서 물을 길어서 보림사의 차를 다시 시음하였다. 그리고 화천의 상서면 민통선이 가까운 북한강의 지류에서 물을 길어서 다시 차를 마시면서 그 분들에게 보림사의 주지스님이 주신 차를 다른 차와 맛을 비교하라고 반만 남기고 나누어 주었다. 화산지대의 토질과 물맛의 특징이 있었다. 다음에 남한강의 상류를 여행할 기회에 보림사의 차를 휴대하고 다시 음미하였고 광활한 대지를 적시며 달려온 남한강은 석회암지대의 특성이 북한강의 응회암과 판연히 달랐다.

보림사에서 그곳 차의 가공에 대해서 자세히 듣지 못하였다. 이유원李裕

〈그림 42〉 보림사의 동쪽 부도 위편은 모두가 자연수림으로 보이지만 실제는 차밭이었다. 차나무는 다른 초목과 상생할 때 가장 맛있는 차가 생산된다는 사실을 보여주었다.

元은 『가오고략』에서 다산 정약용이 보림사에서 여러 번 찌고 여러 번 말렸다는 가공법을 재현하였다는 기록을 남겼다. 이번 보림사의 학술여행에서 가지산의 북쪽과 동쪽에 밀집된 차소의 현장을 확인하지 못하였다. 그리고 가공법도 제대로 확인하지 못하였다. 다만 보림사의 차밭에 대나무와 주목 등 상록수는 물론 자생의 약초와 야생화와 어울리고 저수지와 산의 경사로 온도와 습도가 천연으로 조절되는 절묘한 환경을 확인한 정도에 만족하였다. 차소의 전통이 보림사 차의 가공과 결합된 유적에 대해서는 그곳에 뿌리를 두고 살아가는 향토사가의 의견을 기다린다.

제7장 지공화상의 남전불교와 계승

　지공화상은 인도 날란다 출신으로 가장 늦게 활동이 확인되는 고승이다. 14세기 초에 날란다에서 12년간 공부하였고 스리랑카에 가서 6개월간 참선한 끝에 인가를 받고 남전불교의 선사상을 동아시아에 전하였고 고려에도 2년 7개월 머물렀다. 그의 남전불교 선사상은 고려에서 1326년 8월에 남긴 『종파지요』와 그가 지나간 회암사를 비롯하여 여러 곳의 기록과 유적에서 확인된다.

　지공은 남전불교의 계보를 철저하게 전하여 고려의 계승자 나옹화상과 연결시켰다. 이보다 앞서 고려에 남전불교의 계승을 보여주는 소승종의 존재가 지공보다 앞선 시기에 확인되지만 계보를 알기 어렵다. 그러나 스리랑카의 보명존자와 지공화상을 거쳐 사굴산문 출신 나옹화상으로 계승된 계보는 구슬이 이어지듯이 뚜렷하다. 나옹에게는 처음 출가한 사굴산문의 뿌리와 강남의 임제종, 지공의 남전불교의 세 가지의 법맥이 확인된다. 이 가운데 사굴산문의 인맥에 대한 자료가 미상한 부분이 있고, 임제종 양기파의 평산처림의 계승보다 남전불교의 사상과 계보가 가장 뚜렷하고도 독특하다.

　지공은 고려에서 몽골제국에 돌아간 다음 한동안 시련도 있었다. 그가 고려에 다녀가기 전에도 이미 몽골제국의 여러 곳에서 고려출신 단월의 후원을 받고 대도로 돌아가 국사에 책봉되기까지 고려 출신 거류민을 중심으로 후원을 받았다. 그는 국사로 위상을 확보하였고 고려의 대도 거류민과 고려에서 찾아온 고승들의 구심점이었고, 그 가운데 나옹은 가장 걸출한 계승자였다. 지공화상이 대도에서 열반하였으면서도 나옹에 의하여 고려의 날란다로 중창된 회암사를 중심으로 남전불교가 부활하고 지속하였음을 밝히고자 한다.

I. 지공화상 연구현황과 새로운 방향

지공화상에 대한 연구는 20세기 중반부터 불교자료의 정리와 함께 비롯되었다. 처음에는 한국과 일본, 그리고 영국의 학자들이 관심을 가지고 호기심을 가졌으나 세계불교사에 비추어 나타나는 가치와 문제점을 제대로 부각시키지 못하였다. 20세기 후반에는 논문이 증가하고 저술이 나타나면서 자료의 정리와 해석이 심화되어 연구기반을 확장하였으며 국제적인 관심이 확대되기 시작하였다.

지공에 대한 연구는 다양한 방향으로 확산될 필요가 있다. 그로 인해 동아시아에 가장 늦게까지 날란다의 교학과 계율이 보존되었다는 사실이다. 그것도 가장 멀리 동쪽 끝에서 유지하고 보존하였다는 사실에서 남아시아와 세계사를 고쳐 써야할 새로운 관점을 제공한다. 다른 하나는 이슬람의 침입에도 불구하고 14세기에 스리랑카에서 유지한 남전불교의 사상을 고려에서 보존하고 이를 불교의 법통에서 계승하였다는 놀라운 사실을 지적하고자 한다.

지공이 지나간 인도 각지의 민속과 종교, 그리고 스리랑카 시기리아 불교의 특성에 대한 기록이 있다. 특히 네팔과 티베트의 불교와 그가 유력한 몽골제국의 종교와 동아시아 서남 소수민족의 신앙과 민속, 궁정에서 활동한 고려출신의 거류민과 유학생, 고려출신의 기황후를 비롯한 몽골제국 말년의 역사를 보충할 일반역사와 마르코 폴로, 이븐 바투타에 못지않은 여행가로서 지공을 세계사에서 특기할 가치가 있음을 제시하고자 한다.

1. 문헌자료의 정리와 관심의 확대

지공화상에 대한 연구는 20세기에 다양하게 탐구되어 왔다. 처음에는 그에 관한 유물이 단편적으로 소개되었다.[1] 이후 그의 비문을 중심으로 날란다에서 스리랑카와 동아시아로 이동한 경로와 생애에 대한 접근으로 확대되었다.[2] 다음은 그의 사상과 생애를 탐구하는 문헌의 종합적 검토와 14세기 전반에 잔재한 날란다의 계율과 교학, 그리고 스리랑카에서 계승한 선사상으로부터 한국불교의 법통에 이르는, 한국과 동아시아는 물론 세계 불교사와 관련된 중요한 주제가 그와 관련시켜 광범하게 다루어졌다.[3]

---

1) 記者輯, 「敎諭書, 釋王寺寄本」『朝鮮佛敎月報』17, 1913.6 ; 李能和, 「西天提納薄陀尊者碑銘」『朝鮮佛敎叢報』5, 1917.9 ; 高楠順次郎, 「梵僧指空禪師傳考」『禪學雜誌』22, 1919.8 ; 功德山人, 「懶翁王師의 菩薩戒牒을 보고」『佛敎』5, 1924.11 ; 岡敎邃, 「朝鮮華藏寺의 梵筴과 印度指空三藏」『宗敎硏究』3-5, 1926.

2) 高楠順次郎, 「梵僧指空禪師傳考」『禪學雜誌』22, 1919.8 ; 忽滑曲快天, 『朝鮮禪敎史』, 春秋社, 1929, pp.244~254 ; Arthur Waley, *New Light on Buddhism in Medieval India*, Melanges Chionis et Buddhiques, Vol. 1, 1931~1932 ; 陳高華, 「元代來華印度僧人指空事輯」『南亞硏究』1979.1 ; 金炯佑, 「胡僧 指空硏究」『東國史學』18, 1984 ; 中島志郎, 「梵僧指空의 硏究」, 東國大 碩士學位論文, 1985.

3) 許興植, 「지공의 사상과 계승자」『겨레문화』2, 1988 ; 許興植, 「指空의 無生戒經과 無生戒牒」『書誌學報』4, 書誌學會, 1991 ; 許興植, 「懶翁의 思想과 繼承者(上·下)」『韓國學報』58·59, 一志社, 1990 ; 許興植, 「指空의 思想形成과 現存著述」『東方學志』61, 1990 ; 許興植, 「指空의 思想과 麗末鮮初의 現實性」『民族史의 展開』, 1997 ; 許興

지공에 대한 종합적인 연구에서 파생된 필자와 다른 견해와 보충도 적지 않았다. 하나는 그의 비문에 나타난 육로가 아닌 해로로 동아시아에 왔다는 견해이다.[4] 다른 하나는 동아시아에 수도를 두었던 몽골제국의 남쪽에서 유행한 간화선을 차용한 사상이고 그의 선사상이 남전불교에 속한 스리랑카의 선사상이 아니라는 주장이었다.[5] 필자와 다른 위의 두 가지 견해는 아직도 더욱 정교하고도 엄밀하게 검토할 과제이다. 지공은 날란다를 다시 재건한다는 의도로 삼산양수의 지형에 부활시키기를 부탁하였고 나옹은 이를 회암사의 중창으로 실현하였다.

회암사는 고려말기부터 조선전기에 이르기까지 한국의 중심사원이었다. 조선중기에 배불과 전란으로 불탔고 조선후기에는 유적마저 인위적으로 파괴되었다. 다만 지공을 비롯한 삼대화상의 진영을 모신 조사전을 중심으로 잔존하였고, 절터는 여러 차례 지표조사만 있었다.[6] 그가 여행한 지역과 사상, 그리고 생애에 대한 연구도 추가되었고[7] 사실성과

植, 「指空의 原碑文과 碑陰記」『李箕永博士古稀紀念論叢 佛敎와 歷史』, 韓國佛敎硏究院, 1991 ; 許興植, 「指空의 遊歷과 定着」『伽山學報』1, 1991.11 ; 許興植, 「14·5世紀 曹溪宗의 繼承과 法統」『東方學志』73, 1991.

4) 賀聖達, 「印度高僧指空在中國－行迹, 思想和影響」『雲南宗敎硏究』, 雲南省社會科學院 宗敎硏究所, 1997-2.

5) 段玉明, 『指空－最後一位來華的印度高僧』, 四川出版集團 巴蜀書社, 2007, pp.136~150.

6) 崔性鳳, 「檜巖寺의 沿革과 그 寺址調査」『佛敎學報』9, 1972 ; 새한건축문화연구소, 『檜巖寺址 現況調査 一次調査報告書』, 1985 ; 金泓植, 「楊州 檜巖寺址의 殿閣配置에 대한 硏究」『文化財』24, 1991 ; 許興植, 「제3장 회암사」『高麗로 옮긴 印度의 등불－指空禪賢』, 一潮閣, 1997 ; 김철웅, 「고려말 檜巖寺의 중건과 그 배경」『史學志』30, 1997.

7) 祈慶富, 「指空遊滇建正續寺考」『云南社會科學』1995-2, 云南社會科學院, 1995 ; 楊學政, 「指空弘揚中國西南禪學考」『云南宗敎硏究』1995-2, 云南社會科學院 宗敎硏究所, 1995 ; 楊學政, 「指空弘揚中國西南禪學考」『云南社會科學』1996-2, 云南社會科學院, 1996 ; 侯沖, 「元代雲南漢地佛敎重考－兼駁"禪密興替"說」위와 같음 ; 祈慶富, 「指空의 中國遊歷考」『伽山學報』5, 伽山學會, 1996 ; 北村高 外 3人, 「インド佛敎傳播史の硏究 (1)－インド僧指空とその事蹟」『龍谷大學佛敎文化硏究所紀要』33, 1994, pp.104~123 ; 이병욱, 「指空和尚 禪사상의 특색」『삼대화상연구논문집』, 도서출판佛泉, 1996 ;

관심이 재확인되었다. 이후에 10년간 발굴한 보고서가 추가되었다.[8]

2. 고려불교에서 지공의 계승자 나옹의 계보

이후에도 지공과 그의 계 승자에 대한 유물이 조사되 었다. 무엇보다 석가를 비 롯한 삼불과 수제자인 나옹 의 사리가 함께 보스턴 박물 관에 보존되었고 이에 대한 의미를 조사하고 환국을 준 비하기 위한 시도가 있었 다.[9] 지공은 대도가 함락되 기 5년 전에 입적하였으나

〈그림 43〉 보스턴 박물관에 보존된 3불2조사의 사리함. 지공과 나옹의 사리가 정광불, 가섭불 석가모니의 사리와 같은 모양의 사리함에 동등하게 모셨다. 일제 식민지 시대에 도굴하여 보스턴 박물관으로 유출시킨 유물이다.

원말의 국사로서 황제와 황후 그리고 황태자와 재상에게 남전불교의

허흥식, 「指空和尙에 관한 資料와 國內外의 硏究現況」 위와 같음 ; 김치온, 「지공화 상의 밀교사상」『삼대화상논문집』 2, 도서출판 불천, 1999 ; 한성자, 「『문수사리 보살최상승무생계경』을 통해본 지공화상의 밀교적 색채」『회당학보』 7, 2002 ; 황인규, 『고려후기 조선초 불교사연구』, 혜안, 2003 ; 남동신, 「여말선초기 나옹 현창운동」『한국사연구』 139, 2007 ; Ronald James Dziwenka, 『The last Light of Indian Buddhism—The monk Zhikong in 14th century China and Korea』, A Dissertation of the University of Arizona, 2010 ; 염중섭, 「나옹의 뭇다화에 대한 고찰」『사학연구』 115, 2014.

8) 기전문화재단 외, 『檜巖寺 I』, 2001 ; 경기도박물관 외, 『檜巖寺—양주에 있던 조선 왕실의 최대 사찰』, 2003 ; 경기도박물관 외, 『檜巖寺 II-7.8단지발굴조사보 고서』, 2003 ; 경기도, 양주시, 경기도박물관, 경기문화재연구원, 『檜巖寺 III』, 2009.

9) 허흥식, 「제11장, 동아시아의 남전불교 요소」『한국의 중세문명과 사회사상』, 한국학술정보, 2013.

〈그림 44〉 신륵사의 보제존자(나옹화상) 부도. 수계를 위한 장소로 방등계단의 모습이고 부처가 아닌 고승의 부도로는 예외이다. 또한 영전사탑은 삼층의 불탑으로 고려말기 나옹의 위상이 부처로 숭앙되었음을 반영한다. 대한불교조계종은 그를 계승한 나옹을 부정하고 지공과 관련이 없는 태고를 중흥조라는 종헌을 고수하고 있다.

선사상을 토대로 정치와 불교와의 관계를 새롭게 정립하도록 자문하였으나 받아들여지지 않았고, 오히려 명태조의 종교정책에 기반이 되었다는 사실이 확인되었다.10)

한국에는 지공화상의 유적과 유물과 저술이 아주 풍부하게 전한다. 국가도 지공화상을 기념하여 중창한 회암사를 장기간 지원하여 발굴하고 박물관까지 개관하였다.11) 이보다 적은 유적을 보유한 중국의 운남성은 사회과학원을 중심으로 국제학술회의를 개최하고 사산 정속사를 관광자원으로 활용하고 있다. 이와 달리 우리나라는 발굴하고 깨어진 유물만 전시하고 온전하게 전하였지만 지금은 다른 곳에 흩어진 유물은 찾아오거나 임대하여 활용하는 노력은 유보하고 국가와 지자체의 지원을 받아 발굴한 유물만 전시하였다. 이런 세계적 문화유산을 제대로 활용할 방안을 모색하고자 노력할 필요가 있다.

지공의 선사상은 조선의 건국에서 고답적인 추앙을 받았음에 틀림이 없다. 그러나 명의 태조는 국가의 재정을 사원의 보시로 사용되기를 거부하고 단월의 자발적인 시주에 의존해야한다는 그의 선사상을 철저하게

---

10) 허흥식, 「지공화상의 남전불교 선사상이 명태조의 불교정책이 되다」 『禪文化』, 2014.5 ; 허흥식, 「한국불교의 남전불교 요소」 『불교평론』 62, 2015 여름.
11) 회암사지박물관, 『회암사지박물관』, 2012 ; 회암사지박물관, 『회암사지부도탑』, 2013 ; 회암사지박물관, 『회암사와 왕실문화』, 2015.

실천하였다. 조선의 불교계는 그를 계승한 나옹의 문도에 의하여 법맥이 유지되면서도 대혜종고와 몽산덕이로 이어진 간화선에서 벗어나 무심선을 실천한 고승은 나옹이나 백운경한白雲景閑, 지천智泉, 환암혼수幻庵混修 등일 뿐, 이후 그의 사상을 철저히 계승한 고승이 적은 아쉬움이 있다.

조선초기에 불교의 배척에 가장 앞장선 태종조차 지공을 존경하고 자초를 비난하였지만 그의 선사상을 제대로 이해하고 실천하려는 인식은 명 태조보다 오히려 낮았다. 지공의 『선요록』이 이후에도 간행되었고 여러 사본이 전할 정도로 그의 선사상을 흠모하였지만 이를 철저하게 이해하려는 노력은 의외로 약하였고 보조지눌 이후 간화선이 주된 실천의 대상인 경향이 있었다.

3. 한국불교의 고답적인 전통과 지공화상

대한불교조계종(이하 조계종)은 지공화상을 외면하고 나옹의 법통에 대한 중요성을 종헌에서 제외하였다. 그나마 봉선사에서만 나옹화상의 입적을 추모하여 삼대화상의 헌차례 행사가 있을 뿐이고 다른 어느 곳에서도 시행하지 않는다. 지공화상의 중요성은 운남성 사회과학원에서 알아차리고 1997년 한중국제학술회의를 개최하였고, 당시 조계종 총무원장인 월주스님을 대신하여 교육원장 성타스님과 봉선사 주지 월운스님이 참석하였다.

이후에 한국에서 지공화상에 대한 국제학술회의를 추진하였으나 어느 곳에서도 호응하지 않았다. 지공과 그의 수제자 나옹화상이 배제된 종헌을 고수하는 조계종에서 이를 받아들이기 어려웠던 탓이다. 한국의 불교계란 일제시의 본말사제를 계승하고 이를 강화시킨 교구제를 지향하면서 불교의 전통과 이념을 제대로 계승하지 못하였다. 기초가 없는 토대에서 올바른 방향을 회복하지 못하고 잘못된 체계를 답습은 가능하지만 스스로 정체성을 정립하는 자정의 노력은 거리가 멀었다.

지공이 머물렀던 운남의 사산 정속사에는 지공의 영각과 부도를 재현하고 그가 수록된 지방지의 옛 기록을 복원하여 기념비를 세웠다. 한국의 회암사지도 1998년부터 정부와 지방자치단체 양주시에서 10년간 발굴하고 출토된 유물을 수장한 기념관을 짓고 개관하였다. 그러나 지방자치단체와 국가가 지원하여 발굴하는 과정에 불교계와 갈등이 일어나 소유권을 주장하는 분쟁의 모습을 보였다. 세계가 중요시할 유산을 국가와 불교계가 제대로 협력하지 못하고 문화재의 보존에도 갈등을 일으키는 아름답지 못한 모습이다.

장기간 발굴한 사업도 제대로 자원으로 활용하지 못하고 막대한 예산을 들여서 건립한 회암사지박물관도 가치를 제대로 발휘하지 못하는 실정이다. 미국의 보스턴 박물관에는 지공과 나옹의 2조사와 석가와 과거부처를 포함한 3불의 사리가 있다. 3불2조사를 동등하게 보관한 사리함을 한반도를 식민지화한 일본이 도굴하여 미국에 팔아넘긴 불교유산의 하나이고 이를 문화재제자리 찾기 운동에서 찾아오기를 시도하였다. 당시 기독교신자인 통치권자의 눈치를 살피는 문화재청은 말할 나위 없고 지공과 나옹의 중요성을 종헌에서 배제한 조계종단에서도 깊은 관심을 나타내지 않았다.

아직도 지공화상의 행적이나 사상과 유물의 특성에 대하여 새롭게 조망할 부분이 적지 않다. 특히 그의 선사상을 이해하기 위해『선요록』을 새롭게 접근할 요소가 많다. 그의『선요록』은 남전불교의 사상적 특성인 정치와 불교의 철저한 분리를 내포하였으나, 새로운 왕조인 명과 조선에서 그의 사상이 정책에 계승된 결과와는 차이가 크다. 정교분리의 남전불교 사상은 일부분이 그보다 앞선 시기의 고려에서 정착되었고 그의 계율사상의 핵심인 무생계와 선사상의 핵심인 무심선은 연도에 정착한 그를 찾은 고려의 고승들에게 철저하게 각인되었다.

지공은 확인되는 날란다의 마지막 졸업생이고 날란다를 고려의 회암사의 입지와 같다는 확신을 수제자인 나옹혜근으로 하여금 확장하여 불교를 중흥시키도록 부탁하였다. 그는 스리랑카 내륙에 있던 시기리야 보명존자의 법통을 이어서 남전불교의 계승을 선명하게 전하였다. 회암사는 남전불교의 마지막 등불을 동아시아의 가장 멀리, 가장 북쪽에 전개시킨 고려말기와 조선전기를 대표하는 사찰이었다.

지공은 명 태조 주원장에 의하여 몽골제국의 수도인 대도가 함락되기 5년 전에 입적하여 육신소상으로 시신이 보존되었다. 대도가 함락되기 직전에 다비되었고 유골의 전반이 고려로 옮겨졌다. 이를 보존하려고 씻은 결과 영롱한 사리가 다수 출현하여 처음에는 왕륜사에 보존하였고 회암사에 부도를 만들어 보존하였다. 또한 장단 화장사, 그리고 묘향산 안심사에도 보존하였다. 지금까지 몰랐던 지공의 유물과 유적은 나날이 새로 발견되어 증가하고 있으며 진영은 나옹과 조선 태조왕사인 자초와 함께 삼화상으로 중요한 여러 사원에 봉안된 전통이 있었다.[12]

지공화상의 선사상은 남전불교에 토대를 두고 전개되었고 한국의 불교에서 중요한 법맥으로 계승되었으나 가지산문이나 명의 임제종

---

12) 필자는 송광사에 삼화상의 영정이 보존되었다는 기록이 있으므로 이를 배관하려고 노력하였으나 실현하지 못하다가, 2015년 5월 22일 송광사에서 대웅전 동편에 위치한 삼화상의 영정을 확인하였다. 지공은 삼산관을 쓰고 중앙에 위치하고 나옹과 무학은 협시한 모습으로 합쳐서 그린 벽화였다. 이는 석정스님이 그렸다고 하였으나 원형을 모사한 정도에 대해서는 모본이 확인되지 않아 말하기 어렵다. 석정스님이 모사하였다는 현존 그림은 중앙의 삼산관을 쓴 지공의 화상이 아주 크고 나옹과 무학은 작게 그린 정도가 다른 삼화상 진영과 차이가 크다. 필자는 수염을 기른 지공의 진영을 거사라고 간주하였으나 삼산관을 쓴 대부분 진영은 원 혜종의 국사임을 나타낸 보관이라 짐작되므로 앞으로 더욱 논의할 과제이다.

법통으로 가려진 경향이 있다. 회암사와 더불어 지공화상의 유적은 동아시아와 세계적인 문화유산으로 기억해야할 가치가 크다고 하겠다. 그의 계율사상은 라마교의 영향으로 육식이 증가하던 시기에 이를 철저하게 배제한 무생계를 강조하였다.

불교는 지역과 국가에 따라 공통점도 있지만 다른 특성도 나타났다. 동아시아의 대표적 삼국 중 일본은 생활과 밀착된 요소가 강하고 중국은 기복의 요소가 강한 특징이 있다. 이와 달리 한국의 오늘날 불교는 복고적이고 고답적인 요소를 추구하는 경향이 있다. 지공이 계승하여 고려에 전한 남전불교의 요소가 적지 않게 한국불교의 특성을 이루면서 지속된 요소라고 짐작된다. 한국불교가 추구하는 고답적인 요소에도 불구하고 조계종의 종헌에서 보명을 거쳐 지공과 나옹으로 연결된 남전불교의 법통을 인정하지 않는다.

지공은 사원경제에서 왕실이나 실권자의 도움이 없이 신도의 자발적인 보시에 의하여 유지되기를 바랐다. 이는 남전불교에서 살아있는 정교 분리의 철저한 운용의 방향이다. 고려의 회암사는 나옹 주도로 낙성식 무차대회에 나타난 신도들의 자발적인 참여가 놀라울 정도였다. 이를 두려워하던 성리학을 익힌 대간들은 나옹을 추방하도록 결정하였고, 이는 왕사에 대한 성리학계로부터의 공격이었다. 나옹은 지공의 이상을 실현하지 못하고 회암사의 낙성을 뒤로 하고 입적하였으나, 왕사에 대한 부당한 탄압은 다비와 더불어 반작용이 확산되었다.

지공은 몽골제국에 대해서는 혜종과 황태자와 승상에게 불교와 국가가 건재할 원리를 남전불교의 사상으로 지도하였다. 고려의 불교계에 대해서는 나옹혜근(1320~1376)과 백운경한(1290~1374)에게 부탁하였으나 경한은 나옹보다 먼저 입적하였고 왕사였던 나옹은 지공의 이상을 실천한 대표적인 고승이었다. 나옹을 이어서 주지한 절간익륜은 회암사의 외형을 완성시켰으나 그가 지공의 사상을 어느 정도 충실하게 실천하였다는 내용은 기록으로 남지 않았다.

이후에 고려왕조의 마지막 국사였고 회암사의 공양왕의 탄신불사에서 증명법사로 활동한 혼수(1320~1392)의 경우도 지공의 이상을 펼칠 기회도 갖지 못하였으나 그의 행적에서 소중한 몇 가지 실천 방향이 찾아진다. 혼수가 지킨 가장 중요한 요소는 지공의 사상을 실천하였고, 부도를 한 곳에 밀집시키지 않고 지역적 균형을 유지하는 전통을 고수하였다. 혼수는 지공과 나옹을 현창하였지만 그들의 후광을 자신을 미화하는 수단으로 삼지 않았다.

지공의 이상은 나옹에 의하여 날란다를 재현하려고 구현된 회암사의 확장으로 가시적인 시설이 완성되었다. 회암사의 외형은 지공의 수기에 따라서 나옹이 견지했던 날란다대학의 재현과 계승이었다. 조선의 개국 과정에 태조를 돕고 왕사로 책봉된 묘엄존자 자초는 회암사를 왕실의 중요사원으로 경제적 기반을 향상시켰다. 태종은 불교를 억제하고 자초에 대하여 낮추어 비평하면서도 지공에 대한 평가는 유지하였고, 태조의 상례와 제례를 관련시켜 회암사의 위상을 유지시켰다.

지공의 선사상은 남전불교에서 강조한 정교분리의 경향이 강한 특징이 있다. 국가의 재정을 지원받은 북전의 보살사상과는 거리가 멀었다. 남전불교에서 나타나는 신도의 자발적인 시주에 의존하는 사원경제의 특징을 그는 철저하게 실천하였다. 그의 특성은 현대 한국의 불교에서 제대로 이해도 못하고 실천도 못하였다. 그나마 지공을 계승한 나옹의 문도와 계승자인 환암혼수에서 천봉만우로 이어진 인맥이 유지되었을 뿐이다. 그러나 오늘날 대한불교조계종에서는 환암혼수를 태고보우의 계승자로 연결시키고 사실과 다른 계보를 종헌으로 삼고 있다.

임진왜란 이후 청허휴정의 젊은 문도들은 북한산성의 수축과 방어에 동원되고 간화선을 강조하여 현실을 극복하면서 국방에 깊이 관여하였다. 이에 남전불교의 정교분리와 무심선에 철저한 지공과 나옹보다 간화선을 강조한 태고보우를 법맥으로 삼아 불조종파지도와 해동불조원류를 따라 사상은 물론 법통조차 바꾸었다. 고려의 조계종을 계승한 대한불교조계종은 태고종과 다름없이 태고를 중흥조로 삼아 법통조차 달리 바꾸었다고 결론지어진다.

II. 지공의 저술과 사상의 특성

지공화상은 남아시아에서 출생과 성장과 수학기를 보내고 성년에 이르러 동아시아에 도착하여 열반하기까지 교화를 펼쳤던 고승이었다. 그는 3년 가까운 짧은 기간 고려에 다녀갔으나 이후에도 고려의 불교계에 중요한 영향을 끼쳤고 그의 계승자는 대한불교조계종의 법맥과도 관련이 크지만 이를 굳이 제외하고 태고종과 다름없는 종헌을 고수하고 있다. 지공의 사상과 실천은 오늘날 불교에서도 음미할 특성이 많으나 굳이 이를 외면하는 현실은 지공의 삼학과 부처의 기본정신에 철저한 실천과 지혜의 계발보다 국가와 신도의 우대를 받으면서 안일에 탐닉하는 타성과 관련이 있다고 하겠다.

1326년 3월 지공이 고려에 도착하자 부처의 환생을 보듯이 추앙은 대단하였다. 충숙왕과 승속은 극진하게 우대하였고 몽골제국에서 있었던 라마교와의 갈등은 고려에서 거의 없었다. 그의 사상은 고려의 불교사상과 일치하는 경향이 많았으므로 그의 저술과 번역한 경전이 고려에서 간행되고 조선을 거쳐 오늘날까지 오래 머물고 입적한 대도보다 많이 현존하는 상황과도 관련이 크다고 하겠다.

그가 고려에 머물렀던 2년 7개월 동안은 물론이고 원의 대도에 돌아간 다음에도 고려의 고승이 끊임없이 찾았고 그 가운데 나옹혜근과 백운경한은 가장 두드러진 계승자였다. 이밖에 나옹의 제자였던 지천智泉과 자초自超도 그를 찾았다. 나옹은 공민왕의 왕사였고 자초는 조선태조의 왕사였다. 몽골제국의 수도인 대도에는 고려출신 황후와 고려 거류민들이 그를 극진히 대우하였고 후원하였음을 밝히고자 한다.

지공은 정착한 대도에서 진종晉宗이 후원한 라마교 승려의 핍박을 받아 위기에 처한 시기도 있었다. 고려의 거류민이 단월로서 그를 보호하여 위기를 극복하고 혜종이 즉위하자 국사로서 책봉되어 명예를 회복하였다.[13] 그는 명明의 군사에 의하여 대도가 함락되기 5년 전에 입적하였고 그의 유체는 육신소상으로 모셨다가 대도가 명군에 함락되기 4개월 전에 다비되어 유골의 절반이 고려로 옮겨져 왕륜사에 모셨고 공민왕 21년 천보산 회암사에 부도를 만들었다. 그밖에도 장단의 보봉산 화장사, 그리고 묘향산 안심사에도 부도를 만들어 보존하였음을 살피고자 한다.

회암사와 화장사의 부도는 지공의 사리만 모셨으나 묘향산 안심사의 사리는 수제자인 나옹과 합쳐 부도와 탑비를 세웠다. 또한 미국의 보스턴 박물관에는 일제에 의하여 도굴된 지공과 나옹의 사리가 정광불과 가섭불 그리고 석가를 포함한 3불과 함께 2조사의 사리로 보존되었다. 똑같은 크기의 작은 닷집 모양의 사리함에 보존되었고 이를 복장하였던 탑은 여러 곳이 논의되었으나 회암사의 사리전에서 도굴되었을 가능성이 크다고 지적하고자 한다.[14]

1. 지공의 불전 번역과 저술

지공은 동아시아에 이르렀던 초기에 말과 글을 알지 못하였다. 그가 저술을 남기기 어려웠고 차츰 번역하고 사경에 힘썼던 증거가 많고, 저술하기 위한 학습의 준비와 관련이 깊다고 짐작된다. 그의 가장 초기저술은 자신의 선사상의 계보를 밝힌 『불조전심서천종파지요佛祖傳心西天宗派旨要』이다. 이는 그가 고려에 도착한 1326년 8월에 민지閔漬가 서문을

---

13) 지공이 국사였던 사실은 명태조문집에도 확인되지만 정확한 책봉의 과정에 대한 기록은 어디에도 확인되지 않는다. 다만 그의 비문에 기황후와 황태자와 호의적인 관계에 대한 기록을 미루어 보면 이들이 그를 국사로 책봉한 중심적인 역할을 하였다고 추정된다.

14) 허흥식, 『동아시아 차와 남전불교』, 한국학술정보, 2013, pp.303~306.

썼다.

이 책에는 가섭을 초조로, 자신의 스승인 보명존자까지 이르는 107대의 계보와 이들 조사를 존자라 불리는 존칭을 써서 나열하고 선사상의 핵심을 이루는 한 수씩의 계송이 실려 있다. 이는 저술이라기보다 자신의 계보에 해당하는 석가와 칠불七佛로 소급한 칠언의 게송 28자씩 나열하고 이어서 조사가 표방한 게송을 오언五

〈그림 45〉 지공화상이 스리랑카의 보명존자를 찾아 득도하고 남전불교의 법통을 계승하였다는 시기리야. 3만평의 큰 바위 위에 아직도 궁궐과 사원의 터와 저수시설이 완연하다.

言의 4구로 20자로 나타내었다. 이들 게송은 실제로는 번역에 불과하다.

22조까지는 동아시아의 선종이나 고려의 조계종과 천태종에서 제시하는 계보와 게송이 일치한다. 23조부터 '유파개종流派開宗'으로 표현하고 다른 계보를 제시하였다. 『종파지요』란 지공의 스승 보명존자에 이르는 계보를 제외하면 게송의 내용이 아주 간단하고 조사의 생애나 행적에 대한 내용이 거의 밝혀지지 않으므로 사료가치가 규명되지 않는다.

종파지요의 다음으로 선요록에 실린 『돈입무생대해탈법문지요頓入無生大解脫法門指要』는 서문과 함께 칠언의 「송선봉」과 대화체의 「직지」로 구성되었다. 지공이 대도의 법원사에 머물면서 정리한 선사상을 중심으로 계정혜의 삼학을 밝힌 그의 저술다운 선요록의 핵심을 이루는 부분이다. 선요록은 남전불교에서 유지한 상좌부의 사상을 토대로 날란다에서 익힌 계율과 교학이 결합된 선사상을 담았다.

지공의 사상은 삼학이 핵심을 이루지만 그가 번역한 의식에 사용한 진언은 다양한 분야와 관련되었다. 음악이나 미술, 그리고 법회의 공연예술에 이르기까지 다양하다. 그리고 이적이나 기복과도 관련된 생활의 일면을 보인 번역된 자료도 전하지만 가장 중요한 핵심은 삼학三學이라 불리는 계율과 수행과 교학을 떠나서 설명하기 어렵다. 이를 한 글자씩 축약하면 계율과 참선과 교학이고, 이를 계정혜戒定慧라 하고 더욱 줄여서 이를 삼학이라 하였다.

삼학은 수행을 포함한 계율과 교학이고 지공은 날란다의 율현으로부터 익혔다. 그리고 율현의 충고를 받고 오늘날 시리기야로 불리는 스리랑카의 정음암에서 보명존자를 찾아 6개월 참선한 다음에 깨달음의 인가를 받았다. 깨달음이나 인가란 동아시아의 선승과 상통하는 득도이다. 날란다의 계율과 교학을 토대로 보명존자의 남전불교의 선사상으로 재구성되었다고 하겠다.

2. 지공 사상의 개요와 특성

북전불교는 대중부를 중심으로 교학과 보살사상이 발전하였고, 남전불교는 상좌부와 세속과의 분리가 철저하고 수행이 강화되었다. 북전의 보살사상은 집단적 국가주의와 영합한 경우가 많다면, 남전불교는 개인적 초국가주의와 관계가 깊었다. 이러한 두 가지 경향은 기후와 민족의 속성이나 이동과도 관련지을 수 있으며, 선종과 교종의 특성을 나타내면서 동아시아에서 분리된 종파의 기원과도 상관성이 크다.

지공의 선사상은 『선요록』에 집중적으로 실려 있다. 선요록에서는 선의 고유성이나 독립성은 찾기 어렵다. 불립문자不立文字나 직지인심直指人心 등 동아시아에서 강화된 교학과의 분리와 고려에서 국수적으로 발전한 교외별전敎外別傳이란 표현도 아니다. 그의 선사상의 핵심은 불법에 두고 있었고 불법이란 교학을 종합한 이론이고 경전을 의미하였다.

그는 도를 완성시키려면 부처의 가르침을 깨달아야 하는데, 법은 여러 가지가 있으며 그 가운데 오직 무생계법이 가장 좋은 기초라고 제시하였다. 무생계법은 곧 무생계경을 요약한 계율이고 이로써 그의 선사상은 철저하게 계율과 접합되어 있음을 알 수 있다. 그는 계율이 자재한 상태를 해탈이라 하였고, 해탈을 위한 마음가짐으로서 선사상을 의미하는 정定을 설정하였고 이는 수행이고 선정禪定을 의미하였다.

그는 선정의 핵심을 무행無行에 있다고 하였다. 선정은 특정한 자세를 취하는 참선에서 얻을 수 있지 않고, 망념妄念이나 졸음도 바다위의 파도나 허공의 구름으로 비유하였다. 선정이 자재하면 그 가운데서 풀려나 장애가 될 수 없다[15]고 하였다. 그는 무행을 내세운 외에도 "무심·무생·무소래無心·無生·無所來"를 들었다. 그의 선사상은 계법의 "스스로 풀려남"과 상통한다.

지공은 때로 경전의 핵심을 간단하게 요약하여 『화엄경』에 대해서 "일즉다 다즉일一卽多 多卽一"로 요약하여 사용하였고, 반야경을 "삼심불가득三心不可得"[16]이라 짧게 핵심을 전달하였다. 그러나 그가 경전의 핵심을 공안公案이나 화두話頭로 수도자에게 강요하지 않았다. 그의 선사상은 화두를 강조한 간화선과도 큰 차이가 있으며 화두의 흔적은 찾을 수 없다. 계율의 단계에서 해탈을 설정하였으므로 선정은 전체에서 부분으로서 의미만 있었다.

그는 선정의 단계에 다음으로 혜를 설정함으로써 송에서 발달하고

---

15) 『禪要錄』, "問曰 妄念起時 作何方便 而可斷除 師云 妄念起時 妄心本空 亦無所起 於中自在者 則妄念雖起 實無來處 比如海中波濤 雖起終不離海."

16) 간단하게 三心을 풀이하면 過去心, 現在心, 未來心을 말한다.

원에서 계승한 간화선과는 판이한 특징을 보여주었다. 그의 선사상은 계율에 토대를 두고 출발함으로써 사회의 기반에 넓게 실천윤리로 교화한 특성이 있었다. 그의 선사상은 수행에 국한하였고 계율의 실천과 교학을 지혜로 폭넓게 연결시켰지만 지배층의 정치적 현실에는 소극적인 특성을 나타내고 있었다. 현실의 극복을 위하여 공안이나 화두를 강조한 간화선과는 차이가 있었다.

그는 수행을 독립적인 요소로 강조하지 않았고 특별한 수행의 방법을 강하게 내세우지 않았다. 그는 선정이란 계율이나 교학과 마찬가지로 수행하거나 이를 구분하여 발전시킨 동아시아의 간화선과 커다란 차이가 있었다. 당시 고려의 조계종과 남송의 임제종과 마찬가지로 원의 임제종도 간화선을 바탕으로 교학을 절충하는 경향이 강했다.

지공의 선사상은 계율의 실천에 토대를 두었고 무생계법과 무생계경은 계율의 핵심이었다. 무생계경은 육식을 피하였고, 밀교적 신비사상을 나타낸 라마교와 상반되었다. 라마교보다는 원의 양자강유역에서 지속한 임제종과 가까운 속성이 있었고 고려의 조계종에서 더욱 친근감을 느끼게 하였을 가능성이 있다.

고려에서 지공화상은 부처의 환생처럼 극도로 존경받았다. 그가 화산華山으로 떠날 때에는 1000여 명의 승속이 따랐을 정도였다. 그가 개경의 숭수사崇壽寺에서 수계하자 구름처럼 모이고 왕실과 서인과 승속과 남녀의 구분이 없을 정도였고 보살계로 보편성이 있었다. 또한 몽골제국의 불교에 의하여 육식이 확산되던 상황에서 소식素食의 제의를 강화하여 경건성이 회복되었다.

그의 선사상은 부귀와 탐욕을 줄이고 교만하고 음란한 풍속을 바로 잡았다고 평가되었다. 그의 선사상은 계율과 교학을 연계한 견고하고도 불가분의 특성이 있었다. 그의 선사상은 무심선으로 표현되고 있으며,

이는 화두를 강조한 대혜종고 이래의 간화선과는 달랐다. 이보다 거슬러 올라가 초기 동아시아 선종 조사의 사상인 육조단경이나 정중무상의 선사상과 상통하는 경향이 있다. 그의 선사상은 명태조의 문집에 명시되었듯이 남전불교의 경향이 확인되고 승속의 구분이 철저한 상좌부불교의 특성이 강하였다.

3. 지공의 삼학과 정중무상의 삼구

정중무상淨衆無相(684~762)은 지공(1300~1363)보다 600년 앞서는 신라 출신의 고승이었다. 귀국하지 않고 고승으로 일생을 보냈던 지역은 촉이나 익주益州로 불리던 지금의 사천으로, 익주김 또는 김화상으로도 불렸다. 국왕의 셋째 아들로 출가의 뜻이 있었지만 726년 당의 사신으로 갔던 일행으로 보는 관점이[17] 타당성이 크다.

무상은 저술보다 불교의 자기수양과 실천에 힘쓴 경향이 강하다. 그가 계승한 스승이나 그의 계승자에 대한 자료는 돈황문서에 속하는 역대법보기를 소개한 호적의 연구에서 새로운 활력을 받았다.[18] 선어록과 각종 고승전과 금석문에 불경의 주석에 이르기까지 그에 관한 연구는 정밀하고도 광범위하게 발전하였다.[19] 가장 중요한 요소는 후대 선종의 주도권을 장악한 남종선의 초조인 육조혜능의 계보와 다른 촉의 선승인 지선智詵에서 무상을 거쳐 신회神會에 이르는 새로운 계보에 더욱 관심을 끌었다.

한국불교사에서는 신라인 최치원의 「봉암사 지증대사비」에 오른 정중

---

17) 鄭性本 淨衆無相禪師 研究(불교영상회보편, 1993, 불교영상회보사) ; Jan Yun-Wha Mu-sang and His Philosophy of "No Thought"(위와 같음).
18) 胡適, 『敦煌唐寫本神會和尙遺集』, 上海亞東圖書館, 民國十九年(1930).
19) 柳田聖山, 『初期禪宗書の研究』, 法藏館, 1967.

무상 익주김益州金이 바로 같은 인물이다. 혜능의 계보로 후대에 정리된 법명이 도일道一은 강서江西나 홍주洪州란 지명이나 속성인 마馬를 살린 마조馬祖나 마화상馬和尚을 호처럼 앞에 붙여 호칭되는 인물이다. 무상을 중심으로 촉의 선종에 대한 관심은 호적胡適의 연구를 확대한 해석이 더욱 관심을 끌었다.

지증비에 익주김과 짝을 이루는 신라의 고승은 상산혜각常山慧覺인 진주김鎭州金이다. 그의 비문이 한국에서 소개되고 나서야 다시 관심을 끌었다. 진주김 역시 무상처럼 지명과 속성이 강조된 호칭으로 공통점이 있고 법명이 묻혔던 고승이다. 선승에게 속성과 지명의 호칭이란 계보의 변화가 있고 후대에 계보를 바꾼 방계로 정리되었음을 의미한다. 선승이란 달마의 저술에서 강조한 혈맥과 같은 인맥을 중요시하고, 지명이나 속명은 다음이다.

지공도 『선요록』에서 먼저 『서천종파지요』를 제시하였다. 다음에 무심선인 돈입무생대해탈범문지요頓入無生大解脫法門指要를 말하였으며 이는 달마의 이입사행론二入四行論과 상통한다. 무상이나 혜각을 올바르게 말하려면 속성俗姓이나 활동한 지역이 아니라 그의 혈맥血脈인 계보와 다음에 사상이 언급되어야 한다. 선승의 속성이나 활동한 지역이란 계보나 사상을 밝히기 위한 들러리에 불과하다. 이를 설명해도 계보를 정확하게 밝히지 않았다면 이들은 후세에 왜곡된 남종선의 방계로 편입되었다는 상황의 설명만 추가하는 결론으로 끝난다.

무상의 사상은 삼구三句로 요약되는 무억無憶, 무념無念, 막망莫忘이 총지문總持門을 이루었다. 요약은 핵심과 상통하고 이를 지침으로 삼은 고승에게는 간단하고도 확신을 주지만 이를 이해하려는 연구자에게는 단순하지 않고 많은 설명이 필요하다. 무엇보다 사상이란 기원이 있고 현실성이 있고 미래지향의 목표가 있다. 과거에 집착하지 않으려면 죄업에서 풀려난 계율에 철저해야 하고, 현재에 집착하지 않으려면 염원하는 욕심을 없애는 참선에 열중해야 하고, 미래에 자유로우려면 지혜를 갖추는 계정혜戒定慧의 삼학三學을 삼구로 대신하였다.

지공의 삼학과 무상의 삼구는 대체의 틀이 일치한다. 지공은 계戒를 무생계無生戒로, 정定을 무심선無心禪으로 혜를 반야般若의 진공眞空으로 풀이하였다.[20] 그리고 삼학을 불가분의 일체로 구애되지 않은 해탈의 경지를 어중방하於中放下로 찬미하였다. 그러나 과거와 현재, 그리고 미래의 삼심을 얻기 어렵다고 말하였다. 그만큼 삼학을 자기완성의 부단한 노력으로 제시하였다. 무상의 삼구와 지공의 삼학은 구조상 600년의 시간을 뛰어넘어 맞아 떨어진다고 하겠다.

불교사상에서 삼심三心이나 삼관三關이나 삼학은 다른 선승의 사상에서도 확인된다. 혜능도 무상계를 강조하고 육조단경이란 후대의 찬사를 받았다. 그리고 사제의 계승을 확인하는 신물인 굴순가사屈眴袈裟도 일치한다. 가사는 측천무후라는 황제의 선물로 정통성을 위협받은 여성의 한계를 선종의 계보와 황제의 기막힌 조합이 연극처럼 결합하지만 현실적인 영향은 컸었다.

선종에서 계승과 계보는 종파라고도 불릴 정도로 공간과 사상을 뛰어넘는다. 세속의 족보에서 혈연과 비교될 정도이고 달마도 실제로 혈맥이라 표현되었고 지공도 종파지요라고 불렀으며 지공까지 108대에 이르렀다. 지공의 계보는 가장 앞서 널리 알려진 28조 달마로부터 육조를 거쳐 오가칠종으로 알려진 임제를 거쳐 나옹과 태고에 이르는 109대를 정리하였다. 나옹은 지공의 다음이자 평산처림의 다음이니 모두가 109대로 같았다.

---

20) 許興植, 『高麗로 옮긴 印度의 등불－指空禪賢』, 一潮閣, 1997.

선승의 계보란 후대에 이르러 확정된 선대의 치열한 경쟁의 잔해이고 과정의 모두를 포괄한 후대의 산물이다. 호적은 돈황에서 발견된 선종관계 문헌을 정리하면서 통설로 굳어진 남종선과 다른 체계를 발견하고 그동안 묻혀두었던 규봉종밀의 계보를 확인하였다. 전당문에 실린 규봉종밀의 비문이나 원각경대소초圓覺經大疏鈔가 새롭게 조명을 받았다.

고승의 출신지나 속성, 활동한 지역 등은 새로운 사실을 증명하기 위한 방증의 자료이고 이를 모아 더 큰 주제의 정립에 도움을 얻는다. 필자는 지공을 연구하면서 600년을 소급한 정중무상의 사상이나 계보에 대한 돈황문서에서 촉발된 의문과도 연결되었다. 그리고 우리가 아무 의문 없이 따르는 통설도 시대가 만들어낸 앙금일 뿐이고 문제점이 없지 않다는 확신을 가지게 되었다.

선종의 기원에 대한 의문은 달마나 육조혜능보다 더 올라갈 수도 있고 이들에게도 남아있다. 달마가 갈대를 타고 물을 건너왔다는 그림이 많다. 물이라면 바다인가 강인가. 바다일 수도 있고 강일 수도 있다면 어느 바다이고 어느 강이냐는 구체적인 이름에 따라 불교사가 달라진다. 달마가 생전에 수많은 강과 바다를 건넜을 수 있으므로 어느 시기인가는 반드시 밝혀야 할 과제이다.

그의 계승자가 분명하게 촉蜀이나 익주益州라고 불리는 오늘날의 사천泗川에 있었고 그곳에서 한 무리의 선승들이 활동하였고 신라출신의 정중무상이 정점을 이루었다. 이들의 계승자는 삼협을 지나 강릉江陵과 강서江西로 양자강의 기나긴 협곡과 평야에는 오대 10국의 하나인 남평국南平國이 있었다. 이곳은 익주와 장안을 연결하는 사상과 교역의 요지였다. 이곳은 촉에서 현종이 장안으로 환도한 다음부터 오대와 송의 건국에 이르는 200년간 일반 역사는 물론 불교사의 열쇠를 쥔 목줄과 같았고 이곳을 지나 해동에도 이르렀다.

선종의 시대는 당 현종의 몽진과 정중무상의 촉에서의 조우를 기준으로 삼아 이후와 이전은 시대의 분기점이었다. 양자강의 상류인 금사강은 삼강병류를 이루면서 티베트고원의 동사면을 가르며 가파르게 남쪽으로 흐른다. 운남성의 북부에 이르면 휘돌아 동쪽으로 방향을 틀고 넓은 사천분지를 적시고 네 개의 물길을 합쳐 험준한 삼협을 굽이치고 계곡을 만들면서 강릉江陵을 지난다. 강서에서 쉬고 같은 방향으로 적벽을 지나면 계속해서 동쪽으로 흘러 세계에서 가장 많은 인구를 먹여 살리는 유역을 품으면서 황해에 이른다.

선종의 계보는 위로 혜능과 관계가 적지만 남종선으로 연결시키려는 후대의 의지가 이보다 융성했던 정중무상과 상산혜각常山慧覺을 오히려 묻히게 만들었다. 상산은 진주鎭州이고[21] 굳이 계보를 말한다면 무상의 스승인 자주資州의 지선智詵이나 처적處寂은 남종선에서 제외되었고 북종선과 관계가 깊었다. 신라말기와 고려초기로 이어지는 한반도의 선종은 정중무상에서 강서도일江西道一로 이어진 계보가 가장 번성하였다. 공간으로는 오늘날 운남과 사천과 호북湖北을 이었다. 9세기의 가장 요지였던 익주와 형주와 장안을 연결지어 신라와 고려의 선종의 주류를 북종선으로 간주한 견해도 있었을[22] 정도였다.

후대의 남종선의 가장 큰 상대는 북종선보다 촉의 정중종이었다고 하겠다. 돈황에서 발견된 문헌에는 무상을 중심한 계열의 계승에 대하여 공간과 속성을 합친 표현은 이들은 고승이 아니라 속인의 패거리에 가깝다고 비하시킨 관점이었음이 틀림없다. 이들로부터 정중종에 대한 정당한 평가를 기대하기는 어렵다.

---

21) 樓正豪,「새로 發見된 新羅 入唐求法僧 惠覺禪師의 碑銘」『史叢』73, 2011.
22) 閔泳珪,「一然의 禪佛敎」『震檀學報』36, 1973.

Ⅲ. 지공의 남전불교와 조선시대의 계승

지공의 사상은 날란다에서 익힌 계율에 기초한 수행과 교학과 이교도에 대한 철저한 이론적 기반이었다. 그가 시기리야의 보명존자로부터 득도하고 계승한 무심선은 남전불교의 실천과 관련이 깊고 선사상의 핵심을 이루었다. 무심선은 간화선과는 달리 불교와 세속의 통치와는 다른 고답성과 사원경제에서 신도의 자발적 보시에 의존하는 특성이 있었다. 그의 사상은 라마교가 성행하던 몽골제국과 그 영향이 적지 않았던 고려의 불교에도 깊은 영향을 주었고 임제종의 간화선과도 차이가 있었다.

지공은 불교의 본령에 충실하였고 성리학이나 도교에 대한 동질성이나 차별성에 대하여 언급한 부분은 없다. 그의 사상은 오로지 날란다대학의 불교의 통합적 요소와 남전불교의 실천적 선사상에서 상좌부적 특징이 강하며 동아시아의 초기 선사상과 상통하는 경향이 있었다. 불교의 본령에 충실한 삼학의 정신은 고려의 나옹혜근과 백운경한, 그리고 환암혼수에 의하여 준수되고 불교의 중흥에 커다란 자극이 되었다. 그러나 실제로 그를 계승하였음에도 불구하고 강남의 임제종을 표방한 법통과 사상이 강화되는 경향으로 변질되었음을 밝히고자 한다.

지공화상은 고려말기와 조선초기의 불교에 깊은 영향을 주었다. 그의 대표적 계승자인 나옹이 입적하고 환암혼수와 무학자초는 나옹의 계승을 표방하였지만 환암혼수를 계승한 천봉만우는 태종대 후반부터 회암사의 주지로서 불교계를 주도하였다. 이후 그의 계승자가 오늘날 대한불교조계종의 인맥을 계승하였으나 종헌조차 이를 외면하였음을 밝히고자 한다.

한국의 불교계는 대한불교조계종이 대표적 종파이지만 종헌이나 법통의 계승에서 역사적 근거를 확보하지 못하였다. 고려중기에 확립된 조계종 9산문 가운데 고려후기에 국사를 배출한 산문은 사굴산문, 가지산문, 희양산문뿐이었다. 이 가운데 사굴산문의 나옹과 가지산문의 태고로 대표되는 법통은 모두가 임제종 양기파의 계승도 겸하였다. 사굴산문은 승보사찰인 조계산 수선사와 관련이 깊으며 남전불교를 계승한 지공을 계승한 나옹혜근, 환암혼수, 천봉만우로 계승된 계보가 실질적으로 불교계를 주도하였음을 다시 확인하고자 한다.

1. 회암사에 집중된 지공의 유적

고려의 마지막 국사였던 환암혼수는 나옹이 주관한 공부선에서 선발된 고승이었다. 본래 내원당을 맡았던 경력이 있는 구곡각운의 제자였으나 나옹과 나이가 같고 나옹이 장로라고 불렀으나, 그는 후에 굳이 나옹을 스승으로 섬겼다. 나옹도 그를 수제자로 가장 아꼈다. 혼수는 조선개국과 더불어 갑자기 입적하였고, 혼수의 탑비는 충주의 청룡사에 있으며, 아주 초라하다. 그는 하산소를 청룡사로 삼고 고려의 관습을 지켰다. 반면 혼수와 갈등이 심했던 자초는 부처로 추앙받는 지공과 나옹의 부도와 탑 아래에 위상을 굳히면서 집적된 유적으로 남았다.

조선전기의 불교계는 세종대 전국에 36사원과 252곳의 비보사원을 설정하고 나머지는 점차 폐사로 변하였다. 『신증동국여지승람』에 의하면 폐사로 변한 사원을 고적에 싣고 살아있는 사원을 불우에 정리하였다. 승람은 고려의 사원에 대한 마지막 모습을 보여주듯이 전국에 산재하였다. 이후에 숙수사가 있던 곳에 소수서원이 들어서고 사액을 받으면서 전국의 곳곳의 폐사는 서원으로 전환이 전국적으로 가속화되었다.

고려와 달리 조선에는 252곳의 비보사원이 있었지만 이보다 도별로 확정된 36사원으로 유적이 모이고 고려와 다른 집중현상이 강화되었다. 자초가 회암사를 중심으로 자신의 부도와 탑비까지 생전에 조성하면서 중심사원으로 만들었듯이, 신라시대 황룡사로 기능을 집중시키던 현상이 점진적으로 진행되었다. 유적과 유물의 집중현상으로 인해 균형과 자발적인 시주에 의한 사원경제와는 달리 왕실과 실권자에 의존하려는 불교계의 타성이 강해졌고 부처와 지공의 사상과도 역행하였다.

중창한 이후의 회암사는 지공과 나옹을 기념하는 사원으로 확장되었으므로 지공의 사상과 깊은 관련이 있었다. 지공은 회암사가 자신이 12년간 수학한 날란다대학과 지리적 조건이 흡사하다고 지적하였다. 날란다는 갠지스 강 중류에 가까운 오늘날 인도의 동북쪽 비하일에 있고 마가다국의 왕사성에 가까웠다. 지공은 날란다를 고려에 재현할 위치로 회암사를 지정하였으나 이는 외형에 해당하고 그의 사상의 핵심을 계승하면서 충실하게 지속되었다고 말하기 어렵다.

회암사는 외형과 내면에서 지공의 기대와 달리 날란다와 차이가 적지 않았다. 날란다대학은 북전불교와 남전불교의 사상의 차이를 극복하려는 학문의 중심지였고 지공의 저술이나 역경, 그리고 사경에서도 계율과 반야사상이 강하게 반영되었고 96종의 외도에 대한 비판도 포함되었다. 그리고 어학과 의학과 천문학을 비롯한 다양한 실용적인 학문도 겸비하였다. 나옹은 지공이 제시한 회암사를 날란다로 재현하겠다는 취지에 대해서도 그대로 따랐으나 중창한 다음에 탄핵을 받아 준공식이 끝나자 회암사에서 추방되었으므로 지공의 이상을 펼칠 기회를 잃었다.

나옹의 문집에는 지공의 사상을 철저하게 따르려는 노력이 돋보이는 부분이 많다. 지공의 무심선을 중요시하여 불교의 본질에 충실하려고 노력하였으나 날란다와 같은 폭넓은 사상이나 다른 사상에 대한 철저한 지식을 갖추었다는 교육은 전하지 않는다. 또한 반야사상을 심화하려는 노력을 강조한 부분이 적고 선승의 특징이 두드러진 특성이 있었다. 지공의『선요록』에 실린 무심선에 대해서는 나옹은 백운경한과 더불어 철저하게 준수하고 심화한 일면이 돋보였다.

나옹은 정치나 불교계에 강한 영향력을 가졌지만 화엄종을 후원한 신돈과는 비교되지 않을 정도로 정치와 승정에는 소극적이었다. 신돈과 대립하였던 태고화상 보우도 승직자의 임명이나 정치적 현실에 깊이 관여하였으나 나옹은 태고보다 지공을 현창하는 불교의 본령에 충실한 이외에 정치에 참여와 갈등이 적었다. 지공으로부터 전수한 무심선이란 정치와 초연하면서 거리를 가지는 남전불교의 고답적인 요소와 상통하였다.

나옹이 회암사의 중창을 위해서 조계종의 사원과 신도의 보시를 활용하였고 국가의 지원을 요청하였다는 근거는 찾기가 어렵다. 나옹을 추방한 대간의 비난이란 국가의 재정을 소모하였다는 주장이 아니라 농번기에 신도의 자발적인 참여가 과도하였으므로 생업에 소홀하다는 통치의 논리였다. 석가탄생일이나 단오와 같은 축제가 농번기에 없다고 말하기도 어렵고 공권력이라 하더라도 자발적인 신도의 참여를 제한하거나 왕사가 추진한 스승을 추념한 불사에 신도가 지나치게 참여한다고 추방을 결정하였다는 사실은 신돈과 태고가 갈등을 일으킨 이래 관인의 시각이 불교의 비판으로 확산하고 있었다는 추세와 상통한다.

보살사상을 강조하면서 세속과 불교의 결합을 강조한 북전불교나 정치와 종교를 일치시키는 라마교와는 다른 사상의 면모를 지공과 나옹은 견지하려고 노력하였다. 이는 현실에 적극 참여하는 간화선과도 다른 스리랑카의 보명존자로부터 전수받은 선사상이고 지공이 정리하여 저술한『선요록』의 무심선과 상통한다.

지공의 행적이 실린 자료는 여러 형태로 남아있다. 가장 생생한 자료는 민지가 남긴 선요록 서문이다. 현존하는 서문은 불복장에서 나온 문서의 사본으로 짐작되지만 원본은 없어졌다. 민지는 지공의 저술에 직접 서문을 남겼다. 지공의 구술을 담은 선요록과 함께 지공의 선사상은 물론 생애를 보여주는 가장 초기의 자료이다. 다음은 회암사에 세웠던 이색이 남긴 탑비가 자세하다.

2. 지공사상의 계승과 변화과정

지공이 보명존자로부터 득도한 선사상은 무심선이고 그의 선사상의 저술인『선요록』에 핵심이 실려 있다. 사원의 경제도 정교의 철저한 분리와 신도로부터의 자발적 지원에 의존하기를 고취하였다. 북전불교는 보살사상을 내세워 대승을 표방하고 정치와 권력과 결합하는 속성이 강하였지만 지공은 이를 배제하였다. 원 혜종은 라마교의 환희불을 숭배하고 수행으로 삼는 쌍수법을 도입하였으나 지공은 이에 반대하였다. 고려에서도 화엄종승 신돈이 유행시킨 쌍수법은 공민왕의 목숨과 왕조의 지속을 단축시켰다.[23]

지공의 사상은 정치와 불교가 불법에 각각 고유의 영역에 전념하여 서로 의존하지 않고 각각의 위치에서 성실하여 백성에게 도움을 주어야 한다는 정교 분리를 강조하였다. 백성은 신도로서 생업에 열중하여 세금을 비롯한 의무를 다하여 국가를 유지하기를 기대하였다. 국왕은 국정에만 전념하고 신도가 자발적으로 불교에 시주하고 황제나 재상이 시주할 필요가 없다는 남전불교의 교리에 충실하였다.

---

23) 허흥식, 「공민왕시 조계종과 화엄종의 갈등」『고려의 문화전통과 사회사상』, 집문당, 2004, pp.366~369.

남전불교는 적어도 사원의 창건이나 일용의 생활비에 이르기까지 국가의 시주에 의존하지 않는 특징이 있다. 그러나 국가가 왕실사원으로 이용하려고 자발적으로 불사를 일으킨 경우에 굳이 거부하였다는 기록은 없지만 적어도 시주를 요청하는 일은 지양하였다. 나옹은 회암사를 낙성하여 지공의 부탁을 실현하고 스승을 현창하였지만 왕실을 위하여 배려한 진전사원의 요소는 찾기 어렵다.

혼수가 증명법사로 이곳에 머무는 동안 공양왕이 남경으로 순주하고 봄을 맞이해 개경으로 돌아가면서 이곳에 잠시 머물러 탄신불사를 열었다. 공양왕은 미약한 왕권을 염려하고, 고려의 운명이 연장되기를 기원하였다. 이는 회암사가 왕실사원으로 역할을 강화하는 기폭제가 되었음에 틀림이 없다. 그러나 공양왕의 염원과는 달리 고려의 종말을 재촉하는 불쏘시개가 되었고 불교의 위상을 바꾸는 분기점이 되었다.

고려의 국가는 물론 불교의 위상마저 흔들리던 14세기가 끝나는 10년을 앞둔 시기에 고려국가의 운명과는 반대로 회암사의 위상은 왕실사원으로 꾸준히 변화되었다. 이곳에서 고려의 마지막 주지를 맡았던 환암 혼수는 하산소로 점찍었던 충주의 청룡사로 돌아가고 회암사는 조선개국을 준비하던 이성계를 도왔던, 무학이라 불리고 후에 묘엄존자로 받들어진 자초의 중요한 무대로 변하면서 왕실사원으로 더욱 철저하게 변화되었다.

3. 자초에 의한 조선초기의 변질

왕실사원이란 무엇보다 경제기반인 사원전의 면적과 항거승恒居僧의 수효, 그리고 중요한 국왕의 어진을 모신 진전사원이라는 요소가 중요한 지표였다. 그리고 국왕의 장례의 일부인 구재와 기일에 기일재가 열려야

했다. 회암사에서 공양왕의 탄신불사는 왕실사원으로 전환하는 중요한 계기임에는 틀림이 없지만 보다 완벽한 왕실사원으로 태어나기 위해서는 조선왕조의 왕실에서 인정하고 지원한 사원전과 항거승이 뒷받침하고 이곳에서 베풀어지는 상례와 제례와 관련이 있었다. 그리고 개국의 실세와 밀착된 묘엄존자 자초의 역할이 컸다.

회암사가 왕실사원으로 변화할수록 지공의 사상을 철저히 계승하려던 백운경한, 보제존자 나옹, 정지국사 지천, 지웅존자 혼수 등이 준수한 남전불교의 본질에 충실한 지공의 본래 취지와는 거리가 생겼다. 나옹은 회암사를 낙성하기까지 이를 지켰다고 짐작된다. 그러나 대간들은 국가가 지원하는 불사와 국가가 통제하는 북전불교의 정통과 운영방식과 다른 신도의 지나친 자발적 참여를 두려워하였던 요소가 나옹의 추방과 입적으로 나타났다.

절간익륜絶㵎益倫에 이르는 회암사의 증축과 수리에도 사원의 경비에 국가의 지원에 대한 지적은 없었다. 그러나 자발적인 시주에도 비판론자는 못마땅하였음에 틀림이 없다. 이성계의 조선건국에 적극 협력한 자초는 앞선 회암사의 주지와는 다른 방향을 선택하였다. 국가의 시주를 철저히 받아내고 왕실사원으로 급진전시켰다. 천태종의 신조는 자초와 상통하는 인물로 이성계의 개국에 참여하여 봉군되고 심지어 육식을 마련하여 태조의 건강을 도왔다. 자초와 함께 신조는 조선 건국에서 불교계의 공로자이고 자초는 천도를 지도하였으므로 앞선 시기의 태고 보우의 현실 참여를 연상시키는 경향이 있었다.

자초는 때로는 직접 지공의 감화를 내세우거나 때로는 나옹의 계승을 표방하였지만 지공과 나옹과 달리 정치에 민감하게 참여하면서 왕조의 변혁에 앞장섰다. 그는 후에 왕자의 반란에 앞서 개국 실세가 갈등을 일으키자 태조를 옹호하면서 자신의 부도와 탑비를 나옹의 문도로 명시하여 회암사에 조성하도록 준비하고 상왕으로 밀려난 태조보다 앞서 입적하여 자신의 의지를 실현하였다.

자초는 회암사를 왕실사원으로 강화시키는 과정에 앞장섰다. 나옹이 주지한 이래 고려의 회암사 주지와는 달리 왕실과 국가의 지원을 받았다. 그가 실현한 회암사의 위상은 지공과 나옹이 구현하려던 날란다의 재현이나 보명존자의 남전불교와도 다른 북전불교의 전통으로 회귀한 경향이 강하다. 천태종의 행호도 같은 경향을 보였다.

자초야말로 조선개국을 도왔을 뿐 아니라 이성계의 후원자로 회암사의 방향을 고려의 회암사와 다르게 바꾸었다. 그는 고려의 사원에서 고승의 부도가 산재하는 현상과 달리 중첩되는 방향을 강화시켰다. 그리고 왕실의 지원을 받은 사원으로 변화시켰다. 나옹은 지공의 영향을 받아 승속의 자발적인 시주에 의존하였지만 조선에서 사원은 36본사와 자복사 등 다른 사원과의 차별과 집중화 현상이 실제 식민지시대의 본말사제도와 광복 후 교구제로 정착하는 단계를 준비하였다.

지공의 사상과 날란다를 재현하려던 회암사의 이상은 나옹의 낙성에도 불구하고 좌절과 험난한 변화의 길을 걸었다. 나옹의 순교에 가까운 입적은 회암사의 시설과 장엄을 완성시키는 촉진제가 되었다. 우왕은 회암사 부근에 좌소左蘇를 두어 순주하는 행궁을 시도하였고 공양왕은 남경에서 한 해 겨울을 돌아오는 중간에 있던 회암사에 머물면서 자신의 탄신불사를 열었다.

이러한 왕실의 행사가 회암사에서 개최될수록 왕실사원으로 접근하였으며 국가의 재정에 의존하지 않고 신도의 자발적인 보시에 의하여 발전해야 한다는 지공의 불교사상과는 반대의 현상이 나타났다. 불교가 왕실의 지원이나 국가의 재정에 의존할수록 불교의 발전과는 달리 신진 관료들의 비난의 표적이 되었고 고려에서 이룩된 신도의 자발적 신앙마저 위협을 받아 불교를 배척하는 분위기가 점차 강화되었다.

조선초기에 이르러 지공이 제시하고 나옹이 준수하려던 불교와 자발적 신도의 보시라는 회암사의 방향은 지속되지 못하고 왕실사원으로 변화되었다. 이는 지공이 제시한 사원경제가 국가에 의존하지 않고 신도의 보시에 의존하면서 유지해야하는 취지에서 벗어난 중대한 변화였다. 그리고 성리학을 내세운 대간의 공격에 불교전체가 위기에 직면하고 있었다.

고려의 불교계는 한국사에서 가장 영향력을 가진 종교집단이었다. 조선의 성리학은 정치의 이념으로 건국을 주도한 지배층으로부터 점진적으로 사회기반에 이르기까지 확대하였다. 지금까지 한국사의 중요한 과제는 이러한 변화를 다양하게 규명하였으나 가장 중요한 요소는 불교가 지향한 특성이 제대로 작동하지 못하거나 성리학에 대한 스스로의 목표와 실용에서 불교보다 우월한 시대의 요소를 찾으려는 노력도 필요하다고 하겠다.

고려 불교의 가장 중요한 요소는 신라 황룡사를 중심으로 통합되었던 총괄기능보다 다양한 종파별 경쟁에 토대를 둔 분담기능이었다고 하겠다. 고려의 사원에서 유적의 집중현상이 적었고 공개적인 경쟁으로 활력이 있었으나 조선에서는 지역별 통합적 기능이 강한 36사로 정비되고 종파가 없어지고 본말사제를 거쳐 오늘날 교구제로 굳어지면서 폐쇄성이 강하게 나타났다. 조선후기에도 대흥사의 강회를 통한 경쟁의 개방과 투명한 공개토론이 있었고 해인사와 통도사에도 영향을 주었지만 좌절된 사실이 확인된다.

고려말기에 이를수록 불교의 종파별 이론적 경쟁이 약화되고 특성이 사라졌다. 사원의 운영과 중창에도 신도의 자발적 시주보다 국가의 지원에 의존하려는 경향이 나타났다. 이런 시기에 지공은 남전불교의 특성을

264

기반으로 불교의 이상을 실현하려고 하였으나 몽골제국이나 고려의 어느 곳에서도 그의 사상을 제대로 실현하는 계승자는 점차 사라졌음을 밝히고자 한다. 그리고 그의 계승자와 조선의 법통조차 제대로 의식하지 못하였다.

14세기말은 고려말기와 조선건국의 초기로서 국가의 변혁과 더불어 사상의 주도적인 변화가 일어나는 분수령이었다. 9세기말 정치와 사회의 격동의 시기로서 상통하는 요소가 있지만, 지배층의 변화는 9세기에 더욱 심각하였으나 14세기말은 지배층이 분열한 시기였을 뿐이고 사상적으로 불교에서 성리학으로 주도적인 사상이 변하였다는 결과는 9세기말보다 더욱 심각한 요소였다.

14세기의 불교의 변질과 성리학의 등장은 점진적인 현상이었지만 말기에 이를수록 격동적 분수령을 이루었다. 이를 잠재우고 불교의 본령으로 복귀할 요소는 간화선과 무심선의 두 가지에서 논의할 요소가 없지 않다. 지공의 무심선은 불교에 충실한 정교분리이고, 이는 남전불교의 요소가 강하고 간화선은 몽산덕이 이래 북전불교는 물론 유교와 도교와도 절충적인 사상으로 불교의 본령보다 사상의 통합성과 절충이 강한 특징을 보였다.

이후의 한국불교계는 간화선이 주류를 이루며 복귀하고 지공의 무심선은 선맥으로는 계승되었으나 불교사상으로는 매몰된 느낌이 있다. 필자가 지공에 대하여 학계에 처음 발표하였을 때, 이에 참석하였던 당시 불교사의 대가라는 분이 침묵을 깨고 "지공이란 가공의 인물이 아니오?"라는 유일한 질의가 있었다. 지공은 한국불교사에서 그의 계승자 나옹혜근과 함께 특별할 정도로 부처로 추앙되었던 인물이었다. 고려의 불교가 변질되던 위기에서 그가 불교의 부흥에 가장 근접한 희망을 주었다는 일면이 있다. 다른 면으로 불교계에서 가상의 인물일

정도로 잊혀진 고승이었다는 양면성은 한국불교의 현주소를 보여준다
고 하겠다.

제8장 지공화상 헌차례와 회암사의 전망

　역사란 전통의 기원이고 현재에 포함되어 미래에도 살아남는 특성이 있다. 지공화상과 회암사는 여러 가지 특이한 전통을 함께 지니고 있었다. 회암사는 개경을 떠나 장단나루를 건너 춘주를 거쳐 금강산으로 가는 길목에 위치하였다. 개경에서 도보로 이틀 정도이고 춘주까지 다시 같은 날짜가 소요되는 중간에 위치하였다.

　지공화상은 개경에 도착한 다음 회암사를 거쳐서 춘주와 금강산으로 갔다고 짐작된다. 몽골황실의 불사였고 고려출신 김황후와 황태자를 위한 청평산 문수사에 장경비를 세운 시기에도 지공은 회암사를 들렸을 가능성이 있다. 이보다 20년 전에 철산소경도 고려출신의 왕황후를 위한 불사로 금강산 성불난야에 기념비를 세웠다. 강화 보문사의 대장경을 앙산으로 옮긴 내력을 새겼고 회암사를 지나면서 제액을 썼다. 지공이 떠난 20년 후에 금강산 장안사에 기황후와 황태자를 위한 장경비를 세웠고 이제현이 비문을 지었으나 비편조차 현존하지 않고 문집에만 전면의 핵심이 전한다.

　지공은 회암사에 날란다를 재현하려는 염원을 보였고 후에 대도의 법원사로 찾아온 나옹을 수제자로 삼고 나옹이 귀국할 즈음 자신의 염원을 회암사에 실현하도록 부탁하였다. 나옹은 오랜 준비를 거쳐 우왕 2년 회암사를 확장시켜 낙성하고 이를 실현하였다. 회암사는 남전불교의 보명존자를 계승한 지공을 기념하는 사원으로 가장 뚜렷한 부도와 탑비, 그리고 진영을 보존하였다. 고려말기부터 조선전기까지 최대사원이고 고승을 배출하였다. 여기서는 회암사가 한국불교의 정통성을 강화하는 중심사원으로 자리매김하였음을 밝히고자 한다.

Ⅰ. 지공화상과 회암사의 중요성

〈그림 46〉 통도사의 삼화상 영정. 삼화상은 지공화상을 중심으로 보제존자 나옹과 묘엄존자 자초를 좌우로 모신 형태이고 전국의 중요한 사찰에서 가장 자주 보는 초상화이다. 회암사와 신륵사를 위시하여 지공화상이 한국의 불교에서 차지하는 위상을 단적으로 말해준다. 비슷한 모양도 많지만 차이도 적지 않다. 앞으로 표준 영정에 대한 논의가 필요하리라 예상된다.

지식과 지혜는 다르다. 지식은 객관성이 있는 사실이고 지혜는 상황의 변화에 따라 새로운 방향으로 활용하는 창조성이다. 지공을 기념한 유적이 밀집된 회암사는 국내뿐 아니라 세계사를 바꿀 문화유산이다. 국보는 국가를 대표할만한 문화유산이고 세계문화유산이란 우리나라에만 있거나

세계가 알지 못하는 새로운 사실을 전하는 특별한 의미가 있어야 한다.

지공과 회암사는 이슬람의 침입을 버티고 남아시아의 날란다와 불교유산을 가장 후대까지 유지한 증거를 남겼다. 이슬람은 기독교의 확산을 막으면서 아프리카와 이베리아반도 그리고 남아시아와 동아시아까지

확장한 세계사를 썼다. 이 시기에 남아시아의 불교를 비롯한 문화유산도 타격을 받았고 파괴되는 과정과 이에 대응한 사실이 극히 적게 알려졌다. 인도의 교육과 사상의 중심지 날란다대학에 대한 마지막 모습이나 교육 상황에 대한 통설은 현존하는 우리나라의 지공관계 사료를 이용하여 크게 보충하여야 한다. 남아시아의 불교사는 물론 일반 역사를 바로 잡을 세계적인 문화유산임을 밝히고자 한다.

1. 세계문화유산과 국보와의 차이점

선요록과 회암사에 세운 지공화상의 부도탑비에는 통설로 알려진 남아시아의 이슬람화가 진행된 1세기 이상 지난 시기의 날란다대학의 교육내용은 물론 인도 각 지역의 종교상황과 민속, 그리고 스리랑카의 시기리야에 있던 남전불교의 계승을 자세히 적었다. 또한『불조전심서천종파지요』에 구슬을 연결하였듯이 남전불교의 고승인 존자가 시대순서로 실려 있고『선요록』에는 남전불교의 선사상이 자세하다. 스리랑카에서 보명존자를 계승한 지공화상의 행적을 우리나라에서만 문헌으로 전하고 있다. 이와 같이 자세한 내용은 그가 고려에 다녀갈 때 남긴 저술을 고스란히 보존하였기 때문에 가능하였다.

고려출신의 대도 거류민은 법원사를 마련해주고 그를 라마교의 박해에서 구하고 국사에 책봉할 정도로 그를 보호하였다. 지공화상이 원에 머물면서 국사로 우대를 받고 입적하기까지 고려 동녀 출신인 기황후와 대도에 머물던 고려인과 유학승이 그를 극진하게 받들었다. 고려인의 중심에는 기황후가 있었다면 유학승으로 법원사를 찾아서 가장 오랜 기간 지공을 모시고 법통을 계승한 대표적인 고승은 나옹화상이었다. 지공이 입적하고 다비한 다음에 사리가 고려로 옮겨 봉안될 정도로 그에 관한 고려인의 추앙은 어느 곳보다 철저하였다.

지공화상에 대해서 회암사에 가장 자세한 행적이 실린 부도비가 있다. 이에 의하면 그는 인도의 토후국 가운데 하나인 마가다국 국왕의 셋째 아들로 태어나 8세에 출가하여 날란다대학에서 12년간 율현을 스승으로 교학과 계율, 그리고 이교에 대한 대응 논리를 공부하였다. 19세에 이르자 율현은 그에게 부처의 가르침을 더욱 깊이 배우려면 랑카에 있는 정음암의 보명존자를 찾아 수학하도록 권유하였다.

날란다는 인도의 동북에 위치한 대학이고 1193년 투르크계 무슬림의 침입으로 역사에서 사라졌다고 통설로 정리되었다. 지공의 비문에 의하면 14세기 초에도 그의 학문을 지도한 고승이 교육을 담당하였음이 확인된다. 지공이 찾았던 랑카는 오늘날 인도양의 보석이라 불리는 스리랑카인데, 인도 동북의 날란다와 함께 14세기 초기의 그 역사에 관한 자료는 우리나라를 제외하고 전혀 남아 있지 않다. 유적의 발굴을 통하여 묻혔던 시대가 확인되기를 기대할 뿐이다.

스리랑카에서 학위를 받은 유학생에게 지공에 관한 저서를 보내고 문의한 결과 지공의 행적에 실린 위의 사실을 그곳에서 확인하기 어렵다고 하였다.[1] 종교의 전통은 참혹한 파괴를 거치고도 100여년 계승된 사례라면 다른 곳에 문헌의 자료만 남았으므로 이를 중요하게 여기고 다양한 방법을 동원하여 철저하게 규명할 의무가 있다. 한국에 전하는 다양한 자료를 부정할 근거가 있느냐는 물음에도 대답을 하지 못한다면 그것은 학문의 연구와는 거리가 있다.

대한불교조계종은 고려의 조계종을 계승하였다는 역사성과 기존종교의 하나라는 현실성이 공존하고 소수가 밝힌 진실인 학문과 차별된다는

---

1) 마성, 「한국불교의 상좌불교의 만남의 역사와 과제」 『불교평론』 44호, 2010년 10.

관점에서 접근도 가능하다. 학문에서도 기존통설의 암기로 진실을 찾거나 인정하기보다 다수가 따르는 통설에 맹종하여 진실을 찾으려는 소수의 노력에 대하여 마녀사냥을 자청하는 마성魔性을 가진 경우도 있다. 기존 종교에 의한 이른바 마녀사냥은 천동설에 기반을 두었던 기독교에 대한 지동설을 말한 과학자를 재판에 세웠던 일이 한국불교사에서도 없다고 말하기 어렵다. 학문과 종교가 함께 진실을 외면하고 부패할 경우 소수의 진리는 악마의 품성을 지닌 마녀로 지탄되지만 기존 종교의 성직자에 의하여 유린당한 진실을 의미하듯이 다수의 거짓에 의하여 소수의 진실이 짓밟히는 현상이 존재하지 않는다고 단정하기도 어렵다.[2]

주한 스리랑카대사관과 주 스리랑카 한국대사관에 문의하여 이 분야에 전공 학자를 소개받고도 향상된 근거를 찾지 못하였다. 이후 미국에서 유학한 학자의 도움을 받아 약간의 실마리를 얻었다. 이슬람에 의하여 소멸되었다는 통설과는 달리 이후에도 티베트 출신의 달마스바민과 아티샤의 생애에서 13세기 날란다의 상황을 보여주는 몇 가지 사실은[3] 기존의 통설과 달랐다. 이는 지공의 활동의 근거에 신빙성을 높였다. 당시 날란다의 상황은 어두웠지만 마지막 등불은 완전히 꺼지지 않았다. 지공은 이들보다도 후에 살았으며, 날란다와 랑카의 역사와 불교의 상황에 대하여 뚜렷하고도 풍부하게 전하였다.

14세기 초기 날란다나 랑카의 불교에 대한 자료는 인도와 스리랑카를 포함하여도 지금 세계의 어느 곳에도 회암사나 우리나라에 남겨진 지공화상의 저술처럼 많은 유적이나 자세한 내용을 전하는 사례가 없다.

---

2) 허흥식, 「한국불교의 남전불교 요소」, 『불교평론』 62호, 2015년 여름.
3) Alaka Chattopadhayaya, *Atisha and Tibet —Life and Works of Dipamkara Srijnana in Relation to the History and Relation of the Tibet with Tibetan Sources*, Montilal Banarsidass Publishers, Delhi, 1999 ; George Roerichm, *Biography Of Dharmasvamin*, K.P Jayaswal Research Institute, Patna, 1959.

지공화상이 공부한 날란다대학과 시기리야의 남전불교에 대하여 고려인들은 중요성을 알았다. 지공과 그를 도왔던 고려인들이 이런 사실을 글로 적어놓거나 유적을 만들지 않았다면 당시 남아시아의 불교사는 한국에서처럼 깊이 있게 접근하기 어렵다. 지공은 정음암에서 좌선을 통하여 득도하고 인도의 서북과 네팔과 티베트의 서쪽에서 동쪽으로 이동하여 동아시아의 서남부에 도착하였다. 그곳의 소수민족을 교화하고 대운하를 따라 대도와 상도를 거쳐 고려의 금강산에서 황제의 축원불사를 위탁받고 1326년 3월 고려의 개경에 도착하였다.

지공은 2년 7개월 동안 고려의 여러 곳을 찾았고 신도들에게 수계하고 설법을 하였다. 1328년 몽골제국의 진종晉宗이 즉위하자 그를 소환하여 여러 종파의 고승과 토론을 시키고 위기에 몰았다. 그는 탄압을 받아 한동안 위험한 지경에 이르렀다. 대도에 거류하는 고려인의 보호를 받아 위기를 극복하고 명예를 회복하였으며 후에는 혜종의 국사로 책봉되고 황제와 황후의 극진한 대우와 선물을 받았다. 그러나 그는 황제가 재정을 사원에 보시하여 소비해서는 안 되고 오로지 국가의 운영에 사용해야 한다고 모든 선물을 사양하였다. 그는 불교계가 신도의 자발적인 후원에 의존해야 한다는 남전불교의 운영원리를 철저히 지켰다.

2. 지공과 대도의 고려 거류민

지공화상의 비문에는 그와 관련된 여러 인물이 실려 있다. 몽골의 수도 대도에 머물던 몽골의 귀족의 부인인 고려출신 여성이 지공을 도왔던 기록이 많다. 그가 대운하를 따라 대도에 이르러 숭인사에서 그가 수계하도록 주선한 대순 승상의 부인 위씨韋氏는 고려인이었다. 또한 천력 연간 그가 수난을 당할 때에 집을 절로 만들어 보호하였던

272

대부대감大府大監 찰한티무르察罕帖木兒의 처 김씨도 역시 고려인이었다.

이와 같이 대도의 고려거류민은 원의 귀족 자제와 결혼한 고려여인들이었고, 단월로 그를 보호하였다. 기황후와 혜종이 그를 국사로 삼고 자문을 구하였다. 그리고 태자와 승상 삭사감朔思監 등이 지공의 지도를 받기 위하여 국가의 재정을 시주하면서 도움을 구하였다. 지공은 불교란 신도의 자발적인 보시를 받아 유지하고 태자와 재상이 국가의 재정을 시주하여 불교를 도울 필요는 없고 백성에게서 거둔 세금은 백성을 위하여 써야 한다고 모든 선물을 사양하고 받지 않았다.

지공의 사상은 국가가 재정을 지출하여 불교를 지원하는 북전불교와는 달랐다. 불교와 정치는 각각의 역할에 충실하여 백성과 사회에 도움이 되어야 한다는 남전불교에서 오늘날에도 강하게 남아있는 정교분리의 원칙을 지공은 철저하게 준수하였다. 지공을 국사로 삼았던 혜종은 남전불교의 사상에는 관심이 적었고 라마교의 쌍수법을 수행의 방법으로 채택하고 국정에는 소홀하고 재정을 탕진하였다.

고려의 거류민과 그곳에 여행한 고려의 고승은 지공을 추앙하였으나 그로부터 직접 감화를 받은 나옹혜근과 백운경한, 정지국사 지천 등이 있었다. 이들은 지공의 선사상인 무심선을 강조하였지만 묘엄존자 자초나 이후의 고승들에게서 그의 선사상은 점차 약화되었다. 지공을 추앙하였으나 그의 사상을 실천하려는 노력은 이후에 뚜렷한 사례를 찾기 어렵다.

지공은 그를 찾아 11년간 머물렀던 수제자인 나옹혜근이 본국으로 돌아가려하자 회암사의 입지가 날란다와 모양이 같은 삼산양수의 지형이므로 고려에 이를 재현하기를 부탁하였다. 나옹은 귀국하여 즉시 착수하지 못하고 우왕이 재위한 초기에 확장하여 실현하였다. 회암사에는 북원의 연호인 선광宣光이 사용된 지공과 나옹의 탑비가 있다. 북원과

<그림 47> 회암사 지공화상의 부도와 석등, 그리고 탑비가 일직선으로 하나로 사진에 담은 모습. 북에서 남으로 촬영하였고 중간에 지공의 부도가 있고 북쪽 높은 곳에 보제존자 나옹의 부도와 석등이 있고 아래에 묘엄존자 자초의 부도와 석등과 탑비가 있다.

연결하여 동아시아의 질서를 재편하려던 의지가 반영된 시기의 보기 드문 유적이고 나옹을 계승한 문도가 주지한 여러 사원에서 보제존자 나옹의 부도가 조성된 곳이 많다.

전국의 중요한 사찰에는 지공을 중심에 두고 나옹과 자초가 좌우에서 옹위한 삼화상의 진영을 모신 사원이 아주 많다. 조선의 선종은 지공의 계승자에 의하여 회암사를 중심사원으로 법통이 이어졌다. 조선의 불교계는 국가의 비호를 받았고 이 때문에 대간의 비판을 강하게 받았다. 신도의 자발적인 시주에 의존해야한다는 남전불교에 토대를 두었던 지공의 신념은 점차 약화되었다.

3. 회암사와 남한산성의 비교

회암사는 서울의 북쪽 양주시의 경내에서 동쪽으로 포천을 향하여 지나는 도로에 근접하였고 고려의 서울 개성과 조선의 서울 한성의 중간에 있다. 조선을 개국한 태조 이성계가 세력기반을 키우고 왕위를 아들에게 물려주고 상왕으로 머물렀던 함흥에서 개경과 한성에 이르는 길목에 위치하였다. 상왕이었던 태조는 개국을 도왔던 묘엄존자 자초를 이곳의 주지로 삼고 부근에 궁궐을 짓고 한성에 들어가지 않으려 하였다.

상왕인 태조에게 호위하는 군인과 며치旀致라는 여인과 어린 딸이 있었다. 회암사를 연구한 이들은 회암사지에 있던 정청正廳을 그가 머물던 궁궐로 간주하는 글이 많다. 회암사지에서 서남에 위치한 넓은 지역에서 담장과 주춧돌이 발견되므로 그곳이 공양왕도 행차했고 태조도 머물렀던 궁궐터로 짐작된다. 다시 말하면 고려말기부터 조선초기까지 행궁이 있었던 곳은 회암사지 서남쪽 지역이며, 회암사지의 정청을 행궁이라 보기는 어렵다.

행궁은 우왕시에 천도를 기획한 삼소三蘇의 하나인 좌소左蘇이거나 공양왕이 머물렀던 장소였다. 조선의 태조가 회암사에 들러서 불사에 참여한 시간에 잠시 머물렀던 정청과 행궁은 전혀 다르다고 하겠다. 앞으로 공양왕과 태조가 머물렀던 행궁을 발굴하여 시설을 확인하고 회암사를 그곳에 복원하고 본래 회암사의 옛터는 회암사지박물관과 함께 보존하는 방향으로 발전시키기를 제안한다.

한강의 북쪽 회암사 부근에 고려의 우왕과 조선태조의 행궁이 있었듯이 그 남쪽 한성의 교외인 남한산성에도 행궁이 있었다. 남한산성은 본래 한성 백제의 산성이었고 후금의 침략에 대비한 행궁을 이곳에 마련하였다. 인조는 이곳에서 나와서 지금의 송파인 삼전도에서 항복하였으나 산성은 견고하였다. 이곳의 유산을 정리하고 정비하여 2014년 6월 유네스코가 정한 세계문화유산으로 등재를 마쳤다.

남한산성과 회암사는 행궁으로 공통점도 있지만 차이점도 있다. 남한산성에도 성을 쌓고 지킨 팔도의 승군이 머물던 사원이 여러 곳이었으나 사원보다 산성이 더 알려졌고 대부분의 사원은 절터만 남았다. 회암사의 행궁과 성터는 흔적만 조금 남았고 부도와 진영을 모셨던 암자가 사원으로 유지되었고 본래 회암사는 절터만 보존되었다는 차이가 있다.

회암사는 나옹의 문도에 의하여 조선초기에도 여러 차례 보수되면서 남전불교를 계승한 지공화상을 기념한 대표적 사원이고 조선전기까지

〈그림 48〉 2014년 6월 유네스코 세계문화유산으로 등재된 남한산성의 행궁. 행궁은 가장 비용이 많이 드는 정비사업의 하나였다.

가장 중요한 사원으로 유지되었다. 고려와 조선으로 이어진 한반도의 공간에서 지공은 남아시아 남전불교의 유적을 동아시아에 가장 멀리, 그리고 가장 늦게 그리고 가장 뚜렷하게 보존하도록 부탁하였고 실제로 흔적을 남긴 인물이었다. 회암사는 날란다를 재현하려는 지공의 취지를 살려서 중창한 사원이었다.

지공과 회암사는 남아시아의 날란다와 스리랑카의 불교가 동아시아에서 가장 멀리 북쪽에 가장 뚜렷하게 남긴 인물과 유적으로 동아시아의 역사는 물론이고 세계사를 바꿔 써야 할 희귀한 문화유산이다. 지공은 몽골제국의 국사로서 고려와 명, 그리고 조선에서 추앙된 남전불교의 뚜렷한 사례이고 회암사는 남전불교의 유적이 밀집되었으므로 소중하게 보존할 가치가 있는 자랑스러운 유산이라 하겠다.

II. 회암사의 복원방향과 나옹의 계승자

오늘날 회암사와 그 주변은 크게 세 지역으로 나뉜다. 하나는 본래 회암사지로 거대한 석축과 건물지가 돋보이며 1998년부터 10년간 발굴하였다. 지금은 발굴을 중단하고 서북의 망루에서 조망하게 만들었으나 실제로 절터를 밟지 않도록 출입을 금지시켰다. 넓이가 3만 평방미터이고 서북에 밀집된 사원의 핵심부이고, 보광전의 마당부터 남쪽 당간까지가 객승이나 신도를 접근시키고 교화하는 접화부였다. 동쪽은 창고와 물자를 운반하고 음식을 만들던 운영부라 하겠다.

현재 회암사가 살아서 사원의 역할을 계승하는 곳은 본래 사지의 서북쪽에 삼화상의 영정을 모신 암자가 있던 좁은 공간이다. 풍수상 본래 절터의 백호에 해당하는 서북의 산등성이에 삼화상의 부도가 줄지어 있다. 이를 지나면 밀착된 골짜기를 메운 좁은 공간에 회암사가 있다. 본래 조사전이라 불리던 삼화상의 영전을 모신 건물의 옆에 작은 요사寮舍가 있었으나 점차 법당과 요사를 넓히고 다른 부속 건물을 보태어 사원의 형태를 이루었다.

지금 회암사 일대에서 가장 변화와 발전이 활발한 곳은 절터의 남쪽 부분이다. 회암사지박물관을 중심으로 다리를 건너서부터 회암사지로 진입하는 곳이고 넓은 주차장과 박물관을 거쳐 절터로 가는 중간에 해당한다. 이곳은 가장 많은 관람객이 공부하고 사색하는 공간으로 제공되고 있으며 활기가 있다. 넓은 의미의 회암사는 절터와 살아있는 회암사, 그리고 회암사지박물관의 세 곳이기에 이들의 명칭도 앞으로 관람자가 이해하기 쉽도록 서술하여 안내하기를 기대한다.[4] 이 글에서는 이보다

---

4) 필자는 잠정적으로 본래의 회암사를 회암사지 또는 사지와 옛터라고 부르겠다. 다음으로 조사전이 있었던 곳이 오늘날 회암사이다. 마지막으로 진입로와 주차

회암사를 거시적으로 파악하기 위하여 앞으로 더욱 학술적으로 검토할 행궁에 대하여 밝히고자 한다.

1. 정청과 사리전의 해석상 문제점

회암사의 건물배치에 대해서는 이색의『목은집』에 실린「회암사수조기」에 가장 자세하다. 이는 우왕 초기 절간익륜絶磵益倫이 이곳을 주지하면서 나옹화상이 스승인 지공의 당부를 오랫동안 준비를 거쳐 날란다대학을 재현하였던 사실을 밝힌 내용이다. 이곳에는 다른 사원의 구조와 차이점이 몇 가지 보인다. 건물의 중심인 보광전에서 북쪽으로 정청과 사리전이 있다. 일반적으로 불사리는 탑에 보존하고 법당의 정면에 세우지만 회암사에는 보광전 앞에 탑이 없고 사리전이 대신하고 위치도 탑과 다르다.

회암사지에 고승의 사리는 부도에 조성되어 백호에 해당하는 위치에 삼화상의 부도가 있다. 그리고 사지의 북쪽 담장의 밖에도 부도가 있으나 이에 대해서 처안處安이나 보우普雨의 탑이라는 견해가 엇갈려 있다. 그러나 고려의 부도가 아니라 조선전기 고승의 부도라는 견해는 일치한다. 이로 보면 사리전에 모셨던 사리는 법당의 앞에 세우는 다층탑에 모신 다른 사리보다 더욱 소중하였을 가능성이 크다. 보스턴 박물관에 소장된 3불2조사 사리와 관련될 가능성이 가장 크다고 추정된다.

회암사에서 의문이 있는 건물은 정청正廳이다. 정청은 보광전을 중심으로 가장 중요한 핵심부에서도 가장 그윽한 곳에 위치하고 사리전과 이웃하였다. 이름으로 보아 국왕이 회암사를 찾으면 머무는 곳이라고

장에 있는 중심건물인 회암사지박물관을 박물관일대라고 하겠다.

해석하였다. 일부는 필자도 동의하지만 적지 않은 차이가 있다. 왕실을 위하거나 부처를 위한 불사에서 국왕 행차는 단순하지 않다. 수도에서 거리가 멀수록 국왕이 머물면 많은 관인과 내시를 비롯한 수행원과 가족과 호위하는 군사를 동행한다.

회암사는 도성내의 사원이었던 시대는 거의 없었다. 이곳에 국왕이 행차하려면 개경의 수창궁이나 한성의 경복궁에서도 당일에 참석하고 돌아갈 거리가 아니었다. 1만평의 공간에 500인이 상주하던 곳에 승과 이와 맞먹은 노비와 속인이 뒷받침한 회암사에 다시 그보다 많은 국왕을 비롯한 가족과 호위군사가 일시에 이곳에 머물렀다고 보기는 어렵다. 정청은 국왕이 불사에만 잠시 참여하기 위하여 머물렀던 곳이지만 그가 회암사에 머물더라도 대부분을 부근의 행궁에 있었고 중요행사에만 정청과 부근에 머문다는 해석이 자연스럽다고 하겠다. 행궁의 위치는 옛 회암사지에서 작은 고개를 넘어 서쪽의 평지에 있었다고 짐작된다.

회암사와 가까운 오늘날의 노원구와 의정부에는 국왕과 관련된 유적 이나 명칭이 적지 않다. 이곳은 개경에서 한양으로 오는 내륙의 길이고 고려말기에는 동북의 군벌이었던 이성계의 거점으로, 개경과 연결된 지역이었다.5) 조선개국 후에 두 차례 왕자의 내란으로 태조가 실각하여 상왕으로 태종에게 불만을 가지고 회복을 시도하였을 때에도 함흥에서 이천과 포천과 의정부를 잇는 노선은 여전히 살아 있었다. 노원과 마들은 상왕인 태조의 호위군이 말을 먹이면서 한성을 겨냥한 훈련장에서 유래 했다고 한다.

---

5) 위화도회군이란 동북면 군벌인 이성계가 최대의 위기에서 그의 아들 방원이 동북면으로 마련한 거점을 이용하여 사병을 동원하여 반격하였다. 이는 회암사 와 주변의 연구에도 매우 중요한 대상이다.

2. 공양왕과 조선태조 행궁의 위치

회암사는 나옹이 여러 차례 주지하였고, 왕사로서 중창하였지만 왕실 사원의 기능은 뚜렷하게 확인되지 않는다. 다만 우왕의 치세에 왜구의 출몰이 심하여 삼소三蘇라 불린 세 곳에 성을 쌓기도 하였지만 임진강의 북쪽이고 개경에서 먼 거리가 아니었다. 다만 삼소의 공사는 우왕 3년과 5년에 있었고 산성에 가까우므로 규모가 크다고 말하기 어려웠다. 지리승인 도선道詵의 밀기密記에 실렸었다는 삼소는 북소 기달산北蘇 箕達山을 중심으로 우소 백마산右蘇 白馬山, 좌소 백악산左蘇 白岳山이었다.

그 위치에 대하여 북소와 우소는 견해의 차이가 적지만 좌소는 장단도長湍渡를 건너 감악산의 동쪽 연주漣州(漣川), 회암檜巖, 한양 등이 논의되었다. 좌소의 위치는 남북이 다른 당시의 지도에서 삼각산의 동쪽이고 동향한 번동樊洞을 포함한 연천에 이르는 여러 곳이 논의되고 궁궐이 조성되었다고 짐작된다. 명이 금릉金陵에 도읍을 정하였지만 대도를 점령하였으므로 이를 대비하려는 목적도 있었다.[6]

회암사와 관련된 우왕의 한양천도는 8년에 결정되었으나 9월 2일 환도하였다. 우왕이 지났던 길은 왜구가 출몰하는 삼각산의 서쪽이라기보다 안전한 동쪽이고 회암사와 가까운 오늘날 서울과 경기도의 동북에 위치한 여러 지역이 물망에 올랐다. 이보다 앞서 절간익륜이 회암사를 완성한 사실도 우왕의 안전한 천도를 위한 배려가 작용하였을 가능성이 있다. 이를 입증할 다른 자료는 확인되지 않는다.

혼수가 회암사 주지였던 사실이 다른 고승의 비문에 실려 있다. 익륜의 뒤를 이어 회암사의 주지를 맡았다면 이후이지만 실제로 그의 비문에는

---

6) 李丙燾, 『高麗時代의 硏究』, 亞細亞文化社, 1980, pp.326~329.

이 사실이 뚜렷하게 실리지 않았다. 다만 신미년(공양왕 3, 1391)에 왕은 내신을 보내어 향을 내리고 국사인 혼수를 모셔오고 왕실을 위한 불사를 주관시킨 증명법사였음이 확인된다.[7] 다음 해에 왕조의 종말과 함께 공양왕과 국사였던 혼수에게도 불행의 먹구름이 닥쳤던 전야였다.

공양왕은 이보다 앞서 2년 9월 병오(17일) 개경을 출발하여 경술일(21일) 한양에 도착하였다. 이때의 천도와 왕실의 불사에 대해서는 『고려사』의 기록이 비문보다 자세하지만[8] 몇 가지 의문이 남는다. 하나는 개경에서 한양에 도착한 기간이 4일에 불과할 정도로 신속하였다는 사실이다. 그리고 겨울을 앞두고 4개월간 머물렀다가 봄을 기다려 떠났으므로 천도라기보다는 삼경에 순행하여 머물면 국조가 연장된다는 전통적인 지리참설의 실천이었을 가능성이다. 국왕은 대신과 군사를 거느리고 간편하게 떠났으나 돌아올 때는 날짜가 오래 걸렸다.

4개월 남짓 지나서 다음해 2월 남경南京을 출발하여 개경으로 환도하기 위하여 떠났다. 왕은 중간에 위치한 3일 걸려 회암사에 도착하여 이곳에서 크게 불사를 일으켰다.[9] 국왕은 몸소 향로를 들고 사원의 각 승당을 돌면서 음식을 권했고, 왕비도 따라나섰다. 이때 반승飯僧에는 천여 명이

---

7) "辛未秋 (中略) 恭讓君命內臣降香. 邀師爲證."
8) 『고려사』 권45,공양왕 2년 9월 을사, "謁陽陵 仍祭于孝愼殿 告遷都." ; 동상, 병오 (17일), "遷都于漢陽." ; 동상, 경술(21일), "駕至漢陽."
  필자는 이때의 궁궐터에 대해서 궁금하였으나 뚜렷한 전거를 찾지 못하였으며, 궁궐은 지금의 昌慶宮이었다는 사실을 다음에서 읽을 수 있었다. 李丙燾, 『高麗時代의 硏究』改訂板, 亞細亞文化社, 1980, p.339.
9) 『고려사』 권46,공양왕 3년 2월, "己未(2일) 王發南京 ; 辛酉(4일) 次檜巖寺 大張佛事 窮極奢侈 飯僧千餘 使伶官 奏鄕唐樂 王手執香爐 巡東西僧堂 以侑食 順妃亦隨之 又與妃及 世子 禮佛徹夜 ; 壬戌(5일) 王及世子 手施僧布 一千二百匹 賜講主僧 段絹各三匹 衣一襲 仍御寺門 受誕日朝賀 ; 辛未(14일) 三軍總制府 閱所統兵 分番宿圍 ; 乙亥(19일) 國大妃 至自南京 ; 丁丑(21일) 以前政堂文學李元紘女 爲世子妃 ; 庚辰(24일) 百官上箋賀 ; 辛 (25일) 命世子 謁陽陵 仍祭孝愼殿 告還都."

참가했고, 화려하게 악공樂工으로 향악鄕樂과 당악唐樂을 번갈아 연주시켜
서 분위기를 돋우었다. 또한 왕비와 세자는 밤새워 예불하였다고 한다.
다음날 왕비와 세자는 직접 승들에게 포백布帛을 내리고 강주에게는
특별히 비단과 가사를 하사하였다. 다음에 국왕은 탄신일의 하례를 신하
들로부터 받았다.

국왕이 탄신불사를 직접 회암사에서 2일간 열었던 셈이다. 개경과
남경의 중간에 위치한 회암사가 중요한 왕실사원의 기능을 충분히 발휘
하기 시작하는 뚜렷한 증거였다. 회암사를 떠난 날짜와 개경에 도착한
날짜는 기록되지 않았으나 2일 남경을 출발하여 4일 회암사에 도착한
다음 6일까지 2일간 국왕의 탄신불사를 마치고, 늦어도 14일에는 개경으
로 환도하였으나 국왕의 노모는 19일에 도착하였다. 26일에는 그 사이에
결혼한 세자가 국왕을 대신하여 신종의 양릉에 환도를 보고하는 의식을
거행하여 4개월간의 남경의 천도는 순주巡駐로 일단락되었다.10)

당시 공양왕의 회암사불사는 조선건국을 준비하던 반대세력이 공격하
는 대상의 하나로 떠올랐다. 정도전은 "신하가 기복을 위한 탄신불사誕辰
佛事라면 말릴 수 없으나, 국왕이 직접 기복했다는 이야기는 듣지 못했습
니다."11)라고 비난했다. 왕권이 미약하고 반대세력의 불교에 대한 비판
의 기치가 올라간 당시에 국왕의 독실한 신앙심마저 비난을 증폭시키는
구실이 되었다.

『고려사』에는 당시 회암사 주지와 의식을 총괄한 증명법사에 대한
내용이 없으나 혼수의 비문에 의하면 그가 담당하였음이 확실하다. 국왕
이 천도한 다음 안정되기에 바쁜 시기에 몸소 가족과 신하를 대동하고

---

10) 『고려사』에는 한양이란 표현보다 南京이라 하여 巡駐로 간주하였지만 『고려사』
　　 의 편찬자들이 천도를 강조한 느낌이 있다.
11) 『고려사』 권119, 列傳 鄭道傳.

며칠씩 묵으면서 생일 기념불사를 베풀 정도의 사찰이었다면 국왕의 관심과 배려가 어느 정도였는가를 짐작할 수 있다. 이는 또한 지공과 나옹, 그리고 뒤를 이은 환암혼수를 중요시한 공양왕이 보여준 불교계의 계승에 대한 우위를 인정하는 의미로도 해석될 수 있다.

3. 혼수의 스승과 조계종의 법통

태고와 나옹을 각각 법통으로 삼는 불교계의 논쟁은 각각 뚜렷한 근거가 있다. 논쟁의 핵심은 태고와 나옹이 입적을 전후한 시기에 조계종의 전반에 영향력을 가졌느냐보다 누구의 문도가 계승자로서 단절되지 않았는가에 모아진다. 상반된 법통에 대한 견해에도 불구하고 한 가지 공통점은 혼수와 그 계승자만이 단절되지 않고 지속되고 있다는 사실이다. 따라서 환암혼수가 나옹과 태고 가운데 누구의 문도였는가에 문제 해결의 열쇠가 있다.

혼수는 태고의 비문과 나옹의 비문에 공통으로 문도로 명시되어 있으므로 지금까지 세 가지 해석이 가능하였고, 실제로 태고의 문도, 다음으로 나옹의 문도, 마지막으로 태고와 나옹의 두 스승 계승 등 여러 견해가 있었다. 태고는 나옹보다 먼저 태어나 나옹이 왕사였을 때에 국사였다. 나옹 사후에도 6년간 생존하였고 그의 비문도 나옹비보다 늦게 세웠으며 태고 이후까지 혼수는 생존하고 있었다.

이러한 경우 늦게 세운 비문을 따라야 한다는 견해[12]는 주목된다. 그런데 혼수의 비문은 태고의 비문보다 더욱 늦게 건립되었으나 이에 의하면 혼수의 비에는 태고의 감화를 받은 사실을 전혀 말하지 않고

---

12) 退翁性徹, 앞의 책, p.174.

〈그림 49〉 원주 영전사令傳寺 보제존자(나옹화상)삼층석탑. 현재 국립중앙박물관 동편의 야외에 전시되었으며 단층 승탑이 아니라 불탑의 모습을 보여주는 형태이고 조성연대가 1388년 4월로 밝혀졌으므로 국보로 지정되었다. 나옹의 계승자가 이후 조계종에서 단절되었다는 조계종 종헌에 의문을 남기는 다양한 증거의 하나이다.

나옹과의 관계만 강조하였다. 태고의 비문 전면에 문도로 혼수가 수록되었으나, 혼수의 비문에 태고에 대한 언급이 전혀 없는 사실은 의문을 더한다.

혼수의 비문에는 나옹의 인가를 받고 있음이 확인되고 나옹의 비문이나 문집에도 이 사실은 확인된다. 세속의 나이로는 혼수의 사승을 태고라고 보는 편이 자연스러우나 혼수의 비문에 밝혔듯이 득도와 인가로는 나옹의 문도임이 확실하다. 태고의 비문에는 국사였던 혼수와 왕사였던 찬영, 그리고 내원당을 포함한 고승을 승직의 순서로 망라한 느낌이 있다. 이 비문에 태고의 문도로 실린 상총尙聰과 신규信規는 혼수의 비문에 역시 문도로 실렸다. 원규元珪는 각진국사 복구의 문도이고, 천긍天亘은 각운의 문도임이 확실하다.13) 이와 같이 조계종의 가장 높은 승직자가 거의 망라되었을 뿐 아니라 다른 고승의 문도가 특히 많이 실린 점은 아무래도 의심을 갖게 한다.

　이색과 이숭인李崇仁이 각각 남긴『태고어록太古語錄』서문에 의하면 찬영은 태고의 대표적 계승자라고 명시하고 있다. 자세히 말하면 이색은 서문에서 "왕사인 고저공古樗公과 광명사廣明寺의 굉철봉宏哲峰이 태고의 문도 가운데 영수이고, 지금 서문을 구한 이는 이들 두 분의 뜻을 받들은 문도는 문진文軫이라"고[14] 명시하였다. 또한 이숭인의 서문에도 "지금 왕사인 고저공—이름은 찬영粲英이다—은 그(太古)의 우두머리 제자이다. 평일에 스승으로부터 들은 바를 모아서 약간의 분량을 만들고 제목을 태고어록이라 하고, 나로 하여금 서문을 쓰게 했다"[15]고 적고 있다.

　고저는 바로 찬영의 호이고, 굉철봉은 호가 철봉이고 법명이 석굉이나 조굉인 고승이고, 이들은 모두 태고의 비문에서 확인된다. 이로 보면 찬영이 태고의 대표적 문도임이 확실하다.『태고어록』의 서문에 실린 그의 대표적 계승자는 같은 인물의 비문과 다른 셈이 된다. 이는 비문에서 혼수를 첫째로 쓰고『불조종파지도』와『해동불조원류』에서도 혼수만을 태고의 법통계승자로 수록하고 찬영이 배제되었으므로 사실과도 틀리다.

　이색과 이숭인은 태고어록서문에서 찬영을 태고의 대표적 계승자라고 일치하는 견해를 보이고 있으나, 이는 태고의 비문에서 혼수를 첫 번째 문도로 수록한 사실과 상반된다. 어록의 서문을 쓸 당시 국사였던 혼수가 살아 있었으므로 대표적 문도라면 제외될 수 없다. 또한 이색과 이숭인은 불교와 깊은 유대를 갖고 있었으므로 이를 몰랐을 정도로 당시 불교계에 대해서 문외한도 아니었고, 틀린 사실을 문도들이 그대로 간행했을 까닭

---

　13) 太古의 碑陰記에 실린 門徒를 참조할 것.
　14)『太古和尙語錄』, 李穡: 語錄序(『韓國佛敎全書』6, p.669).
　15) 위와 같음, 李崇仁: 語錄序.

도 없다.

그렇다면 채영采永은 도안道安의 불조종파지도佛祖宗派之圖에 사료를 보충하여 해동불조원류海東佛祖源流의 골격을 세웠으면서도 혼수의 비문이나 태고어록을 참조하지 못한 셈이다. 혼수의 비문은 태고의 비문이 있는 서울 부근의 태고사보다 멀리 떨어진 오늘날 충북의 중원군에 있다. 채영은 이를 전혀 참조하지 못하고 법통을 정리하였다고 짐작된다.

태고보우의 비문은 이성계가 관직과 함께 수록되었으므로, 이를 이용하여 국가의 후원으로 비각을 짓고 비각현판을 어제御製로 제작하였다. 그러나 태고의 단월인 윤환尹桓, 이인임李仁任, 최영崔瑩, 임견미林堅味, 이성림李成林의 다음으로 수록된 이성계는 판삼사사判三司使란 재정관계의 관직을 맡았으므로 수록되었을 뿐 태고와의 각별한 유대는 어느 곳에서도 찾기 어렵다. 이와 같은 수준으로 이성계가 참여한 비문은 나옹의 석종비에서도 찾아진다.[16] 이성계는 나옹의 문도인 자초와 밀접하였으므로 오히려 이들의 후원자에 가깝다.

해동불조원류란 임진왜란 후에 자료가 부족한 상태에서 태고의 문집도 제대로 반영하지 못한 불충실한 저술임이 확실하다. 이와 같이 혼수는 나옹의 문도라는 개연성에도 불구하고 태고의 문도로 태고의 비문에 수록된 경위에 대한 추정이 가능하다. 혼수의 사승인 나옹이 대간의 탄핵을 받아 추방되는 과정에 독살되었을 의문이 짙으며, 그의 갑작스런 입적으로 충격을 받은 조계종의 사굴산문과 가지산문이 마지막으로 단결하여 대처한 상황이 태고의 비문에 반영되었다고 하겠다.

혼수가 태고의 문도로 정리된 두 번째 계기는 조선 건국 후 자초에 의하여 작성된 「족도族圖」에서 비롯되었다. 자초는 나옹이 생존한 시기에

---

16) 「安心寺指空懶翁石鍾碑」 『韓國金石全文』, p.1227 ; 「神勒寺大藏閣記」 『韓國金石全文』, p.1218.

혼수보다 두각을 보이지 않았으며 이는 나옹의 비문에서 확인된다. 나옹이 신광사에 있을 때 문도로서 자초를 소외시키는 자가 있었다는 사실이 자초의 비문에 실려 있고, 자초의 행적은 한동안 확실하지 않다. 그가 후원하던 이성계가 즉위하자 혼수가 독살의 의문이 있을 정도로 폭사한 점으로 보아 이보다 앞서 신광사에서 자초를 소외시킨 문도는 혼수이고 조건 건국 직후에 화를 입었을 가능성이 크다.

자초는 개국과 더불어 왕사로 책봉되면서 이후에 자신과 나옹을 포함하여 삼화상으로 부각시키고 혼수를 나옹의 대표적 계승자에서 배제하였음을 추측하기에 어렵지 않다. 그러나 혼수가 당시 삼화상으로 부각된 자초에 의하여 소외되었다 해서 자초가 족도에 그를 태고의 법통으로 정리하였다고 보기 어렵다.

자초보다 약 1세기 후에 살았던 성현은 혼수를 나옹의 다음으로 수록하였다. 성현은 혼수의 생애에 대하여 자세히 정리하면서, 그의 득도와 발전의 계기를 식영연감息影淵鑑으로부터 『능가경』을 배움으로써 그가 명성을 얻었다고 밝혔다. 나옹이 드날렸던 계기를 공민왕시의 공부선에 두면서, 이때 어느 자료보다 충실한 내용을 전하였다.[17] 또한 그의 문도로 천봉만우의 행적과 역할에 대해서도 특기하고[18] 천봉집을 남겼다고 하였다. 이와 달리 혼수가 태고의 법통으로 바꾸기까지는 다시 2세기가 지나 왜란 후에야 가능했다고 생각된다.

자초가 만든 족도를 기준으로 지공과 나옹에 이어 자초를 강조한 도안과 채영은 함허기화(1376~1433)를 대표적 계승자로 강조하였다. 기화는 태조 2년 전성기로 회암사의 주지였던 자초에게 출가하였지만

---

17) 成俔, 『傭齋叢話』 권6, 釋混修號幻庵.
18) 위와 같음, 釋卍雨者. 幻庵之高弟. 어떤 판본에는 屯雨로 쓰였으나 卍雨의 잘못임이 확실하다.

〈그림 50〉 살아서 국사이고 지옹존자로 추앙되었던 환암혼수의 탑비와 부도. 그리고 석등은 충주시 소태면에 작고도 아담하게 보존되었다. 조용하지만 입적과 사승에 대한 비문의 기록은 조선개국의 아픈 상처를 알려주는 불교사의 살아있는 초라한 증거이다. 소박한 탑의 조형이 지공화상이 바랬던 불교의 참다운 모습이 아닐까? 그의 비문에는 보제존자 나옹의 계승자임을 명시하였다. 태고의 수제자인 고저찬영을 제치고 환암혼수가 계승자로 탈바꿈한 조선후기의 변화에 대한 불교사에 의문을 던지는 또 다른 중요한 근거이다.

그가 태종과 세종의 치세에 자초를 버리고 굳이 몽득夢得으로 나옹의 계승을 표방할 정도로 자초를 외면하였다. 그리고 혼수의 문도만 이후에도 계승되었다는 조계종의 법맥은 불교사와 대한불교조계종의 종헌과도 관련되는 중대한 과제이다. 왜란 중에 일본의 현소玄蘇와 마찬가지로 승의 신분으로 외교에 진력했던 청허휴정의 제자 유정惟政은 일본의 불교계를 제압하기 위해서 임제종의 후계자임을 강조했고 지공보다 일본에 잘 알려진 경산徑山을 내세웠다.[19] 나옹법통설이 태고법통설로 바뀐 과정은 유정이 입적한 다음에 20년 지나 유정의 법형제이지만 한 세대 가까운 간격이 있는 휴정의 어린 문도인 편양언기와 유정의 만년 문도들의 합작으로 굳어지기 시작했다.

이와 같이 혼수가 태고의 문도로 바뀌기까지는 여러 과정이 있었다. 먼저 고려말 나옹의 추방과 독살에 대한 공동대처, 자초에 의하여 혼수가

---

19) 당시 일본의 무력은 대단하였지만 지식수준은 낮은 편이고 그나마 불교계에 의존하였다. 유정이 대일외교에서 접촉한 그곳의 지식인은 거의 승려였다. 그가 일본 승려에게 남긴 詩를 검토하면 徑山이 나온다. 경산은 徑山師範이라고 해석하는 性徹과 大慧宗杲로 해석하는 李佛化의 차이가 있다.(성철, 앞의 책, pp.123~132. 299~304.) 필자는 경산사범이라는 주장에 동의하지만 이것만으로 유정이 태고의 문도라고 단정하는 견해에는 동의하기 어렵다. 석옥과 마찬가지로 평산도 경산의 법손이기 때문이다. 임란 후에 태고법통론자도 같은 해석으로 평산보다 명의 불교계에 영향력이 컸던 석옥을 의식하지 않았는가 한다.

제외되었고, 마지막으로 왜란과 그후 비롯된 전통적인 인식의 단층 등의 3단계를 거쳤다. 이 가운데서 지공, 나옹과 더불어 삼화상으로 추앙된 자초와의 갈등은 그동안 전혀 언급되지 못하였다. 조선 건국과정의 정치적 변동에 대해서 이를 엄밀히 이해하기보다 왜곡된 기존의 기록을 추종하는 경향이 있으며, 불교사의 일면에서도 침묵하기는 마찬가지이다.

조선후기에 태고보우를 법통으로 세운 이들은 모두 혼수를 태고의 계승자로 연결된다고 정리하였고 이에 대한 반론이 1930년대부터 최근까지 끊임없이 논쟁을 격화시켰다. 활해闊海가 내세운 나옹법통설은 박봉석朴奉石에 의하여 부분적으로 보강되었으나 주목되지 않았으며 열세에 놓였다. 또한 장원규張元圭에 의하여 제시된 견해로 혼수는 태고와 나옹의 양쪽에서 계승하였다는 절충설이었다.

이러한 세 가지 법통설은 각 사찰의 정통성과 불교계의 지향성, 불교사에 대한 수준을 대변하므로 나름대로의 이론과 자료를 모색한 노력이 돋보인다. 그러나 편견이 드러난 주장이 적지 않고, 이론과 자료의 제시가 미숙하며 기존의 성과를 수렴한 기초에서 자신의 의견을 제시하지 못함으로써 연구라기보다 강요에 가까운 글도 많다.

고려에서 조선으로 왕조의 교체는 혁명으로 언급되듯이 신라에서 후삼국으로, 고려로 바뀌는 과정보다 불교계에서는 더욱 심각한 변화였다. 후삼국에서 고려로 왕조교체는 공간으로나 지배층의 변화로는 고려에서 조선으로보다 더욱 심각한 변화의 일면도 있었다. 그러나 불교라는 사상의 큰 틀은 벗어나지 않았으나 조선의 건국은 연등회와 팔관회와 같은 불교와 결합된 제전을 폐지하고 불교에서 성리학으로 이념의 큰 틀이 바뀌는 분수령을 이루었다.

III. 지공화상 헌차례와 회암사지박물관

고려와 몽골과의 관계는 형제맹약기, 항전기, 혼인동맹기의 세 단계로 전개되었고 소요한 기간도 같은 순서로 늘어났다. 몽골제국의 전성기에 앞서 남아시아와 동남아시아의 일부가 이슬람 침입으로 위기에 닥쳤으나 몽골제국의 팽창으로 다소 생기를 찾은 지역이 남아시아였다. 남아시아에서 불교의 전통을 살리려던 노력을 보여주는 날란다의 마지막 모습은 지공화상 저술과 비문에서 선명하게 전한다. 지공에 관한 가장 많은 유적이 남아있는 회암사에 초점을 두고 다양한 사료와 유적을 해석하고 조사하는 작업은 한국과 동아시아는 물론 남아시아를 포함한 세계불교사를 바로잡을 중요한 대상이다.

40년 전에도 한국을 비롯한 대부분의 동아시아는 청소년기에 자신의 나라를 떠나 이웃나라를 여행한 경험들이 없어 거시적으로 주변을 파악하기 어려운 폐쇄된 사회였다. 동아시아의 대부분 국가는 사상이나 정책을 내세워 국가 사이에 장벽을 높이 쌓고 오랜 식민지의 후유증인 내전이나 내부의 갈등을 외부로 노출하지 않기 위한 폐쇄정책이 강하였고 무엇보다 경제도 궁핍한 형편이었다. 한국과 중국이 일본과 이스라엘에 이어서 발전하였다고 하지만, 학문을 비롯하여 거의 모든 분야가 아직도 아시아는 전체가 어설프다.

세계 4대문명의 발상지에서 세 곳을 지닌 세계문화의 모태인 아시아가 그만한 유산과 축적된 전통과 인구와 면적을 가졌으면서도 좁은 유럽과 인구가 적은 신대륙에 비교해도 처참하고 부끄러운 현실을 인식하고 새로운 출발이 필요하다. 지공화상과 회암사에 관한 애착은 직업이고 학문인 고려사와 세계를 경영한 몽골제국의 역사와 이를 확장한 동아시아와 남아시아의 문화전통의 교류에서 학문의 시야를 확대시키기에 충분한 소재이다.

한국에서 올림픽을 개최하던 시기 필자는 한국의 가장 많은 교민들이 살고 있는 미국 캘리포니아의 주립대학에서 한국사를 강의하기 위하여 파견되었다. 그곳에서 강의한 한 과목이 한국불교고전강독이었다. 한국에서는 대학원이라고 해도 한국불교사연구 정도이고 그곳처럼 세분된 강좌는 존재하지 않았다. 나의 강독자료는 이색의 『목은집』에 나오는 지공화상 탑비문이었다. 이 자료의 실제의 비문은 1821년 파손되어 비편이 여러 곳에 소장되었고 일부만이 소개되었다. 현재의 비는 파손된 다음 8년 후에 복원한 셈인데 원비의 글씨를 새긴 비편이나 탁본과 대조하면 현재의 비문은 엄격한 의미에서 제대로 복원한 비가 아니다.

비를 꽂았던 원비의 대좌도 귀부였지만 복원한 비의 대좌는 아주 단순하다. 필자는 이 자료를 강독하면서 비문의 복원보다 비문에 실린 남아시아와 몽골제국의 지명과 인명을 찾아서 사실성을 확인하는 작업에 집중하였다. 그리고 수강하는 학생들에게 한국에 남아있는 귀중한 자료를 이해할 필요성을 알리려 하였다. 그 대학에는 28개의 세분화된 도서관과 박물관이 있었고 영화필름과 지진자료를 소장한 도서관이나 박물관도 있었다. 그 가운데 동아시아 도서관과 지도도서관을 자주 활용하였다.

이탈리아와 로스앤젤레스에서 필자는 현지에 대한 책보다 답사와 박물관을 찾아 체험하였다. 도서관에서는 현지에 관한 책을 읽었다기보다 동아시아의 역사와 전통에 관하여 기초를 마련하고 도서를 구입하였다. 특히 황하유역보다 양자강 상류의 금사강이나 메콩강과 살윈강의 상류인 란창강과 누강이 지나는 삼강협곡의 소수민족과 남아시아와 동아시아의 문명의 접촉과 전통의 보존과 변화를 이해하기 위한 조사에 초점을 두었다.

중국 서남의 소수민족과 한국에 대한 공통적인 관심은 일본과 서양의 한국과 관련된 유일한 작품으로 지공화상을 소개한 자료를 읽고 더욱 강화되었다.[20] 캘리포니아 주립대학이나 중국의 북경에서도 필자는 중국과 일본의 고전문학을 세계의 문학으로 소개한 여러 작품을 읽으면서 고려와 관련된 지공화상에 대한 아더 웨일리Arthur Waley의 논문을 확인하였다. 적지 않은 새로운 지공에 관한 자료가 나타났다. 나의 모든 저술은 적어도 20년 이상 논문이 축적되어야 가능하였지만 지공의 경우는 처음 논문을 발표하고 로스앤젤레스에 갔던 서울올림픽 기간을 지나 겨우 9년을 소요하여 다른 책보다 절반만 소모한 빠른 기간에 지공에 관한 연구를 간행하여 마무리 지었다. 이를 기초로 소개하고, 이후의 진전시킨 과정을 밝히고자 한다.

1. 지공에 대한 저술과 학술회의

한국사에서 남아시아와 동아시아문화를 직접 접촉한 지공에 대해 최초로 개척한 개인에 관한 연구이지만 가장 광범하고 방대한 공간에 대한 지식이 요구되었다. 이탈리아와 미국에서 자료의 수집과 독서로 이와 같이 빨리 완성이 가능하였다. 아직도 보충을 계속하지만 단기간에 완성한『고려로 옮긴 인도의 등불－지공선현指空禪賢』은 어쩌면 한국불교사는 물론 한국중세사 전체로도 가장 큰 문제점을 제시하였다.

지금도 중국과 미국에서는 이 저술에 대하여 차가운 얼음 속에서 불꽃 튀기는 대결이 오고가는 주제이다. 학문상의 가치는 주제의 크기와

---

20) 高楠順次郎,「梵僧指空禪師傳考」『禪學雜誌』22, 1919 ; 忽滑曲快天,『朝鮮禪敎史』, 春秋社, 1929, pp.244~254 ; Arthur Waley, *New Light on Buddhism in Medieval India*, Melanges Chionis et Buddhiques, Vol.1, 1931~1932.

비례한다. 이 책은 2014년 12월 19일 대한 추위를 앞두고 부도탑에서 차를 올린 지공화상을 주제로 삼았다. 세계 4대 고대문명이 문화권을 이루다가 위기를 만나 그 가운데 남아시아의 문명이 중세 말기에 이슬람의 침입으로 파괴되고, 위기를 피하여 가장 멀리 그리고 가장 북쪽에서 보존된 증거가 회암사와 지공화상의 유적이라고 정의하면 간명하다.

지공화상은 인도가 이슬람의 침입으로 파괴되었던 시기에, 어느 기록에도 확인되지 않고 우리나라에만 가장 뚜렷하게 남아 있는 날란다대학의 마지막 졸업생이다. 그의 부모나 그를 지도한 날란다대학의 스승과 그가 배웠던 학문의 내용에 대하여 갖추어진 1차자료는 이후에 쉽게 증가하지 않았다. 그러나 앞으로도 불상이나 탑에서 조금씩 증가할 가능성은 충분하지만 대강의 자료는 최초로 정리되었다는 자부심이 있다.

이 책을 간행하자마자 인쇄 잉크가 아직 마르지 않은 책을[21] 들고 지공국제학술회의에 참석하였다. 개혁개방과 더불어 중국은 지공화상의 중요성을 의식하고 1996년 사회과학원 종교학연구소를 중심으로 사회주의 강점을 살려 지공화상에 대한 연구를 다수가 참여하여 준비하였다. 내부에서 1년 앞서 국제학술회의를 대비하였다. 필자의 책이 간행되지 못하였다면 한국의 학계는 후발성의 운남성이 계획한 개혁개방의 물결에 떠밀리는 티끌에 불과하였으리라는 염려가 있었다.

1997년 운남성 사회과학원은 지공화상의 업적을 기리기 위하여 한국의 대한불교조계종과 국제학술회의를 합작하여 개최하였다. 한국에서 이를 지원한 조계종 총무원장과 봉선사 주지스님, 그리고 당시 총무원장을 대신하여 교육원장께서 단장으로 참석하였고 세 분은 뜻 깊은 불사를 성취하였다. 당시 운남성 사회과학원 원장, 동연구소의 종교연구소장,

---

21) 許興植, 『高麗로 옮긴 印度의 등불』, -潮閣, 1997.

연구원 여러분들이 전년부터 연구한 성과를 엄선하여 발표하였다. 통역은 그곳의 오랜 교민이 담당하였다.

중국 운남성은 한국에서 이때 제공한 지공 관계자료를 토대로 운남성 정속사에 지공화상의 영당과 부도탑을 만들어 그를 현창하였고 이를 관광자원으로 활용하

〈그림 51〉 중국 운남성 초웅시楚雄市 사자산獅子山 정속사 正續寺. 지공화상이 교화한 이족彝族의 유서 깊은 산성이다. 이곳에는 1997부터 회암사의 지공영정과 부도탑이 복원되어 중요한 관광지로 발전하였다.

였다. 이후로 한국에서는 지공의 저술과 유적을 비롯한 연구기반을 가장 풍부하게 보유하고도 회암사는 물론 대한불교조계종에서조차 이를 제대로 활용하지 못하는 아쉬움이 있다.

1998년부터 다음해까지 교환교수로 다시 북경대학에 머무는 동안 몽골제국의 고려거류민이 지공화상에게 제공하였던 법원사의 옛터를 찾아보았다. 기황후와 원 혜종 및 그를 계승한 북원 소종昭宗의 황후였던 노황후와 혜종의 편비였던 권황후, 승상과 귀족, 그리고 기황후보다 앞선 시기 황후였던 왕황후와 김황후와 관련되거나 이후의 지공화상의 기록이 출현할 가능성이 큰 유적을 추적하였다. 특히 향산의 와불사와 팔대처, 그리고 민족대학의 후문에 있는 법화사法華寺는 고려인이 살았던 고려촌과도 관련된, 대도의 고려거류민 집단의 거주지로 짐작되었다. 몽골제국의 도성이 있었던 백탑사의 유적에서 지공과 단월에 대한 자료가 출현하기를 고대하고 있다.

지공화상의 법맥은 동아시아의 남전불교에 영향을 주었던 지의를 교조로 삼는 천태종이나 달마의 선종과는 22대까지 같다. 지공은 23대부

터 107대 스리랑카의 보명존자에 이르는 남전불교를 계승하였다. 고려의 보제존자 혜근은 사굴산문과 강남의 임제종도 계승하였지만 누구보다 지공화상의 감화를 가장 깊이 간직하고 이를 자신의 계보로 명시하였다. 나옹은 자신의 시문에서 지공의 감화를 강조하였고 날란다와 같은 입지 조건에 자리잡은 회암사를 재현하기를 부탁한 지공화상의 유지를 받들어 이를 실현하기에 전념하였다.

필자는 북경대학에 머물면서 고려의 불교에 큰 영향을 주었던 몽산덕이에 대하여 자료를 수집하고 논문을 발표하기 시작하였다. 북경도서관에 소장된 몽산의 보설과 『여여거사삼교어록如如居士三教語錄』은 국내의 자료에 비교하면 극히 일부분에 속하였다. 몽산화상의 법어와 지공화상의 저술인 『선요록』은 한국불교의 교육에서 교과과정에 포함되지 않았지만 고승은 교육과정을 졸업한 다음에 자발적으로 탐구하여 더욱 향상시키는 수의과정隨意課程에서 다루는 주제로서 자주 언급되었다. 몽산이 지공보다 70년 앞선 고승이고 그의 감화를 받은 고려 조계종 고승의 제자가 지공의 사상을 수용한 연속성도 엿보였다.

몽산의 사상은 간화선에 토대를 두었지만 그의 저술 『사설四說』에서 보듯이, 동아시아 유교와 도교를 불교사상으로 재해석하여 관련성을 강조한 특성이 있었고, 조선의 고승들은 몽산의 단계에서 머물렀던 경우가 많다. 지공의 무심선無心禪은 간화선看話禪과 다른 남전불교로서 정치세력과의 거리를 유지하면서 국가보다 자발적인 신도의 후원을 불교의 기반으로 삼는 특성이 있었다. 조선의 불교행사에서 지공화상과 그의 제자를 삼대 증명법사로 삼았지만 실제로 지공화상의 사상을 철저하게 이해하고 저술을 남긴 증거는 의외로 찾기가 어렵다. 보제존자 나옹과 백운화상 경한이 지공화상의 『선요록』을 제대로 이해하고 근접하였던 고승으로 평가된다.

북경에 머무는 동안 운남성 사회과학원을 다시 방문하고 그곳에서 소회의를 열고 한국에서 2차 지공국제학술회의를 속개하기를 기대하였다. 한국은 외환관리에 실패하여 세계금융기구의 통제를 받으면서 학문이 위축되었다. 새로운 조계종 집행부는 종헌의 법통과 다른 지공을 달가워하지 않았다. 오늘날 한국불교의 전통을 가장 철저하게 계승한 대한불교조계종은 신라말기의 선종산문에서 기원하였다. 고려후기 산문 가운데 사굴산문이 가장 번영하면서 양자강유역의 강남불교 임제종 양기파와 스리랑카의 보명존자의 법통을 아우른 전통성을 철저히 계승하였다고 하겠다. 한국에는 지공이 남긴 저술과 번역서, 그리고 유적과 유물이 풍부하다. 또한 그를 증명법사로 삼아 모든 불교 의식이 집행된 사실이 확인된다.

2. 지공 헌차례와 회암사지박물관 답사

2014년 8월 22일. 아침은 흐렸으나 며칠간 내렸던 비가 개이고 날씨도 시원하였다. 그해 여름은 장마철에 비가 오히려 적게 내렸고 우기가 끝난 다음에야 비가 충분히 내렸다. 며칠간 장마같은 기분이 들었고 다시 비가 많이 내렸다. 처서를 앞두고 가을을 느낄 정도로 기온도 시원하였다.

오전에는 회암사 삼화상의 부도에 차를 올리고 오후에는 회암사지박물관을 관람하였다. 미리 회암사지박물관과 양주시청 문화재과, 양주시 문화원, 그리고 연천군문화원, 회암사 등에 방문 취지를 알렸다. 그리고 10명 가까운 방문자가 회암사 삼화상의 부도에서 차를 올리겠다고 말하였다. 이어서 회암사와 삼화상에 대한 학습을 위한 설문조사를 하겠으니 박물관의 직원이나 해설사, 관람객을 비롯한 다수가 참여할수록 좋으므로 그에 알맞은 장소를 제공하도록 부탁하였다.

준비한 차를 사용하여 차례는 휴대용 찻잔과 주전자를 사용하지 않고 회암사에서 제공하는 도구를 이용하여 원만하게 마쳤다. 지공화상에게 올린 첫잔은 이를 제안한 필자가 담당하였다. 한국불교에서 드물게 부처로 숭배된 나옹화상의 부도에는 진행의 실질적인 경험을 가진 『차의 세계』와 『선문화』 발행인이, 그리고 마지막 조선태조의 왕사였던 묘엄존자 자초(=무학대사)에 대하여 가장 학구적 저술을 낸 동국대 황인규 교수가 담당하였다. 그리고 각각 두 고승에 관심을 가진 학자와 양주시문화원장 전 양주시시의회의장 등 독지가가 예를 올렸고 마지막에는 회암사지박물관의 해설사를 포함한 모든 분이 참가하였다.

다음에 우리는 오후의 일정에 맞추어 점심을 해결하기 위하여 시내로 향하려는데 회암사에서 시간이 촉박한 일정에 점심을 제공한다고 제안하여 다소 순서가 어긋나 송구스러웠지만 영성각으로 바뀌었다가 이름이 회복된 조사전을 돌아보았다. 회암사는 본래 조사전을 중심으로 암자로 있다가 이름을 회복하였지만 봉선사의 말사이고 회암사지의 규모에 비하면 아주 건물이 작고 협소하다. 필자는 이곳을 여러 차례 답사하였고 퇴직한 후에도 강의를 맡으면 외국인 학생들을 포함하여 반드시 답사하였다. 외국에 지공과 회암사를 알리고 중요성을 학습하는 현장교육의 일부였다.

나는 국내의 학생보다 많은 외국인 학생을 담당하였고, 이들에게 회암사를 한 번씩 답사하도록 학습과정을 설정하였다. 한국말에 익숙하지 않거나 한자가 많은 한국사의 내용을 이해하지 못하는 서양언어권의 학생들에게는 동양의 라틴어와 같은 한문으로 주제어를 제공하고 영어에 익숙하지 않은 동아시아권의 학생들에게는 영어로 번갈아 알리면서 학문의 첨단에 접근하는 방법을 알려주었다. 특히 지공과 회암사처럼 동아시아와 남아시아의 전통이 만나 한국에 풍부한 자료를 남긴 사실을 널리 알리는 일에 보람을 느꼈다. 지공에 대한 연구는 필자의 저술을 토대로 외국에서 저술이 10년 후에 있었고[22] 다시 3년 후에 학위가 나왔으나,[23] 한국의 학계는 이에 대한 관심이 적은 형편이다.

3. 회암사지를 사랑하는 모임의 시작

일행에게 점심공양을 제공한 주지스님께 감사의 인사를 드리고 박물관을 관람하였다. 박물관도록이나 그동안 진열된 물품에 대해서는 발굴자문위원으로 회의에 참가하고 발굴보고서를 읽어서 대강을 알고 있었다. 그동안 박물관도 몇 번 지났으나 개관하기 전이거나 공교롭게 휴관하는 날이어서 제대로 관람은 처음이었다. 회암사보다 지공화상에 관심을 가지고 연구를 출발하였고 지금도 지공화상을 중심으로 연구하면서 나옹화상과 묘엄존자는 다음의 과제였다.

점차 지공화상을 포함한 삼화상과 여러 고승의 현창사업을 돌아보면서 회암사도 중요한 관심의 대상으로 확대되었다. 회암사지의 발굴과 정비를 돌아보면서 감사함과 아쉬움이 엇갈리는 부분도 없지 않았다. 우선 지공과 회암사와의 관계에 대한 설명이나 지공의 남전불교의 사상과 계보에 대한 설명이 부족하였다. 영상의 설명에도 회암사의 기원과 발전과정에 대한 이해에 도움을 주는 핵심이 드러나지 않았고 조선의 회암사에 초점이 강조된 느낌을 주었다.

무엇보다 양주시와 회암사의 협력이 필요하였다. 회암사지 발굴에

---

22) 段玉明, 『指空―最後―位來華的印度高僧』, 四川出版集團 巴蜀書社, 2007.

23) Ronald James Dziwenka, 『The last Light of Indian Buddhism―The monk Zhikong in 14th century China and Korea』, A Dissertation of the University of Arizona, 2010.

자문을 맡았던 위원에 속하였지만 실제로 회암사와 양주시의 협력이 아쉬운 경우가 많았다. 자문위원으로 회암사와 협력하기 위하여 주지도 당연직으로 회의에 참석해야한다고 제안하였으나 전혀 회의록에서도 삭제되었고 회의록 낭독에도 이를 언급하지 않아서 문의하였다. 다음 회의에도 회암사의 의견이나 출석안내나 필자에 대한 해임통보도 없었다. 그리고 회암사지박물관 개관에도 필자에게 통보조차 없었다.

박물관을 처음 관람하면서 몇 가지 아쉬움이 있었다. 팀장에게 관장과 면담을 시도하였으나 편제조차 없었다. 양주시에서 오후에 참가할 예정으로 약속되었던 학예사도 오지 않아서 아쉬웠지만 팀장이 옆 소회의실로 안내하였다. 살펴보니 전망은 좋으나 좌석은 10자리 미만이었다. 우리 일행이 들어서자 꽉 찼고 후에 참가자는 자리가 없어서 참석하지 못한 분도 있었다.

전산기에 준비한 자료를 연결하여 화상으로 설문을 보여주고 회암사와 지공화상의 중요성을 학습하자고 제안하였다. 그리고 이번 모임이 지공화상과 회암사를 사랑하는 자발적인 연구단체를 탄생시켜 서로의 의견을 교환하고 학술자료를 공유하면서 남한산성을 세계문화유산으로 등재시키는 과정에 남사모(남한산성을 사랑하는 모임)가 기여하였던 모형과 같은 역할을 하고 싶다고 동의를 구하였다.

지공과 회암사의 지식을 공유하기 위하여 어느 정도 지공화상과 회암사에 대하여 정확한 지식을 알고 있는가 알고 싶다고 말하였다. 그래서 부득이 시험과 비슷한 설문지를 우선 사용하고 좋은 성적을 받은 분에게 『차의 세계』와 『선문화』에서 마련한 월간지를 제공하고 나의 책 『동아시아의 차와 남전불교』에 실린 지식을 기준으로 설문지를 만들었다고 동의를 구하였다. 이를 참여자의 이름과 전자우편 주소와 끝에 연락처를 적어 주도록 부탁하였다.

회암사지박물관의 학예사와 문화해설위원과 관람객이 다수 참여하기를 바랐으나 회의실의 공간이 좁아서 참가하지 못한 분도 많았다. 돌아오는 길에 이원종 차문화박물관장을 찾아 2차로 여덟 분이 차를 마시며 의견을 다시 확인하였다. 회암사의 지공화상 유적을 세계적인 문화유산으로 알리기 위한 학문적 뒷받침을 하는 모임을 만들자는 예비모임을 발족하였다. 모임의 명칭을 설정하기로 의견을 모으고 여러 제안을 수렴하기로 의견을 모았다.

현지의 향토사가와 유지가 나서서 답사와 모임을 주관하고 서울과 전국의 학자들이 의지와 애착심을 가지고 글을 써서 우선『차의 세계』와『선문화』에 기고하는 방향을 잡고 문화유산등재의 시동이 걸리면 책으로 간행할 계획도 세우자는 의견을 모았다. 이러한 사실을 모아서 첫 번 참관기는 일차 모임과 수행한 삼화상 헌차례를 중심으로 월간지에 기고하고 후일을 기약하기로 의견을 모으고 헤어졌다.

회사모는 이후 2년간 필자가 주도하여 매월 1회의 소회와 3개월마다 정기모임을 가졌다. 2년간 지공의 열반한 날짜에 회암사의 삼화상 부도를 찾아 차례를 올렸다. 또한 입적한 다음 지공과 함께 부처로 추앙을 받은 나옹혜근의 기일에는 열반한 신륵사를 찾아 차례와 학술회의를 열었다. 이밖에도 회암사와 지공과 관련된 유물이나 유적과 관련된 국립중앙박물관과 연천의 기황후릉을 답사하고 조사하였다.

회사모는 서울과 부근에 거주하는 학자를 중심으로 남사모(남한산성을 사랑하는 모임)를 모형으로 목표와 방향을 설정하였다. 그동안 활동을 회사모에 회의록과 행사를 정리하였다. 그러나 회암사와 부근의 신도를 회원으로 확보하여 발전하려는 의견을 수렴하여 양주시의회장을 역임한 분을 회장으로 2기를 맞이하였다. 회사모의 구성을 확대하고 회암사와 회암사지박물관의 발전에도 크게 기여하리라 기대한다.

제9장 차의 유적과 헌차례

　음료와 관련된 유적을 답사하기 위하여 보림사 다음으로 뇌원차의 고향으로 추정한 고흥을 두루 답사하였다. 지금 고흥에서 차와 연결시킬 작물은 유자이고, 전국에서 가장 많이 생산되고 다음이 석류이었다. 고흥에서 야생차가 보존된 팔영산과 두원면의 한 곳은 앞으로 꾸준한 보호를 거쳐서 자치단체와 주민의 긍지를 살리는 기원지로 되살리려는 자발적인 노력이 요구되었다.

　차를 궁중에서 담당한 예절을 익히고 세계를 호령한 몽골제국의 제일 황후로 등장하였던 기황후의 헌차례에 참관하였다. 기황후릉과 회암사는 개경에서 남쪽으로 향하는 같은 방향이고 지공화상과 나옹화상의 탑비는 우왕 3년과 다음해까지 북원의 선광연호가 쓰인 보기 드문 기념물이다. 선광연호를 사용한 시기 북원과 고려의 관계는 혼인동맹을 복원하려는 시도가 있었고 이 무렵 개경에서 회암사와 같은 방향으로 연결되는 기황후릉이 조성되었을 가능성이 있는 대상으로 주목하였다.

　신륵사는 지공화상을 계승한 보제존자 나옹화상이 1376년 5월 15일 입적한 곳이다. 이곳에서 나옹의 기일을 추념한 특별한 행사가 없으므로 2015년부터 음력 기일에 이곳에서 나옹을 위한 조촐한 진차례와 학술회의를 가졌다. 나옹은 입적한 다음 부처와 동등한 예우를 받은 한반도의 고승이고 정광불과 가섭불과 석가모니를 합친 3불과 지공과 더불어 2조사로 부처로 추앙된 과정을 여러 유적을 통하여 확인하고자 한다.

Ⅰ. 뇌원차의 고향 고흥 답사

차의 역사도 다른 대상처럼 오래 지난 시대에 대해서도 다시 쓰지만 창작하지 않는다는 특성이 강하다. 삼국사기가 정사라면 삼국유사는 신화와 설화가 섞이고 문학의 성격도 많이 포함되었으므로 좋게 말하면 종합적인 사서이고 나쁘게 말하면 정통적인 사서와는 다른 복합적 자료집이다. 오늘날 가장 중요한 근거는 유적이나 유물을 자연과학의 힘으로 분석하는 방법이 등장하였지만 여기에도 한계가 없지 않다. 역사와 고고학의 중간에 위치한 금석문은 글자의 분량이 적지만 당시의 기록이고 사서보다 앞서므로 가치가 크다.

차의 재배는 삼국사기에 쓰인 828년 대렴이 당으로부터 씨를 가져와 심어서 널리 퍼졌다는 지리산 이식이 최초이다. 이보다 앞서 일본에는 백제에서 이식한 차가 있었다는 절이 있다. 가공한 차의 수입은 약재처럼 일찍 양자강유역에서 백제나 신라로 이동하였을 가능성이 있다. 그러나 차란 묘목을 이식하여 재배에 성공하기는 거의 불가능하고 씨를 심어야 하지만 발아와 성장이 어려운 식물이다. 고구려도 차에 대한 기록은 없으나 고분벽화에 차를 공양하는 그림이 전한다. 고구려는 추운 지역이므로 전통음료일 가능성이 크다.

신라는 따뜻한 곳에 도읍을 정하고, 수도는 인구가 밀집되고 귀족의 세습성이 강하여 고급음료의 소비가 많았다. 오늘날 차의 국내산은 분량

이 적고 생산지보다 인구가 밀집되
고 생활수준이 높은 수도에서 소비
가 많다고 하겠다. 신라는 발해가
산동을 공격하자 해로를 이용하여
양자강유역과 교역하였고 그곳이
생산지이기 때문에 차의 수입이 활
발하였다. 차는 비단이나 귀중품
처럼 화물의 무게가 가볍지만 무게
보다 부피가 작고 장기간 사용하더
라도 변질되지 않는 고형차가 필요
하였다고 짐작된다.

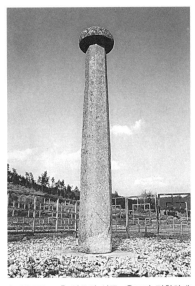

〈그림 52〉 고흥 신호리 석주. 용도가 정확하게
구명되지 못했으나 이곳 고이高伊(猫)부곡에서 배
출된 유청신柳淸臣의 출신지를 가리키는 화표일
가능성이 있다. 부곡이나 소는 차의 생산과 연결
될 가능성이 크다. 당간이라는 견해도 있지만
용도에 대한 해석이 구구하다.

　　신라에서 수입된 차를 가공한 형
태에 대한 논의는 없었다. 말린 그
대로의 차보다 어느 정도 덩어리로
만든 고형차일 가능성이 크다. 장
거리를 이동하려면 고형차이며 발효차인 보이차와 상통하여야 장기간
보존이 용이하다. 고형차일 경우 차의 분량을 무게로 계산하기도 쉽다.
보이차란 운남성 서남에서 발전하였고 장거리 이동에 필요한 발효차이
지만 양자강유역과는 상관이 없다. 신라의 차는 양자강유역과 긴밀하며
장거리 이동으로 발효되고 고형차로 발전하였을 가능성도 있다고 보고
답사하면서 느낀 상황을 밝히고자 한다.

1. 뇌원차의 기원과 중요성

　　고려의 광종이 고형차를 갈아서(碾茶) 불교의식인 재회에 사용하였다

는 기록이 있다. 이를 보면 고려에서는 고형차가 일찍 발달하였음이 확실하다. 신라는 가공된 차를 당으로부터 수입하다가 종자를 심어서 재배하였다. 또한 고려초기에도 수입과 생산에 따른 비율을 알기 어렵지만 생산된 고급차인 뇌원차腦原茶도 고형차임에 틀림이 없고 장기간 보존에 편리하였다는 특성이 있다. 뇌원차의 단위를 각과 근으로 표시하였고 10각이 1근 정도였다고 짐작된다.

뇌원차는 고려초기에 자주 등장하였다. 이에 대한 기록은 고려 광종 말년에 지금의 수원 용주사로 하산한 갈양사 혜거국사惠居國師 비문에 등장한다. 다음의 성종대에는 공신에게 선물과 장례의 부의로 자주 국왕이 사용하고 노인에 이르기까지 하사하는 선물이었다. 이로 보면 뇌원차는 최고의 품질이고 국왕이 사용한 고려를 대표한 차였다. 뇌원차에 대하여는 여러 각도에서 다양한 견해가 제시되었다. 차에 첨가한 물질과 관련된다는 견해가 있지만 차란 첨가물을 사용하면 품질이 떨어진다.

필자는 뇌원차에 대해, 청해진과 회진의 가까이에 위치하는 오늘날 고흥군에 속한 두원荳原과의 관련성을 제안하였다. 이곳이 고을 이름뿐 아니라 경주로 가는 길목이고 고려에서도 오랜 기간 차의 중요한 산지였다. 차란 나무를 키우고 잎을 채취하여 가공하기까지 모든 과정의 기술이 어렵다는 특수성이 있다. 이곳은 오늘날 장기간 자생차와 재배조건이 상통하는 유자의 주산지이고 이곳에서 차를 가공하는 고도의 기술이 축적된 시설이 있었을 가능성이 크다.

두원은 장거리 항해를 끝내고 연안과 육로로 신라의 서울로 향하는 지역에 위치하였다. 당의 문물이 소개되고 신라말기부터 차의 생산이 집결한 첨단지역이었다. 후백제 견훤의 사위인 지훤池萱이 버티었던 해군의 요지이고 부근의 여러 지역에서 기술자가 재배와 가공을 담당하였다고 짐작된다. 두원은 조선전기 분청도요지가 많아 일본인이 수집하고 이곳의 차에 대하여 관심을 기울였다.

월간잡지 『차의 세계』에서도 이곳을 답사하여 팔영산 주위의 야생차를 중심으로 조사하고 덩이차인 천지차를 뇌원차와 관련시켜 2014년 1월호에 수록한 일이 있었다. 고흥은 오랫동안 여러 지역이 부곡이나 장흥의 속현을 거쳤으나 한 때는 진각국사 혜심이 경영한 차 생산지의 하나로 수록되었음이 송광사의 고문서에서 확인된다. 수선사의 다섯 번째 주지였던 원오국사 천영도 두원에서 다비하였고 송광사에서 멀지 않은 감로암 부근에 탑비를 세웠으므로 유적의 확인이 필요하다.

고려말기에는 왜구의 침입으로 고흥 지역은 피폐하고 차의 재배와 차가공의 기술자와 시설이 동북의 장흥으로 이동하였다. 조선전기의 지리지에는 고려말기부터 두원은 차생산 중심기능을 상실하고 보림사의 동쪽과 북쪽의 부근에 밀집된 차소茶所를 이루면서 새로운 중심지가 확고하게 자리하였다.

뇌원차는 최고급의 차이고 뇌환차로 금나라나 몽골에도 수출하였다. 차는 국내에서 국가의 위기나 외척을 격파한 공신에 내리는 최고의 선물과 제물이었고, 백성을 살펴서 민심을 통합하기 위하여 노인에게도 하사하였다. 차는 공신과 노인의 건강을 돌보고 부의로서 가장 귀중한 물품이었음을 반영한다.

2. 지리산과 차를 처음 재식한 지역

한반도에서 차를 처음 재배하여 성공한 지역은 삼국사기에 의하면 지리산 남쪽이 확실하다. 삼국사기가 아니라도 지금 차의 생산량과 약간의 문헌만 보아도 지리산 기슭이라는 사실은 벗어나기 어려울 정도로 수긍이 간다. 지리산은 유물로 현존하는 여신상의 가슴처럼 오지랖이 넓다. 남쪽자락도 넓은 여러 지역을 포용하므로 대렴이 차를 재식하여 성공하였던 정확한 지점에 대한 주장도 각각이다.

경상도 하동에 속하는 쌍계사 주변이라는 주장이 가장 오래고 한동안 정설로 받아들이는 듯하였다. 쌍계사에 있는 「진감선사비」에 한명漢茗은 차의 가장 뚜렷한 증거이고, 이 지역이 차의 재배에 처음 재배한 시배지라는 주장에 힘을 실어 주었다. 「진감선사비」는 최치원이 짓고 글씨까지 직접 썼으니 불교는 물론 차와 서예의 역사에서 등장하는 명소이다. 이와 아울러 이 비문에는 범패까지 실려 있어서 불교음악에서도 빼놓기 어려운, 그야말로 사상사와 생활사, 그리고 예술사에서 약방의 감초처럼 등장한다.

「진감선사비」는 최치원이 지은 사산비의 하나이다. 이런 명예로운 증거가 하동에 있다는 주장은 점차 강조되었다. 이를 경상도에서 강조하자 지리산 남쪽 자락의 기름진 지역을 더 넓게 차지하고 차를 많이 생산하는 전라도로서는 그대로 잠자코 따르기에는 심기가 불편하였던 모양이다. 이에 대한 대안이 구례의 화엄사 부근이 차의 시배지라는 주장이었다. 지금 대밭의 가까이 표지와 차밭을 만들었고 차에 관심을 가진 관광객을 유치하였다.

차의 시배지란 대렴이 차를 심은 고장이란 의미이다. 처음 재배한 지역이 하동의 쌍계사 부근이라고 알려지자 구례에서는 그런 구차한 주장을 꺼내지 말라고 설레설레 고개를 흔든다. 전남 동쪽 경계선에 붙어있는 하동의 쌍계사는 조영남이 작곡을 겸하여 부른 노래로 정감이 가는 「화개장터」에서 보듯이 전라도와 경상도가 뒤섞여 문물이 교류되는, 그야말로 경계가 없는 활발한 곳이다.

굳이 차의 시배지가 경상도라고 내세우자 차의 주생산지인 전라도민 가운데 특히 지리산의 산신제를 오랫동안 지켜온 구례에서 보면 산신을 모독하고 예절에도 어긋나는 이야기라고 펄쩍 뛴다. 경상도의 남해안과 전라북도의 일부에서도 차가 생산되지만 지리산 남쪽에서 어느 곳보다 기후가 알맞고, 교통도 득량만에서 멀지 않은 보성이 오늘날 주된 생산지이고 어느 시대이고 이를 멀리 떠나서 생각하기 어렵다. 차란 나무의 재배와 잎의 채취 그리고 가공과정을 합쳐서 생산이라고 말해야 한다. 이 세 가지가 모두 녹녹하지 않은 전통이 필요하다. 차나무를 키우고 명성을 가지기는 인간의 일생처럼 오랜 기간 소요된다.

차나무를 키우기도 어렵지만 채취하기와 가공하기도 참으로 높은 기술과 집약된 노동력이 필요하다. 평화가 오래 지속되고 경제가 여유로워야 차의 생산과 소비가 가능하다. 고려말기 왜구와 조선말기 동학과 6·25의 동족상쟁도 전라남도에서 다른 지역보다 적지 않았다. 불행했던 이곳에서 지금도 차 생산량의 대부분을 차지한다. 차의 생산만 보아도 이 지역 주민의 끈기 있는 자연에 대한 애정과 궁핍한 생활에도 보존하고 이를 아껴온 따뜻한 가슴을 느끼게 한다.

차의 재배가 가능한 지역에서도 실제로 차가 존재하는 지역은 좁다. 지금도 차의 재배지였던 고흥에 설치한 태양광발전의 시설면적보다 좁다는 생각이 들었다. 그나마 집단으로 재배하는 지역보다 대나무와 비자와 유자 등과 섞어서 재배하는 지역이 많다. 차야말로 공존과 끊임없는 돌봄과 기다림의 산물이고 공산품은 고사하고 더디게 자라는 어느 과실나무와도 비교하기 어려운 장기간의 투자에 비하여 경제적 타산이 맞지 않는 특산물에 속한다.

차는 다른 식물보다 수확량이 적고 가공에도 많은 노동력이 소요된다. 국산차를 보면 특별한 추모와 제전을 제외하고 이를 음료로 널리 사용하기조차 부족하다. 지리산의 서남에서 주로 차가 생산되는 현상을 보면 이에 종사하는 분들의 정성과 끈기가 중요하고 이를 아끼는 정서에 고개가 숙여진다.

3. 고흥의 야생차와 도요지

고흥은 지도에서만 보았고 처음 찾은 곳이었다. 고려의 뇌원차를 연구하다가 이와 관련된 지명을 답사해야 하겠다고 별렀으나 기회가 없었다. 침교리에 노루목처럼 잘룩하게 내륙과 연결된 고흥반도의 지형에서 경주와 통하는 해상교통로가 짐작되었다. 고급차를 소비한 경주로 통하는 육로와 해로가 만나는 지점이었다. 여기에 당나라 차의 생산지와 탐라와 일본으로 연결된 부채의 자루와 같은 항구인 회진會津을 포함한 시기가 있었던 두원에서 고려전기까지 계속된 차의 집산과 가공의 중심지였다는 추측이 무리가 아니라는 심증을 굳혔다.

밀물 때는 배가 드나드는 항로였고 섬처럼 해로가 북부를 지났음이 추정되었다. 고흥은 지훤이 고려 태조에 끝까지 맞섰던 곳이다. 이보다 앞서 청해진의 장보고가 동아시아의 해상권을 주름잡은 시기에도 신라는 이 지역에서 중앙에 맞설만한 세력의 성장을 막으려는 다양한 대책을 세웠을 가능성이 크다. 견훤은 배후의 나주를 궁예의 부하인 왕건이 거느린 수군에게 잃고, 신라와 왕건의 해군의 연결을 차단하는 강력한 후백제의 해군시설을 이 지역의 깊숙한 곳곳에 설치하고 믿을만한 사위에게 위임하였음에 틀림이 없다.

이 지역을 답사하면서 신라와 후삼국의 흔적이 사라졌음이 너무나 아쉬웠다. 다만 이 지역이 고려가 통일한 다음 곳곳이 소와 부곡으로 떨어지면서 신라의 차를 가공하던 고급차 생산지로 계속되었다는 근거로는 청자로 차구를 생산하였다는 도요지에 관심이 쏠렸다.

두원면에서 포두면으로 넘어가는 운암산 자락에서 북쪽으로 바라보이는 곳곳의 골짜기는 뇌원차를 가공하던 곳이고 차나무가 자라던 경사진 계곡으로 추정되었다. 차가 다양한 상록수와 공존하면서 자라던 지역임

이 확실하지만 차는 보이지
않고 동백나무와 푸른 넝쿨
들이 겨울에도 차나무처럼
내 눈을 현혹하였다. 다만 몇
곳에는 조선전기 분청 파편
이 쌓인 도요지만이 있었다.
간혹 갑 안에 붙은 청자 파편
과 도짐이 발견된 고려의 도
요지가 있으므로 이곳에서
뇌원차와 함께 짝을 이룬 찻
잔과 차관 등을 비롯한 차구
가 생산된 증거였다.

〈그림 53〉 고흥군 두원면 운대리 가마터. 고려초기 청자가
마터로 전남 문화유적 80호로 지정되었다.

차의 중심지로 지속되던 이곳이 14세기 후반에 왜구가 창궐하고 약탈
의 목표가 되면서 점차 폐허로 변하였다. 차의 가공 기술자가 장흥으로
피난하여 생명을 유지하였다. 『세종실록』에 등장하는 보림사의 동쪽과
북쪽 부근의 13개 차소는 두원에서 이동한 차 가공의 기술자들이 포함되
었다고 추정되었다. 오래되어 기능을 상실한 차소는 경상도의 고성에도
있었지만 세종시대에 차의 중심지는 고려전기의 두원에서 장흥으로
옮겼음이 뚜렷하다고 결론지었다.

장흥의 차는 조선의 공납제로 책정된 액수에 곁들여 가렴주구와 방납
의 폐단으로 더욱 내리막길을 걸었다. 임진왜란을 지나 대동법이 시행되
고서야 차의 생산이 겨우 숨통이 트이면서 살아나기 시작하였다. 조선의
성리학은 경쟁보다 통치의 억압으로 자발적인 생산과 유통이 위축되고
폐쇄적인 경제사상은 새로운 시대의 대응력을 상실하였다.

다산 정약용이나 초의선사는 차의 부활에 불씨를 당겼던 인물이었다.

이들은 야생차를 보듬고 가공하여 전통을 부활시켰고, 다량 생산하는 현대의 음료로서 차는 1939년부터 일본이 보성의 회천면에서 생산한 잎이 두꺼운 차종이었다. 같은 시기 영국 식민지 탄자니아와 러시아의 흑해연안에 재식한 차와 상통한 품종이다. 그리고 지금도 한국의 차는 이를 제주도와 몇몇 다른 지역으로 확대하였으나 큰 틀을 벗어나서 획기적으로 확장되기 어려운 상태이다.

고흥반도와 거금도 일대는 해상왕국에 접근하였던 장보고의 청해진이 바라보이는 득량만과 연결된 지역이다. 두원면에는 지금 야생차만 팔영산의 비교적 고지에서 보고되었고 차를 재배하는 곳은 찾기가 어려울 정도이다. 그나마 차와 연결시킨 작물은 유자로, 우리나라에서 가장 많이 생산되는 상황이다.

차는 신앙과 제의와 관련이 크다. 신라와 고려에서는 스님, 조선시대에는 유학자, 현대에는 기독교가 성한 국가에서도 차에 대한 생산과 소비가 활발하게 증가하고 있다. 차의 시배지에 대한 논란을 잠시 접어두면 가장 중요한 문제는 뇌원차의 생산지다. 고려시대 차의 생산과 소비에 이르기까지 깊이 관여하였던 진각국사 혜심이 남긴 송광사의 고문서에 두원현이 등장한다. 이보다 앞서 뇌원차는 오늘날 고흥군 두원면을 떠나서 다른 곳과 연결시키기 어렵다.

대보름을 앞두고 고흥반도를 찾았다. 기황후 헌차례가 2014년 3월 21일 춘분으로 날짜가 정해지고 판이 커지면서 짬이 생겨서 뇌원차를 확인하러 남해안으로 떠났다. 고흥의 절과 야생차가 생산되는 여러 곳을 탐방하고 주민의 이야기를 들었다. 마침 송광사박물관장이 학예사 두 분을 대동하여 오셨다. 학예사 한 분이 고흥출신이고 송광사의 말사가 많아서 고흥반도 전체를 답사하기에 편하였다.

차나무가 생존하는 지역은 극히 제한되었고 낮은 곳에서는 찾기 어려웠다. 높은 곳의 벼랑 아래에 가냘프게 생존해온 야생차를 알고 있는 소수의 주민이 채취한 차이고 이를 보호하기 위하여 공개하지 않으려는 태도가 분명하였다. 운암산 수도암은 두원이 바라보이는 골짜기를 따라 배후에 위치한 사찰이고 이곳에서 야생차의 소식을 조금이나마 들었고 가장 중요한 소득은 청동기와 청자와 분청이 출토된 유적지가 가까이 있다는 사실이었다.

강진을 비롯하여 차에 필요한 도구를 청자로 구워낸 가마도 고려 차 유적지의 하나이다. 지금은 청자 파편이 적고 분청이 대부분이다. 조선시대에 여러 계층이 사용한 분청은 차의 생산이 위축되고 생계를 위하여 마지막 노력을 보여준 흔적이라는 짐작이 들었다. 두원에는 삼층 석탑이 있고 마애불이 발견되었으므로 이를 조사하면 차의 생산과 가공을 지도한 사원과 관련될 가능성이 있다.

차의 생산은 적어도 무신집권기까지 두원을 중심으로 계속되었다. 이곳의 부곡은 몽골어를 터득하여 출세한 유청신柳淸臣의 공으로 승격되었다. 유래가 불확실한 풍양면 신호리 석주는 여러 가지 추론이 있지만 필자는 전혀 다른 상상력을 발휘하였다. 부곡의 승격을 기념한 유공자의 고향을 가리키는 이정표의 구실로, 태양을 숭배하는 원형석주와 상통하는 화표華表로 짐작되었다. 팔각석주와 모자처럼 씌워진 모습은 하늘로 비상하는 독수리와 관련시킨 몽골 관인의 모자를 닮았기 때문이다.

두원면에 이웃한 향토사가로부터 능가산의 고지보다 낮은 지역에 오래된 야생차나무에 대한 이야기를 들었다. 차나무는 이식이 불가능하고 특히 오래된 경우에는 더욱 시도하지 말아야 한다. 낮은 곳에 있는 차나무의 소재지가 알려지면 이를 마구 옮기려고 시도하여 많은 나무가 손상된 아쉬움을 알려주었다. 나머지 자생한 차나무의 보존대책을 철저히 마련하고 고흥군의 경쟁력을 가진 명소로 유지하도록 부탁하였다.

다음날 다리가 놓여 편해진 소록도를 거쳐 거금도를 방문하였다. 프로
레슬링의 김일과 권투의 유제두, 그리고 축구의 박지성이 그곳 태생이라
서 곳곳에 그들의 기념관이 있을 정도로 자부심이 대단하고 주민의
생활이 풍족하였다. 금산면사무소 앞의 깨끗한, 이름도 풍성한 소담한
모습의 식당에 들러 한식을 시켰는데, 서울에서 외국인 접대하는 한식관
보다 훨씬 신선하고 맛깔스러웠다. 곡간에서 인심난다고 풍부한 자연의
혜택과 이곳 주민이 구차함을 보이지 않고 손님을 접대하는 아름다운
전통에 놀랐다.

고흥반도와 거금도의 모든 산봉우리와 멀리보이는 여러 섬이 올록볼
록하여 사람의 머리나 주먹이나 축구공과 같아서 그곳의 체육인이 이름
을 날린 경기종목과 상통한다는 착상에 혼자 웃었다. 그리고 세상이
발전하고 경제가 돌아가는 몇 가지 원리를 상상해 보았다. 바닷가는
호수와 같았고 밭에는 지난해의 배추에 벌써 대공이 올라오고 있었다.

곳곳에 바다가 호수처럼 깊게 들어오고 남쪽에 산이 가로막혀 태풍을
막아주었다. 또한 산자락 사이에 바다를 막은 간척지에는 물이 풍부하고
산비탈이 많아서 차를 재배하기 알맞은 지역이라 짐작되었다. 겨울에도
눈이 쌓이는 일이 거의 없을 정도로 따뜻하므로 유자와 귤, 양다래,
무화과 등이 크게 자란 모습도 보였다.

고흥의 두원은 고려의 전성기에 가장 우수한 차를 생산한 지역이었다.
고려말기 왜구의 침입으로 이 지역은 장흥의 속현으로 몰락하고 차나무
와 차를 가공하던 시설은 흔적도 없이 사라졌다. 산기슭의 벼랑 사이에
약간 남아있는 야생차와 폐허로 변한 찻잔을 굽던 가마터만 미리 준비한
이야기를 통하여 눈길을 끌었다. 유자와 무화과가 무성하여도 차나무는
보기 어려울 정도로 적막하였다. 지방자치의 시대에도 차에 대한 영광을
되살리려는 뚜렷한 노력을 확인하기 어려웠다.

II. 여주 신륵사 나옹 헌차례

여주 신륵사는 남한강을
따라 고려의 개경과 조선의
한성에서 삼남으로 나가는
중요한 내륙의 도로에 자리
잡고 있다. 지금은 고속도
로와 철도가 모두 이곳을
비켜가고 있지만 고구려와
신라, 그리고 고려와 조선

〈그림 54〉 여주 신륵사 조감도. 삼남으로 나아가는 수로와
육로가 교차하는 위치에 있다.

에서 신륵사는 내륙의 가장 중요한 도로에 위치하였다. 여驪란 본래
수신水神을 의미하는 글자인데 말의 머리를 가지고 수영을 잘하는 용이
라고 한다.

고구려도 고구려高句驪라 쓰인 경우가 있는데 주몽의 신화를 반영한다
고 짐작된다. 주몽이 북부여에서 압록강을 건널 때 자라와 물고기가
다리를 놓았다는 설화가 있지만 이는 말의 머리 모습인 수신이 일행을
무사히 건너게 하였다는 신화를 후에 자라와 물고기로 바꾸었을 가능성
이 있다. 주몽은 말을 고르고 활을 잘 쏘았다는 영웅인데 고구려가
망한 다음 신라에서 수신을 반영한 설화로 바꿨다고 짐작된다.

고구려는 5세기 충주와 조령을 넘어서 신라와 긴밀한 관계를 가졌고
중간의 여주는 육로와 수로가 교차되는 지점이고 삼국의 주도권을 두고
판가름하는 중요한 교통로였다. 백제와 신라가 동맹을 맺고 한강의 하류
에 해당하는 아차산과 독바위보루 등지로 고구려의 군사적 요충지가
후퇴하였지만 앞선 시기에는 삼년산성과 조령으로 연결하는 중요한
도로였다. 고려가 통일한 이후 조선까지도 여주 신륵사는 가장 중요한

교통의 요지로서 변함이 없었다.

신륵사는 난야인 선원에서 가람으로 위상이 향상된 시기와 계기는 정확하지 않다. 임진나루를 건너면 혜음원이 있었듯이 신륵선원은 남한 강을 건너거나 서해안으로 나가는 수로와 육로가 교차하는 중요한 대로로 유서깊은 역원이 있었다. 몽골의 침입을 받기 전 임유정이 삼남으로 나갔던 역원도 이곳을 거쳤음이 확인된다. 회사모는 신륵사를 찾아 나옹의 입적일에 차를 올리는 헌차례를 가진 경위를 밝히고자 한다.

1. 나옹이 입적한 유적의 집결지

우왕 2년까지 회암사를 크게 확장하였던 나옹혜근은 개경에서 해로와 한강을 거슬러 이곳에 도착하였다. 밀양의 영원사로 하산하라는 대간의 합의를 어명으로 받들고 추방되는 도중이었다. 이보다 앞서 불교에 대한 비판은 화엄종에 속한 신돈과 조계종의 태고보우가 정치에 깊이 간섭하면서 갈등이 격화되었다. 라마교의 환희불을 수행방법으로 권장하여 공민왕의 마음을 사로잡은 신돈은 한때 태고보우를 궁지로 몰았으나 이에 비판이 거세고 반전되면서 불교전반에 대한 신진관료의 비판 분위기가 되살아났다.

나옹혜근은 살아서 보제존자의 존칭을 받고 입적해서는 탑호를 선각禪覺으로, 선각왕사禪覺王師로도 불렸다. 같은 조계종이지만 가지산문을 대표한 태고보우는 사굴산문의 나옹보다 세속의 나이로도 선배이고 나옹이 성년출가라면 동진출가로 더욱 빨랐고 나옹보다 더 오래 살았다. 신돈이 후원한 화엄종인 천희가 국사에 오르고 조계종의 선현이 왕사에 올랐다가 밀려난 시기에 태고와 나옹은 각각 공석이었던 국사와 왕사에 책봉되었다.

나옹이 입적한 다음해에 스승인 지공의 답비보다 일년 후에 세운 신륵사 석종비문에는 가장 오래 교화한 회암사를 석가의 지수祇樹로, 신륵사를 부처가 입적한 쌍림雙林과 같다고 비유하였다. 고려에서 국사나 왕사를 보살이나 부처의 환생으로 중생의 어버이나 국왕의 스승으로 서술한 글은 적지 않다. 그러나 나옹처럼 수많은 사리가 나오고 이를 여러 사원이나 그의 생애와 관련된 암자에서 기념하거나 그의 가사를 비롯한 유품을 보존하고 기념한 곳이 많기로는 이전에도 이후에도 다시 찾기가 어렵다.

〈그림 55〉 회암사 소장 삼대화상 초상화 중 나옹화상 진영, 전국에 수많은 삼대화상의 진영이 있지만 회암사의 진영이 생동감이 가장 강한 특징이 있다.

나옹의 스승 지공화상의 사리는 고려로 절반가량이 옮겨왔는데 확인되는 사례도 네 곳이고 그 가운데 나옹의 사리와 함께 모신 곳도 두 곳이 확인된다. 심지어 나옹화상의 부도를 방등계단의 모습으로 조성한 신륵사 보제존자탑은 부처와 동격으로 숭배된 사례이고 적어도 이곳 탑비의 서술은 이 부도와 직접 관련된다. 같은 남한강 줄기에 위치한 원주의 영전사에 세웠다는 그의 부도탑은 삼층의 쌍탑인데 지금 용산 국립중앙박물관의 야외 탑전에 전시되어 있다.

지공과 나옹, 그리고 조선태조의 왕사인 묘엄존자 자초를 합쳐 삼대화상이라 불린다. 삼대화상의 영정이 있는 곳은 회암사와 신륵사를 비롯하여 통도사와 송광사 등 중요한 절에서 자주 마주친다. 특히 회암사는 삼대화상의 부도가 나란히 있는 유일한 곳이다. 묘엄존자 자초는 무학이라고도 불리며 민간에도 잘 알려져 있지만 부도탑이 회암사 한 곳에만 있고 태종시부터 혼수를 계승한 천봉만우가 회암사의 주지로 부임한 이래 자초의 문도는 다시 회암사 주지로 등장하지 못하였다.

가장 중요한 사리탑은 3불2조사의 사리를 보존했었고 지금 미국의 보스턴 박물관에 보존되었다. 이 사리는 본래 기록에 의하면 회암사에서 도굴되어 일본으로 옮기고 다시 1939년 미국의 보스턴 박물관에서 사들였다. 이 사리용기에는 석가모니의 사리는 물론 과거불인 정광불과 가섭불의 사리가 보존된 세 가지와 지공과 나옹의 사리가 하나의 똑같은 크기의 용기에 다섯 개의 작고도 같은 크기로 닷집 모양의 용기에 보존되었던 특이한 형태이다.

나옹은 지공과 더불어 우리나라에서 부처와 동격으로 숭배되었던 조사였음이 다시 증명된다. 지공은 14세기 날란다에서 수학하고 스리랑카의 길상산 정음암에서 보명존자를 계승한 고승이다. 남아시아의 불교계는 이보다 2세기 전에 이슬람의 침입으로 잿더미로 변하였다고 믿고 세계의 불교사도 이를 통설로 따르고 있다. 다만 티베트나 네팔에는 이보다 날란다의 역사가 40년 정도 후에도 교육으로 명맥이 유지되고 있었다는 자료가 확인된다. 지공과 그의 계승자 나옹을 제대로 소개하면 세계불교사를 새롭게 써야 할 놀라운 사실을 품고 있다.

한국에서 부처나 보살로 숭배된 국사나 왕사를 비롯한 고승이 있었지만 실제로 부도를 비롯한 유적에서 부처로 숭배된 뚜렷한 증거는 나옹에서 확연하게 입증된다. 석가모니 이후에 부처와 동격으로 숭배하는 고승의 사례는 티베트의 활불도 있지만 우리나라에서는 나옹이 가장 뚜렷한 사례이다. 조사를 부처와 같은 기념물로 형상화하는 자체가 신비화한 결과이고 우리나라에서 나옹의 경우에만 가장 두드러진다.

316

나옹이 부처로 간주된 경위는 지공이 부처로 간주된 과정과 상관성이
크다. 지공이 고려에 왔을 때에 부처나 달마의 환생이듯이 숭앙하였고
다수의 부도와 관련이 있다고 하겠다. 또한 나옹이 자발적인 신도의
시주를 받아 회암사를 중창하고 낙성회를 열었음에도 그를 추방하고
중도에 입적케 할 정도로 탄압하였다. 이와 같이 가혹한 처우에도 불구하
고 열반 후에 나타난 이적과 문도와 신도의 격앙된 분위기에 의한 반전이
있었다. 한국불교에서 고승을 추앙한 사례는 많지만 나옹처럼 다양한
상징으로 부처로 간주한 사례는 찾아지지 않는다.

2. 조계종과 태고종 종헌의 의문점

조선시대의 다양한 불교의례를 모아 만든 『석문의범釋門儀範』에서는
지공과 나옹을 추앙하거나 증명법사로 삼은 자료가 종합되었다. 대한불
교조계종은 고려 조계종을 계승하였다는 역사성을 종헌으로 제시하고
있다. 조계종은 조계산 보림사에서 남종선을 펼친 당나라 육조혜능의
법손으로부터 불법을 계승하였다는 신라말 선종산문의 조사를 기원으로
삼으면서도 조사는 가지산문의 도의만 시조로 명시하였고 태고종과
다름이 없다.

다만 사굴산문의 보조지눌의 중천을 후에 끼워 넣음으로서 태고종의
종헌과 차이가 있다. 태고종은 고려말 가지산문의 태고보우를 중시조로
삼고 있으며 이 부분은 조계종의 종헌과도 상통한다. 대한불교조계종의
시조는 가지산문의 도의인가 조계산 보림사의 육조혜능인가 철저하게
설명할 의무가 있다. 또한 신라말 고려초의 여러 선종산문이 경쟁하면서
발전하였으나 고려중기에 사굴산문의 지눌 법손과 가지산의 원응국사
학일의 법손이 금석문과 사서에 자주 등장하였다. 그러나 희양산문은

원진국사 승형을 끝으로 더 이상의 국사를 배출하지 못하였다.

고려말기까지 가지산문의 태고보우와 사굴산문의 보제존자 나옹이 가장 뚜렷하였다. 태고는 국내의 가지산문뿐 아니라 몽골제국의 강남에서 번영한 임제종의 석옥청공을 계승하였고 이를 더 강조하였으나 종파의 이름은 국내 조계종을 고수하였다. 나옹은 국내의 사굴산문과 강남의 임제종 평산처림을 계승하였으나 누구보다 인도와 스리랑카의 불교사상을 견지한 지공화상의 사상을 철저히 실천하였던 사실이 태고보우와 달랐다. 나옹도 종파 이름은 국내 조계종을 고수하였고 이점은 태고와 상통한다.

오늘날 대한불교조계종은 태고의 수제자인 대지국사 찬영을 밀어내고 나옹의 문도인 환암혼수를 조선후기에 끼워넣어 잘못된 사실을 종헌으로 고수하면서 태고보우의 계승을 고집하고 있다. 헌법과 이념이 다른 국가는 정통성을 강조하기 어렵듯이 대한불교조계종의 계승에 대한 잘못된 종헌이라는 지적에 대하여 겸허한 검토가 필요한 시기이다. 가지산의 도의가 아닌 육조혜능을 계승한 여러 산문 가운데서 사굴산문이 최종으로 조선시대의 계승을 거쳐 오늘날에 연결되는 정통성을 확연하게 종헌에 명시할 필요가 있다.

태고보우의 계승을 고집한다면 태고종과 선명한 차별성도 적고 진실과 결합한 정당성도 인정받기 어렵다. 나옹화상은 그의 법손이 오늘날까지 계승될 뿐 아니라 고려말과 조선초에도 부처로 추앙될 정도의 법력을 보여준 대한불교조계종의 고승이고 보조국사 지눌의 법손으로 조계종의 중흥조라고 하겠다. 그의 사상에는 사굴산문뿐 아니라 몽골제국의 임제종보다 지공으로 이어진 길상산 보명존자의 사상을 새롭게 철저히 계승하였다는 특성이 있다.

3. 회사모의 헌차례와 학술회의

회암사지를 사랑하는 모임(회사모)은 지공화상의 숨결이 살아있는 회암사를 아끼는 친목과 연구를 위한 단체이다. 나옹이 지공화상으로부터 가장 오랜 기간 그의 사상을 철저히 계승한 사실을 중요시하고 그가 입적한 날짜에 신륵사에서 시행하는 헌차례를 문의하였다. 그 결과 나옹이 입적한 날짜가 아닌 가을에 계절 축제와 함께하고 있음을 확인하였다. 이에 부처로 추앙되었던 나옹이 입적한 곳에서 예우가 아쉬움을 느끼고 2015년부터 입적일인 음력 5월 15일 조촐한 헌차례와 나옹화상 행적을 밝히는 학술회의를 열었다. 마침 가물던 시기에 헌차례가 끝나자 비가 내려서 대지가 생기를 되찾는 기쁨을 함께 하였다.

2016년에 회암사를 사랑하는 모임은 조계종의 새로운 면모를 찾아서 "조계종의 법통에서 나옹의 위상"으로 주제를 정하고 학술회의에 전념하였다. 신륵사와 나옹화상에 대한 새로운 면모를 찾아내고 추념하는 계기가 되도록 최선의 노력을 기울였다.

6월 19일(음력 5월 15일)은 보제존자께서 신륵사에서 입적한 날이고 신륵사에서도 보름의 정기 법회가 있었다. 회사모는 선바위역에서 출발하였다. 참가자가 적으리라 예상되었으나 정원이 넘었고 좁은 차로 신륵사에 도착하였다. 신륵사에서 작년 헌차례에 참여했던 회원이 다시 반겼고 법회를 끝낸 20여 청신녀의 참가로 헌차례가 아주 짜임새 있게 진행되었다.

회원의 퉁소가 장중하게 울려 퍼지는 가운데 다양한 색깔로 때를 맞춰 만개한 백합을 준비하여 헌화하였다. 올해 햇차가 준비되지 못하여 아주 오래 묵은 운남의 보이차로 대신하여 아쉬웠으나 오히려 차 맛이 좋다고 평가를 받았다. 헌차례에 참가한 일행이 점심공양을 마치고 보제

〈그림 56〉 문화재제자리찾기운동에서 보스턴 박물관의 삼불이조사 사리를 확인하는 모습

루에 모여 2시 정각에 학술회의 소집을 알리는 통소와 더불어 개회하여 "보제존자와 신륵사 헌차례의 의미"라는 인쇄물을 나누어 읽었고 나옹화상에 대한 여러 참여자의 질의와 보충 답변, 그리고 모임에 대한 제안과 질의와 토론이 있었다. 토론을 마치고 돌아오는 길은 석양이 곱게 빛나고 있었다.

Ⅲ. 연천 기황후릉 헌차례

고려와 몽골제국은 형제맹약의 짧은 기간과 그보다 오랜 항쟁기간을 끝내고 동아시아는 물론 세계사에서 찾기 어려운 더 오랜 기간의 혼인동맹을 성공시켰다. 한국사 연구자들은 이를 부끄럽게 간주한 조선시대의 사관을 답습하고 원 압제나 원 간섭기란 용어를 국사교과서에서 사용하여 이 시대를 표현하고 있다. 국사학이란 보수성이 강하고 한번 굳어진 용어와 관점을 답습하고 고치지 않으려는 관성이 있다.

한족이 내세운 화이사상에 맞장구를 친 사관으로 편찬된 고려사와 이후 일본의 동아시아 역사가에게도 계승되었다. 이를 답습한 미국의 몽골제국의 연구에서도 해석이 달라지기 어려웠다. 『원사』에는 기황후가 미천하다는 기록이 올라 있지만 이는 전통적으로 왕비를 배출한 몽골의 옹기라트 부족출신이 아니었다는 뜻이고 고려에서 미천하였다는 서술은 아니다. 고려에서 선발된 동녀는 가문과 미모와 교양이 뛰어났고, 몽골의 공주를 고려에서 대하듯이 유리구슬처럼 조심스런 대우를 받으면서 몽골궁정으로 이동되었음이 틀림없지만 사극에서는 전혀 다르다.

몽골이 고려와 항쟁기간에는 초토화 작전을 쓰면서 건장한 남자는 없애고 어린이와 여자를 약탈하여 노예로 삼은 경우가 많았다. 고려에서만 자행한 특수한 사례가 아니고 유라시아 각지를 휩쓸면서 있었던 몽골군의 다반사였다. 본래 전쟁이란 전세가 유리하면 다른 민족의 여자나 어린이를 노비로 삼기 위하여 죽이지 않았다. 몽골과의 항쟁기간에 부녀의 약탈은 전리품으로 삼았지만 혼인동맹을 실현한 다음에는 고려의 미천한 아녀자가 아니라 귀족출신 동녀를 선발하여 몽골의 귀족과 혼인시켰고, 이들 가운데 다수의 황후도 배출되었음을 밝히고자 한다.

귀족자제에서 선발한 뚜르케禿魯化와 함께 동녀란 왕실혼인을 보조하는 귀족사이의 안전장치였다. 사극에서는 항쟁기간 노략의 연장으로 간주하고 혼인동맹 이후와 구분하지 않았다. 또한 조선초기에 동녀가 아닌 명대에 사용한 공녀貢女란 용어를 사용하였고, 끌려가는 장면을 묘사한 사극은 원사에서 강조한 화이사상과 항전기의 피해의식을 강화한 전형적인 사례였다.

굳이 북경까지 가서 받은 학위논문의 내용은 조금도 새로운 시각으로 고치지 못하고 『원사』를 증폭시킨 화이사상에 매몰되었다. 심지어 사극이나 이를 자문하는 이들이 한 발짝도 향상되지 못한 답보상태를 보여준다. 공녀가 아니라 동녀이고 귀족소녀로 선발되어 황실의 자제와 결혼하였다. 고려세자를 호위한 뚜르케와 마찬가지로 동녀는 장차 황제로 오를 가능성이 있는 황족의 자제가 결혼대상이었음을 살피고자 한다.

1. 고려출신의 다섯 몽골황후

쿠빌라이는 동맹국의 왕이고 사위인 충렬왕보다 외손 원源(후에 장璋으로 개명)에 애착이 많았던 모양이다. 외손의 교육에 대하여 세심한 관심을 기울이고 교육내용에 대해서도 묻고 그를 지도하였던 정가신鄭可臣과 민지閔漬를 우대하였음이 확인된다. 후대의 사가들은 황제를 숙위하는 고려의 왕자를 인질로 해석하고 고려 출신의 귀족자제도 같은 부류로 해석하였음은 물론이다. 그러면서도 고려에 시집온 공주와 공주를 보살피기 위하여 고려에 파견된 케샤㤼薛는 인질이라 부르지 않는다. 한漢과 당唐에서 시작된 정략결혼보다 차원이 높은 혼인동맹을 굳이 인질로 해석하는 경향은 역시 원사에 기원한 화이사관을 강조하는 명과 조선의 관점이 결합하여 굳어진 결과였다.

322

인간에게 전쟁이나 정변의 끔직한 외상外傷이 정신외상으로 남은 트라우마라는 프로이드가 만든 심리학의 용어가 있다. 때로는 집단의 정신이상을 형성하여 시대의 사관으로도 존재한다. 세계사에서 훈족과 몽골족은 서양사에도 정신외상으로 남았다. 제2차세계대전의 히틀러에 의한 유대인 학살과 일본의 정신대는 동아시아의 중국과 한국에 남긴 대표적인 정신외상의 하나로 기억되고 있다. 가해자인 독일인과 일본인도 패배와 더불어 정신외상이 존재한다.

일본 수상이 야스쿠니신사를 방문하면서 가해자인 일본인의 정신외상을 해소하려고 노력할수록 이웃나라는 아픈 기억이 되살아나 일본인의 상처보다 커지는 속도가 더 빠르다. 반면 독일은 자국보다 피해국을 치유하면서 스스로 외상을 해소하고 있다. 미래에 독일의 유럽에서의 역할과 일본의 동아시아에서의 역할을 각각 그들 스스로 결정짓고 있다고 하겠다.

본래 사극이란 시대의 정신외상이 겹치는 현상이 나타나고 작가와 시청자의 무의식에는 피해 의식이 작용하므로 불가피하다는 변호가 가능하겠지만, 이를 엄격하게 구분할 필요가 있다. 몽골과의 항전기간에 초토작전에서 비롯된 포로인 노예와 유목민족의 약탈혼이 혼인동맹 초기에도 고려인에게 잔재한 의식이 남았을 가능성은 충분하다.

고려가 몽골과 형제맹약을 유지한 기간은 짧았지만 항전기간은 길었다. 그러나 혼인동맹을 맺고 이를 지킨 기간은 항전한 기간보다 몇 갑절은 된다. 그럼에도 지금도 압제기간이나 간섭기간이라고 혼인동맹 기간을 대표하는 용어로 썼다. 항전기간의 관점이 잔재했을 가능성은 있지만 그보다 한족부흥을 내걸고 몽골제국에 대한 적개심을 고취하면서 그들을 고비사막으로 밀어낸 주원장은 이를 원사 편찬에 적극 활용하였다. 이런 사관은 고려사의 편찬과 이를 답습한 지금까지 한국사의 서술에서 증폭되었다. 국가사이의 정략결혼이란 약자가 일시적으로 위기를 타개하기 위하여 존재하였다. 그리고 이는 힘의 우위가 바뀌면 계속되지 못하였다. 고구려와 낙랑, 백제와 신라의 결혼은 전설적인 요소가 있지만 한과 흉노, 당과 토번의 왕실혼인은 단기간으로 끝나 지속되지 못한 정략결혼이었다. 고려가 제안한 왕실결혼의 출발은 정략결혼의 요소가 없지 않지만 점차 몽골제국과 고려는 소수민족이 연합한 혼인동맹의 요소로 장기간 발전하였다.

고려와 몽골의 왕실혼인을 출발부터 정략결혼으로 보기 어려운 요소가 많다. 정략결혼은 약자가 공주를 보내지만 딸을 보낸 몽골황제가 고려보다 약자라고 보기 어렵기 때문이다. 또한 고려에서도 귀족의 동녀를 선발하여 귀족과 결혼시켰기 때문이다. 『고려사』에는 항전기간의 포로가 노예로 살아가는 이야기도 실었다. 그리고 다루가치와 일본을 치기 위하여 설치한 정동행성과 군사력의 동원에 있었던 고려의 피해에 대한 기록이 강조되었다.

혼인동맹기간 고려에 요구한 협력은 항전기의 연속과는 다르다. 일본을 치기 위한 군비의 지원은 동맹국의 임무였다. 고려가 기근이 심하면 동맹국은 양곡을 지원하였고, 심지어 남송의 궁중도서도 고려로 보냈을 정도였다. 몽골은 혼인동맹을 소수민족의 동맹으로 발전시켰다는 해석이 타당하다. 혼인동맹의 기원은 왕자의 입조에서 반전하였고 칭기즈칸의 손자로 남송을 원정하기 위하여 중원에 머물던 쿠빌라이에게 보내어 발전의 계기가 진전되었다.

본래 고려와 몽골과의 관계는 형제맹약으로 출발하였지만 공물을 가진 사신의 죽음으로 전쟁이 시작되었고, 오랫동안 서로 지쳤으니 이제 더욱 친밀한 유대관계의 타개책을 찾지 않겠느냐고 고려가 제안하였다. 쿠빌라이는 속전속결의 기습전으로 치고 빠지면서 전선을 확장하는 다른 형제와는 달랐다. 그는 참고 기다리는 완벽주의자였고 전과는 의외로 적고 답보상태였다.

쿠빌라이에겐 많은 형제가 있었다. 형이 제위에 올랐으나 그가 죽으면 적장자가 제위에 오르는 농업사회의 한족과는 달리 능력이 있는 연장자로 쿠릴타이회의에서 제위를 선거하므로 마치 오늘날 중국의 주석을 뽑는 방법과 상통하였다. 칭기즈칸은 여러 황후를 두었고 출산력도 출중하였으므로 많은 아들과 손자가 있었다. 손자였던 쿠빌라이는 남송의 정복과 제위에 오르는 두 가지 과제가 서로 맞물려 있었다.

쿠빌라이는 남송과 일본 그리고 고려가 서로 해양으로 연결되어 유목민족의 기습전이나 기병전으로 수군을 상대하기가 아주 어려웠다. 고려에서 찾아온 왕자와 모사들은 왕명으로 형제에서 혼인으로 차원을 달리한 동맹을 제안하였다. 혼인이란 대체로 딸을 주는 쪽이 수세에 몰린 정략결혼이지만 고려는 공주를 데려오고 소생을 왕위에 앉히겠다는 전통이 아닌 새로운 제안이었다. 수많은 전장에서 뼈가 굵으면서 수많은 처가 있었던 쿠빌라이는 딸을 배필로 주어서 우군을 만들고 제위에 대한 기반도 확고하게 만든다는 탁월한 계산이 작용하였다. 그를 둘러싼 책사와 고려의 외교관이 주도한 계획은 절묘하게 맞아 떨어졌다.

금석문이나 문집에는 혼인동맹 이후에 동녀童女나 처녀處女를 원나라에 보냈다고 썼다. 실제로 14세를 전후한 어린 소녀이고 이들의 가계를 조사하면 뚜르케가 의관자제衣冠子弟나 진신자제縉紳子弟로 불렸듯이 음서에 해당하는 범위의 귀족자제였고 동녀도 마찬가지의 신분이었다. 이들이 선발되는 수효도 뚜르케와 마찬가지로 적은 수였다. 이들은 태자의 학우처럼 고려왕자와 결혼할 공주의 동료로 대우를 받으면서 궁중예법을 배웠고 유리알처럼 보호를 받았다. 다만 일부일처제이고 처가살이 혼인이 많았던 고려에서 부모를 떠나 멀리 보내고 일처다부제인 몽골관습에는 항전기에 형성된 트라우마가 공포심으로 한동안 남았을 가능성

은 있다.

금강산 장안사에 기황후의 후원으로 보존된 3본의 묵서와 은자사경 1본, 도합 4본이 있었다. 장안사의 장경비는 고려출신의 황후를 축원한 사실에서 청평사 장경비와 상통한다. 몽골제국에서 황후는 몽골의 부족에서 주로 배출되었고 고려가 보기

〈그림 57〉 겸재 정선이 그린 장안사 부분도. 이곳에 기황후와 황태자의 장수를 기원한 대장경이 보관되었었다고 한다.

드물게 장기간 황후를 배출한 유일한 동맹국이었다.

기황후보다 앞서 춘천의 청평사에는 김황후를 위한 장경비가 있었다. 기황후는 잘 알려졌으나 고려의 동녀로 몽골의 귀족과 결혼한 사례는 아주 많았다. 김황후는 인종의 편비였다가 태정제의 황후가 되었고 몽골이름은 타마시리[達麻實里]였다. 김황후의 자질이나 모습, 그리고 몽골궁정에서 등장하는 과정의 갈등에 대한 기록은 기황후에 비하여 전하는 내용이 거의 없다. 다만 그의 가족관계나 충선왕이 몽골에 머물면서 향상시킨 고려의 위상과 교민들의 역할을 통하여 재구성이 가능하다.

김황후는 김심金深의 딸로 김주정金周鼎의 손녀였다. 고려의 여인이 몽골황제의 황후로 책봉되는 일은 드물었지만 불가능하지도 않았다. 알고 보면 그녀에게 황후에 오를 유리한 조건도 있었다. 황후로 등장할 조건은 그의 부와 조에 걸친 우수한 기반이 뒷받침되었다. 할아버지 김주정은 본관이 광산으로 예부시에 장원급제한 인물이다. 급제자는

외교문서를 쓰거나 사신으로 뽑혀 외교관으로 활동하였다. 외교관이란 국가의 중대사에 깊이 관여하고 중앙관부의 없어서는 안 될 긴요한 역할이었고 지방관을 거쳐 승진하는 절차를 벗어나 출세의 지름길이었다. 외교관인 김주정이 본국 문관직의 노른자위인 외교관직을 더하였고 세습하는 몽골의 만호萬戶라는 정동행성의 중요관직을 겸하였다.

황후의 아버지 김심은 뚜르케로 선발된 요원이었다.[1] 뚜르케는 몽골 궁정에서 황제나 그곳에 머무는 고려 세자의 측근에 머무는 숙위[忽赤]였다. 몽골에 처음 머물렀던 세자는 후에 충렬왕으로 쿠빌라이의 사위 심謜이었다. 세자는 장차 황족의 딸과 결혼하여 대대로 고려의 왕위를 세습할 몽골제국의 울타리이고 혼인동맹의 약속을 지키면서 유대를 유지할 동맹민족이고 용의 씨앗이었다. 세자가 바로 충선왕이었다.

몽골과 항전기간의 아녀자 약탈과 혼인동맹 후의 동녀의 선발은 엄격하게 구분되었다. 혼인동맹은 고려와 몽골의 상층신분의 혼인이 바탕이었고 고려는 국가로서 몽골의 정당한 대우를 받았고 이를 실현하였다. 기씨의 동녀가 황후로 책봉되는 과정에 황후를 세습적으로 배출한 전통적인 부족출신이 아니므로 미천하다는 『원사』의 기록은 고려에서 출신이 미천하다는 뜻은 아니다. 황후로 등장에 어려움이 있었지만 혼인동맹이란 몽골의 황후를 선발하는 약속은 아니었고 고려 적통의 왕자를 보장한 고려왕비의 약속이었다.

고려의 동녀가 몽골황후에서 철저하게 배제한다는 명문도 없었다. 혼인동맹은 고려 세자가 황금가족에 포함되었으므로 동녀도 대체로 대등한 원의 귀족과 결혼하였다. 몽골제국과 고려의 혼인동맹은 몽골공주와 고려의 왕세자뿐 아니라 고려의 귀족자녀인 동녀와 몽골제국의

---

1) 『고려사』 권29, 세가, 충렬왕 5년 3월 丁巳(10일).

귀족자녀와의 통혼으로 확대하는 민족연합을 마련하였다.

고려출신으로 가장 먼저 황후가 되었던 인물은 평양공 기基의 후손인 현珫의 딸 바얀후트伯顏忽篤였다. 그녀는 김황후보다 월등한 왕족이므로 공주의 배필인 세자와 동급이었다. 충선왕이 원에 머물면서 현의 자식을 자기 자식처럼 불러들여 돌보았고 원의 인종은 즉위하기 전부터 왕황후를 총애하였고 즉위 후에 황후로 삼았다. 인종은 동녀로 몽골궁정에 갔던 김심의 딸도 즉위한 다음에 편비偏妃로 삼았다. 김심의 딸은 태정제泰定帝에 이르러 황후였다. 또한 평양공 현의 외손녀가 노盧황후였고 기황후의 며느리로 소종의 황후를 계속하였음이 확인된다.2)

고려출신으로 몽골제국의 황후로 등장한 사례는 위와 같이 인종의 왕황후와 태정제의 김황후, 그리고 순제의 기황후와 권황후, 소종의 노황후가 확인되었다. 그러나 기록이 많은 황후는 김황후와 기황후가 대표적이다. 이밖에 원종보다 앞서 몽골에 왕자의 자격으로 입조하였던 종실의 자녀들은 몽골에 머물면서 그곳의 몽골귀족과 통혼한 사례가 많았다. 또한 강양공 자江陽公 滋의 아들로 충선왕이 겸하였던 심왕을 계승한 고暠의 자손들이 몽골에 다수 머물렀다.

몽골의 혼인은 고려와 다른 요소도 많았다. 재혼으로 데려온 자식이나 조카를 키워서 후계자로 삼는 경우도 많았다. 충선왕은 서원후 영瑛의 딸을 정비靜妃로 삼았고 그들의 조카를 대도로 불러들였다. 평양공 현이 죽자 그의 처를 순비로 삼고 소생을 자신의 자식처럼 돌보았고 강양공 자의 자식을 후계자로 삼아 심왕을 계승시키고 고려왕을 겸하도록 기대

---

2)『고려사』권90, 열전 宗室 顯宗 王子 平壤公 基, 璹, 忠宣二年(1310), 封順正君, 後進封大君. 元仁宗在東宮, 璹妹伯顏忽篤得幸, 璹赴召如元, 尋授翰林學士. 三年, 奉御香還國, 故事迎御香, 不用禮服. 璹始遣人, 强百官用禮服.

이들에 관한 증거로『고려사』와 묘지를 이용하였다. 그리고 이를 개성왕씨 족보에 수록된『高麗聖源錄』에서 재확인하였다.

하였으나 국내의 반대로 후자는 좌절되었다.

충선왕은 몽골제국의 혼인 관습을 충실히 이행하였고 측근의 실세를 왕족으로 삼았다. 충선왕은 왕현의 3남 4녀를 대도로 불러들여 몽골과 고려의 귀족과 연이어 결혼시켰다. 현의 두 딸이 몽골귀족과 결혼하고 셋째 딸은 총애를 받아 황후가 되었다고 묘지에 실렸지만 다른 사료로는 입증되지 않는다.3) 막내딸은 노책盧頙과 결혼하였고 그의 딸이 기황후 소생의 태자와 결혼하여 소종의 황후가 되었다. 이와 같이 고려 왕실과 몽골귀족과의 중첩된 결혼을 통하여 황금가족에 포함되고 황후로 등장하였으므로 고려와 몽골의 결혼동맹은 쌍방귀족의 결혼으로 보장되었다.

고려와 몽골제국의 혼인은 양국의 정략에서 시작되었더라도 황실과 왕족간의 교체혼인이란 의미는 소수민족이 연합하는 혼인동맹으로 충분한 기능과 장기간의 지속을 보장하였다. 몽골황실의 결혼은 부족연맹에서 부족장의 결속을 위한 수단에서 소수민족연합이었고 고려와의 혼인도 마찬가지 범주였다. 몽골은 동성혼을 금지하도록 고려에 요구하였고 동녀는 귀족으로 소수민족의 동맹을 굳히고 확대하였다. 고려출신 황후의 배출은 결국 동녀로 확대되었으나 왕황후에서 김황후와 기황후를 거쳐 노황후에 이르는 네 황후의 배출은 귀족의 범위를 벗어나지 않았다는 신분사회를 반영하였다.

『고려사』와『원사』에는 두 소수민족의 혼인동맹에 대하여 극히 소략하게 서술하였다. 몽골황실의 결혼은 부족연맹의 관습을 유지하는 한편 고려의 귀족을 통혼권으로 포함시켰다. 고려국왕을 혼인동맹으로 지속하지만 동녀가 황후로도 등장할 통혼권을 개방하였음이 김황후로 확인

---

3) 황제에겐 여러 황후가 있었으므로 제일황후만을 열거할 경우 사서에서 제외되는 경우가 많았다.

되었다. 다만 몽골황제는 다수의 황후와 편비가 포함되었으므로 제일 황후로 등장하기 위하여 다시 치열한 경쟁과 실권을 가진 세력과의 연합이 필요하였다.

왕현의 딸을 황후로 삼았던 황제는 인종仁宗임이 거의 확실하다.[4] 대체로 1311~1313년 무렵으로 추정되기 때문이다. 혼인동맹으로 왕실과 귀족의 아들뿐 아니라 동녀들도 갔다. 동녀들이란 몽골의 귀족이나 심지어 황후의 시녀로도 궁중예법을 익히는 귀한 존재였다. 김심은 무반으로 재상에 올랐고 자신의 딸이 황후로 등장하도록 뒷받침을 하였음에 틀림이 없다. 몽골은 아직 과거제도가 없었고 세습하는 귀족의 세습을 호적에 반영하여 사용하였다. 만호란 몽골에서 세습을 인정하는 지역 무관이었다.

김심은 선발된 25인의 뚜르케 중 하나였다. 무관으로 몽골과 고려의 관계에 깊이 관여하였고 특히 충선왕의 출세를 도왔으며 고려에서 여러 차례 정승으로 등용되었다. 고려에서 영향력은 이후에도 지속되었고 그의 묘지가 족보에 올라 있을 정도로 그의 가문은 유지되었다. 김황후를 배출한 광산김씨의 후예는 조선에서도 가문을 가장 잘 유지한 사족의 하나로 왕씨는 물론 기씨와 노씨보다 월등하였다.

기황후를 제외한 다른 황후가 사극에 등장한 일은 없다. 기황후의 사극을 보면 원사에 쓰인 대로 미천한 신분이고, 몽골의 사신에 의하여 항쟁기간에 끌려간 포로처럼 모든 학대의 시련을 이겨냈다. 그리고 천인의 신분으로 황제의 측근에서 세력을 얻은 환관의 도움을 받아 궁중의 법도를 익히면서 신분이 상승하는 여러 단계를 거친다. 시극이나 소설은 시청자의 관심을 끌기 위하여 극적인 과장이 불가피하지만 심해도 너무

---

4) 『고려성원록』 14a 女伯顔忽篤.

심하다.

기황후는 부모와 형제가 고려의 정변에서 제거되고 노황후의 아버지
인 노책도5) 기황후의 부모와 같은 시기의 정변에서 제거되었다. 이로
보면 노황후가 책봉된 배경에는 기황후의 도움과 고려의 뚜르케와 환관
과 교민의 지원과 협력이 컸음에 틀림없다. 다만 이들과 본국과의 관계가
극도로 악화되었고 협력이 없이 갈등만 계속되었으므로 고려의 공민왕
이 시해당하고 양국이 몰락할 정도로 급속도로 약화되었다는 해석도
가능하다.

김황후의 아버지는 천수를 누리고 후대의 족보에 올랐고 묘지를 남겼
으므로 기황후의 가문과는 매우 달랐다. 김황후의 조와 부에 대한 경력이
나 활동도 묘지와 사서에 골고루 나타나므로 이를 정리하기가 매우
간편하지만 김황후와 노황후에 대한 개인적인 면모가 전하지 않아 아쉽
다. 기황후는 황실의 재정을 탕진하고 몽골제국의 멸망에 원인이 되었다
는 혐오스런 해석이 많았다.

이와 달리 기황후가 총명하고 궁중의 법도를 지키고 교양이 높았고
백성을 사랑하는 도량이 있는 황후의 모습을 보여주었다는 새로운 해석
이 주목되어야 한다. 필자는 이러한 새로운 견해와 함께 연천에 있는
기황후릉과 몽골관인과 고려의 관계가 밀집되고 북원 연호를 사용한
지공과 나옹의 부도비를 통하여 그녀의 생몰연대의 사실성을 높이는
작업에 관심을 기울였다.

연천의 기황후릉과 그곳에서 발견된 석상의 모습을 보고 몽골의 석상
과 상통하는 형태임을 확인하였다. 마침 북원과 고려와의 관계를 연구한
몽골학술원 교수가 현지를 방문하고 이를 당시의 상황과 연결시켜 결과

---

5)『고려성원록』16a 女元太子禎 順帝太子.

〈그림 58〉 연천 기황후릉 터

를 발표하였다. 기황후릉에 대한 최초의 논문이었다.[6] 또 다른 논문은
2011년 몽골건국 100주년에 발표되었고, 고려와 몽골제국의 세계사에서
가장 오래 유지된 국가간의 혼인동맹으로 소수민족이 동아시아를 기반
으로 세계를 경영한 모범적인 사례로서 주목할 과제로 제안되었다.[7]
몽골의 석상에 대하여 관심을 가지고 살핀 결과 기황후릉 부근에서
발견된 모습과 상통하고 조선의 문무관의 석상과 다르고 고려의 동자상
의 요소와 크기가 상통하지만 동자가 아니라 인면수신상이란 모습이
다른 점이었다.[8]

6) 책메드 체렝도르지, 『14세기 후반 동아시아의 국제정세와 북원과 고려의 협력』,
   한국학중앙연구원 대학원 박사학위논문, 2010.
7) Хө Хыншиг (Солонгос судлалын академий н хүндэт профессор), "МОНГОЛЫН
   ЭЗЭНТ ГҮРНИЙ ЦӨӨН ТООТ УГСААТНЫ БОЛОГО БА ДЭЛХИЙГ
   УДИРДАХ АРГА БАРИЛ", 2011. 8. 8.
8) Heo Heung-sik, The construciing royal tomb of Empress Ki(Öljei Khutugh:
   完者忽都) at Yeonchon district and using Xuān Guāng(宣光) era in Koryeo
   1377~1378. ; The Ancient Turkic Values-2017» international scientific

김황후는 기황후보다 먼저 황후에 올랐지만 황제의 재위가 짧아서 크게 역할의 흔적을 찾기가 어렵다. 『고려사』에도 그녀가 황후였던 시기에 충선왕이 아꼈던 심왕 고를 중심으로 입성책동이나 충숙왕을 내치고 고려국왕으로 만들려던 충선왕으로부터 옮겨간 심왕 세력들의 움직임이 있었으므로 이 시기의 기록이 아주 소략한 한계가 있다.

김주정과 김심으로 계승된 그녀의 가문에서 도와준 배후세력은 고려 국왕과 충돌하지 않았으므로 묘지를 전할 정도로 가세가 유지되었다. 이는 김황후보다 후에 행주기씨와 교하노씨의 가문이 공민왕을 위협하는 위세를 보이자 노국공주의 지지를 받아 제거함으로써 국내의 핵심세력이 몰락한 현상과는 달랐다. 김황후는 충선왕과 심왕 고로 세습한 원의 궁정에서 후원을 받은 셈이지만 충숙왕과 김황후의 세력과는 국내에서 갈등이 적었다. 같은 광산김씨 김태현은 김주정의 조카였고 김황후의 국내 기반은 이후에도 기씨나 노씨보다 공고하게 유지한 일면이 짐작된다.

2. 몽골에서 황후를 도운 고려거류민

왕황후와 김황후는 궁정에서 숙위하는 고려 귀족자제와 동녀, 그리고 환관들의 지원을 받았음은 기황후와 상통한다. 다만 기황후는 스스로 능력을 발휘하고 인내하면서 장기간 혜종과 소종의 배후에서 정치에 깊이 작용하였음이 확인되지만, 앞선 황후의 경우는 능력을 발휘한 기록이 당시 사서와 다른 기록마저 극히 적어서 증명되지 않는 한계가 있다. 다만 김황후는 장원급제한 외교관 조부와 귀족자제로 숙위하고 무장으

conference on the eve of Kultegin's Day. Astana L.N. Gumilyov Eurasian National University, Kazakhstan, 2017. 5. 18.

로 재상에 올랐던 아비의 세력기반으로 귀족에 속하였고, 이후에도 타격이 없이 유지되었던 사실은 기황후와 다르다.

환관宦官은 환자宦者나 내수內竪, 또는 엄인閹人으로 불린 자들로서 지위가 높은 관인을 말한다. 고려에서 천인 가운데 생식능력을 잃은 자들로 선발되었고 원 궁정에서 소요되었다. 고려에서도 궁녀와 궁인은 천인이었고 이들과 신분이 상통하였으나 서인도 생존과 출세의 지름길로 거세하는 경우가 있었다고 당시의 딱한 사회상이 실려 있다. 본래 궁궐이란 귀족과 천인이 공존하고 중간층인 서인이 결핍된 공간이었다.

고려출신의 환관은 같은 소수민족인 고려의 세자를 공주와 결혼시키는 혼인동맹을 맺었던 만큼 한족漢族 환관과 비교하기 어려울 정도로 지위가 높았다. 환관들은 황제와 고려의 동녀를 시종하였음이 확실하다. 사극 기황후에는 어린 동녀가 고려출신의 환관의 보호를 받았음을 강조하였다. 동녀는 환관의 보호를 받을 특권이 있었지만, 환관은 동녀의 도움을 받아 지위를 향상시키고 이들의 위상도 동녀가 황후로 성장함에 따라 변화하였음이 틀림이 없지만 이를 밝히지 않았으므로 전말이 뒤바뀐 묘사도 많다.

기황후는 김황후나 왕황후를 뒷받침한 고려출신의 환관과 교민을 포함한 후원세력을 이어서 활용하였다고 짐작된다. 특히 환관의 계속된 역할이 노황후까지 계속되고 몽골궁중에서 고려교민은 환관을 포함하여 긴밀하게 뭉쳐서 그들이 지위를 유지하는 뒷받침이 되었다. 이러한 현상이 기황후가 장기간 세력을 유지하고 그의 뒤를 이은 황후들도 고려동녀 출신이 포함되어 계승하였다는 해석이 가능하다.

연천의 이웃 양주에 회암사가 있다. 이곳에는 지공과 나옹, 그리고 무학을 기념한 3화상의 부도가 있다. 지공은 인도출신이고 나옹과 무학은 지공이 1326년 3월부터 고려에 2년 반 머물렀을 무렵 직접 관계는

334

없었다. 나옹과 무학은 연도의 법원사法源寺에 머물던 후일의 지공과 연결되었다. 이들을 비롯하여 많은 고승이 공민왕대 초기까지 몽골제국의 수도에 머물던 지공을 찾아서 계승자가 되었다. 지공은 1363년 11월 29일 입적하고 육신소상으로 보존되었으나 5년 뒤 주원장이 북경을 함락하기 직전에 다비하여 사리가 해로와 육로를 통하여 절반이 고려로 옮겼다.

〈그림 59〉 차즈인 에레크의 석인상 현재 연천문화원에 보존된 기황후릉 부근에서 발견된 석인과 흡사하다.

　지공의 탑비에는 연도의 고려출신 거류민들이 그를 후원하여 어려움을 극복하였음이 명시되었다. 지공이 머물던 법원사는 물론이고 고려인들이 그를 부처처럼 받들면서 그를 중심으로 뭉치고 몽골제국의 상류사회를 주름잡았다. 고려출신의 황후를 비롯한 여성들의 후원이 비문에 특기된 내용이 거듭 나타난다. 그가 입적한 9년 후에 고려출신의 황후와 교민들의 구심점이 되었던 지공의 사리가 돌아오고 회암사에 나옹의 부도와 함께 탑비를 세웠고 후에 조선태조의 왕사였던 무학자초의 부도와 탑비가 세워짐으로써 사제의 계승이 밀집된 새로운 사례를 이루었고 조선전기에도 불교의 중심사원으로 계승되었다.[9]

---

9) 허흥식, 『고려로 옮긴 印度의 등불－指空禪賢』, 一潮閣, 1997.

혜종의 말년에 흉년이 들고 대도의 백성이 다수 기아로 죽자 기황후는 이들을 구휼하고 죽은 자의 무덤을 대도의 외곽에 만들어 묻어줄 정도로 대민사업에도 나섰다. 권형權衡이 저술한 『경신외사庚申外史』에 의하면 구휼에 필요한 곡식을 걱정하고 있을 때에 지공은 가을이면 강남에서 대운하로 곡식이 도착하리라 예상하였고 그의 말대로 맞았다. 이로 보면 기황후도 그에게 자문을 구할 정도로 후원을 받았음이 확실하다.

우왕은 3년부터 다음 해까지 북원의 연호 선광宣光을 썼다. 원으로부터 추앙을 받았던 지공과 그의 계승자 나옹의 탑비에는 선광이란 연호가 선명하다. 선광이란 연호를 사용한 유적이나 유물은 매우 드물다. 양주의 회암사와 연천의 기황후릉은 임진강을 건너 개경의 남쪽에 위치하여 새로 황하유역을 확보한 명의 사신이 개경에 도착해도 보기 어려운 배후지역이 선정되었으므로 더욱 기황후릉의 사실성이 강화된다고 하겠다.

기황후의 생몰연대에 대해서는 정설이 없다. 순제가 즉위하기 전 1330년 대청도에 유배되었고 다음해에 풀려나 황제로 즉위하였다. 기황후는 동녀로 뽑혀서 1333년 몽골로 갔다. 동녀는 대체로 13~15세였으므로 14세로 본다면 그녀는 1320년 출생하였을 가능성이 크다. 1339년 20세로 태자를 낳고 다음 해에 제2황후로 책봉되었다. 1353년 기황후의 소생이 태자로 책봉되면서 3년 뒤엔 국내의 기씨 세력이 국왕을 능가하자 태자의 장인 노책까지 포함하여 제거되었다.

기황후의 몰년에 대해서도 정설이 없다. 다만 명군에게 쫓기다가 죽음을 당했으리라는 견해가 있었지만 1371년 정월로 기록이 끝난 유길劉佶의 『북순사기北巡私記』에 의하면 순제와 북쪽으로 파천하여 함께 있었다. 그녀는 그곳에서 고려가 협력하기를 요청하였으나 소극적인 태도에 분노하고 있었음이 확인된다. 기황후는 소종을 세우고 정치적 수완을 발휘하였음에 틀림없다.

기황후의 죽음과 능의 조성은 고려에서 선광연호를 사용한 시기와 상관성이 크다고 짐작된다. 고려에서는 1377년 2월부터 다음 해 9월까지 북원의 선광연호를 사용하던 시기 기황후는 생애를 마감하였고 고려로 운구되었을 가능성이 크다. 기황후릉은 개경이 수도였던 당시 육로로 개경에 이르는 지역보다 남쪽에 위치한 배후이고 회암사와 같은 방향이다. 우왕은 회암사를 중요시하고 기황후릉을 이곳에 설치하고 진전사원으로 사용하였다고 추정된다.

〈그림 60〉 비난과 칭찬의 평가가 엇갈리는 기황후의 초상화, 대만국립고궁박물관에 보존되어 있다. 그의 출신 신분에 대해서도 미천하였다는 통설과 그렇지 않았다는 필자의 견해조차 상반된다.

기황후는 20세에 황태자를 낳았고 황제인 순제뿐 아니라 태자를 즉위시키고 정치를 도왔던 여장부였다. 다만 고려는 몽골의 혼인동맹을 통한 소수민족의 연합을 지속하지 못하고 다수의 한족이 다시 등장하는 대세를 막지 못하였다. 고려와 몽골은 한족부흥을 내세운 반란군인 홍건적의 침입에 협력하여 대응하지 못하였고 결국 두 나라와 민족은 모두 위기에 몰렸다.

3. 춘분의 기황후릉 야단차례

혜종의 일대기를 쓴 『경신외사庚申外史』에는 기황후가 지공에게 여러 차례 자문을 구한 사실이 자세하게 실려 있다. 지정 말년 황하유역에 재해가 잦으면서 흉년이 들었고 굶어죽는 백성이 속출하였다. 기황후는 백성의 구휼과 시체의 매장과 고혼의 천도를 위한 수륙재를 열고 정성을 다하여 명복을 빌었다.

수륙재란 무차대회로서 인간의 영혼에 대한 평등사상과 환생을 기원하는 의식이었고 봄의 축제였다. 계절로는 음력 2월 15일 연등회와 상통하고 봄의 재생과 관련이 큰 행사였다. 고려에서는 연등회와 팔관회가 국가의 2대 제전이고 불교와 관련이 깊었다. 팔관회가 추수를 끝내고 감사하는 토속신을 불교로서 통합시키는 감사제였다면 연등회는 석가의 열반일이지만 중생에게는 고혼의 환생을 기원하는 봄의 축제라는 깊은 의미가 있었다.

팔관회가 서양에서 기독교와 결합된 추수감사제와 상통한다면 연등회는 부활절과 상통하는 의미가 있었다. 실제로 고려 왕실은 태조가 현세에는 부처를 섬겨서 불교를 보호하고 내세에는 부처로 환생하여 국가를 보호한다는 의미에서 연등회를 태조의 어진을 모신 봉은사를 찾아서 진전에서 절정을 장식하였다. 춘분에 열었던 기황후릉 차례는 계절로 보아 기독교의 부활절과 상통하는 의미가 컸다.[10]

조선에서는 불교와 밀접하였던 축제인 연등회와 팔관회를 폐지하였다. 대신 축소하여 한강나루에서 방생을 겸한 무주고혼의 수륙재를 기원하면서 일 년간 국가에 재난이 없고 환생하여 원한이 사라진 국가가

---

10) 許興植, 『高麗佛教史研究』, 一潮閣, 1986.

되기를 축원하였다. 춘분은 연등회와 날짜도 가깝고 하루의 밤낮 길이가 같지만 아직 꽃피는 봄의 직전이고 식목일과 겹치는 청명절과는 24계절에서 꼭 보름이 앞서는 시기이다.

몽골인은 넓은 영역에 걸쳐 살더라도 고향에 묻히고 그곳으로 향하는 능선의 방향에 석인을 세우는 풍습이 있다. 또한 초원으로 그대로 두고 봉분을 만들지 않는다. 기황후의 무덤도 봉분이 없었으나 일제강점기에 도굴과 유물의 반출이 있었다는 구전도 있다. 6·25전쟁에도 이곳에서 군의 진지가 설치되었고 다시 유물이 출현하였다고 전한다. 우측의 산모롱이에는 시위처럼 설치된 마정승馬政丞, 이정승李政丞의 무덤이 있고, 능의 앞에 논의 한가운데 연못과 재궁이 있었다는 구전이 전한다.

왕황후와 김황후보다 다음에 황후에 오른 기황후는 가장 널리 알려졌다. 원의 황제로는 혜종이 가장 오래 재위하였고 기황후는 그보다 더 오랜 기간 정치에 영향을 주고 오래 생존하였다. 그녀는 고려와 몽골이 혼인동맹을 통하여 배출한 고려출신의 여러 황후 중의 하나였음은 확실하다. 혜종에게는 편비로 권황후權皇后가 있었다는 사실은 『원사』에서 찾기 어렵다. 왕실족보인 『고려성원록高麗聖源錄』에 의하면 혜종의 편비였음이 확인된다.[11]

기황후는 갱년기에 자신이 성적인 매력을 잃자 권겸의 딸을 혜종과 가깝게 지내도록 배려하고 자신은 혜종이 소홀한 정치에 전념하였다고 짐작된다. 권씨의 성화보에는 황비皇妃로 수록되어 있으나 누구의 황비라는 설명은 없다.[12] 『고려사』 공민왕 5년 기철을 제거할 당시 인물로 권겸이 기철과 노책과 함께 실려 있다. 기황후는 혜종의 황후였지만

---

11) 『高麗聖源錄』 16a 앞에 나옴.
12) 『安東權氏成化譜』 상4, 女 皇妃 元朝.

고려출신의 권겸權謙의 막내 딸을 혜종의 편비로 삼게 하였고 자신은 태자를 도와서 정치에 전념하였던 여장부였다고 짐작된다.

고려출신의 동녀로 황제의 편비이거나 황후였던 사례는 인종의 왕황후부터 소종까지 계속되었다. 고려출신의 황후는 이전 고려출신 황후를 계승하면서 몽골황실을 장악하고 환관도 승계하였음에 틀림없다. 고려와 몽골제국은 세계사에 유례를 찾기 어려운 장기간 지속된 궁중과 귀족의 혼인동맹으로 간주하고 새로운 각도에서 접근할 필요가 있다. 몽골제국도 혼인동맹을 통하여 소수민족의 협력을 강화하고 민족의 연합으로 발전시켰다는 해석이 가능하다. 고려는 몽골제국의 세계경영에 동참하여 개방된 시야를 확보하면서 국력을 발휘하였다고 해석된다.

고려출신의 다섯 황후 중 기황후처럼 회자된 인물은 적다. 기황후의 탁월한 능력과 원의 황제로 가장 오랜 기간 재위하였던 혜종의 제일황후로서 그녀의 역할이 동아시아 역사에서 특별하기 때문이었다. 기황후에게는 여러 차례 위기도 있었다. 제일황후로 책봉이 몽골의 전통적인 혼인관습에 대한 도전이었으므로 지체되었는데, 이는 초기의 시련에 해당했다. 다음은 황제를 보필하였으나 황제는 정치보다 라마교의 수양 방법을 활용한 수행인 쌍수법雙修法에 빠졌다. 일반적으로 종교는 경건한 성생활을 요구하지만 여성을 직접 수도에 참여시키는 경우는 드물다. 궁중의 비사로 전하는 혜종의 라마교 비밀의례는 고려의 신돈이나 공민왕도 활용하였고, 신돈의 몰락과 공민왕의 시해와도 무관하지 않다. 라마교의 비의는 신돈이 주도한 고려 화엄종에서 도입하여 천수관음신앙과 결합되어 확대되었다.

기황후는 라마교보다 고려의 조계종에 관심이 크고 특히 조계종에서 추앙한 지공화상을 수양의 지표로 삼았음이 거의 확실하다. 혜종의 치세에 간행한 「백장청규」는 라마교의 쌍수법을 반대하는 임제종의 계율로서

〈그림 61〉 이선옥 교수의 선무가 차선일치의 영혼을 실어서 봄바람에 나부꼈다.

지공의 「무생계無生戒」나 조선초기 조계종 승려 상총尙聰의 「송광청규松廣
淸規」와 상통하였다.

　기황후는 1378년 59세로 사거하였을 가능성이 크다. 고려에서 선광연
호를 쓰던 시기에 그의 무덤이 고려에 조성되었고 2014년은 636주기에
해당한다. 능 앞의 야단野壇에서 거행된 차례는 기황후의 영혼을 부르는
이선옥 교수의 선무禪舞로 시작되었다. 야단법석이란 선입견의 표현과는
달리 정중하고도 품격 있게 진행되었다. 전날까지 흐렸던 날씨는 지난밤
에 먼지를 잠재운 봄비가 지나가고 쌀쌀하게 새벽을 열었으나, 선무를
보일 무렵 맑은 하늘에 봄볕이 따사롭게 잔디위에 쏟아졌다.

　섬세하고도 느린 춤사위는 약간 경사진 잔디위에서 보였다. 천연 염색
의 쪽빛 비단 천으로 그린 듯이 제단의 위로 천천히 옮기면서 펼쳐졌다.
푸른 하늘과 푸른 비단이 대조를 이루면서 비단 한 자락이 춤사위에
휘감겨 서서히 능의 한가운데로 향하였다. 참석자는 영혼의 강림을 보듯

〈그림 62〉 연천 기황후릉 앞 출토 인면수신석상. 지금까지 발견된 석상은 양 3구軀와 인면수신상人面獸身像이 2구이다. 인면수신석상의 하나는 완전하고 다른 하나는 얼굴이 파손되어 없으나 나머지 몸은 거의 일치한다. 인면의 눈이 동그랗고 콧등이 높은 대신 눈썹이나 인중이 없이 입이 큰 점, 귀가 위에 붙은 점을 지적하고 범으로 해석한 석물을 연구한 미술사가 정성권 박사의 해석도 있었다. 토템의 수신상獸神像으로 해석도 가능하지만 동국여지지東國輿地志에 석인상이라 하였고 현재 보존한 연천문화원에서는 석수상石獸像이라 소개하였으므로 앞으로 연구가 필요하다.

이 숨을 죽이고 시선을 집중하였다. 푸른 하늘에 한 덩어리의 흰 구름이 바람을 타고 태양을 가리면서 춤사위로 올라가는 흰 소매와 흰 종이를 나부꼈다.

경과보고와 기씨 종중의 고유문, 각계의 축사와 그리고 국제선차교류협회를 비롯한 차공양이 이어졌다. 차는 말차로 분청막사발에 담겨서 봉발에 부어졌다. 헌차례에 격식을 갖춘 예복과 동작은 차례의 품위를 높였다. 일동이 착석하여 기황후의 생애와 시대, 그리고 한국사에서 몽골제국과의 관계를 되새긴 강연을 절정으로 장시간에 걸친 차례를 마쳤다. 서쪽으로 기우는 태양을 바라보면서 첫해의 행사를 추억으로 간직하기 위하여 다음 해의 춘분을 기약하고 대단원을 맺었다.

제10장 한반도의 음료와 뇌원차의 고향

백산차는 대용차의 하나이고 백두산에 가까운 지역에서 애용되었다. 이 차는 진달래과의 다년생 식물인데 분홍과 노랑꽃이 피는 품종도 있지만 음료로는 흰색의 꽃을 피는 잎이 사용된다. 백두산을 중국에서 장백산이라 부르고 장백차도 있으며 이는 백산차와 다르다는 견해가 있다. 이에 대한 의문은 의외로 운남성의 옥룡설산에서 풀었는데 이에 대하여 의견을 듣고자 한다.

우리나라 음료의 현실은 술과 커피가 대세이고 녹차는 인삼차보다 다음에 유행하였다. 주된 음료를 대신하기로 차는 고려에서 대표적인 고급스런 음료였으나 지금은 생산량이나 호응이 아주 적다. 차는 커피와 술에 밀리고 경제상으로 차지하는 소비량도 대표적 음료와는 너무나 멀리 밀려나 있다. 고려를 전성기로 차의 영광을 회복하기에는 투자할 막대한 자본과 오랜 기간이 소요된다. 이보다 인삼을 위시한 다양한 민간약재를 활용한 대용음료를 다수가 애용하는 음료로 개발하여 건강과 경제를 점진적으로 향상시키면서 차의 재배와 가공을 꾸준히 향상시키도록 제안하고자 한다.

우리가 재배한 차로서 고려초기부터 등장하는 대표적인 차는 뇌원차였다. 뇌원차의 의미와 기원에 대해서는 다양한 견해가 있었다. 필자는 생산지를 의미하는 두원荳原에서 비롯되었고 오늘날 고흥군 두원면을 중심으로 고흥반도의 북부라고 추정하였다. 이곳을 답사하고 특히 야생차가 남아있는 성두리와 도요지와 차가 함께 보존된 둔대리를 주목하였다. 특히 성두리의 차수마을은 차를 재배한 흔적이 살아있는 자연박물관임을 제안하고자 한다.

I. 옥룡설산의 설차와 백두산의 백산차

인간은 민족과 환경에 따라 이동과 정착의 두 가지 요소가 번갈아 작용한다. 이동이 많은 집시라는 민족이 있는가 하면 농경사회에서 정착하여 살더라도 역마살이 끼인 보헤미안의 정서가 각인된 사주팔자가 있다. 필자는 외국어나 외국을 연구하지 않으면서도 십년에 한번 외국에 머물렀고, 거의 매년 외국을 다녀왔다.

역사란 다양한 민족의 삶을 체험해야 한다는 견해를 가지고 오지의 모험도 사양하지 않았다. 곳곳에서 민속과 종교를 살폈고 틈틈이 경치도 조금씩 감상하였다. 그 가운데 운남雲南 이강麗江에 있는 옥룡설산은 장관이었다. 지금은 크게 변하였지만 수교 전 북경에 두 달 동안 머물면서 백두산을 올랐을 때의 풋풋한 느낌은 점차 사라졌듯이 운남의 오지도 변한 곳이 한두 군데가 아니다.

옥룡설산은 겨울에 눈이 많고 삼복에 찾아야 제 맛이 난다. 그리고 설차와 샹그릴라는 여행자의 상상을 자극하는 대상이다. 운남은 한반도 두 배에 가까운 넓이에서 조금 모자라지만 서북에는 백두산 높이의 배가 넘는 만년설산이 여러 곳이 있고 서남에는 코기리가 자생하는 아열대 지역이므로 기후로도 한 개의 지역치고는 큰 나라와 같은 넓은 느낌을 준다.

운남의 지질시대와 선사시대도 볼 만하다. 공룡의 화석이 있는가 하면 암각화와 동고銅鼓라는 유물이 독특한 청동기 문화권을 이룬다. 심지어 인류와 볍씨(稻作)의 기원을 이곳에서 찾으려는 학자도 있다. 남쪽에는 남전불교의 유적이 뚜렷하고 몽골제국이 1253년 이곳을 석권할 때까지 대리大理에는 독립된 연호를 사용한 왕국이 건재하였고 중원의 왕조보다 안정된 곳이었다. 이웃한 미얀마와 타이의 북부에는 중세의 볼만한 불교 유적을 남긴 파간 왕국이 있었다.

여러 나라의 후예가 지금도 전통을 간직하면서 각 민족의 특성을 민속으로 지키고 있다. 천년 이상 오랜 기간 정착하여 보석같이 굳게 전통을 지키는 스물다섯 민족이 뿌리를 내린 곳이다. 여러 민족의 삶을 보여주는 인공의 마을을 곤명의 전지滇池라는 호수의 삼각주에 모아서 설치하고 살아있는 민족촌을 한국의 용인에 있는 민속촌 10배의 면적으로 답사하기에 하루가 소요된다.

민족박물관을 들러 탐방할 지역의 민족에 대하여 소개한 책을 준비하고 전지의 서산西山에 올라보면 민족촌의 다양한 모습이 손에 잡힐 듯이 보인다. 민족과 관련된 책을 짊어지고 25개 민족의 몇몇 곳만 대상으로 삼고 답사 여행을 떠나야 한다. 여름에는 북쪽으로 겨울에는 남쪽으로 떠나기를 권한다. 운남의 중심부인 곤명昆明과 대리는 어느 계절에도 서늘하고 쾌적하므로 계절을 염려할 필요가 없다. 여행은 기후와 지형과 음식이 맞아야 하고, 의복과 교통과 관찰은 여행자가 준비하거나 선택할 몫이다.

운남성의 서남이야말로 미얀마와 타이와 인도의 땅이 길게 고구마처럼 파고들은 험난한 지형이다. 이곳은 열대성. 고원기후에 가깝고 겨울에도 따뜻하고 여름에도 시원하며 습기가 많아 차를 비롯한 온갖 식물과 동물의 보고이다. 차나무는 키가 작은 상록수 관목灌木으로 알고 있지만 이곳에서는 중국어로 고차수古茶樹라 불리는, 나이가 천년 이상 지난 많은 거대한 교목喬木이 높이가 30m에 이르는 원시림의 보호수로 있다. 한족이 알기 전에 오랜 기간 소수민족의 약이고 음료로 현재까지 역사를 지닌 식물이다.

운남성의 서북은 티베트와 사천성의 경계를 이루고 눈과 얼음이 여름에도 녹지 않는 빙하를 이룬 설산이 여러 곳에 있다. 이곳에는 키가 작고 땅에 붙어서 여름에만 자라는 설차가 생산된다. 필자는 설차를 마시면서 백차로 간주하였다. 또한 백두산에도 백산차와 장백차가 생산된다. 백산차는 분명하게 백차와 다르다는 사실을 알고 있었다. 백차와 설차, 그리고 백산차와 장백차의 같거나 다른 점을 자세히 밝히고자 한다.

1. 세 강이 달리는 협곡

운남의 서쪽은 가파르게 세 개의 강물이 세차게 흐른다. 지도로는 가까운 거리에 위치하지만 아직 항공이 미숙하던 1940년대 후반부터 1952년까지 2천 대 이상의 비행기와 그 두 배의 조종사를 삼킨 난기류 지역이다. 새보다 크고 높고 빠르게 날고 먼 곳으로 이동한다는 인류의 지혜를 4000명의 조종사와 함께 삼킨 지역이다.

세 개의 강은 동쪽부터 말하면 금사강金沙江, 난창강瀾滄江, 노강怒江이다. 모두가 티베트 고원의 동북에서 시작하여 히말라야의 동쪽에 이르면 남쪽으로 가파르게 내천자川字를 그리면서 아찔한 계곡을 만들었다. 이 계곡의 역사는 5억년으로 올라간다. 땅 속이 지금보다 뜨겁고 말랑거리던 시대 아프리카의 동쪽이 떨어져 이동하여 인도를 이루면서 히말라야

〈그림 63〉 남쪽으로 흐르던 금사강이 동쪽으로 흐르기 위하여 반대 방향으로 틀면서 비옥한 부엽토가 쌓였다.

산맥을 병풍처럼 가파르게 밀어올렸고 지금까지 진행형이다.

　밀려난 지역의 바다는 자라나는 굴껍질처럼 벌렸던 입을 닫으면서 큰 주름이 생겼다. 히말라야 산맥은 지구에 붙어서 인도를 품은 커다랗게 솟아난 모습이다. 굴껍질은 아직도 대륙이 이동하면서 품었던 바닷물을 토해내고 있다. 운남은 굴 입의 동쪽 언저리인 셈인데 세 강의 가운데에 있는 난창강에서 염정鹽井이라 불리는 곳이 있다. 운남의 서북이고 사천의 서남, 그리고 티베트의 서쪽 경계에 해당한다. 이곳의 땅속에서 지열로 졸여낸 짠물을 퍼내어 햇볕에 다시 말려 품질이 좋은 소금을 만들고 있다. 이 소금은 차마고도의 교역에도 활력을 주었고 오랜 기간 황제의 비자금으로 사용되었다.

　염정의 소금밭을 입증하는 반대쪽 히말라야의 북서쪽을 가면 티베트와 신강성新疆省의 경계에 소금의 호수인 염호鹽湖가 있다. 이곳은 대륙이 동으로 넓게 굴의 입이 헤벌어진 곳인데 이와 달리 염정은 입이 닫힌 곳이라 하겠다. 삼강의 가운데를 흐르는 난창강은 바닷물을 머금은 곳이고 동쪽의 금사강은 밀려서 생긴 단순한 주름이다. 금사강은 운남성의 북쪽 경계를 이루고 갑자기 동아시아 최대의 분지인 사천으로 방향을 돌리면서 안동의 하회처럼 부채와 같은 지형을 만들고 그곳에 기름진 부엽토를 쌓아서 낙토를 이루었다. 금사강은 삼협을 지나면 우리가 양자강이라 부르는 장강長江이 된다.

세 강의 중간인 난창강은 운남성을 지나면 남쪽으로 더욱 멀리 달려서 메콩강이라 불린다. 국가와 다름없는 티베트와 운남 등 넓은 지역과 여러 민족을 거치면 미얀마와 타이, 캄보디아를 적시고 베트남의 삼각주를 지나서 남동의 베트남 끝에 이르러 강물을 바다로 토해내는 국제하천이다.

세 강의 서쪽은 노강이고 운남을 지나면 미얀마의 살윈강이다. 삼강 가운데 가장 가파른 계곡을 이루면서 서남으로 흘러가서 먼저 바다에 이른다. 노강 협곡은 삼강 가운데 가장 험하고 인구가 적고 교통이 불편하지만 문명이란 때가 묻지 않은 원래의 모습을 지닌 곳이 많다. 세 강은 동쪽 양자강이 가장 길고 다음 중간 메콩강이고, 노강이 가장 짧다.

샹그릴라는 만년설산이 둘러싸인 산속마을이 맑은 호수에 대칭으로 비친 그림자가 아름다운 곳이다. 티베트 말로 "달빛 속에 비친 그림자"이고 스물두 곳의 그럴싸한 후보지가 전한다. 상거리桑居里의 라틴어식 표현이라는 주장도 있지만 1999년 중국정부는 사천과 운남의 서쪽 경계에 있는 적경迪慶을 샹그릴라로 선정하여 발표하였다가 2년 지나 중전中甸으로 바꾸었다.

제임스 힐턴의 『잃어버린 지평선Lost Horizon』이 샹그릴라를 소재로 삼았던 소설이다. 힐턴은 중국이 문을 걸어 닫고 인민공사니 대약진 운동이니 내부에서 소동을 벌이고 있을 무렵 산속에 조용하게 살고 있는 소수민족들의 마을을 그렸다. 그곳에는 여름에도 만년설의 준봉이 보이고, 겨울에도 따뜻하였으며 꽃과 과실이 풍부하고 인심이 순박하고 오래 살더란다.

힐턴보다 30년 앞서 오스트리아 출신 식물학자이면서 박물학자였던 조셉 락Josep F. Rock은 힐턴이 소설의 배경으로 삼은 지역을 17년간 탐사하면서 방대한 저술을 남겼다. 그의 저술에는 나시족納西族과 티베트족土蕃族을 포함한 고산민족을 언급하고 그들의 역사와 민속, 그리고 문자 등을 놀랍도록 자세하게 서술하였다.

〈그림 64〉 염소 가죽을 구멍조끼로 사용한 1930년대 교통 수단, 조셉 락의 저서에서 재인용.

나는 1947년판 두 권으로 간행된 락의 저서를 어렵게 구하였다. 홍콩이 중국으로 반환되면서 영국의 장서가가 시장에 내놓은 물건인데 홍콩에 머물던 학자가 애써 구하여 주었고 나의 애장서 1호이다. 20세기의 마지막 1999년 중국어판이 나왔다는 소식을 듣고 곤명을 찾아서 원본보다 사진을 줄이고 초라한 1권으로 만든 번역본을 다시 추가하였다. 힐턴의 소설을 합쳐 3종을 무겁게 배낭에 넣고 2001년 샹그릴라를 찾았다.

현대 북경의 입김은 샹그릴라에도 어김없이 찾아 들었다. 티베트의 수많은 샹그릴라 후보지를 잠재우고 개발의 전초기지로 삼으면서 관광 산업을 발전시키기 위하여 중전에 호텔을 짓고 비행장을 닦았다. 현대의 기막힌 상술에 평화롭던 초원이 시끄러워지고 오염되는 현장을 확인하고 세계의 황혼을 바라보았다.

2. 설연과 설차와 샹그릴라

샹그릴라의 후보지로 떠올랐던 수많은 크고 작은 호수와 물가에 비친 설산의 모습은 나름대로 타당성을 가지고 있었다. 앞으로 샹그릴라는

〈그림 65〉 4600미터 이상의 눈 속에서 자라나는 설연雪蓮

시대를 반영하면서 끊임없이 옮아갈 가능성은 충분하다. 식물과 동물은 물론 다양한 민족이 이룩한 전통문화가 음료수를 만드는 식물마저 설차雪茶라 불리며 특이하다.

몇 곳의 설산에는 설표雪豹라는 표범이 사는데, 여름에는 보통 표범이지만 겨울에는 반점만 가진 흰털의 표범으로 변한다. 식물로는 4000m부터 5000m에 이르는 등고선에 자라나는 설연雪蓮이란 고산식물이 있다. 눈 속에서 싹이 트고 눈이 녹으면 꽃이 피는 연꽃이란 이름인데 국화과에 속한다. 싹이 자라 5년 지나야 꽃이 핀단다. 술에 넣어 마시면 관절을 튼튼히 하고 말려서 음료수를 만들면 피를 맑게 하여 노인병에 좋다고 한다.

설연은 약재로 마구 채취되므로 멸종될 위기라고 선전하면서 없어지기 전에 구해 드시고 샹그릴라의 주민처럼 장수하라고 특유의 상술로 유혹하였다. 개발로 사라지는 희귀식물이 함부로 채취되어 팔리는 현장에서 안타까워 못들은 척 숨어서 소형사진기로 촬영하고 필자는 그곳을 빠져나왔다. 설연과 설차는 4500m 이상 5000m의 만년설이 빙하를 이룬 반대편 양지에서 자라며 설표는 여름에는 빙하에서 몸을 식히기도 한단다.

이강의 나씨족 국왕이 머물던 여름 별장과 여름에 빙하가 아름답게 보이는 옥룡설산은 흑룡담과 백룡담이 있듯이 두 갈래 길로 올라가는데, 한 길은 우윳빛이고 다른 길은 검은색으로 모두 석회암이다. 만년설이 녹아 흘러내리는 맑고 찬물이 주변의 자연과 어울려 그림같이 아름답다. 올라간 길과 내려오는 길이 달라야 두 경치를 모두 맛볼 수 있다. 흑룡담으로 올라가 백룡담으로 내려오길 권하고 싶다.

지금은 4000m까지 케이블카가 있어서 오르기에 어려움이 없지만 호흡

기나 심장이 약한 분은 산소
통을 휴대하여야 한다. 필
자는 산소통을 휴대하였지
만 일부러 사용하지 않고
4400m까지 가서 8월 22일
만년설 빙하를 만져보았다.
20명 가까운 인원이 올랐지
만 만년설을 만져본 일행은
나를 포함하여 셋뿐이었다.

〈그림 66〉 중국 서남 운남성 이강 옥룡담에서 바라본 옥룡설
산. 뒤편 숲속에 나시족의 문자가 쓰인 고문헌을 모아놓은
동파박물관이 자리 잡고 있다. 이곳은 나시족의 국왕 여름
별장이 있었고 곳곳에 동파문화의 유적이 많다.

설산의 높은 곳에는 산소
가 모자라 몸에 축적된 약간의 군살이 모두 산화되었고 몸이 날아갈
듯이 가벼웠다. 설산을 내려와서 그곳의 솜다리처럼 보송보송하고 순한
맛의 설차雪茶를 마시자 홀쭉이의 남은 지방분마저 모두 배설시켰다.
필자는 처음 설차를 백차의 일종으로 일반 차와 같지만 가공한 방법이
다른 차로 알았다.

설산에 쌓인 눈이 녹아서 나무의 껍질에는 습기를 머금고 바다의
갯벌에 자라는 소털파래나 매생이처럼 지역마다 달리 불리거나 조금씩
다른 이끼류가 붙어서 너울거렸다. 이를 거두어 국을 끓이거나 말려서
음료로 마시면 피가 맑아지고 성인병이 사라지므로 장수한다고 한다.
모두가 신토불이의 자연을 이용하고 건강을 지키면서 성실하게 살아가
는 모습은 인류가 추구하는 바로 이상향이라는 깨달음을 주었다.

3. 백두산의 백산차와 장백차의 차이점

차는 식물이고, 식물을 제대로 말하려면 학명과 생태, 그리고 동의어와

〈그림 67〉 설차의 모습. 모양은 백차와 다름이 없고 맛이 아주 순하였다. 백두산에도 이와 같이 자란다는 지의류의 민꽃식물이란 설명에 필자는 백산차와 다른 사실에 다시 놀랐고 차의 지평이 넓어짐을 느꼈다.

유사한 단어와 지방의 토착민들이 사용하는 언어에 대하여 지식이 필요하다. 설차는 그야말로 만년설이 보이는 고산시대의 음지에 자라는 식물이고 상록수인 차(Camellia sinensis)와는 큰 차이가 있다. 설차雪茶(Thamnolia vermicularia)는 고산지대에서 적응한 지차과地茶科 식물이다.[1] 지차과 식물은 민꽃식물이고 이끼나 버섯과 상통하는 지의류地衣類에 속한다.

차는 우리말로 녹차라 부르고 대체로 녹색을 띠지만 발효와 건조과정의 열에 따라 색깔이 달라져서 녹색뿐 아니라 백색, 황색, 홍색, 흑색에 이르기까지 다양하고 각각 녹차, 백차, 황차, 홍차, 흑차로 달리 불린다. 설차는 백색뿐 아니라 홍색도 있으므로 각각 백설차와 홍설차로도 불리고 태백차太白茶나 장백차長白茶나 지차地茶라고도 불리며, 백설차도 늙으면 연황색으로도 변한다. 주로 운남성의 서북쪽, 사천성의 서남쪽에서 많이 생산된다. 샹그릴라의 티베트족들은 하련夏軟 강경崗梗이라 부르며 설연雪蓮(Saussurea involucrata)과도[2] 발음상 구분하기가 어렵다.

설차는 식물의 분류로나 생태로도 차와는 전혀 다른 식물이다. 쉽게 인간으로 말하면 백색인종과 흑색인종의 차이가 아니라 포유류와 무척추 동물과의 거리만큼이나 큰 차이가 있다. 세상에는 하늘과 땅처럼

---

1) 趙學敏 編著, 『本草綱目拾遺』, 1765, 雪茶.
2) Law W, Salick J, "Human-induced dwarfing of Himalayan snow lotus, Saussurea laniceps (Asteraceae)", Proceedings of the National Academy of Sciences 109(29), (2005), 0218~10220. doi:10.1073/pnas.0502931102. PMC 1177378 Freely accessible. PMID 16006524.

차이가 큰 사물을 효능이 비슷하다하여 이름이 헷갈리는 경우가 있으며 백차와 설차가 그런 사례라고 보면 틀림이 없다. 설차는 눈이 쌓인 만년설산의 여름에 눈이 녹은 그늘진 곳에서 자라는 특징이 있다. 흰색이나 진황색의 국화 꽃잎을 말린 모습과 비슷하고 설국차雪菊茶로 불리기도 한다. 재배는 없고 모두가 자연산이고 말리는 방법은 차와 상통하는 부분도 있다. 설차의 효능은 열을 식히고 머리가 맑아지고 폐와 심장의 열을 줄이고 고혈압에도 좋으므로 차와 상통하고 여름에 마시면 더욱 좋다.

차의 이름은 가공방법이나 생산지, 그리고 모양이나 색깔에 따라 부르는 명칭이 다양하다. 그러나 차란 본래 난대성 상록 관목의 일종이 아닌 냉대에서 음료로 사용하거나 심지어 민꽃식물인 지의류를 음료로 사용한 전통음료에 대해서도 차란 용어를 확대하여 사용한다는 현실이 문제이다. 차에 대한 정의에서 반드시 거치는 개념과 범위를 철저하게 다듬을 때도 필요하다.

설차와 백차는 희다는 점에서 색깔이 상통한다. 필자는 운남성의 옥룡설산에서 설차를 마시고는 백차인 줄로 알았다. 설차와 백차의 모양과 마시는 효능이 상통하지만 생산지가 판연하게 다르고 식물의 학명도 전혀 다르다. 설차와 백차는 가공한 상태의 모양과 관련이 있지만 전혀 다르다. 설차에 속한 백설차와 태백차는 백차와 겉모양만 상통한다. 필자는 팔고 있는 백차를 보았고 옥룡설산에서 내려오는 중도에 위치한 찻집에서 설차를 마셨다. 당시 차에 대한 지식도 부족하고 글을 쓰려는 의지와 식견도 없었으므로 약간 호기심은 있었으나 백차와 설차를 같은 차로 간주하고 곤명의 차상으로부터 사겠다고 마음먹었다.

훨씬 후에야 설차와 백차가 생산지는 물론 식물의 분류도 완전히 다름을 알았다. 그리고 설차는 다시 백설차와 홍설차로 나뉜다는 사실도 알았다. 마치 울릉도의 식용 야생나물이 육지와는 모양이 다르게 보일 정도라서 생산지를 붙여서 구분하는 사실과는 반대이다. 사물의 이름이 백색에서 출발하였으나 다시 물감을 더하여 백묵에서 백색백묵과 청색백묵과 홍색백묵과 황색백묵으로 다시 구분하는 방법과 같다. 다만 인기 있는 꽃의 하나인 백합百合은 어원이 이와 달라서 다양한 색깔을 합쳐서 불러도 조금도 이상하지 않다.

백산白山이란 흰 눈이나 바위를 품거나 드러낸 산이란 뜻이다. 바위가 험하다는 악嶽을 대신 사용하는 백악白嶽은 서울의 뒷산이고 본래 부아악負兒嶽이란 발음이 줄었거나 북한산으로 바뀌었다는 견해도 있다. 악은 날카로운 여러 바위가 쭈뼛쭈뼛하게 머리를 드러낸 산이고 전국에 백악산과 함께 적지 않다. 신라는 물론 고려시대까지는 악이란 호칭을 한 글자와 합쳐 사용한 경우가 많았다. 북악北嶽이나 치악雉嶽, 상악霜嶽 등인데 조선에 이르면 모두 산을 붙여서 세 글자 세 음절로 바뀌는 경향이 많아졌다.

백산은 여러 곳이지만 바위가 흰 이마를 드러냈다는 의미이고 상악이나 백악과 상통한다. 백산의 으뜸은 우리는 백두산이라 부르고 중국에서는 장백산이라 하지만 태백산太白山과 함께 모두가 큰 백산이란 뜻으로 상통한다. 백산과 상통하는 이름의 산은 전국에 많고 외국에도 많다. 특히 중국에서는 설산과 상통하는 용어로 혼용되기도 한다. 설산이란 만년설인 빙하가 있는 산을 말한다. 백두산은 여름 3개월만 눈이 쌓이지 않지만 진눈개비 정도는 한여름에도 내리는 경우가 많다.

우리나라에는 설산에 가까운 이름으로 설악산이 있지만 본래 상악霜嶽이었고 서리꽃이 피는 산이라는 뜻이다. 서리꽃이란 수증기를 품은 안개가 나뭇가지에 붙어서 눈꽃[雪花]처럼 보이는 모습을 연출한다. 우리나라에는 설산이 없지만 굳이 말한다면 백두산이 가장 가깝다. 백두산은 눈 쌓인 모습을 가장 오래 지닌 산이고 바위가 햇빛에 희게 보이기도 한다. 백두산의 지질에서 가장 가벼운 화산재는 회색에 가깝고 석양에는 황색으로도 빛나서 신비한 느낌을 주기도 한다.

백두산의 흔한 석질은 현무암으로 희게 보이기보다 검게 보인다. 특히 햇볕을 적게 받는 북쪽에서 눈이 없는 시기는 더욱 검게 보인다. 필자는 백두산을 북쪽에서 다섯 번, 남쪽에서 두 번 올랐다. 백두산의 색깔은 방향에 따라 차이가 크다. 북쪽일수록 본래 바위색이 변하지 않아 검고 태양을 많이 받는 쪽일수록 희게 보인다. 햇볕이 적게 쪼이고 수분증발이 적은 동남쪽은 녹색이고 이와 반대인 서남쪽이 가장 희고 노을을 받으면 연황색으로 변한다. 지의류가 많은 지역은 북동과 북서이다.

이상은 눈이 없는 여름의 색깔이고 눈이 많은 겨울에는 온통 설산과 다름이 없다. 백두산의 늦봄인 5월 초순과 초가을인 9월 색깔은 하루에도 수십 번 변한다. 일기와 햇볕에 따라 하루에도 4계절이 아니라 24계절을 모두 맛볼 수 있는 변화무쌍한 모습이다. 백두산의 색깔과 모습은 온대와 한대를 함께 품은 대륙의 기후를 하루에 모두 연출한다.

장백차란 장백산에서 생산되는 차를 말한다. 장백산이란 백두산의 중국식 이름이다. 백두산은 중국에서 장백산이라 부르지만 양지와 음지의 차이가 크다. 지금 북쪽만 중국의 경내이지만 남쪽은 한반도에 속한다. 본래 백두산 전체가 부여와 고구려와 발해의 오랜 터전이다. 이들 나라가 망하자 여진이 세운 금과 청에서 백두산을 이어서 숭배하였고 이와 다른 민족이 지배층으로 세운 대륙의 국가에서는 숭배의 대상으로 떠올리지도 않았다. 백두산은 한국인의 베개로, 실제 남쪽 기슭에는 지금도 베개봉과 베개봉호텔이 있다.

필자는 전에 차에 대한 글을 쓰면서 백산차는 지의류가 아닌 관목의 일종이고 백두산에서 생산된다는 통설을 따랐다. 백산차는 고조선에서

〈그림 68〉 백산차는 진달래과에 속하는 현화식물의 일종이다. 『조선식물백과사전』에 실린 꽃과 열매의 특징을 나타낸 그림

〈그림 69〉 재배하는 백산차의 무성한 모습. 자생하는 백산차는 특별한 군락이 아니고는 아주 가냘프다.

기원하였다는 주장이 있었지만 오래된 문헌을 정확하게 제시하기는 어렵다. 백산차에 대한 우리나라의 백과사전이나 식물사전에는 아주 자세하고 지의류가 아니고 상록 관목이라 하였다. 학명은 "Ledum palustre L. var. decumbens Aiton" 이고 진달래과에 속하고 백산차속을 이룬다.3)

백산차는 백두산에서 생산되는 차란 뜻이고 중국에서 같은 산에서 생산되는 차를 장백차長白茶라 불리기도 한다. 중국에서는 지의류인 설차가 장백산에서도 생산된다고 말하고 장백차라고 한다. 필자는 백두산을 여러 번 올랐으면서도 이 차이에 대한 관심을 일찍 갖지 못하였고 다른 분에게 묻지도 못하였다. 참으로 후회스런 일이다.

중국이 장백산에서 생산되는 설차를 장백차라고 부르고 우리의 백두산이 중국에서 장백산이라 말한다 해서 장백차인 설차와 진달래과

---

3) 『식물원색도감』, 과학백과사전종합출판사, 1988, 백산차.

인 백산차가 같다는 단순한 추측은 금물이다. 모든 지식은 검증하여 유사한 이름이라도 대상이 다른 경우 경험을 통하여 다른 종류의 식물로서 이름이 유사성을 가진다고 같다고 단정하면 곤란한 경우도 있다.

백산차가 우리나라의 대부분 백과사전과 식물사전에 포함된 내용이고 지의류인 설차와 같다는 내용은 어디에도 찾을 수 없다. 설차인 지의류를 음료로 사용하는 중국에서 장백산의 장백차를 설차라 간주하고 우리나라에서는 진달래과의 식물을 백산차라 부르고 사용하였다는 차이가 있다. 음료의 생산지를 표시하여 차의 이름을 붙일 가능성도 있고, 같은 지역에서 두 종류 이상의 음료가 생산될 가능성도 충분하다. 이런 상황에서 중국의 설차와 한반도의 백산차가 다른 차일 가능성은 충분하다.

무엇보다 설차가 장백차이고 백산차와는 다르다고 엄격히 구분할 필요가 있다. 식물의 종류가 다르므로 음료로서 효능과 사용법, 독성의 차이는 더욱 철저하게 규명될 필요가 있다. 진달래는 철쭉목(Ericales)에 속하고 영산홍, 철쭉, 진달래 등으로 과에서 나뉜다. 이 가운데 진달래가 독성이 가장 적으므로 참꽃이라 부르고 식용이나 음료의 중요한 술인 양조를 하며 면천의 진달래술이 유명하다. 전통으로 사용한 음료라도 현대의 과학적 성분분석으로 독성이 나타나는 한계 수치를 철저하게 규명할 과제이다.

차란 두 가지 의미가 있다. 넓은 의미에서 차는 음료라는 광범한 대상을 말하기도 한다. 찻집에서 녹차와 커피와 기공음료인 사이다와 콜라도 취급한다. 그러나 좁은 의미의 차와 넓은 개념의 차는 차이가 크다. 식물의 엄격한 구분이 체질에 따라 건강에도 다른 영향을 주기 쉽다. 우리는 어느 사이엔가 자신의 불완전한 지식의 기준을 타인에게 강요하는 경우도 있다면 이는 철저히 지양해야 할 과제이다.

우리나라의 사서는 가장 오랜 고구려의 『유기留記』가 불교를 수용할 무렵 등장하지만 이를 축약하여 후에 편찬한 『신집新集』도 일부만 터키의 자료에서 조금 보일뿐 삼국사기와 삼국유사를 앞선 문헌은 극히 적다. 금석문이나 목간, 벽돌에 새긴 글자와 도장 등이 있지만 단편적인 유물이고 문헌이 부족한 시기의 역사는 고고학적인 유적의 조사가 돋보인다. 유적에는 글자를 포함한 사례도 있지만 주변의 상황을 파악하면 어느 정도 편년이 가능하다.

차를 사용한 기록은 삼국유사에 가장 일찍 등장하지만 삼국시대 당시의 기록이 아니고 훨씬 후대에 수록된 자료이다. 차는 음료에 속하지만 차와 대용음료를 철저하게 구분하여 수록하였다고 보기 어려운 전설이 포함되었을 가능성도 있다. 따뜻한 지방에서 자라는 상록수인 차라기보다 당시의 음료를 차로 풀이했고 후에 차로 흡수되었을 가능성도 있기 때문이다. 사실적인 일차자료는 고구려 고분벽화의 음료를 공양하는 그림이다.

〈그림 70〉 무용총의 음료를 공양하는 시녀

이 그림은 무덤의 주인공을 비롯한 중요한 인물에 비하여 아주 작게 그렸다. 무덤의 인물화는 신분의 높낮이에 따라 크기가 비례하는 특성이 있고 시종으로 의견이 모아진 인물이다. 문제는 위의 벽화가 포함된 무용총의 조성연대로나 불교가 성행한 시기로 보아 차공양으로 해석되고 있다. 차의 본질에 대한 설명은 사서와 연결시킬 뚜렷한 근거가 없으므로 음료의 공양이라 하더라도 어떤 종류의 차라고 설명하기 어렵고 더욱 깊은 연구가 필요하다.

쉽게 말하면 백산차인지 설차인지 아니면 다른 음료인지 수입한 녹차인지 어느 하나도 단정하기 어렵다. 음료식물은 인류보다 기원이 선행하지만 오랜 전설시대를 지나서야 문자로 기록되었다. 역사책이 말하는 시기와 일치하지 않은 오랜 전설을 후에 적은 기록은 근거를 찾아야 확실성을 가진다. 음료를 현지에서 사용하는 단계와 재배하거나 가공하는 수준은 상통하더라도 다른 곳으로 상품이나 귀중품으로 이동하는 시기와는 차이가 큰 경우도 많았다.

식물재배의 역사는 현지에서 소비하는 시기와 상품으로 가공하는 단계는 엄격하게 다르기 때문이다. 우리가 화전민촌의 옛터를 보면 복숭아나무와 뽕나무, 그리고 머위를 재배한 흔적이 보이지만 이를 상품화한 재배나 가공이라고 주장하기는 어렵다. 장거리 유통의 단계는 식품이나 음료의 연구에서 또 다른 중요한 작업이고 연구자의 몫이다.

백산차와 장백차는 백두산에서 생산되는 적어도 두 종류의 음료이고 양지식물과 음지식물, 꽃식물과 민꽃식물의 차이가 있다. 또한 같은 지역에서 인삼이나 더덕, 그리고 도라지가 식품은 물론 음료로 사용되지 않았다는 증거도 없다. 또한 더 많은 식물이 음료로 사용되다가 후대의 기록에서 차로 남았을 가능성도 있다. 식물에 대한 용어도 본래 계통보다 모양이나 용도에 따라 다양하게 불리거나 선택된 변종만이 후에 다른 식물과 혼용되는 경우도 있으므로 다양한 주장이 가능하다는 사실을 염두에 둘 필요가 있다.

백두산에서 생산된 차에 속한 식물은 적어도 두 가지이다. 다만 백산차를 소개한 식물을 보면서 필자는 한 가지 공통점을 찾았다. 본래 백산차의 자생하는 모습은 아주 가냘프지만 이미 재배하여 상품화한 백산차는 그보다 무성한 모습이다. 더덕이나 취나물 그리고 명이나물은 야생의 경우 재배하는 경우보다 좋은 군락지의 자생의 환경이 아니고는 아주 가냘프다. 재배란 환경을 최적화시킨 군락의 수준을 확보하지 못하고는 상품화하기 어렵다.

군락의 자생식물은 야생식물이지만 약초로 사용되는 식물은 그 가운데서 백색의 꽃을 가진 품종만 선정되어 개발되는 특성이 있다. 백색의 꽃은 다른 품종보다 약효가 월등하지만 독성이 적다. 백산차에 속한 진달래과 식물도 야생의 경우 진달래처럼 꽃의 색은 분홍이 많고 싹과 꽃눈의 주위에 털이 있다. 진달래도 자생의 경우 대부분 분홍이지만 아주 드물지만 백색과 노랑색이 있다. 분홍 이외의 색도가 약한 백색이나 노랑 진달래과의 약초가 독성이 적으므로 백산차도 흰색이 선택되었을 가능성이 크다고 제안하고 싶다.

II. 민간의서에서 찾아낸 대용음료

학문으로 설정된 분야에 개론이 있다. 음료학이란 학문이 있고 음료학 개론도 출간되었다. 음식이란 음료와 식품이 합쳐진 요리의 결과이다. 일반적으로 식품을 요리하여 음식을 만들고 영양과 수분을 동시에 섭취한다. 영양이 결핍되어 생기는 병도 많지만 과다하여도 부작용이 있다. 그리고 모든 식품에는 특수한 성분도 있고 결핍된 영양을 적절하게 음료에 성분을 포함시켜 사용하면 실제로 약효가 있다.

경제는 개인이 신경을 쓰지 않아도 국가가 알아서 역할을 분배하고 이상적인 사회를 만들어 준다는 이론도 있지만 거짓이라는 사실이 벌써 판명되었다. 인간은 경쟁하고 노력과 능력에 따라 소득이 달라야 발전하고, 그래서 개방하고 머리를 써야 향상된다는 현실과 직결된 이론을 부정하기 어렵다. 쉽게 말해서 돈벌이를 무시하고 가정과 국가 경제를 말하면서 복지나 떠들면 선거철에만 나서는 선동자와 다름이 없다. 그들도 투표자도 선거가 끝나면 제자리로 복귀하게 마련이다.

음료와 경제는 밀접하다. 우리의 음료를 개발하여 건강뿐 아니라 경제를 살리는 일은 국가를 건강하게 유지하는 지름길이다. 석유와 커피가 생산되지 않으나 이를 가공하여 수출하는 방법으로 부족한 경제를 보충한다. 이보다 더욱 중요한 일은 신토불이의 우리의 지하수를 포함한 수자원을 오염시키지 말고 청정하게 유지하고 음료를 개발하여 건강과 경제를 향상시키는 방향을 찾고자 한다.

1. 음료와 국가경제

음료와 경제와의 관계를 자세히 알지 못한다. 술이나 커피와 차가 모두 음료에 속하고 거리에 나가면 술집과 커피와 차를 팔거나 음식점에서도 이를 곁들여 파는 곳이 많다. 이들이 비싼 땅에 화려하게 공간을 마련하고 많은 액수의 돈벌이에 종사하면 경제의 비중이 크다는 말이다. 일반국민에게 경제란 재무부나 경제기획원의 통계보다 거리나 시장에서 더 실감나게 느낄 수 있다.

음료에서 술과 커피가 가장 중요하고 차와 대용음료는 다음으로 취급되거나 생략된 개설서가 대부분일 정도이다. 차와 대용음료는 돈벌이나 국가의 세금과 관련된 재정에는 큰 영향을 주지 않는다. 그렇다고 이들 음료가 우리의 생활에서 중요하지 않다고 말하기 어렵다. 비용을 지불하지 않아도 공기가 중요하듯이 대용음료는 전통과 관련이 크고 음료의 자립에도 영향을 준다. 음료의 자립은 경제의 자립이나 국민의 건강과 깊은 관련이 있다.

수분은 영양을 인체의 구석구석까지 운반하므로 인체의 7할이 수분으로 구성되었다 한다. 음료는 약효에도 직접적인 도움을 준다. 특히 주사로 혈관에 주입하거나 근육에 접종하는 방법이 없던 시대에 음료를 주전자에 넣어 잠시 끓이거나, 끓는 물에 우려서 마시는 방법이 널리 사용되었고 오랜 시간 끓인 탕이나 가루를 풀거나 발효액을 희석시키는 방법도 있었다. 물에 소량을 포함시켜 마시는 차야말로 전통시대의 약을 흡수하는 전형적인 방법의 하나였다.

음료는 갈증을 줄이는 방법이기도 하지만 약을 흡수하는 방법의 하나였다. 식약일치食藥一致라는 표현이 있지만 약이란 음식과 달리 씹지 않고 삼키는 방법으로 알약이 있고 주사로 혈관이나 근육에 흡수시키는 방법은 현대에 주로 쓰인다. 전통시대에는 음료로 마시는 방법이 더욱 많았고 대체로 식사하기 한 시간 전에 마시는 방법이 주로 사용되었다. 차는 약으로도 사용하지만 식사 전의 빈속보다 식후 한 시간 정도 지나서 사용해야 건강에 해롭지 않은 차이가 있다.

전통시대의 약재를 넣어 끓인 탕이나 물이나 술에 타서 마시는 방법, 진한 발효액을 물에 희석시켜서 마시는 과정은 음료를 이용한 방법이었다. 꿀이나 설탕에 재워 만든 청이나 오랫동안 쪄서 만든 찜熟, 걸쭉하게 고아서 묵이나 조청의 형태로 만든 엿膏의 모습도 있었지만 모두가 물을 마셔서 혈액에 운반하여 흡수를 도왔다.

차나무 잎을 이용한 녹차뿐 아니라 다양한 식물을 사용한 대용음료의 경우에도 수분을 이용한 의약으로 간주할 요소가 없지 않다. 민간의약은 서민의 전통음료와 깊은 관계가 있다. 음식과 의약의 복용이 별개가 아니라 식사와 의약의 관계가 밀접하다는 점에서 식의일치食醫一致라는 관점에서 접근도 가능하다. 이 글에서는 민간의약에서 대용음료를 찾아내고 차를 의약으로 사용한 사례에 접근하고자 한다.

2. 민간의서의 민간의약

민간의약이란 서민이 사용하는 의약이란 의미이다. 왕조시대에는 의학에도 층위가 있고 국왕을 정점으로 귀족과 서민의 치료는 상통하지만 차이도 있었다. 가장 상위는 국가의 관원에 속한 상층의 의원이고 이 가운데서 임금의 질병을 치료하는 어의御醫는 가장 고급의원이었다. 이들 관원이 서민을 치료하는 예도 있지만 일반적으로 치료의 상대는 다양한 층위가 있었음이 짐작된다.

민간의서란 서민이 만든 의약을 서민이 쓰기 위하여 서민의 처방을 모은 의서를 말한다. 귀족을 치료하는 국가의 의원이 서민의 처방을 모아서 서민을 위해서 민간의서를 지을 수도 있다. 의원이 아닌 서민을 아끼는 지식인이나 관인이 처벌로 유배되어 서민과 살면서 자신을 보존

〈그림 71〉『단방신편單方新編』의 첫 페이지. 국립중앙도서관에 원본에 가까운 사본이 있지만 가장 흔하게 유통되는 신식활자본의 첫째 면을 실었다. 저자와 번역자가 실려 있고 일찍이 미키 사카에三木榮의 자세한 소개가 있지만 더욱 검토할 분야가 많다.

하기 위해서나 서민을 위해서 민간의 처방을 모은 의약의 서적이라고 정의하고자 한다. 국가의 의원이 민간의 처방을 모은 경우에도 민간의서에 접근하지만 결국 귀족의 의료에도 사용하려는 의도가 있으므로 제외하고자 한다. 따라서 어의가 쓴 『동의보감』에도 민간의 처방이 적지 않게 포함되지만 이를 민간의서라고 말하기 어렵다.

민간의서에는 약재와 가공의 방법, 그리고 공간에 지역적인 사투리가 반영되었으므로 해석에 오류가 생기는 경우가 많다. 또한 실험을 통한 증명된 사실이 아니고 구전의 경험도 포함되었으므로 이를 그대로 이용하기 어려운 취약점도 있다. 그러나 수많은 경험과 빈약한 상황에서 생존을 위하여 최선을 다했던 경험의 축적이므로 소홀하게 취급하기 어려운 민초의 슬픔과 기쁨이 담겨 있다.

인간은 공간과 시간의 제약을 받으므로 교통과 통신의 제한을 받았던 시골의 서민은 상층 의료에 혜택을 받을 여건이 아니었다. 또한 서민의 질병과 귀족의 질병에는 공통된 부분도 있지만 차이가 현실로 존재하였다. 우선 질병은 영양의 결핍이나 과다, 비위생의 환경에서 병균에 감염, 그리고 과다한 노동에서 생기는 골육과 신경계의 질병이 있다. 전통사회

364

에서 서민의 질병은 영양결핍에서 생긴 원인이 많고 귀족은 영양과다와 비만에서 비롯된 성인병이 많았다.

서민의 과다한 육체노동과 귀족층의 정신노동의 병증은 유사한 경우도 있지만 차이가 적지 않다. 비위생의 환경에서 노출된 호흡기와 병균의 감염은 모든 계층에 위험성이 있다. 현대의학은 이 분야에 놀랄만한 발전을 하였고 치료법도 개발되었다. 또 하나는 응급의 상황에서 생기는 외상의 경우에도 호흡곤란과 출혈과 골절, 그리고 병균의 간염이 대상이고 민간의학에도 이에 대한 대책이 소박하게 설명되었고, 현대의학에서는 수술과 접골 등이 놀랍게 발달하였다.

민간의약은 단방이 많고 가공하는 방법이 단순한 특징이 있다. 차처럼 갈아서 물에 타서 마시거나 끓는 물로 잠시 우려내거나 끓는 물 주전자에 넣어서 식힌 다음 그대로 따라서 마시는 방법이 아주 많다. 그밖에도 벽오동 씨만큼 크기로 알약을 만들어 말려서 물과 함께 삼키거나 강낭콩 크기로 꿀을 넣어 굵게 만들어 씹어 먹기도 한다. 또한 가루로 만들어 목구멍이나 코에 자극을 주는 방법도 있었다.

손가락이나 귓바퀴에 상처를 내어 혈액순환을 자극시키는 방법도 있다. 뜸을 뜨거나 침도 있지만 가장 손쉬운 방법은 물에 녹여 마시거나 짧은 시간에 우려내거나 긴 시간 삶아서 걸쭉한 탕으로 마시는 방법도 있다. 물에 타거나 더운 물에 녹이는 방법은 차와 상통한다. 차는 음료로 간주하지만 이 글에서는 민간의약으로 사용된 사례만 찾아보고자 한다.

민간의약에 관한 서적은 다양하다. 이를 분류하는 방법도 형태와 내용, 저자, 그리고 간행방법에 따라 다양한 구분이 가능하다. 중요한 분류는 저자가 국가의 의원이나 그 가운데서도 어의가 지은 경우도 있다. 『향약구급방鄕藥救急方』이 대표적인 사례이다. 인체란 본래 계층이 달라도 공통점이 많지만 선천적인 유전의 영향도 전혀 없지도 않다. 또한 후천적인 생활환경에 따라 체질도 달라지기 때문에 모든 의서가 때로는 계층에 따라 적용이 다른 현상도 있었다.

민간의서는 지방에서 서민을 상대로 치료하던 지식인이 모은 처방이다. 이를 국가의 의원이 모아서 임상실험을 거쳐서 정리할 의무가 있지만 어의를 포함한 국가의원이란 왕실을 포함한 귀족의 치료에 겨를이 없었으므로 서민의 치료는 소홀하게 취급하고 간과한 시대가 길었다. 민간의서는 간행되지 못하고 사본으로 전하거나 없어진 사례가 더욱 많다.

필자는 북경에 머물면서 새벽시장에서 민간에 전래하던 처방이나 식의일치의 관점에서 영양실조를 포함한 민초의 처방을 모았는데 쓸모가 있었다. 운남성에서 지공화상이 야생식물을 식약동원의 식품으로 사용하였다는 구전을 수집한 사례도 있었다. 후에 금강산 기행문에서 지공풀指空草의 전설이 있음을 확인하였다. 우리나라의 지공화상은 고답적이지만 연도에 머물던 시기에는 고려교민과 친근한 사이였고 시대의 대세를 파악하였던 일면도 엿보인다.

정조의 말년 강명길康命吉이 지은 『제중신편濟衆新編』은 어의가 서민을 위하여 편찬하였으므로 취지는 민간의서에 접근하였더라도 엄격한 의미에서 민간의서라고 보기 어려운 요소도 있다. 다만 이 책에 부록된 『약성가藥性歌』가 민간의서에 가깝고, 경험을 노래로 응축한 요소가 있다. 후에 일반에 널리 퍼진 정약용과 신만申曼의 저서로 소개된 『단방신편』은 재야의 지식인이 쓴 책이고 유배의 극한 상황에서 생존을 위한 방법이었다.[4] 지방에서 서민을 구하고 자신의 건강을 챙기기 위한 민간의서의 요소가 강하다.

전문적인 국가의원國家醫員의 저술이 아니므로 당시 서민의 상황을

---

4) 三木榮, 『朝鮮醫書誌』, 學術圖書刊行會, 1983 ; 三木榮, 『朝鮮醫學史及疾病史』, 1962.

가까이서 반영할 가능성이 있다. 『단방신편』과 상통하고 거의 같은 시기에 자주 간행된 혜암 황도연惠庵 黃度淵의 『방약합편方藥合編』이 있다. 이 책은 『동의보감』을 간편하게 민간의약으로 변용하여 건강을 위한 지식을 증진시키고 이를 실생활에 이용하는 방법을 개발하였다. 취지와 용도가 민간의서에 근접하였으나 민초의 경험을 어의가 집성한 저술을 혜암이 다시 만간의서로 환원시켰으므로 복합적인 요소가 있다.

3. 의약에서 전통음료로 발전

『약성가』나 『단방신편』을 비롯하여 민간의서는 오늘날 의학과 약학에서 용도가 위축된 요소가 없지 않다. 특히 세균에 대한 대응과 수술과 재활 등은 전통의학이 풀지 못한 분야를 극복한 요소가 많다. 그러나 아직도 현대의학이 임상실험을 통하여 확인하고 향상시킬 오랜 경험이 적지 않다.

민간의서에는 음료와 의약의 경계에 위치하지만 의약으로 사용한 여러 처방은 음료를 체질에 따라 의약으로 환원시킬 소재가 많다. 오늘날 음료를 과용하거나 체질에 맞지 않지만 주변에서 애용하거나 분위기에 휩쓸려 독성이 있어도 마시거나 심지어 중독된 경우도 있다. 『약성가』에는 담배도 약품으로 취급하였고 실제로 약성이란 독성과 상통한다.

약과 독성의 경계도 불확실하다. 독성을 가진 담배나 대표적인 복어와 뱀의 독성도 적당히 활용하다면 단방으로 사용할 요소가 없지 않으나 부작용을 극소화한 한계에서 사용이 불가능하기 때문에 독약이라는 해석도 가능하다. 또한 일반적으로 음료로 사용하는 커피와 술도 체질에 따라 독약으로 작용하는 경우도 있다. 또한 독성으로 작용하는 체질에도 소량을 적당한 환경에서 사용하면 약효가 있다는 해석도 가능하다. 담배나 독한 술은 건강에 해롭다고 하지만 체질에 따라 일반적으로 과도한 분량에도 독성보다 약효가 증명되기도 한다.

녹차나 홍차의 경우도 모든 사람에게 이롭다고 말하기 어렵다. 특히 몸에 해로우므로 사용해서는 아니 될 경우도 많다. 예를 들면 녹차나 홍차란 본래 따뜻한 온도에서 마셔야 하지만 차게 만든 냉차도 판매되며 이를 노약자가 마시면 몸에 해로운 경우가 많다. 따뜻하더라도 진하게 우러나면 자극성이 강하여 부작용이 있는 체질도 있다. 또한 음식을 먹은 시간과 관련이 있다. 차를 빈속에 차게 먹으면 해로운 경우가 많다. 차는 일반적으로 음식을 먹은 다음, 특히 육식을 한 다음 적어도 30분 이후 따뜻한 음료로 마셔야 효과가 있고 특히 진한 차를 빈속에 차게 마시면 해롭게 나타나는 독성이 있다.

민간의서에 정리된 단방의 약재를 이용하여 끓는 물에 잠시 우려내거나 끓여서 탕으로 처방한 가공법은 음료로 발전시킬 요소가 많다. 요즈음 물이 끓으면 자동으로 정지되거나 보온으로 우려내는 다양한 전기기구가 발달하여 음료를 만들기가 간편하다. 모든 차는 따뜻한 상태에서 마셔야 하지만 대용음료인 경우 음식 먹기 적어도 30분 전이 이롭고 차는 식후에 적어도 30분 지나야 몸에 좋다.

모든 음료는 옅게 우려서 마시기 시작하여 맛을 느낄 정도로 진하게 진행시키는 방법이 좋다. 알코올이 포함된 술의 경우에도 노약자의 경우는 차게 마시지 말고 따뜻한 상태에서 식혀서 조금씩 마시기 시작해야 한다. 그리고 차와 술은 낮은 성분에서 짙은 성분으로 점차 올려서 마셔야 몸이 적응하는 경우도 있다. 그리고 모든 음료도 체질에 맞추어 소량으로 대화를 가지면서 조금씩 음미하는 자세가 필요하다.

차의 재배를 꾸준하게 향상시키고 가공기술을 향상시키려는 노력이 진행되고 있으나 생산량이 부족하다. 수입한 차의 비율이 크므로 대용음

료의 개발이 불가피하고 이에 연구
를 거듭하여 향상시켜야 한다. 특
히 약용으로도 사용되는 인삼, 둥
굴레, 도라지, 당귀 등이 중요하다.
차를 포함한 나무의 잎으로는 오가
피, 구기자, 느릅나무와 뽕나무 잎

〈그림 72〉 더덕을 다듬고 껍질로 우려낸 대용음
료.

과 껍질 등이 맛과 향과 효과가 크고 뿌리와 줄기의 껍질도 좋고 이들의
열매도 가공에 따라 음료로 효과가 크다.

열매로는 꿩이 밥, 은행, 땅콩, 잣, 밤, 개암, 대추, 장미 등의 열매와
볶은 곡식도 유효하다. 채소와 해초도 시기를 잘 맞추어 건조시키면
음료로 사용이 가능하다. 조개와 갑각류, 멸치, 황태, 꿩 등의 동물을
이용한 국물의 활용이 가능하다. 식물의 약재가 음료로 쓰이지만 쌍화차
와 사물탕이나 십전대보탕의 원리를 이용한 혼합된 약차는 건강음료로
활용된다.

과일과 채소를 음료수로 개발하여 소모시키는 기술이 필요하다. 우리
나라의 가을 채소와 과일은 특히 우수하고 때로는 과다한 생산이 불가피
하므로 이를 음료로 과잉생산을 처리해야 한다. 귤과 유자, 그리고 다양한
재료를 발효시키거나 혼합하여 환경에 맞는 음료를 개발하는 노력이
중요하다고 하겠다.

간편한 음료는 재래식 취사도구를 이용하여 혼식의 누룽지로 만든
숭늉이었다. 누룩과 쌀을 혼합하여 만든 식혜와 계피를 삶은 물에 곶감과
잣을 띄운 수정과 등이 음료로 전통과 품위를 유지하였다. 전통음료에
다식을 곁들여 간편한 식사로 건강을 증진시켰다. 무엇보다『규합총서』
나『음식지미방』등의 음료를 재현하여 전통과 건강을 함께 유지하면
일석이조의 효과가 있다. 민간의서인『약성가』와『단방신편』에 등장한

단약과 각종 요리서의 탕과 국을 대용음료로 건강을 증진시킬 수요에 따라 분류가 가능하다. 체질이 약한 부분과 건강을 증진시킬 음료로 사용할 재료를 사전의 순서로 정리하면 다음과 같다.

강장정력　　개암, 구기자, 단너삼, 대추, 더덕, 두충, 둥굴레, 마름, 모과, 산딸기, 산수유, 유자, 삼지구엽초, 새삼, 솔잎, 연, 오갈피, 율무, 인삼, 호도, 들깨

건망증　　삼지구엽초, 식창포, 솔잎, 인삼

결막염　　결명자, 민들레, 질경이, 으름덩쿨, 치자

고혈압　　감잎, 검정콩, 냉이, 당귀, 다시마, 더덕, 들국화, 삼지구엽초, 솔, 쑥, 연, 옥수수, 은행, 잔대, 칡, 새삼, 결명자, 호박, 해바라기, 진달래, 치자

관절　　다래, 오갈피, 들국화, 복숭아, 삼지구엽초, 결명자, 두충, 으름덩쿨, 유자, 율무, 대추, 다시마, 모과, 검정콩, 계피, 박하, 만병초, 마름, 뽕잎, 삽주, 탱주, 생강, 해당화

구토　　계피, 다래, 비파, 삽주, 생강, 칡, 귤피

귀울림　　음양곽, 산수유, 산딸기, 새삼, 들국화, 뽕잎

기관지염　　감초, 더덕, 도라지, 모과, 민들레, 비파, 살구, 잔대, 진달래, 질경이, 뽕잎, 박하

기미　　메꽃, 살구, 동아, 구기자

기침해소　　구기자, 감초, 귤피, 대추, 더덕, 동아, 들국화, 들깨, 매실, 살구, 생강, 유자, 율무, 은행, 질경이

다한증　　산수유

당뇨　　감잎, 산수유, 구기자, 다시마, 동아, 둥굴레, 메꽃, 새삼, 율무, 칡, 호박, 결명자

370

동맥경화 감잎, 검정콩, 구기자, 다시마, 솔, 호도, 계피, 오갈피, 도토리

변비 복숭아, 당귀, 들깨, 살구, 결명자, 뽕잎, 탱자, 해바라기, 메꽃,
보리, 율무

복통 계피, 당귀, 도라지, 생강, 석류, 쑥, 유자, 잔대, 칡, 들국화,
단너삼, 대추, 복숭아, 오갈피, 연

부스럼 감초, 마, 쑥, 들국화, 민들레, 오갈피, 인동덩쿨

부인병 질경이, 당귀, 두충, 복숭아, 잇꽃, 쑥, 결명자, 칡, 연, 새삼,
대추

불면 당귀, 만병초, 복분자

비만 동아, 뽕잎, 호박, 녹차

어혈 계피, 해당화, 홍화, 아가위, 복숭아, 당귀, 감잎, 연, 오갈피,
치자, 진달래

위장병 민들레, 삽주, 솔, 쑥, 치자, 호박, 개암, 계피, 귤피, 다래,
더덕, 도토리, 들깨, 마름, 메꽃, 모과, 결명자, 박하, 생강,
아가위, 오미자, 옥수수, 유자, 칡, 탱자, 해당화

이질 냉이, 도라지, 도토리, 삽주, 생강, 석류, 쑥, 아가위, 으름덩쿨,
인동넝쿨, 칡, 해당화, 현미

주독 칡, 연, 감잎, 마름, 매실, 오미자, 유자, 들국화

지혈 냉이, 석류, 연, 인동, 칡, 호도

코질환 대추, 모과, 산딸기, 연, 더덕, 율무, 개암, 계피, 귤피, 마름,
삽주, 아가위, 오미자, 탱자, 잔대

피부미용 감잎, 산딸기, 구기자, 대추, 둥굴레, 매실, 메꽃, 연, 들깨,
들국화

해독 감초, 들국화, 민들레, 냉이, 칡, 다래, 대추, 더덕, 마름, 검정
콩, 인동, 녹차, 유자, 으름덩쿨

해열	질경이, 구기자, 냉이, 대추, 도라지, 둥굴레, 감국, 만병초, 박하, 쑥, 오미자, 인동, 하늘타리, 칡
황달	질경이, 다래, 삽주, 옥수수, 으름덩쿨, 결명자, 칡, 하늘타리, 쑥, 치자, 검정콩

위와 같은 민간의서에서 음료로 사용할 만한 대용차를 정리하여 보았다. 대용음로는 대부분 전통음료이고 약차에 가깝다. 약차는 주로 식물을 재료로 단약을 사용하는 경우이다. 이를 다양하게 조합하면 더욱 한약에 가깝지만 반드시 처방을 따라야 한다. 무엇보다 성분의 강도가 약성을 지나 독성으로도 작용하는 체질에 따라 차이가 생기므로 전문가의 협조를 받아야 한다.

음료와 약차의 차이점은 마시는 시기에도 나타난다. 대부분의 양약은 주된 성분을 추출하여 사용하므로 식후에 적어도 30분 정도에 사용한다. 한약에 가까운 약차나 탕은 식전 30분이나 한 시간 전에 마셔야 효과가 있다. 차와 약차의 마시는 방법이 다르지만 이를 지키지 않아서 독성으로 작용하는 경우가 많다. 따라서 약재보다 처방에 따라 면밀한 정성이 오히려 더욱 중요하다.

모든 음료는 정도의 차이가 있지만 약성이 있으므로 약차를 건강차라고도 부른다. 건강을 위하여 마시는 음료라는 가벼운 뜻이겠지만 약성이 적은 상태이고 대용음료와 이를 구분하기가 어렵다. 음료는 식후에 마시는 숭늉과 같고 약차는 식전에 마시는 한약에 가깝다고 간주하면 이해하기 쉽다. 다만 약차와 음료는 가공이나 적절하게 혼합하여 체질에 맞춰 부작용을 없애는 지혜가 필요하다고 하겠다. 약성이 강한 약차는 위에 부담을 주기 때문에 음료로 사용하면 건강을 해친다. 음료는 나이와 체질에 따라 다르므로 소화를 돕는 정도가 알맞다.

약성이 있는 음료일수록 의약과 함께 사용해서는 위험한 경우도 많다. 음료는 섞어서 마시거나 약과 혼용하는 경우 특별한 주의가 필요하다. 확실하지 않은 경우 약과 음료를 혼용하지 말아야 한다. 약성이 있는 음료는 약성을 상승시켜서 독성을 가지거나 약효를 감소시키는 부작용이 생기는 경우가 있으므로 주의할 사항이다.

III. 뇌원차의 고향 차수마을을 찾아서

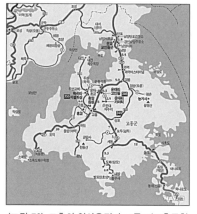

〈그림 73〉 고흥의 역사유적과 교통도(고흥군청 문화관광과 제공)

우리나라의 장마는 여름과 함께 제대로 시작된다. 찔레꽃이 피는 늦봄의 건조한 날씨를 지나면 습기를 품은 열대의 비구름이 위도를 따라 오르락내리락하면서 남해안부터 습도가 높아지고 누구나 여름을 체감한다. 여름이란 밤낮 온도와 습도가 높고 일교차가 적어지는 계절이다.

늦봄에도 한낮은 섭씨 최고기온 30도가 넘는 높은 온도를 경험하지만, 습도가 낮고 일교차가 커서 그늘 속에서 더위를 피한다. 여름이 오면 봄과 달리 밤에도 눅눅하고 땀이 마르지 않는다. 소나기가 한 줄금 지나가면 잠시 시원한 바람이 불고 하늘을 바라보면 안개가 구름으로 변하여 비가 올듯하지만 이슬비로 눅눅할 뿐 찌푸린 하늘은 더욱 저기압으로 바람 한 점조차 없다. 이른바 건장마가 시작되기도 한다.

건장마의 계절에는 여행이 그리 달갑지 않다. 소화력이 떨어진 이런 계절에 여행이란 체력을 시험하는 관객이 없는 가혹한 무대와 같다. 6월말 순천을 지나 고흥반도를 들어서자, 두원면의 득량만에서 불어오던 바다 바람조차 멎었다. 짐차만 간혹 지나는 시골 들판에는 인적조차 찾기 어렵다.

뙤약볕을 견디던 농부는 이미 늙었고 그나마 체력을 유지해야 마을을 지키지 않겠는가? 고흥군청 문화관광과장이 전화를 넣어 관절이 오그라

들고 가혹한 농사일로 허리
가 꼬부라진 80세를 넘은 두
분이 마을회관 앞 마을버스
정류장의 의자에 나와 기다
리고 있었다. 비록 젊음을
잃었지만 이 분들은 남성이
여성보다 평균수명이 낮은
우리나라에서 보기 드문 건
강한 남자이고 마을의 내력
을 몸으로 간직한 움직이는
역사책이다. 일행은 땀을
닦으면서 9인승 대형 승용
차 조수석에서 내려 뒷문을
젖혔다. 고흥향우회는 서
울의 곳곳을 비롯한 전국의

〈그림 74〉 차수마을의 중심지 차수회관, 회관은 동북향이
고 오른쪽으로 노인정이, 맞은편에 차수라 쓰인 마을 버스
정류장이 있고 서남향으로 차가 들어오는 공간이 마련되
었다.

도시에서 명성이 높지만 정작 본고장의 전통 있는 마을조차 이렇게
적막하다.

마을회관에는 오랜만에 다수의 남자가 모였나 보다. 회관의 이름이
가로로 '차수회관茶樹會館'이다. 회관이 대웅전이나 대성전에 해당한다면
옆의 노인정은 선방이나 기숙사에 해당하는 작은 건물에 한글로 쓰인
간판이 세로로 걸렸고, 회관이 마주 보이는 초록색 해가림의 지붕 아래에
의자와 함께 '차수'란 마을버스 정류장이 한글로 쓰였으니 차수마을이
틀림없고 차수회관이라 읽어야 맞다고 하겠다.

1. 차수마을은 첨단지역

어설프게 다수회관이라고 읽으면 서울에 가서 시골티를 내는 모습이 된다. 중국에 가서 다방이나 다실이라 말하면 한국인이나 일본인이라 간주하지 않고 멀리 남쪽에서 올라온 시골뜨기가 된다. 북경에 가서 차경茶經이나 고차수古茶樹라 해야지 다경이나 고다수라 말하면 단박에 중국 남방의 산속 소수민족으로 간주된다.

북경에서 차방이나 차실이라 발음하고 우리나라처럼 다방이나 다실이라 말하거나, 차수마을에 와서 다수마을이라 말하면 통하지 않는 경우와 같다. 우리는 '차茶'를 '차다'라 새김과 훈을 따라 두 가지로 발음하고 한자가 쓰인 합성어를 '다'라고 발음하는 경향이 강하지만 지금 중국에는 거의 차라 발음하고 다는 고어에 속한다. 한국이나 일본은 합성어를 고어로 읽으나 불경을 제외하면 지금 중국에서 차로 읽어야 소통된다. 한자의 발음이 변화한 시기와 원인에 대한 연구는 동아시아 언어학에서 중요한 과제이고 '다'란 발음은 역사성을 갖지만 변방의 고어나 소수민족의 발음이다.

차수마을은 언어조차 현대와 어깨를 나란히 함께하는 첨단지역이고 서울은 다방이나 다경이라 발음하는 고어가 통용되는 동아시아의 시골이다. 두원면은 1100년 전 차를 심고 잎을 따서 최고급으로 가공하였던 음료혁명의 첨단시대를 이끌었고 지금 우주를 향하여 나로호가 동남쪽에서 출발하는 첨단기술이 서로 통한다. 높은 수준의 창조력은 낮은 곳으로 흘러가는 물과 같이 문명을 이룬 도시를 첨단을 걷는다고 표현하고 첨단지역이라 부른다.

첨단은 도시가 발달하면서 경쟁에서 비롯되었다. 최초의 문명은 큰 강의 중상류에서 비롯되었고 수많은 지역에서 문명이 일어났으며 세계는 4대문명을 꼽는다. 동아시아에서 양자강과 요하의 중류에도 상고부터 문명을 이루었으나 황하의 상류에서 서북으로부터 진입한 여러 민족이 경쟁하여 번갈아 주도하면서 중원을 구심점으로 첨단을 이룩한 황하문명이 세계 4대문명에 속하였다. 중원은 한과 당에서 절정에 올랐으나 당의 후반 755년 서북절도사 안록산 등의 안사의 난으로 현종이 촉으로 몽진하면서 산업과 문명의 구심점이 확연하게 양자강유역으로 기울었다. 다만 군사와 권력은 오늘날까지도 황하유역의 중원을 벗어나지 않고 경제력과 문화는 중심지인 양자강유역의 중상류 촉에서 중류의 강서를 거쳐 하류의 절강성과 강소성으로 이동하였다.

첨단지역은 외국과의 관계와도 관련이 깊다. 한반도의 서남 항구를 떠나 촉에 있던 현종에게 찾아간 신라의 사신은 당과의 우호를 굳게 증진시켰다. 당의 차도 이 무렵부터 궁중에서 유행하기 시작하였다. 그러나 차 씨를 심고 신라에서 성행한 시기는 그보다 73년 후였던 828년이었다. 차가 불교의 수양방법인 참선과 깊이 밀착되었고 장안으로 환도한 다음에도 『차경』의 저술을 기점으로 사교계에서는 술보다 차를 마시면서 조용하고 단순하면서도 고답적인 시를 유행시켰다. 선승이면서 시인이었던 교연皎然은 차를 유행시킨 이론가 육우陸羽를 도왔던 차불이라면, 그보다 후에 노동은 차를 찬미하는 시를 남기고 순교한 차의 신선이었다. 당의 말기부터 오대를 거쳐 송에 이르기까지 양자강은 상류로부터 차와 문학을 하류로 도도하게 흘러 보냈고 바다를 건너 신라와 고려로 이어진 해동까지 차와 시를 날랐다.[5]

지리산 기슭에는 당으로부터 차 씨를 옮겨와 재배한, 처음 재배지라 불리는 곳이 한두 고을이 아니었다. 하동의 쌍계사에서 차의 옛 이름인

---

5) 허흥식, 『동아시아의 차와 남전불교』, 한국학술정보, 2013, pp.23~49.

한명漢茗이 쓰인 비가 있다. 이곳의 진감선사비를 최치원이 짓고 글씨까지 썼으므로 차를 처음 심은 시배지라는 주장에 힘을 실어주었다. 이 절과 비는 대렴보다 훨씬 늦은 시기에 세워졌고 이보다 기원이 앞선 구례의 화엄사에서도 양보하기에는 심기가 불편하였으므로 이에 맞섰고 이를 인정받고 부근에도 차의 사적지를 만들었다. 장흥의 보림사에도 진감선사보다 앞선 보조선사비에 차가 명시되었고 차 씨를 심었던 대렴과 상통하는 시기의 고승인 원표元表도 실려 있으므로 시배지를 주장할 근거는 충분하다.

차를 제일 먼저 심은 곳을 철저하게 가려내기는 쉽지 않고 여러 곳을 정해도 깔끔하지 않다. 다만 경쟁하면서 차의 기원에 대한 연구를 향상시키는 모습이 황희 정승의 판단처럼 오지랖이 넓어서 좋다. 그러나 고려초기 가장 좋은 차가 고유한 뇌원차腦原茶란 사실에 대해서는 반론이 없다. 다만 그 이름의 기원이나 특성에 대해서는 다양하였으나 생산지라는 견해로 좁혀졌고 두원면이라는 견해가 여러 모로 개연성이 크다.[6]

차는 당에서 신라의 사신이 씨를 들여와 지리산 남쪽에 심었다는 기록이 가장 믿을 만한 증거이다. 이를 심은 시기와 성행한 시기, 그리고 고려초기 가장 좋은 차인 뇌원차는 상관성이 전연 없다고 잘라 말하기 어렵고, 적어도 후백제와 신라로 거슬러 올라가서 확인할 필요가 있다. 당으로 통하는 경주와의 거리, 후백제의 배후 지역, 그리고 신라로 향하는 항구를 살필 필요가 있다.

한반도에서 차의 첫 재배는 오늘날의 드론이나 우주선처럼 첨단산업의 하나였다. 양자강 하구는 한반도인 해동을 향하여 첨단을 실어 나르는 산업과 문학의 출발지였고, 정착 지역은 해동의 서남이었다. 그리고

---

6) 위의 책, pp.103~115.

최종 목표지는 신라에서는 동쪽 끝에 가까운 경주였고, 고려에서는 중심이 서해안을 따라 올라간 개경이었다. 차가 자라는 곳은 따뜻한 남해안이고 씨를 심고 자라서 차 잎을 이용하기까지 50년 이상 소요되고, 가공하는 기술을 향상시키려면 더욱 오랜 기간이 필요하였다. 대렴大廉은 혜공왕 때 반란을 일으킨 대공大恭의 동생이고 차가 성행한 시기는 그보다 60년 지난 시기였다.[7]

한반도에서 차가 성행하기 시작한 시기는 828년이지만 고유한 이름의 차가 처음 등장한 시기는 고려초기였다. 왕건은 후삼국이 치열하게 대결하던 14년 신라에 사신을 보내어 임금으로부터 백관과 군민과 스님에 이르기까지 선물을 보냈다.[8] 고려가 남쪽에 있던 차의 산지를 확보하여 신라에도 배려할 정도라고 자신감을 나타냈지만 차의 이름은 아직 구체화하여 나타나지 않았다. 고려의 차로 고유한 이름을 가지고 가장 먼저 등장한 뇌원차腦原茶가 있었다. 늦어도 고려 광종 말기에 국사로 책봉된 혜거국사慧炬國師가 갈양사葛陽寺로 하산할 때에 선물로 드린 차의 이름이었다.[9]

뇌원차는 국왕이 사용한 최고급의 차인데, 공신과 사회통합을 위한 유공자의 부의賻儀로 국왕이 하사하였고 이후에 자주 등장하였다. 거란과 금으로 수출한 차 이름도 뇌원차와 관련이 있었다. 뇌원차는 후삼국을 통일한 다음에 등장하였으므로 후백제의 영역에서 생산된 차이고 고흥에 후백제왕 견훤甄萱의 사위인 지훤池萱이 주둔했던 영역과 관련이 크다고 하겠다.

필자는 뇌원차의 생산지를 고흥의 옛 고을인 두원현荳原縣으로 추정하

---

7) 본서 제5장 Ⅰ.
8)『고려사』세가 권2, 태조 14년 秋八月 癸丑, "遣甫尹善規等, 遺羅王鞍馬・綾羅・絲錦, 幷賜百官絲帛, 軍民茶・幞頭, 僧尼茶・香, 有差."
9) 許興植,「葛陽寺 惠居國師碑」『高麗佛敎史硏究』, 一潮閣, 1986, p.583 ; 최정간,「고려 초기 국내파 선승 혜거와 뇌원차」『월간 茶의 세계』, 2011. 2.

였다. 두원현은 오늘날 두원면보다 넓어서 고흥군청 소재지는 물론 남양면까지 포함하였다. 지금 고흥군에 두원면이 있지만 고려시대의 대부분 시기는 두원현에 오늘의 고흥읍이 속하였다. 두원면과 고흥읍의 경계에 가까운 수도암 부근 운대리에 도요지가 있고 고려의 청자에서 조선초기의 다양한 분청이 층위를 이루어 발견되는 도자의 자연박물관이다.

고흥의 박병종 군수는 연임하여 10년을 지나면서 행복한 지역으로 향상시키려는 장기계획을 세우고 전통과 미래를 연결시킨 발전을 도모한 여러 청사진을 제시하였다. 하나는 도요지가 밀집된 운대리에 분청도자박물관을 시공하고 종합문화시설로서 준공을 향하여 노력을 집중하였다. 단순한 볼거리가 아닌 지방의 경제를 도자생산의 전통을 살려 소득을 향상시키려고 전문가를 초청하여 기술을 지도받아 품격을 높였다.

도자기는 차와 밀접한 관련을 가지면서 서로 부추겨야 발전시키는 효과가 있다. 고흥에는 도자기 유적이 밀집된 30개의 도요지가 조사되었는데 그 가운데 다섯 곳은 청자가 포함되었고 분청으로 연결되었음이 확인되었다. 운대리처럼 대규모의 도요지는 고려의 청자와 조선전기 분청이 층위를 이루면서 시대성을 반영하므로 도자기의 역사를 밝히는 중요한 유적으로 가치가 크다. 이곳에 분청박물관을 세운다는 착안은 이를 중심으로 전통을 살리고 건강하고 부유한 미래를 설계하는 원대한 지역의 계획을 실천하는 과정이라 하겠다.

2. 뇌원차와 고려 제의의 특징

뇌원차는 우리나라의 차로 등장하는 고유한 이름으로서는 처음이다. 이에 대한 관심은 기원과 생산지, 차의 제조와 형태에 이르기까지 다양하게 시도되었다. 차에 포함시킨 용뇌에서 비롯되었다는 견해로부터 시작하였으나 근거를 제시하지 못하였다. 차를 마시는 방법은 생차와 가공차로 나뉘고 장기간 보관하는 차는 가공한 차이고 가장 중요한 가공은 말리기 위하여 햇볕에 숨을 죽인 다음, 솥에 손바닥이 뜨거울 정도로 덮고 손으로 비비고 광주리에 담아 바람이 통하는 그늘에서 서서히 말리면서 발효시키고 일정한 모양으로 굳히는 다양한 순서가 필요하다.

고려의 차는 장기간 보존하고 사용하였으며 굳은 모양의 차였고 눌러서 네모지게 만들었다고 추정된다. 고려 광종은 차를 부수고 갈아서 몸소 공덕재功德齋에 사용할 차를 준비하였는데, 굳은 덩어리의 떡차(餠茶)였음이 확실하다. 떡차란 잎을 말린 그대로의 산차散茶와는 달리 덩어리로 가공한 차이고 쉽게 말해서 보이차普洱茶처럼 굳힌 발효차의 일종이다.

장기간 두고 사용하는 차는 잎을 그대로 말린 건엽차로는 향기를 보존하기 어렵고 변질이 심하므로 딱딱하고 공기가 들어가지 않아야 산화를 막지만 쓸 때마다 부수어 사용하는 과정이 불가피하였다. 고려의 제례로 부모를 비롯한 돌아가신 조상의 기일에는 절에서 차를 올렸으므로 그야말로 차례였다. 국왕은 진전사원에서 귀족은 원찰을 정하여 위패가 아닌 진영을 모시고 차를 올렸다. 차는 고려에서 가장 귀중한 제물이었고 유밀과와 과일이 다음이었다. 이를 합쳐 다과茶菓라 하였고 차와 향을 합쳐 차향茶香이라고도 하였으며 조선의 제례와는 달리 어육魚肉이 배제되었다. 제물의 준비와 의식에서 사용하는 시간에 변질을 막기 위한 철저한 대비가 있었던 셈이다. 여기에 먼저 향불을 피워서 공간을 경건하게 마련하고 곤충의 접근을 막았다.

국가의 중요한 제전에 향을 피우고 다음에 차를 올리는 진차례進茶禮가 있었다. 법당의 부처나 산신각의 신령이나 돌아가신 조상의 영전에서 같은 절차로 차를 올렸음이 확인된다. 제의 다음에 유밀과와 떡과 과일을 즐기는 잔치의 순서를 지켰다. 희생을 사용한 성황제나 신사神祠의 제례는 육류를 사용하므로 불교보다 앞선 시기의 전통이 살아있었지만 사원에서 수행하는 제례나 제전과는 달랐으며 대체로 불교보다 성행하지 못하고 민속으로 유지되었다.

고려의 중요한 제전인 팔관회와 연등회는 불교식 제례와 깊은 관련이 있었고 진차례가 가장 중요 절차였다. 차의 용도는 제물에서 숭고한 전통으로 유지되었다. 다음은 노인의 성인병을 치료하여 건강을 돕는 예물이었다. 일반적으로 차를 마시는 경우는 출가자의 수도나 귀족의 건강이었고 서민의 음료로 사용은 제례나 약용을 제외하면 일상에서 흔하였다고 말하기 어렵다.

3. 차수마을에서 만난 뇌원차의 흔적

고흥군청에서 주최한 분청사기 재현의 평가에 대한 공식행사를 끝내고 야생차를 보고 싶었다. 고흥에서 차의 자생지가 여러 곳이 있다는 소문을 들었다. 가장 높은 팔영산에 야생차가 있고 능가사와 팔영사와 암자에서 이를 구하여 공양한다는 소문이 있었다. 월간 『차의 세계』에서 이를 탐사하여 숲속의 야생차를 확인하여 소개한 일이 있었다.

뇌원차의 고향은 회진에서 신라의 경주로 향하는 두원면에 있으리라는 몇 가지 개연성을 확인하였다. 무엇보다 두원과 뇌원은 이름이 상통한다. 다음으로 두원은 회진이라 불렀다는 지리지의 기록도 있다. 회진은 지금의 장흥군 남쪽 끝에 위치하였지만 신라에서 지금의 두원면의 북쪽에 연결된 남양면에 있던 항구일 가능성이 있다. 백제에서 두힐현은 남양면과 두원면, 그리고 지금 장흥군의 회진면까지 포함하였을 가능성이 있기 때문이다. 고대나 중세의 행정편제는 수도와 왕실과의 관계에서 영역이 변하는 속성이 있었다.

순천에서 고흥으로 진입하는 길목인 남양면의 남쪽은 동서의 바다가 육지로 오리五里에 불과하므로 지금도 운하가 필요한 지역이고 고흥은 반도라기보다 섬에 가까운 모습이다. 백제와 신라는 물론 후백제와 고려 에서도 운하로 득량만과 순천만을 연결시키려는 시도를 보인 흔적이 있다. 회진은 당과 오대에 양자강 하구에서 도착한 배가 기착하는 공간이 고 신라에서는 남양만에 항구를 두고 육로로 경주로 향하거나 오리를 지나 뱃길로 경주로 가는 두 가지 방법이 있었다고 짐작된다.

후백제 견훤의 사위인 지훤池萱은 이곳에 해군을 설치하고 남해안으로 신라와 고려의 연결을 차단시켰다고 짐작된다. 왕건이 후삼국을 통일하 자 회진을 고흥군 남양면에서 지금의 장흥군 회진으로 옮겼을 가능성이 크다. 신라의 회진에 가까웠던 지금의 두원면에 차밭을 만들었고 이곳이 고려전기까지 차의 재배와 가공기술을 유지하여 뇌원차란 고려 고유의 이름을 붙인 차를 생산하였다는 필자의 견해이다.

뇌원차는 고려중기에 수선사 2대 주지인 진각국사 혜심에 이르러 여러 곳으로 재배와 가공이 확산되었던 사실이 1223년 작성된 「수선사형 지기」에서 확인된다. 그러나 당시 두원은 중요한 차 생산지의 하나였음이 확인된다. 혜심의 제자인 원오국사 천영은 두원현에서 다비하였고 불대 사佛臺寺에 비를 세웠다. 비의 탁본이 일부가 전하지만 실물은 지금까지 확인되지 않았다. 이 비문을 지은이와 글씨를 남긴 이는 확인되지만 100년 전에도 있었던 비편의 소재를 확인하는 작업이 필요하다. 불대사 는 고흥에 있다는 기록과 흥양興陽에 있다는 차이가 있으나 고흥읍이라 보기 어렵고 오히려 조계산에 있다는 다른 견해도 있으므로10) 두원면에 있을 가능성을 염두에 두고 송광사 박물관 학예사와 몇 곳을 답사하였으

---

10) 許興植, 『高麗佛敎史硏究』, 一潮閣, 1986, pp.684~686.

나 절터를 확정하지 못하였다.

뇌원차의 고향은 고흥이라 넓게 보고 여러 자생지를 조사하였다. 고흥에서 야생차가 팔영산의 정상에도 있고, 도덕면 면사무소 근처에도 있다는 소식을 들었으나 확인하지 못하였다. 또한 천등산 금탑사 부근에도 야생차가 있다는 소식이 있으나 뇌원차의 고향은 몇 차례의 답사를 통하여 두원현이라는 확신을 더욱 굳혔고 오늘날의 두원면이라 예상되었다.

두원면에 몇 십 년 전에는 여러 곳에 울타리로 사용하였던 차나무가 있다는 이야기를 들었으나 자생하는 곳을 직접 확인하지 못하였다. 고흥에서는 차를 재배하는 곳은 없고 여러 곳에서 야생하는 차를 따서 가공하여 사용한다는 소문도 있으므로 이를 조사하고 싶은 희망을 억누르기 어려웠다. 답사하지 않고 문헌으로 두원을 뇌원차의 생산지라는 필자의 추정을 더욱 사실로 접근시키는 증거로 야생차를 확인하려는 의도였다. 송광사의 문서와 고승의 비문에서 등장하는 두원을 찾아서 송광사박물관장과 학예사의 도움을 받고 세 차례 방문하였으나 실제로 자생하는 차를 확인하지 못하였다.

이번에는 두원면 운대리 가마터에서 올라간 숲속에서 자생의 차나무를 확인하였다 하여, 열매가 달린 차나무 가지를 전시한 분청에 꽂아 놓았고 그곳으로 안내하였다. 나는 자생의 차나무를 현지에서 확인하려는 의도였고 꺾어서 전시하리라고는 전혀 생각지 못한 뜻밖의 결과였다.

몽골에서 전통 천막집인 게르에 초대되어 들어가기 전에 주인이 보여준 양에 대한 이야기를 하면서 나의 치밀하지 못한 대화 때문에 이런 일이 생겼다고 후회하였다. 그때 몽골에서 강한 햇볕을 피하여 게르 안으로 들어가는 곳에 주인이 길가에 양 두 마리를 매어놓고 나에게 구경시켰다. 하나는 젖소처럼 흰 바탕에 검은 털이 있었고 다른 하나의

등은 주황색 털이고 가슴은
점차 옅어진 노랑 털이었다.
나는 우리나라 개처럼 구경
시킨다고 생각하고 무심하
게 주황색 양이 아름답다고
말하였다. 수유차도 마시고
고기가 섞인 볶음밥을 먹고
대화를 끝내고 나오는데 검
은 털 양은 그대로 매어 있고
주황 털의 양은 없고 게르의
지붕에 주황색의 가죽만 널
려 있었다. 나는 순간 아찔

〈그림 75〉 분청박물관 평가회에서 전시한 운대리 야생차로
분청물장군에 꺾꽂이 한 모습

하고 경솔한 한마디에 목숨이 없어진 양에 대한 미안함으로 뉘우치면서
극락왕생하라고 입속으로 아미타경을 외웠다.

분청에 꽂힌 차나무는 돌보지 않았지만 수풀 속에서 사라지지 않고
지금까지 견디면서 살았고 열매를 맺고 다른 곳으로 퍼져 나가려고
하지 않는가. 차나무는 열매를 맺지만 민들레처럼 날개를 달고 퍼져나가
지 못하고 같은 장소에서 싹이 트더라도 그늘을 벗어나기 어려운 한계가
있다. 차는 묘목보다 직파인 씨앗심기로 퍼지고 보통 나무보다 자라는
속도가 느려서 다른 식물을 제압하면서 번성하기도 어렵다. 학예사가
차나무는 꺾어도 남은 가지에서 싹이 터서 자라므로 양처럼 생명이
다하지 않는다고 나를 안심시켰지만 참으로 안타까웠다.

차나무를 운대리 가마터의 산꼭대기에서 가져왔다면 그곳을 찾아가야
하겠으나 가파른 그곳 가시덤불 속으로 동행하기 어렵다고 말하였다.
나뭇가지의 생김새로 보아도 제대로 차나무의 군락지를 이루고 있지

않은 아주 가냘픈 모습이었다. 전시장에서 물장군과 술병에 꽂힌 자생지의 차나무를 촬영하였다. 잎과 줄기는 빈약하지만 그래도 열매를 맺은 모습이 희망을 가지고 끈질긴 생명력을 나타내면서 일제의 식민시대와 6·25의 전란에도 여러 형제를 키워낸 우리 세대의 돌아가신 어머니들의 모습이 살아나 겹쳐 보였다.

성두리에서는 밭에서도 차나무를 울타리로 삼았을 정도로 흔하였으나 지금은 거의 사라졌고 차수마을에만 남아있다고 설명하였다. 낮은 양지 바른 언덕에는 수많은 고인돌이 있고 멀지 않은 곳에 판소리를 집대성한 동리 신재효 선생의 무덤이 있어서 지역을 더욱 빛내주었다.

나는 운대리 답사를 포기하고 다음날 성두리 차수마을에 있다는 자생차를 보기로 작심하고 출발하였다. 두원면 성두리가 주소인 고흥군청 문화관광과 임정모 계장이 군청에서 동북쪽의 차수마을로 인도하여 향하였고 박물관 학예사와 안내를 맡았다. 성두리에서 언덕을 넘자 차수회관과 노인정 그리고 마을버스의 정류장이 같은 마당을 공동의 공간으로 사용하였다. 차는 반 양지半陽地 식물이고 습기를 좋아하지만 물기가 잘 빠지면서도 습기가 유지되는 음지에서 자란다. 회관에서 산비탈 아래로 길을 나서니 성두리 29번지 농가에 부속된 축사의 뒤로 왕대밭이 무성하고 차나무는 대나무 사이로 빛살을 받으며 줄기를 늘어뜨리고 열매가 맺혀있었다. 떨어진 댓잎의 거름을 먹고 자란 차 잎은 운대리 숲의 차보다 잎이 크고 윤기가 있었다. 마치 보성의 개량차 잎처럼 크지만 잎 면의 두께는 얇았다.

나는 차를 볼 때마다 국내의 야생차와 재배차는 물론이고 중국 각지 차의 유전자를 정리하여 비교하는 작업이 필요하다고 제안하고 싶다. 차의 분포와 유전자의 특성을 지도에 나타내면 우리나라 차의 기원과 상관성이 확인될 수 있기 때문이다. 또한 우리나라의 차는 몇 십 년마다

〈그림 76〉 둔대리 차수마을의 29번지 차밭에서 댓잎이 썩어 거름이 되고 차가 열매를 맺은 모습.

예상하지 못한 심한 냉해를 만나면 줄기가 죽고 뿌리에서 움튼 사례가 많다. 이런 경우 작은 줄기라도 뿌리 깊숙한 곳에 본래 뿌리였던 등걸을 달고 있다. 이를 모아서 연대 측정을 통하여 가장 오랜 기원을 찾아내고 싶을 때가 많다.

차수마을의 차를 보고 가장 반가운 사실은 인가에 이어진 축사에 비옥한 대밭에서 자란 재배된 차가 있다는 소식이었다. 야생차는 인가에서 멀리 떨어진 산속에서 발견되었는데 차수마을의 차는 마을의 이름에도 살아있을 정도로 야생차 가운데는 재배에 가까운 모습을 보였다. 성두리城頭里란 성머리이고 인위적으로 쌓아올린 방어용 읍성을 말한다.

문화원 직원인 송호철 선생은 성두리의 언덕을 넘어가는 밭둑에 차나무로 이룩된 울타리가 있었다고 알려주었다. 성두리는 성안이란 뜻이고 두원면에서 중심지였고 그곳 주민들은 성밖보다 자부심이 컸다고 귀띔하였다. 차수마을은 차를 재배하고 가공한 뇌원차의 고향일 가능성도 있으며, 앞으로 대밭을 개간하거나 집터를 닦는다면 철저하게 발굴하여 차를 가공한 유적을 찾아낼 필요가 있다고 생각되었다.

차는 섭씨 15도 이상이면 차나무 줄기가 움이 트지만, 영하 15도 이하이면 땅이 얼어서 뿌리도 죽는다. 영상 15도 이상이면 줄기에서 싹이 자라고 25도 이상이면 더위에 약하므로 살아있어도 맛이 나빠진다. 뿌리와 줄기는 수분이 필요하지만 물기가 쉽게 빠지는 경사진 곳이 좋다. 방향은 호수가 있거나 바닷물이 호수처럼 깊이 들어간 만灣이 좋지만 한국의 경우는 여름에는 태풍과 강한 햇볕을 막는 남쪽에 산이 있고, 북서로는 높은 산이 있어서 겨울의 북서계절풍을 막아야 한다. 동북향의 성두리 차수마을은 좋은 여건을 갖추었다. 성두리는 가까이 논이 있어서 습기가 풍부하지만 경사가 심하고 득량만이 서남쪽에서 깊이 들어와 습기를 불어 넣었다.

차나무를 발견한 16번지는 경사진 대밭이 있고 동남의 언덕에서 왕대나무 사이로 아침 햇빛이 비치는 좋은 조건이었다. 축사가 북풍을 다시 막아주고 새벽에도 동남으로 볕이 일찍 받는 특수한 조건이었다. 대나무는 여름에는 온도와 습도를 조절하는 역할을 하면서 사이로 불어오는 서늘한 바람과 습기를 유지하는 특징은 차의 성장조건을 맞추어 주고 있었다. 이 일대의 차 씨를 받아서 재식하면서 대나무를 간벌하고 넓히면서 차나무를 가꾸어 음료를 생산할 필요가 있다고 건의하고 싶었다.

야생차 나무는 줄기뿐 아니라 차 뿌리의 기원을 거슬러 고차수를 찾아 이를 밝히는 연구가 필요하다. 야생차를 귀중하게 보존하고 이를 토대로 차 밭을 확장하는 과정을 통하여 우리 음료의 지평을 넓히고 이를 정착시키는 과정이 필요하다. 우리나라에서 커피와 석유를 생산하지 못하지만 가공하여 수출하고 채굴하는 기술을 향상시키듯이, 이제 우리의 차도 토착화한 자생력을 가지도록 꾸준히 연구하고 음료로 확장시키는 준비가 필요하다. 고흥의 두원은 가장 좋은 차 생산의 자연조건을 살려서 화려했던 뇌원차의 전성기를 다시 찾는 노력을 더하여 부유하고 안정된 미래를 열기를 기대하였다.

책을 마치며

차는 음료이고 의약이나 제물로도 쓰였다. 음료는 식품과 함께 음식의 일부이고 몸을 지탱하는 영양을 운반하는 윤활유와 같다. 음료인 술과 차는 사교의 매체이지만 경제와 사상과도 깊은 관계가 있다. 차를 선종의 수양방법인 참선과 밀착시켜 저술한 책은 헤아리기 어려울 정도로 많다. 우리나라의 선종은 기원부터 남전불교와 밀접하였다는 착상을 이 책에서 펼쳐보고 싶었다. 차를 중요시한 세속의 연구자는 '차와 선'이라 하였고 참선을 수행하는 출가자는 '선과 차'라 하였다.

음료의 하나인 차는 차나무에서 생산되며 동아시아의 서남에서 개발되어 확산되었고 불교의 수련에도 오랜 기간 깊은 영향을 주었다. 차는 당唐의 후반부터 커피의 소비가 차보다 우세해진 현대까지 동아시아에서 오랜 기간 중요한 음료였다. 차와 커피보다 술이 보편적인 음료이지만 생산과 유통과 소비가 광범하여 세계사에서 차보다 경제와 정치를 변화시킨 기능으로 작용하지 못하였다.

동아시아의 선사상은 남전불교가 아닌 대승불교에서 일어난 사상의 혁명이고 동아시아의 산물이라고 정의하고 사상사 시대구분의 분기점을 설정한 학자들은 많았다. 호적胡適, 스즈키 다이세츠鈴木大拙 등이 선불교를 정의한 선구자였고, 서구가 주도하던 시대에 세계불교계는 이를 수용하여 전파시켰다. 차와 선의 밀접한 관련에 필자도 동감하면서도, 선의 기원을 북전불교에서 찾으려는 앞선 견해를 따를 수가 없었다.

계정혜戒定慧 삼학이 불가분의 관계란 관점은 남아시아에서 변함이 없었다. 동아시아의 불교의 선종에서 한때 참선만 강조한 경향도 있었지만 천태종과 함께 북전불교보다 남전불교에서 더욱 크게 작용하였다는 필자의 연구결과를 버리기 어려웠다. 다만 동아시아 선종에서 현재의 실천을 강조한 경향은 있지만 이에 대해서도 시대에 따라 차이가 컸다. 선종의 뿌리부터 다시 써야한다는 엄청난 과제와 마주쳤고, 오랜 고민 끝에 한국불교사도 바꿔야하겠다는 과제를 돌파하고 싶었다. 학문도 다수의 박수에 따라 통설이 답습되는 경향이 있지만 소수의 연구자가 뿌린 씨앗에서 자라난 진실에서 통설이 바뀌는 경우가 많다.

차는 선사상뿐 아니라 문학과 사교에서 촉진제가 되었다. 더욱 나아가서 차는 사상사와 사회사에 이르기까지 깊은 영향을 주었던 동아시아의 음료이고, 거시적 경제사와 세계사의 전환에서 분수령을 이루었다는 사실을 외면할 수 없었다. 역사에서 공간과 시간은 민족과 국가와도 깊은 관련이 있었다. 당나라 현종이 촉으로 몽진한 이래 차와 선종이 궁중의 음료와 사상에도 깊이 연결되었고 서로 두 날개로 펼쳐나갔다.

오래 전에 발표한 필자의 여러 논문과 저술의 논지는 기존의 통설과 차이가 컸다. 기존의 한국사와 불교사와 다른 논지에 대하여 연구자들의 본격적인 논의나 반론도 없었다. 남아시아의 이슬람화가 진행되기 전에도 해로로 남전불교가 간헐적으로 전래되었고 초기에는 북전불교에도 남전불교가 강하게 지속한 상좌부불교의 요소가 풍부하였다. 선종이나 천태종은 남전불교에서 출발하였지만 북전불교의 교학을 흡수하고 스스로 대승불교를 표방하면서 변질되었다고 보고자 한다.

이 책은 수필과 논문의 중간형태로 한국중세에 대해 썼던 새로운 분야이다. 정년을 지나자 독서할 여유가 생겨서 책이 제대로 보이기 시작하였다. 유능한 학자들이야 정년 후에도 교육기관의 석좌교수나 정부기관을 돕거나 전관예우를 받으며 대기업의 이사로 더욱 바쁘다. 필자는 다행스럽게 무능하여 휴식을 즐기면서 그동안 부족했던 밀린 독서를 마음껏 즐겼다. 그리고 제법 마음에 드는 실용수학인 복식부기의 기원과 미술에 속하는 고려화불, 그리고 문학과 노래에 관계가 깊은 고려시문학에 대해서도 접근하였다.

새로운 글은 앞선 연구와 인과관계가 있다. 고려시대에 초점을 두고 처음에는 사회와 유교사상, 그리고 과학기술에 대하여 과거제도를 중심으로 살폈다. 사회사에 더욱 관심이 컸었으나 당시 사회사란 주제의 책만 보아도 사회주의자로 의심할 정도로 위험한 학문으로 간주하는 상황이었다. 그래서『고려사회사연구』를 출간하지 못하고 출판사에 일년 동안 묶어두고 이와 다른 주제인 과거제도를 가지고 학위를 받고 그것을 책으로 세상에 선보인 다음 간행하였다.

사회사와 거의 동시에 불교사에 관심을 가지고 여러 논문을 발표하였다. 불교사는 교조의 교리가 시대에 따라 변하는 모습을 취급한 일반불교사가 아니라 고려에서 특징 있게 확립한 불교제도와 사회와의 관계였다. 불교제도란 출가자의 자격과 우대, 그리고 행정체계였다. 사회사로는 호적을 포함한 고문서, 과거제도에는 동년록을 포함한 등과록과 묘지를 사용하여 고려시대를 대표하는 정사인『고려사』를 보충하거나 잘못된 서술을 고쳤다.

불교사도 크게 보면 사회사와 관련이 깊은 주제이다. 탑비와 불복장의 일괄자료를 이용하면서 더욱 진전되었다. 그리고 일차자료의 사원문서에서 복식부기나 미술사에서 다루지 않은 새로운 체계에도 접근하였다. 또 다른 분야는 문학과 불교가 얽힌 진정국사의『호산록湖山錄』, 지공화상의『선요록禪要錄』과 여행기인 행록行錄, 그리고 몽산덕이와 관련된 문헌과 씨름하였다.

또다시 만난 주제는 간단하면서도 고대와 중세의 동아시아 시문학의 보물창고와 같은 십초시十抄詩와 임유정林惟正의 『백가의시집百家衣詩集』과 임방任昉의 『당현시범唐賢詩範』이었다. 특히 『백가의시집』에 쏟은 시간과 노력은 참으로 크지만 아직도 보충할 부분이 아주 많고 만족하지 못한 구석이 많다. 『당현시범』과 『십초시』는 그 다음이다.

아시아는 오랜 기간 서구의 열강의 침략을 받았다. 서구를 빨리 배운 일본은 동아시아를 식민지로 만들었다. 충돌이 가장 치열하였던 제국주의의 현장인 운남성을 여러 차례 찾았다. 그곳에서 차와 남전불교의 귀중한 흔적을 보았고 북으로 사천성과 연결되는 오랜 역사의 현장을 만났다. 흔히 차마고도茶馬古道라고 불리는, 남쪽의 차와 북쪽의 말이 유통되었던 여러 유적이었다. 이곳에서 민족과 사상이 소통된 사실에 관심을 기울이고 1997년부터 여러 차례 답사하였다.

고려의 조계종에 남전불교의 법맥을 연결시킨 연구서를 들고 운남성에 관련된 지공화상유적을 찾았다. 동아시아와 남아시아의 오랜 기간 사상의 소통이 있었던 이족彝族의 성지인 초웅楚雄 사산獅山 정속사正續寺를 확인하였다. 그리고 얼룩진 동아시아에 평화를 정착시키려고 동아시아는 물론 동남아시아의 수많은 인재를 길러낸 강무당학교를 찾았다. 차란 평화의 상징이고 남전불교는 평화를 바탕으로 차와 그곳에서 결합하였음을 확인하였다.

정년 무렵에는 답답한 국사학을 벗어나 분단시대 초기를 대상으로 스스로 글쓰기를 연습하기 위하여 한국사에도 관련되고 시문학이나 동아시아와 세계사도 소통되는 음료의 사회사에 도전하였다. 더구나 차시茶詩를 주제로 중세의 시문학을 연결시키려 하였으므로 범위가 넓고 문학에 가까운 분야였다. 이를 경제와 사상과 연결시키고 음료와 제물의 사회사로 접근하였다.

음료와 식품을 합친 음식은 식생활의 주된 대상이고 제물의 사회사에서 중요한 주제로 서로 긴밀하다. 차는 식물성이고 가장家獐은 육류이고 제물이다. 모든 제물은 신화의 뿌리를 찾으려는 이상향의 음식과 학문으로 소통을 위한 염원과 서로 연결되었다. 신화와 제물은 사상사의 기원이므로 이에 집착하였다. 사상은 종교와 결합하면서 후대의 철학에도 깊은 영향을 주지만 음식과 제물과도 깊은 관련이 있다는 사실을 강조하였다.

한국의 인문학은 현학적이고 고답적인 소화불량의 단어를 차용한 언어의 유희에서 벗어나 인간의 사고와 생활을 관통하는 새로운 주제에 대한 개척이 필요하다. 사물의 경제가치는 중요성과 일반적으로 비례하지만 본질은 이와 다르다. 식품보다는 음료가, 음료보다는 공기가 더 소중하지만 음료의 주성분인 물 값이 식품 값보다 적게 들고, 공기는 대체로 비용을 지불하지 않는다. 그러나 인간에게 소중한 요소는 실제로는 이와 역순이고 이에 대한 대가를 개인이 아니라 국가나 사회가 지불한다. 음료란 알코올이 포함된 술과 영양분이 많이 포함된 걸쭉한 커피와 코코아 등이 있고 영양분이 적지만 특수한 성분이 포함된 차가 있다. 비용을 가장 많이 소요하는 음료는 술이고 다음이 커피이고 다음이 차이다.

동아시아에서 본래 커피는 없었고 술과 차가 경쟁한 시기가 있었다. 술은 인간이 사는 곳에서는 어디서나 만들고 종류가 다양하므로 실제의 비용과 소비량이 많지만 차는 생산지가 한정되고 장기간 노력과 기술이 집약되는 특징이 강하다. 음료로서 국가경제에 술보다 더 큰 영향을 미친 시기가 있었다. 술을 놓고 전쟁을 벌인 역사는 적지만 차는 공화국을 탄생시킨 미국의 독립전쟁이나 동아시아를 제치고 유럽의 우세를 판가름한 아편전쟁의 도화선이 되었을 정도로 중요한 시기가 있었다.

후에 등장한 음료인 커피는 차보다 확산속도가 빠르다. 경제란 결국 돈의 순환인데 커피를 파는 다양한 이름의 상점이 좋은 길목을 차지하고 있다. 미국이 세계를 석권하는 까닭은 민주주의나 군사무기 못지않게 음료로 코카콜라에 이어서 커피 장사의 덕택인지도 모른다. 쉽게 말해서 물장사로 세계 경제를 주무른다. 중국이 그나마 성장하는 힘은 차의 덕택인데 커피에 밀려 차 대신 차의 고향인 운남성에도 차보다 커피로 바꾸어 재배하기 시작하였다고 한다.

커피는 차보다 대체로 걸쭉하고 두 가지 모두 식생활의 습관에도 중독성이 있다. 한국은 커피나 차를 제대로 생산하지 못하고 소비를 하면서 국가의 경제가 골다공증으로 신음하고 있다. 그래도 대용음료를 제대로 개발하지도 않고 전기밥솥을 사용하면서 숭늉도 없어졌다. 한국은 음료를 제대로 개발하지 못하면 다른 분야에서 여간 애쓰지 않으면 국가와 백성이 음료의 비용을 지불하느라 어렵겠다는 걱정이 생긴다. 음료의 자립은 국가의 자립과도 상관성이 있다. 남북한의 경제가 말이 아니게 위기이고 젊은이가 취직도 어려울 정도로 경제가 악화된 원인의 하나는 하찮아 보이는 음료의 의존 때문이라면 과장된 해석일까?

진실보다 무리를 이루어 숫자로 모여서 결정하고 날아가는 참새는 지성을 시들게 만들고 사회의 통합과 국가의 경쟁력도 떨어뜨린다. 결국 사회도 몰락하고 사회와 국가의 진리와 정의도 지켜내기 어렵다. 도덕과 인문학도 무너지고 사회도 몰락한다. 인문학을 다져가는 성실한 연구자가 걸어가는 학문의 길에 이 책이 지역과 인류의 지혜와 건강의 향상에 도움이 된다면 다행이겠다.

인문학이 인기가 떨어졌다고 한다. 학문의 내용이 문제가 아니라 새로운 관점의 연구에 무관심하고 감성에 호소하는 놀이도구로 상품화에만 관심을 기울여 본질에서 멀어졌기 때문에 유효기간이 지난 변질된 음료와도 같다. 언제부터인가 우리의 전통을 대상으로 연구하는 인문학자는 연구비를 지원받거나 고전의 현대어 번역에만 집중하고 있다.

우리만 그런 줄 알았으나 두 번 북한을 방문하여 살펴본 결과 그곳도 우리처럼 역사를 비롯한 인문학이 오랫동안 정치도구로 몰락하였다. 한국학의 연구와 편찬, 성과에 따른 보상이 아니라 정치의 선전을 위한 신청에 따라 주어지고 계약한 기간에 맞추어 남의 성과를 모아서 도용하는 그런 상황에서 학문의 창조성은 자라기 어려웠다.

우리는 전통과 고전에 대한 토론이 부족하고 새로운 이론을 수렴하지 못하고 외국의 눈치를 보기에 바쁘다. 토론이 없는 인문학은 외국의 고답적인 담론이나 현학적인 용어의 유희에 휘말리기도 한다. 인문학은 인간의 학문이고 인간이란 그리 고상한 존재도 아니지만 언제나 전통과 미래를 연결하면서, 그 본질을 새롭게 다져져야만 한다. 제물로 자주 사용되었던 차를 비롯한 전통과 관련된 제물을 고전에 속하는 국가기록과 문집에서 찾아서 새롭게 해석하였다.

음료와 식품을 과감하게 사상과 연결시키고 싶은 충동을 느꼈다. 필자는 술도 커피도 못한다. 그래서 차에 깊은 애착을 가지게 되었다. 술은 집단을 결속시키고 감정을 폭발시킨다. 사회의 소통이 막히고 울분이 쌓이면 이와 반대로 소통되고 경기가 좋은 때보다 술의 소비가 증가한다는 통계도 있다.

소통은 학문과 사회에 모두 필요하다. 사회도 오랫동안 소통이 막히면 태풍처럼 새로운 바람이 불어야 분위기가 쇄신되고 관습화된 부조리가 극복된다. 음료로서 차는 지식을 쌓고 지혜를 증진시키기 위하여 술보다 가까이 있어야할 동반자이다. 술을 마신 폭력이 필요한 때도 있었지만 술보다 차를 포함한 음료는 더욱 중요하다. 고독을 극복하여 자제력을 키우고 깊이 있는 사고와 자신의 반성, 그리고 자연을 보존하면서 절제되고 조화를 추구하는 자세로 소통을 지향하는 건강이 필요하다.

지금까지 새로운 분야를 찾아 탐구하면서 고독을 극복하는 과정에 차는 나에게 창조성을 주었고 건강에 도움이 되었다. 그러나 차란 재배와 가공과 함께 마시기도 끊임없는 연구가 요구되고 까다롭기도 심하다. 차는 조용하고 정직하면서도 학문의 열매를 익도록 도와준 가장 중요한 동반자였다. 정치나 사회의 운용에서 새로운 방향보다 같은 소리를 내는 통설이나 아우성보다 진실을 지키기 위하여 차가 필요하고 제물로서 중요하였다.

이처럼 음료로 접근한 사회사는 앞으로 도전할 하나의 시도이다. 기원에 대한 신화와 민속, 그리고 인삼이 음료로서 주도하던 시기를 변화시킨 요소는 앞으로 관련 전문가의 의견을 듣기 위한 제안이다. 여러 모로 연구가 어설픈 제안에 대하여 앞으로 다양한 분야의 전문가와 협력할 연구 소재가 된다면 이로써 필자의 첫 번째 소임은 다하였다고 스스로 위로한다.

1. 자료

〈문헌사료〉

鄭麟趾 等, 『高麗史』, 1451(亞細亞文化社影印, 1972).

春秋館.實錄廳, 『朝鮮王朝實錄』(1413~1865, 國史編纂委員會 編, 探求堂, 1972).

金富軾 等, 『三國史記』, 1145(李丙燾 譯註, 乙酉文化社, 1977).

大藏都監, 『高麗大藏經』, 1251(東國大學校民族佛敎硏究所).

高楠順次郎 等, 『大正新脩大藏經』, 大正新脩大藏經刊行會, 1928.

西義雄 等, 『新纂大日本續藏經』, 國書刊行會, 1984.

佛敎書局, 『佛敎大藏經』, 佛敎出版社, 1978.

佛敎書局, 『續佛敎大藏經』, 佛敎出版社, 1980.

東國大學校佛敎全書編纂委員會, 『韓國佛敎全書』, 東國大出版部, 1980-1989.

朝鮮總督府, 『朝鮮寺刹史料』, 京城印刷所, 1911.

朝鮮總督府, 『朝鮮金石總覽』, 日韓印刷所, 1919.

韓國文獻學硏究所, 『韓國金石文全書』, 亞細亞文化社, 1977.

成均館大 大東文化硏究院 編, 『高麗名賢集』 1-5, 景仁文化社, 1973~1982.

民族文化推進委員會, 『影印標點韓國文集叢刊』.

趙涑 編, 『金石淸玩』, 國立博物館所藏.

朴世敬 編, 『韓國佛敎儀禮資料叢書』, 三聖庵, 1993.

月渚道安, 『佛祖宗派之圖』, 妙香山 普賢寺開版, 1688.

獅巖采永, 『海東佛祖源流』, 全州 松廣寺開版, 1764.

徐兢,『宣和奉使高麗圖經』, 梨花史學叢書2, 1970.

李荇 等,『新增東國輿地勝覽』.

成俔 等,『大東野乘』(『국역대동야승』), 민족문화추진위원회, 1971.

新文豊出版公司編,『石刻史料新編』, 新文豊出版公司, 1977.

許興植 編,『韓國金石全文』, 亞細亞文化社, 1984.

權相老,『退耕堂全書』, 退耕堂全書刊行委員會. 1990.

〈금석문·탁본 유물 자료〉

文殊舍利菩薩最上乘無生戒帖(妙德戒牒:1326.5, 대구 呂祖淵氏 所藏).

文殊舍利菩薩最上乘無生戒帖(覺慶戒牒:1326.8, 海印寺 毘盧遮那佛腹藏).

佛祖傳心西天宗派指要(서울대소장 寫本 1326.8, 고려대본 1474년 刊本).

懶翁戒帖, 傳法圖(1327년, 楡岾寺舊藏).

飜譯 六經(1330년 1월 初刊. 1375년 5월 重刊, 祇林寺 所藏).

大佛頂…正本一切如來大佛頂白傘蓋摠持(祇林寺 所藏).

如意呪…正本觀自在菩薩如意輪呪(祇林寺 所藏).

大悲呪…科正本觀自在菩薩大圓滿無导大悲心大陁羅尼(祇林寺 所藏).

尊勝呪…科正本不頂尊勝陁羅尼啓請(祇林寺 所藏, 于瑟泥沙毘左野陁羅尼).

梵語心經…科中印度梵本心經(祇林寺 所藏).

施食眞言…觀世音菩薩施食(祇林寺 所藏).

文殊舍利最上乘無生戒經(1353년 初刊, 1386년 李穡跋).

無生戒法(1357년, 瑚林博物館 所藏)

辛卯年(1351년) 上指空和尙頌(白雲和尙語錄 卷下, 佛全, 6-659).

甲午(1354년)三月日 在安國寺 上指空和尙(白雲和尙語錄 卷下, 佛全, 6-659).

己酉(1369년)正月日 寓孤山菴指空眞讚頌 2 (白雲和尙語錄 卷下, 佛全, 6-661).

覺宏, 懶翁和尙行狀(1376).

李穡, 西天提納薄陁尊者碑銘(牧隱文藁)(1377년).

李穡, 西天提納薄陁尊者碑陰記(退耕堂全書)(1383년).

李穡, 安心寺指空懶翁舍利石鍾碑(1384년).

李穡, 檜巖寺修造記(牧隱文藁 고려말).

金守溫, 檜巖寺重創記(拭疣集 朝鮮 世祖時).

三和尙敎旨(朝鮮　正祖時).

趙秀三,『企齋集』(朝鮮　純祖時).

楊興賢, 獅山正續寺碑.

至仁,『澹居稿』권1, 指空禪師偈序.

權衡, 庚申外史　卷下(至正十九年).

宋濂, 寂照圓明大禪師壁峰金公舍利塔碑(宋文憲公全集　卷11).

危素, 文殊舍利最上乘無生戒序　癸巳(危大樸續集).

梵字般若經(日本上野博物館).

華藏寺指空定慧靈照之塔　拓本(今西文庫).

檜巖寺指空古碑斷片　同陰記　拓本(今西文庫).

李穡, 西天提納薄陁尊者碑銘(淺見文庫), 1377.

劉佶,『北巡私記』, 台北　廣文書局, 1972.

鄭曉,『皇明北虜考』, 台北　廣文書局, 1972.

朱元璋, 明太祖全集(影印古籍　欽定四庫全書).

〈도서목록·사전〉

望月信亨,『佛敎大辭典』, 世界聖典刊行協會, 1954.

新丘文化社,『韓國人名大事典』, 1967.

小野玄妙,『佛書解說大辭典』, 大東出版社 1968.

駒鐸大學圖書館,『新纂禪籍目錄』, 日本佛書刊行會, 1972.

東國大佛敎文化硏究所編,『韓國佛敎撰述文獻目錄』, 東國大出版部, 1976.

駒鐸大學,『禪學大辭典』, 大修館書店, 1978.

凌雲書房,『中國歷史地名大辭典』, 日本　東京, 1981.

譚其驤　主編,『中國歷史地圖集』7, 地圖出版社, 1982.

蔡運辰　編,『二十五種藏經目錄對照考釋』, 新文豊出版公司, 1983.

〈지표조사와 발굴보고서〉

崔性鳳,「檜巖寺의　沿革과　그　寺址調査」『佛敎學報』9, 1972.

새한건축문화연구소,『檜巖寺址　現況調査　一次調査報告書』, 1985.

金泓植,「楊州 檜巖寺址의 殿閣配置에 대한 研究」『文化財』 24, 1991.
경기도박물관 외,『檜巖寺 Ⅱ-7,8단지발굴조사보고서』, 2003.
경기도, 양주시, 경기도박물관, 경기문화재연구원,『檜巖寺 Ⅲ』, 2009.
회암사지박물관,『회암사지박물관』, 2012.
회암사지박물관,『회암사지부도탑』, 2013.
회암사지박물관,『회암사와 왕실문화』, 2015.

2. 연구 논저

〈일반 단행본〉

李能和,『朝鮮佛教通史』, 新文館, 1918.
橫超慧日,『中國佛教の研究』, 法藏館, 1928.
高橋亨,『李朝佛教』, 寶文館, 1929.
忽滑谷快天,『朝鮮禪教史』, 春秋社, 1930.
安震湖 編,『釋門儀範』, 法輪社, 1931.
李丙燾,『高麗時代의 研究』(朝鮮文化叢書 4), 1948.
高裕燮,『松都古蹟』, 1948.
趙明基,『高麗大覺國師와 天台思想』, 經書院, 1964.
高柄翊,『東亞交涉史의 研究』, 서울대출판부, 1970.
李鍾益,『高麗普照國師の研究』, 國書刊行會, 1974.
金庠基,『東方史論叢』, 서울大出版部, 1974.
金斗鍾,『韓國古印刷技術史』, 探求堂, 1974.
塚本善雄,『中國近世佛教史의 研究』, 大東出版社, 1975.
金哲埈,『韓國古代社會研究』, 知識産業社, 1975.
李智冠,『曹溪宗史』, 東國譯經院, 1976.
李鍾益,『曹溪宗中興論』, 寶蓮閣, 1976.
退翁性徹,『韓國佛教의 法脈』, 海印叢林, 1976(增補版, 藏經閣, 1990).
耕雲炯埈,『海東佛祖源流』 4冊, 佛書普及社, 1978.
姜昔珠·朴敬勛,『佛教近世百年』, 中央新書, 1980.

千惠鳳, 『羅麗印刷術의 研究』, 景仁文化社, 1980.

김형우, 『고승진영』, 대원사, 1980.

金杜珍, 『均如華嚴思想研究』, 韓國傳統佛教研究院, 1981.

許興植, 『高麗佛教史研究』, 一潮閣, 1986.

李基白, 『新羅思想史研究』, 一潮閣, 1986.

崔法慧 編, 『高麗板重添足本禪苑清規』 解題, 民族社, 1987.

趙朴初 編, 『房山石經之研究』, 中國佛教協會, 1987.

高翊晉, 『韓國撰述佛書의 研究』, 民族社, 1987.

河炫綱, 『韓國中世史研究』, 一潮閣, 1988.

洪潤植, 『韓國佛教史의 研究』, 教文社, 1988.

蔡尙植, 『高麗後期佛教史研究』, 一潮閣, 1991.

金相鉉, 『新羅華嚴思想史研究』, 民族社, 1991.

韓基斗, 『韓國禪思想研究』, 一志社, 1991.

張輝玉, 『海東高僧傳研究』, 民族社, 1991.

千惠鳳, 『韓國書誌學』, 민음사, 1991.

서윤길, 『高麗密教思想史研究』, 불광출판부, 1993.

韓㳓劤, 『儒教政治와 佛教』, 一潮閣, 1993.

許興植, 『韓國中世佛教史研究』, 一潮閣, 1994.

許興植, 『高麗로 옮긴 印度의 등불』, 一潮閣, 1997.

韓基汶, 『高麗寺院의 構造와 機能』民族社, 1998

황인규, 『고려후기·조선초 불교사연구』, 혜안, 2003.

허흥식, 『고려의 문화전통과 사회사상』 집문당, 2004.

查屛球, 『夾注名賢十抄詩』, 上海古籍出版社, 2005.

권희경, 『고려의 사경』, 淸州古印刷博物館, 2006.

金杜珍, 『고려전기 교종과 선종의 교섭사상사 연구』, 一潮閣, 2006.

김일권, 『우리 역사의 하늘과 별자리』, 고주원, 2008.

허흥식, 『고려에 남긴 휴휴암의 불빛』, 창비, 2008.

최석환 『정중무상 평전』, 차의 세계, 2010.

허흥식, 『한국의 중세문명과 사회사상』, 한국학술정보, 2013.

허흥식, 『동아시아의 차와 남전불교』, 한국학술정보, 2013.

자현, 『지공과 나옹』, 불광출판사, 2016.

옥순종, 『인삼이야기』, 이가서, 2016.

Daisetz Teitaro Suzuki, Essays in Zen Buddhism. Grove Pr, 1961.
나가사와 가즈도끼, 『실크로드의 역사와 문화』, 이재성 옮김, 민족사, 1990.
張福三, 「貝葉的文化象徵」 『貝葉文化論』, 雲南人民出版社, 1990.
楊學政, 「南傳上座部佛敎」 『雲南宗敎史』, 雲南人民出版社, 1999.
王文光·龍曉燕·陳斌, 『中國西南民族關系史』, 雲南社會科學出版社, 2005.
王懿之·楊世光 編, 『貝葉文化論』, 雲南人民出版社, 1990.
馮學成 外 4人, 「南傳上座部佛敎」 『巴蜀傳燈錄』, 成都出版社, 1992.
四川省佛敎協會, 『巴蜀禪燈錄』, 成都社, 1992.
吳經熊, 『禪學的黃金時代』, 海南出版社, 2009.
桑原隲藏, 『宋末の提擧市舶西域人蒲壽庚の事蹟』, 1926.
橫超慧日, 『中國佛敎の硏究』, 法藏館, 1928.
高橋亨, 『李朝佛敎』, 寶文館, 1929.
忽滑谷快天, 『朝鮮禪敎史』, 春秋社, 1930.
大屋德城, 『高麗續藏雕造攷』, 便利堂, 1937.
內藤雋輔, 『朝鮮史硏究』, 京都大 東洋史硏究會, 1961.
田川孝三, 『李朝貢納制の硏究』, 東洋文庫論叢 47, 東洋文庫, 1964.
關口眞大, 『天台止觀の硏究』, 岩波書店, 1969.
江田俊雄, 『朝鮮佛敎史의 硏究』, 國書刊行會, 1977.
塚本善雄, 『中國近世佛敎史の硏究』, 大東出版社, 1975.
陳桓, 『陳桓學術論文集』, 中華書局, 1980.
(波斯)拉施特, 『史集』, 商務印書館, 1986, 2009-2013.
段玉明, 『指空-最後一位來華的印度高僧』, 四川出版集團 巴蜀書社, 2007.
Chrismas Humphreys, Buddhism, Penguin books, 1952.
Smith, The Oxford History of India, Oxford, 1958.
George Roerich, 『Biography of Dharmasvamin』, K.P. Jayaswal Research Institute,
　　　　Patna, 1959.
Ch'en Kenneth K.S., 『Buddhism in China』, Princeton, 1964.
Peter H. Lee, 『Lives of Eminent Korean Monks』, Havard University Press. 1969.
Luc kwanten, Imperial Nomade-A History of Central Asia, 500-1500, University

of Pensylvania Press, 1979.

Charles Backus, The Nan-chao Kingdom and T'ang China's Southwestern Frontier, Cambridge University Press, 1981.

Herbert Franke and Denis twitchett ed,Alien regimes and border states 907-1368, The Cambridge History of China, vol. 6, Cambridge Univ. Press, 1994.

사무엘 헌팅턴, 『문명의 충돌』, 이희재 역, 김영사, 1987.

Alaka Chattopadhayaya, Atisha and Tibet—Life and Works of Dipamkara Srijnana in Relation to the History and Relation of the Tibet with Tibetan Sources』 Montilal Banarsidass Publishers, Delhi, 1999.

하랄트 뮐러, 『문명의 공존-』, 이영희 역, 푸른숲, 2000.

Ronald James Dziwenka, 『The last Light of Indian Buddhism—The monk Zhikong in 14th century China and Korea』, A Dissertation of the University of Arizona, 2010.

〈일반논문〉

方寒巖, 「海東初祖에 대하여」 『佛教』 70, 1930.

朴奉石, 「高麗藏高宗版의 傳來攷」 『朝鮮之圖書館』 4-3, 1934.

闊海, 「朝鮮佛教의 嗣法系統」 『佛教』 1937.7.

金映遂, 「曹溪禪宗에 대하여-五教兩宗의 一派, 朝鮮佛教의 根源」 『震檀學報』 9, 1938.

退耕, 「古祖派의 新發見」 『佛教』 新31, 1941.12.

金映遂, 「曹溪宗과 傳燈通規」 『佛教』 新43-45, 1942.11-12, 1943.1.

包光映遂, 「太古和尚의 宗風에 對하야」 『佛教』 新39.40, 1942.8.

退耕相老, 「曹溪宗旨」 『佛教』 新49, 1943.6.

金映遂, 「曹溪宗과 傳燈通規」 『佛教』 新43-45, 1942.11-12, 1943.

李在烈, 「高麗 五教兩宗의 史的 考察」 『史學研究』 4, 1959.

二宮啓任, 「高麗朝の恒例法會」 『朝鮮學報』 15, 1960.

安啓賢, 「麗元關係에서 본 高麗佛教」 『黃義敦古稀記念 史學論叢』, 東國大 出版部, 1960.

李龍範, 「元代 喇嘛教의 高麗傳來」 『佛教學報』 2, 1964.

閔泳珪,「一然의 禪佛敎」『震檀學報』36, 1973.

韓基斗,「朝鮮後期의 禪思想」『韓國佛敎思想史』, 圓光大出版局, 1975.

李英茂,「太古普愚의 人物과 思想-韓國佛敎宗祖說을 中心으로-」『人文科學論叢』9, 建國大 人文科學研究所(『韓國佛敎史研究』, 民族文化社, 1976).

許興植,「高麗前期 佛敎界와 天台宗의 形成過程」『韓國學報』11, 1978.

蔡尙植,「普覺國尊 一然에 대한 研究-迦智山門의 登場과 관련하여-」『韓國史研究』26, 1979.

黃壽永,「高麗寫經의 研究」『考古美術』180, 1982.

徐潤吉,「高麗末 臨濟禪의 受容」『韓國禪思想研究』, 東國大出版部, 1984.

韓基斗,「休休菴坐禪文 研究」『韓國文化와 圓佛敎思想』, 圓光大出版局, 1985.

崔柄憲,「太古普愚의 佛敎史的 位置」『韓國文化』7, 서울大 韓國文化研究所, 1986.

閔賢九,「閔漬와 李齊賢」『李丙燾博士九旬紀念,韓國史學論叢』, 知識産業社, 1987.

권덕영,「天地瑞祥志의 편찬자에 대한 새로운 시각-일본에 전래된 신라 天文地理書의 일예-」『白山學報』52, 1999.

李貞信,「고려시대 茶생산과 茶所」『한국중세사연구』6, 한국중세사학회, 1999.

정민 이덕리 저,「동다기의 차문화사적 자료가치」『문헌과해석』통권36호, 2006, 가을.

〈한국의 차에 대한 논저〉

岡存, 家入一雄,『朝鮮の茶と禪』, 日本の茶道社, 1940.

金雲學,『韓國의 茶文化』, 玄岩社, 1981.

李崇寧,「한국차의 문헌학적연구」「한국의 차」『韓國의 傳統的 自然觀』, 서울大學校出版部, 1985.

석용운,『韓國茶禮』, 圖書出版 艸衣, 1988.

金明培,『韓國茶文化史』, 草衣文化祭執行 委員會, 1999.

金明培,『韓國의 茶詩鑑賞』, 대광문화사, 2004.

金明培,『茶道學論攷』, 古稀紀念增補版, 대광문화사, 2005.

정영선,『한국 다문화』, 너럭바위, 2007.

정민, 『새로 쓰는 조선의 차 문화』, 김영사, 2011.

최정간, 『韓茶文明의 東傳』, 차의세계, 2012.

허흥식, 『동아시아의 차와 남전불교』, 한국학술정보, 2013.

〈회암사와 지공에 대한 논저〉

記者輯, 「敎諭書, 釋王寺寄本」, 『朝鮮佛敎月報』 17, 1913.6.

李能和, 「西天提納薄陀尊者碑銘」, 『朝鮮佛敎叢報』 5, 1917.9.

李能和, 『朝鮮佛敎通史』 上, 新文館, 1918.

高楠順次郎, 「梵僧指空禪師傳考」, 『禪學雜誌』 22, 1919.8

高楠順次郎, 「遊方記抄, 梵僧指空禪師傳考」, 『大正新修大藏經』 51, 2089-5, 1928.

功德山人(權相老), 「懶翁王師의 菩薩戒牒을 보고」, 『佛敎』 5, 1924.11.

岡敎邃, 「朝鮮華藏寺의 梵筴과 印度指空三藏」, 『宗敎硏究』 3-5, 1926.

忽滑曲快天, 『朝鮮禪敎史』 春秋社, 1929.

Arthur Waley, New Light on Buddhism in Medieval India, Melanges Chionis et Buddhiques, Vol.1, 1931~1932.

金炯佑, 「胡僧 指空硏究」, 『東國史學』 18, 1984.

中島志郎, 「梵僧指空의 硏究」, 동국대 석사학위논문, 1985.

陳高華, 「元代來華印度僧人指空事輯」, 『南亞硏究』 1979.1.

朴虎男, 「檜岩寺 和尙 懶翁의 無生法 考察」, 『畿甸文化硏究』 제16집, 인천교육대학 기전문화연구소, 1987.

許興植, 「지공의 사상과 계승자」, 『겨레문화』 2, 1988.

許興植, 「指空의 無生戒經과 無生戒牒」, 『書誌學報』 4, 書誌學會, 1991.

許興植, 「懶翁의 思想과 繼承者(上,下)」, 『韓國學報』 58-59, 一志社, 1990.

許興植, 「指空의 思想形成과 現存著述」, 『東方學志』 61, 1990.

許興植, 「指空의 思想과 麗末鮮初의 現實性」, 『民族史의 展開와 그 文化』, 창작과비평사, 1990.

許興植, 「指空의 原碑文과 碑陰記」, 『李箕永博士古稀紀念論叢 佛敎와 歷史』, 韓國佛敎硏究院, 1991.

許興植, 「指空의 遊歷과 定着」, 『伽山學報』 1, 1991.11.

許興植, 「14·5世紀 曹溪宗의 繼承과 法統」, 『東方學志』 73, 1991.

祈慶富,「指空遊滇建正續寺考」『云南社會科學』1995-2, 云南社會科學院, 1995.

楊學政,「指空弘揚中國西南禪學考」『云南宗教研究』1995-2, 云南社會科學院 宗敎研究所, 1995.

侯冲,「元代來雲南的印度僧人指空」.

孫國柱,「獅山正續寺文物及其密敎特点」.

劉鼎寅,「武定獅山正續寺考察散記」.

楊學政,「指空弘揚中國西南禪學考」『云南社會科學』1996-2, 云南社會科學院, 1996.

侯冲,「元代雲南漢地佛教重考-兼駁"禪密興替"說」.

祈慶富,「指空의 中國遊歷考」『伽山學報』5, 伽山學會, 1996.

北村高 外 3人,「インド佛教傳播史の研究(1)-インド僧指空とその事蹟」『龍谷大學 佛教文化研究所紀要』33, 1994.

이병욱,「指空和尙 禪사상의 특색」『삼대화상연구논문집』, 도서출판佛泉, 1996.

허흥식,「指空和尙에 관한 資料와 國內外의 研究現況」『삼대화상연구논문집』, 도서출판佛泉, 1996.

許興植,『高麗로 옮긴 印度의 등불-指空禪賢』一潮閣, 1997.

김철웅,「고려말 檜巖寺의 중건과 그 배경」『史學志』30, 1997.

許興植,「14세기 海印寺 毘盧遮那佛 腹藏과 覺慶戒帖의 奉安背景」『해인사금동 비로차나불 복장유물의 연구』, 성보문화재연구원, 1997.

김치온,「지공화상의 밀교사상」『삼대화상논문집』2, 도서출판 불천. 1999.

한성자,「다라니경을 통해본 지공화상의 밀교적 색채」『삼대화상논문집』3, 도서출판불천, 2001.

한성자,「『문수사리보살최상승무생계경』을 통해본 지공화상의 밀교적 색채」 『회당학보』7, 2002.

남동신,「여말선초기 나옹현창운동」『한국사연구』139, 2007.

염중섭,「나옹의 뭇다화에 대한 고찰」『사학연구』115, 2014.

허흥식,「지공화상의 남전불교 선사상이 명태조의 불교정책이 되다」『禪文化』 2014. 5.

廉仲燮,「指空의 戒律意識과 無生戒에 대한 고찰」『韓國佛敎學』 제71집, 2014.

허흥식,「한국불교의 남전불교 요소」『불교평론』62, 2015 여름.

高麗的茶和南傳佛教

　　飲料和食品被合稱爲飲食是食生活的主要對象. 事物的經濟價值一般來講, 與其重要性成比例, 但是也有很多與此本質上不同的時候. 雖然比之於食品, 飲料更爲急迫；比之於飲料, 空氣更爲急迫. 但是飲料的主要成分性水的價格比食品更爲低廉, 而空氣大體上就是不支付任何費用的. 但是對於人類的重要程度來講, 實際上與此處於相反狀態, 其費用由國家和社會用稅金來支付.

　　飲料由含有酒精的酒和富含營養成分的粘稠的咖啡與可可, 還有營養成分較少的茶. 需要費用最多的飲料是酒, 其後順序是咖啡和茶. 飲料和食品做爲祭祀物品也很重要, 與宗教和民俗也關系緊密. 所有的祭祀物都是神話和宗教的起源, 與國家與民族的傳統也形成聯系. 神話和祭祀物, 做爲思想史的起源, 需要與此相關的知識. 思想與宗教結合後, 雖然對後代的哲學有較深的影響, 但是和飲食和祭祀物也有很深的聯系. 韓國的人文學應該從借用艱深晦澀用語的遊戲中擺脫出來, 和與人間的思考與生活貫通的現實相結合連, 成爲重要的主題.

　　東亞本來沒有咖啡, 僅有酒和茶進行競爭. 酒, 只要是人類生活的地方就生産酒, 而且種業繁多, 實際費用和消費量較大, 茶雖然和它不同, 做爲飲

料, 卻對國家經濟產生了更大影響. 雖然因酒發生戰爭的歷史很少, 茶卻是重要程度可以引起產生共和國的美國獨立戰爭, 同時是引起歐洲甩開東亞占據優勢的鴉片戰爭的導火索.

比茶出現得更晚的飲料咖啡的擴散速度更快. 經濟這個東西, 說白了就是錢, 賣咖啡的名稱多樣的商店都占據了路邊更好的位置. 美國能席卷世界經濟的原因, 固然有民主主義或軍事武器的原因, 但是在做爲飲料的可口可樂之後, 咖啡生意的功勞也很大. 說得更明白的話, 就是用水的生意在掌玩世界. 中國成長的力量也曾經依托於茶, 但是由於被咖啡排擠, 做爲茶的代替品, 就算是在茶的故鄉雲南, 也是開始更多地用咖啡來代替茶的種植.

咖啡比茶大體上更濃鬱, 這兩種均在食生活習慣中, 有慣性. 韓國是無法生產飲料, 卻要消費它們, 帶來了國家經濟的呻吟. 卻不好好開發代替飲料, 在使用電飯鍋之後, 就連傳統的鍋巴湯也在消失. 韓國如果不能好好對應飲料, 又不能在其它領域努力奮發, 國家和百姓就難以支付飲料的費用. 飲料的自立和國家的自立也具有相關性. 南北韓經濟都處於難以名狀的危機中, 經濟到了年輕人找工作也非常困難的程度, 經濟惡化的原因之一就是不起眼有飲料的依賴問題, 這樣是不是非常誇張的解釋呢?

比起眞實, 更喜歡結成群, 以數量決定的麻雀, 讓人失去理性, 也讓社會的統一與國家的競爭力下降. 最終社會也出現墜落, 社會和國家的眞理和正義也難以尊重. 道德和人文學也崩潰, 社會也出現墜落. 本書在人文學的誠實研究者研究之路中, 在地區經濟和人類智慧及健康的提高上, 有所幫助的話, 就實在萬幸了.

人們說人文已經失去了人氣. 不是學問的內容有問題, 是因爲不關心嶄新的觀點, 只是對感性的玩具般東西充滿了關心, 與本質越來越遠, 就像是變質的飲料. 不知從什麼時候開始, 以我們的傳統爲對象進行研究的人文

學者, 都集中到了獲得研究支援或翻譯古典爲現代話中去了.

我以爲只是我們這樣, 但是觀察訪問了兩次的北韓, 其結果那裏包括人文學在內的歷史, 長期以來比我們更嚴重地墜落成爲政治的道具. 韓國學的研究與編撰, 不是因爲研究成果而來的報酬, 是爲了政治宣傳的工具而被給予, 爲了在合同期間完成, 不支付著作權盜用的狀況下, 學問的創造性, 是難以成長的. 幹脆離開韓關島, 才能形成研究的想法, 讓我經常離開這個井水之地, 到外面去旅行.

我們對傳統和古典的討論相當不足, 無法產生嶄新的理論. 沒有討論的人文學, 只能陷入外國人的高談闊論或玄學般的用語的遊戲之中. 人文學是人類的學問, 人類雖然也不是那麼高尚的存在物, 不知道從什麼時候開始, 只注重於外表和遊戲中, 旣不新鮮, 本質也非常脆弱. 不僅是茶, 做爲祭祀而經常使用的茶在內與理想鄉相關的祭祀品, 我們從屬於古典的國家記錄和文集中找出進行新的解釋.

我感受到了果斷地把飲料和食品與思想進行聯結的沖動. 我旣不能飲酒也不能喝咖啡, 因此對茶有著深深的愛. 酒可以讓集體得到強化讓感情爆發. 據統計社會的溝通被阻止, 出現鬱結的話, 比起相反的溝通暢通, 經濟更好的情況, 酒的消費會大增. 酒比茶更能集結革命的同志, 但是革命卻比正義更多地提供了破壞的原因的事例更多.

溝通, 在學問和社會中都是非常必要的. 社會也是如果長期溝通受阻的話, 就像台風一樣得出現新的風, 才能刷新氣氛, 習慣化的不條理也才能得以克服. 沒有知識和智慧做爲基礎的刷新, 只能是讓社會的表面得到變化, 反而會助長內部的腐敗. 爲了知識的積累, 智慧的增進, 需要比酒更接近茶做爲同伴者, 但是也有覺得需要喝酒的爆發力的時候. 但是比起酒來說, 茶在內的飲料更爲重要. 克服孤獨, 增進自制力, 把深藏的思考和反省, 還有保護自然, 同時節約後追求調和的姿態, 是可以爲提高未來打下基礎的.

到目前為止, 尋找新的領域進行探索, 克服孤獨的過程中, 茶給了我幫助, 也有助於我的健康. 但是茶這種作務栽培和加工需要高度的技術, 流通和保管和飲用也需要不斷的研究, 是非常講究細致的事情. 但是茶是靜靜的, 也是正直的, 它是幫助學問的果實成熟的非常值得感謝的飲料. 比起在政治和社會的運用中嶄新的方向, 為發出同樣聲音而進行錯誤通說的喊聲, 為了尋找正義和眞實, 我們確信茶對我們來說更為重要, 這一點是非常充分的.

楡樹新葉的季節 2017年 4月 24日

著者 許興植

찾아보기

412

_ㅇ

허흥식 許興植

서울대 사학과를 졸업하고 동 대학원 국사학과에서 석사와 박사학위를 받음.
경북대 전임강사를 거쳐 교수를 역임. 이탈리아 나폴리 동양학대학교와 미국 캘리포니아대학 로스앤젤레스 소재에서 강의, 북경대학교 연구교수, 운남성 국제학술회의 한국대표, 중국 서남 민족조사 참여. 인도 넬리대학, 몽골독립백주년기념, 카자흐스탄 퀼테킨기념일 학술발표. 두계학술상과 한국출판문화저작상 인문과학부분 수상, 올해의 책, 우수도서 선정 여러 차례. 한국학중앙연구원 한국학대학원교수. 현재 명예교수.

중요논저

『高麗科擧制度史硏究』(一潮閣, 1981), 『高麗社會史硏究』(亞細亞文化社, 1981), 『高麗佛敎史硏究』(一潮閣, 1986), 『韓國의 古文書』(民音社, 1988), 『韓國中世佛敎史硏究』(一潮閣, 1994), 『眞靜國師와 湖山錄』(民族社, 1995), 『高麗로 옮긴 印度의 등불-指空禪賢』(一潮閣, 1997), 『고려의 문화전통과 사회사상』(집문당, 2004), 『고려의 과거제도』(일조각, 2005), 『한국신령의 고향을 찾아서』(집문당, 2006), 『고려에 남긴 휴휴암의 불빛-몽산덕이』(창비, 2008), 『고려의 동아시아 시문학-百家衣集』(민족사, 2009), 『동아시아의 차와 남전불교』(한국학술정보, 2013), 『한국의 중세문명과 사회사상』(한국학술정보, 2013), 『당현시범과 백가의집 판독·해제』(민족사, 2016) 編著로 『韓國金石全文(3冊)』(亞細亞文化社, 1984) 수필집 『이상향과 보신탕』(이담, 2011).
그 밖에 한국금석학, 묘향산과 보현사, 한국불교문헌학, 고려의 墓制와 石棺, 書誌, 畫佛, 會計學, 詩文學에 관한 논문 234편

고려의 차와 남전불교

허흥식 지음

초판 1쇄 발행 2017년 8월 30일

펴낸이 오일주
펴낸곳 도서출판 혜안

등록번호 제22-471호
등록일자 1993년 7월 30일

주 소 ⑨ 04052 서울시 마포구 와우산로 35길3 (서교동) 102호
전 화 3141-3711~2
팩 스 3141-3710
이메일 hyeanpub@hanmail.net

ISBN 978-89-8494-587-6 93590

값 30,000원